环境工程实用技术丛书

工业用水处理技术

GONGYE YONGSHUI CHULI JISHU

杨宏伟 陈志文 主编

化学工业出版社

·北 京·

内容简介

本书以问答的形式，对工业用水处理中常见的技术及应用问题进行了整理汇编。全书共分九个部分，包括绪论、工业用水的水源、工业用水单元处理技术、冷却与循环冷却水处理技术、锅炉用水处理技术、蒸汽冷凝水处理技术、电子工业用水处理技术、食品行业用水处理技术和附录。

本书资料翔实、实用性强，可供基层企事业单位的环保相关技术人员、管理人员阅读，也适合高等学校环境类相关专业师生、环保爱好者和宣传工作者参考。

图书在版编目（CIP）数据

工业用水处理技术/杨宏伟，陈志文主编．—北京：化学工业出版社，2024.8

（环境工程实用技术丛书）

ISBN 978-7-122-45626-7

Ⅰ．①工…　Ⅱ．①杨…②陈…　Ⅲ．①工业用水-水处理　Ⅳ．①TQ085

中国国家版本馆CIP数据核字（2024）第094366号

责任编辑：左晨燕　　　　　装帧设计：史利平
责任校对：王鹏飞

出版发行：化学工业出版社
（北京市东城区青年湖南街13号　邮政编码100011）
印　　装：北京科印技术咨询服务有限公司数码印刷分部
787mm×1092mm　1/16　印张20½　字数500千字
2024年8月北京第1版第1次印刷

购书咨询：010-64518888　　　售后服务：010-64518899
网　　址：http：//www.cip.com.cn
凡购买本书，如有缺损质量问题，本社销售中心负责调换。

定　　价：**148.00元**　

前言

我国是全球工业门类最齐全、最完善的国家，具备了从轻工业类、食品医药类、资源能源类到重工业类中的各种工业种类，近年来新质生产力新理论的提出，传统工业将面临着重大的变革，这意味着不同工业行业对用水的需求也越来越复杂。同时，我国作为人均水资源不足世界人均水资源四分之一的国家，近年来对工业用水效率的要求也越来越高，极大地推动了污废水在工业领域的再生利用，也导致工业用水的来源在水质与水量方面更为复杂。面对工业用水来源以及不同行业对用水水质和水量需求的复杂性，工业水处理也面临着新的挑战。

本书从工业用水的来源、通用工业水处理技术以及特定行业水处理技术等方面来组织编写，基于编者多年来的工作经验，对工业用水中常见的处理技术以及技术应用中经常遇到的难题以问答的形式进行了整理汇编。在编写上，编者力求通俗易懂，言简意赅，可供基层企事业单位的环保相关技术人员、管理人员阅读，也适合高等学校环境类相关专业师生、环保爱好者和宣传工作者参考。

全书共分九个部分：绪论、工业用水的水源、工业用水单元处理技术、冷却与循环冷却水处理技术、锅炉用水处理技术、蒸汽冷凝水处理技术、电子工业用水处理技术、食品行业用水处理技术和附录。实际工作中的环境问题多种多样，书中所选都是环保工作者经常用到的一些有代表性的问题，资料翔实，内容丰富，实用性较强。本书由杨宏伟、陈志文主编，参与编写的其他人员有：王文东、欧阳二明、刘振中、李超鲲、杜瑞丽。由于编者水平有限，编写经验不足，书中的不足之处在所难免，敬请各位专家和读者批评指正。

编者

2024 年 1 月

目 录

一、绪论 1

1. 何为水资源和用水危机? …… 1
2. 我国的水资源有何分布特征? …… 1
3. 工业节水的具体措施有哪些? …… 2
4. 工业用水常用水源有哪些? …… 2
5. 工业用水的类型有哪些? …… 2
6. 工业用水的水量有多大? …… 3
7. 工业高用水行业的特点有哪些? 涉及哪些行业? …… 4
8. 工业用水成本在产品成本中所占的比例有多少? …… 5
9. 工业用水对水质有何要求? 不同行业是否相同? …… 5
10. 工业用水原水中的杂质主要有哪些? …… 7
11. 工业用水原水中常见的胶体有哪些? …… 7
12. 工业用水原水中常见的气体组分有哪些? …… 7
13. 工业用水原水中的无机离子主要有哪些? …… 7
14. 工业用水原水中的有机组分主要有哪些? …… 7
15. 何为水质指标? 评价工业用水水质的指标有哪些? …… 9
16. 如何评价水的色度、嗅和味? …… 9
17. 如何评价水的浊度与透明度? …… 9
18. 如何评价水中的含盐量和电导率? …… 10
19. 如何评价水的碱度和酸度? …… 11
20. 如何评价水的硬度? …… 12
21. 高锰酸盐指数、COD 和 BOD_5 有何差异? …… 13
22. 水中碳酸盐的存在形态与析出特性有哪些? …… 13
23. 水中硅酸化合物的存在形态与转化特征有哪些? …… 14
24. 水中铁氧化合物的存在形态与转化特征有哪些? …… 14
25. 何为腐殖质? 其性质与结构特点有哪些? …… 15
26. 工业用水中所含杂质会引起哪些危害? 应该如何处理? …… 15
27. 工业用水处理有何必要性? …… 17
28. 生活用水和一般工业用水的处理方式有何不同? 其水质要求有何不同? …… 17
29. 一般工业用水的水质要求和常用处理工艺流程有哪些? …… 20

30. 何为原料用水？不同行业的原料用水的水质要求是否相同？ …… 21
31. 何为产品处理用水？主要涉及哪些行业？ …… 24
32. 产品处理用水水质要求有哪些？各行业是否相同？ …… 26
33. 哪些水可用作冷却水？与其他工业用水相比，冷却水水质要求有何不同？ …… 29

二、工业用水的水源 30

（一）地表水 …… 30
34. 地表水一般包括哪些？ …… 30
35. 地表水水质有哪些特征？各类地表水又有什么不同？ …… 30
36. 地表水中主要溶解性和不溶性的成分有哪些？主要来源是什么？ …… 30
37. 湖泊的类别有哪些？各类湖泊的水质特征有何不同？ …… 31
38. 我国不同地域的江河水含盐量、硬度以及浑浊度有何特征和区别？ …… 32
39. 地表水体如何实现自净？当受纳污染物超过该自净能力时会产生什么样的后果？ …… 32
40. 以地表水为水源的工业企业需在日常的生产过程中注意什么？ …… 32
（二）地下水 …… 33
41. 地下水包括哪些水？它是怎么形成的？ …… 33
42. 地下水按照地理位置划分为哪几类？具体位置如何划分？ …… 33
43. 地下水中主要含有哪些可溶性矿物质？其含量与哪些因素有关？ …… 33
44. 企业使用地下水作为工业用水需要注意哪些事项？ …… 34
45. 若使用井水作为工业用水，发现水质出现盐水化问题，其原因可能是什么？ …… 34
46. 地下水被海水污染的评价指标有哪些？ …… 34
47. 深井在使用过程中，需要对哪些事项进行调查和记录？ …… 35
（三）再生水 …… 35
48. 再生水的定义是什么？其特点和用途有哪些？ …… 35
49. 再生水和自来水作为工业供水在水质上有哪些差别？ …… 36
50. 城市污水二级处理出水需经过哪些处理环节才可应用于工业的冷却系统？ …… 36
51. 再生水作为工业冷却水可能存在的问题和隐患有哪些？ …… 37
52. 城市污水二级处理出水作为工业企业工艺用水水源需要考虑哪些问题？ …… 38
53. 用作锅炉用水的城市污水二级处理出水的常用处理工艺是什么？ …… 38
（四）海水 …… 39
54. 海水有何水质特征？ …… 39
55. 海水作为工业冷却水使用存在哪些安全问题？通常应采取怎样的处理措施？ …… 39
56. 海水作工业用水时必须具备的条件有哪些？需要考虑哪些因素？ …… 39
57. 海水取水形式有哪些？如何进行选择？ …… 40
58. 海水中哪些生物会对取水设备造成危害？具体的防治措施有哪些？ …… 42
59. 海水对钢铁的腐蚀原因和影响因素有哪些？ …… 42
60. 如何以腐蚀为指标判断污染海水？ …… 43

三、工业用水单元处理技术

（一）曝气/除气 …… 45
61. 曝气的目的是什么? …… 45
62. 利用曝气法去除原水中气体的必要条件有哪些? …… 45
63. 常用的曝气方法和适用条件有哪些? …… 45
64. 除气的目的是什么? 主要方式有哪些? …… 47
65. 以防腐蚀为目的除氧限值的决定因素有哪些? …… 47
66. 机械除气的原理是什么? …… 48
67. 蒸汽溶媒法的机理是什么? 效果如何? …… 48
68. 用蒸汽溶媒法去除锅炉给水中的溶解氧时，应该考虑哪些注意事项? …… 48
69. 除气装置的种类有哪些? 各种除气装置的适用条件有哪些? …… 49
（二）絮凝 …… 50
70. 什么是胶体? 有何结构特点? …… 50
71. 水中颗粒物表面带电的原因有哪些? …… 51
72. 为什么胶体可以在水中长期稳定存在? …… 52
73. 混凝的机理是什么? …… 53
74. 影响混凝效果的因素主要有哪些? …… 54
75. 何为同向絮凝、异向絮凝和速度梯度? …… 56
76. 水的色度来源于什么? 混凝法去除色度的原理和特殊之处是什么? …… 56
77. 常用的混凝剂有哪些? 如何使用? …… 58
78. 常用的助凝剂有哪些? 助凝作用机理是什么? …… 60
79. 高分子絮凝剂的絮凝机理是什么? …… 61
80. 高分子絮凝剂有哪些特点? …… 62
81. 如何选择混凝剂和助凝剂投加装置? …… 63
82. 常用的混凝剂和助凝剂投加方式有哪些? …… 63
83. 如何保证混凝过程中形成的絮体不破碎? …… 66
84. 何为强化混凝? 其影响因素有哪些? …… 68
85. 如何进行低温、低浊水的絮凝处理? …… 69
86. 常用的药剂混合设备有哪些? …… 69
87. 常用的絮凝设备类型有哪些? 有何特点? …… 71
88. 如何进行隔板絮凝池设计? …… 73
89. 如何进行折板絮凝池设计? …… 73
90. 如何进行机械絮凝池设计? …… 73
（三）沉淀/澄清 …… 74
91. 水中悬浮颗粒的沉淀类型有哪些? 各有何特点? …… 74
92. 常用的沉淀池类型有哪些? …… 75
93. 平流式沉淀池的沉淀原理是什么? 有何结构特点? …… 75
94. 什么是沉淀池的截留速度与表面负荷? …… 75
95. 影响平流式沉淀池沉淀效果的因素有哪些? …… 76
96. 如何设计平流式沉淀池? …… 77

97. 斜板/斜管沉淀池的沉淀原理是什么？有何结构特点？ …… 78
98. 如何进行斜板/斜管沉淀池设计？ …… 79
99. 什么是澄清池？ …… 80
100. 澄清池的常见类型有哪些？ …… 80
101. 澄清池的组成和优缺点有哪些？ …… 81
102. 高密度澄清池的工作原理和结构特点是什么？ …… 82
103. 加砂高速沉淀池的工作原理和结构特点是什么？ …… 83
104. 悬浮型澄清池的工作原理和结构特点是什么？ …… 85
105. 脉冲澄清池的工作原理和结构特点是什么？ …… 86
106. 机械加速澄清池的工作原理和结构特点是什么？ …… 87
107. 水力循环澄清池的工作原理和结构特点是什么？ …… 88
108. 如何进行澄清池的运行管理？ …… 89
（四）过滤 …… 91
109. 过滤处理的目的是什么？ …… 91
110. 何为深层过滤和表面过滤？ …… 91
111. 过滤的发生机理是什么？ …… 92
112. 过滤过程中有哪几种主要作用？ …… 93
113. 影响过滤效果的因素有哪些？ …… 94
114. 过滤过程分为哪几个阶段？各阶段作用是什么？ …… 96
115. 如何评价滤料的机械强度和化学稳定性？ …… 96
116. 滤料粒径的常用表示方法有哪些？ …… 97
117. 过滤有哪些方法？各方法有何不同之处？ …… 98
118. 过滤中的水头损失是什么？如何进行计算？它对过滤过程有何指导意义？ …… 98
119. 滤层冲洗的方法有哪几种？如何确定冲洗条件？ …… 100
120. 过滤中的配水系统的作用和基本形式有哪些？如何设计计算各形式下的运行参数？ …… 101
121. 压力式过滤器有哪几种？其结构和运行方式有何不同？ …… 103
122. 重力式滤池有哪几种？其结构特点和运行方式有何不同？ …… 105
123. 何为纤维过滤？常用的纤维过滤器形式有哪些？ …… 111
124. 何为精密过滤？常用的精密过滤器形式有哪些？ …… 112
125. 何为直接过滤？常用的过滤器形式有哪些？ …… 114
（五）吸附 …… 115
126. 吸附的原理是什么？其常见类型有哪些？ …… 115
127. 什么是吸附容量？如何确定吸附容量？ …… 115
128. 什么是吸附等温线？如何绘制吸附等温线？ …… 116
129. 常见的吸附等温线类型有哪些？有何特点？ …… 116
130. 什么是吸附速度？其影响因素有哪些？ …… 118
131. 常用的吸附剂有哪些？吸附剂需要具备哪些性质？ …… 119
132. 吸附剂性质对吸附过程有何影响？ …… 119
133. 温度、pH 和共存离子对吸附过程有何影响？ …… 119
134. 什么是活性炭？如何制备活性炭？ …… 120

135. 活性炭有怎样的结构特点？ …… 121
136. 如何确定活性炭的比表面积和孔道分布？ …… 122
137. 如何对活性炭进行命名？各符号有何含义？ …… 123
138. 评价活性炭品质的性能指标有哪些？ …… 125
139. 活性炭在工业水处理中有哪些应用？ …… 126
140. 如何选用活性炭去除工业用水中的有机物？ …… 126
141. 采用粉状活性炭去除水中有机物时该如何投加？活性炭投加量如何计算？ …… 126
142. 采用活性炭脱除水中余氯的原理是什么？脱氯过程受哪些因素影响？ …… 128
143. 脱除水中余氯时如何选用活性炭？ …… 130
144. 何为树脂吸附剂？有何特点？ …… 130
145. 什么是沸石分子筛？有何特点？ …… 130
146. 什么是活性炭纤维？与粒状活性炭相比有何特点？ …… 130
147. 进行活性炭再生应考虑哪些因素？ …… 132
148. 常用的活性炭再生方法有哪些？有何特点？ …… 133
149. 什么是固定床吸附器？ …… 137
150. 何为固定床穿透曲线？影响穿透过程的因素有哪些？ …… 137
151. 什么是移动床吸附器？有何特点？ …… 137
152. 什么是流化床吸附器？有何特点？ …… 138
（六）软化 …… 138
153. 何为硬水？进行硬水软化的目的是什么？ …… 138
154. 水的化学软化方法有哪些？软化机理是什么？ …… 139
155. 石灰软化法中所需石灰量如何计算？ …… 140
156. 如何计算石灰-纯碱软化法中所消耗的药剂量？ …… 140
157. 如何采用化学-热能综合软化法确定药剂的投加量？ …… 140
158. 地下水和地表水中铁和锰的存在形态有哪些？ …… 141
159. 去除水中铁和锰的方法有哪些？各方法的原理和适用条件是什么？ …… 142
160. 常用的离子交换树脂有哪几种？各种离子交换树脂的性质是什么？ …… 143
161. 离子交换树脂的物理性能指标有哪些？ …… 145
162. 离子交换树脂的化学性能指标有哪些？ …… 148
163. 什么是离子交换速度控制步骤？ …… 150
164. 影响离子交换速度的工艺条件有哪些？ …… 151
165. 常见的离子交换装置有哪些类型？ …… 152
166. 采用离子交换装置进行水质软化工作有哪些步骤？ …… 153
167. 离子交换树脂的再生方式有哪些？ …… 154
168. 离子交换树脂再生剂有哪些种类？ …… 155
169. 离子交换树脂的再生条件有哪些？ …… 155
170. 钠离子交换树脂水质软化工艺有何特点？ …… 156
171. 强酸性氢型阳树脂离子交换工艺有何特点？ …… 157
172. 弱酸性阳树脂离子交换工艺有何特点？ …… 158
173. 氢-钠离子交换软化除碱工艺类型有哪些？ …… 160
174. 阳离子交换树脂工艺运行中的常见问题与对策有哪些？ …… 162

175. 强碱性阴离子交换树脂有何工艺特征? …… 164
176. 弱碱性阴离子交换树脂有何工艺特征? …… 165
177. 阴离子交换树脂工艺运行中的常见问题与对策有哪些? …… 166
（七）脱盐 …… 169
178. 脱盐水制造装置主要去除水中的哪些离子? 其处理出水主要用于哪些行业? …… 169
179. 脱盐水制造和纯水制造有何区别? …… 169
180. 纯水制造装置分为哪几种? 各种装置的优缺点和原理是什么? …… 170
181. 纯水制造装置一般以解决什么问题为目标? 如何解决? …… 173
182. 代表性脱盐水处理工艺有哪些? 有何优缺点? …… 173
183. Ⅰ型强碱性树脂和Ⅱ型强碱性树脂的特性和区别是什么? …… 176
184. 何为复床除盐? 复床系统的主要类型和特点有哪些? …… 176
185. 何为混合床除盐? 混合床系统的结构和工作原理是怎样的? …… 178
186. 混合床除盐系统对树脂有何要求? …… 179
187. 混合床与复合床除盐系统相比有何优点和不足? …… 179
188. 离子交换除盐工艺设计与选用原则有哪些? …… 180
189. 提高离子交换除盐系统运行经济性的途径有哪些? …… 180
190. 膜分离技术的特点与主要类型有哪些? …… 182
191. 反渗透脱盐技术的发展历程是怎样的? …… 182
192. 反渗透膜是如何实现盐水分离的? …… 183
193. 反渗透膜的主要类型有哪些? …… 185
194. 如何评价反渗透膜的理化性能? …… 185
195. 常见的膜组件和反渗透器形式有哪些? …… 188
196. 反渗透装置的主要工艺流程有哪些? …… 191
197. 反渗透装置的主要性能参数有哪些? …… 192
198. 微滤预处理的主要去除对象和净化原理是什么? …… 193
199. 微滤膜的主要类型和结构特征是什么? …… 194
200. 超滤预处理的主要去除对象和净化原理是什么? …… 194
201. 超滤膜的主要类型和区别有哪些? …… 195
202. 纳滤预处理的主要去除对象是什么? …… 195
203. 纳滤膜的主要类型有哪些? …… 195
204. 纳滤膜的性能评价指标有哪些? …… 196
205. 反渗透除盐对出水有何要求? 如何进行后处理? …… 197
206. 何为膜污染? 影响膜污染的因素有哪些? …… 197
207. 如何进行膜的清洗与再生? …… 199
208. 用于脱盐的离子交换膜主要有哪些? 各种交换膜的性质有何区别? …… 200
209. 离子交换膜的选择原则有哪些? …… 200
210. 电吸附除盐技术的原理是什么? …… 201
211. 电渗析除盐的技术原理是什么? …… 201
212. 电渗析器运行中存在的主要问题有哪些? 如何解决? …… 202
213. 电渗析法脱盐装置有哪几种形式? 具体处理方式该如何选择? …… 202

214. 何为电除盐？其工作原理是什么？ …… 203
215. 影响电除盐效果的因素主要有哪些？ …… 204
216. 电除盐技术的主要应用场景是什么？ …… 204

四、冷却与循环冷却水处理技术

205

（一）循环冷却水系统类型与组成 …… 205
217. 水冷却的原理、作用和意义是什么？ …… 205
218. 哪些行业需要用到循环冷却水？ …… 205
219. 冷却水系统分为哪几种类型？各有什么特点？ …… 206
220. 敞开式循环冷却水系统有哪些类型？ …… 207
221. 什么是换热器和水冷却器？ …… 209
222. 冷却塔有哪些类型？各有什么特点？ …… 209
223. 冷却塔的主要构造是什么？ …… 211
224. 冷却塔的工作原理是什么？ …… 214
225. 淋水填料的主要类型和传热方式有哪些？ …… 215
226. 影响冷却塔冷却能力的因素有哪些？ …… 216
227. 冷却塔设计需要哪些基础资料？ …… 217
228. 如何进行冷却塔的设计计算？ …… 218
229. 如何进行冷却塔的选型？ …… 219
230. 冷却塔填料选择需要遵循哪些原则？ …… 220
（二）循环冷却水系统水-盐平衡 …… 220
231. 循环冷却水对水质有什么要求？ …… 220
232. 循环水是通过哪些途径实现散热的？ …… 221
233. 如何建立循环冷却水系统水量和盐量平衡？ …… 222
234. 敞开式循环冷却水系统水质有哪些特点？ …… 224
235. 碱度与 pH 对循环冷却水有什么影响？ …… 226
236. 循环冷却水处理的目的是什么？ …… 226
237. 循环冷却水系统有哪些流程？ …… 227
238. 如何选择循环冷却水处理方案？ …… 228
（三）循环冷却水结垢控制技术 …… 228
239. 循环冷却水系统的沉积物主要分为哪几类？ …… 228
240. 循环冷却水系统中水垢的类型和危害有哪些？ …… 228
241. 冷却水系统沉积结垢的主要影响因素有哪些？ …… 229
242. 冷却循环水水质稳定性的判断方法有哪些？ …… 230
243. 如何鉴别碳酸盐、磷酸盐、硫酸盐和硅酸盐水垢？ …… 234
244. 控制水垢的方法有哪些？ …… 235
245. 如何清除供水管和冷却管中的污垢？ …… 236
246. 什么是阻垢剂？阻垢机理有哪些？ …… 236
247. 常用的阻垢剂有哪些？ …… 238
（四）循环冷却水腐蚀控制技术 …… 238

248. 什么是腐蚀速率？如何确定腐蚀速率？ …… 238
249. 金属腐蚀的控制方法主要有哪些？ …… 240
250. 常见的防腐涂料有哪些？防腐涂料如何起防腐作用？ …… 240
251. 什么是阴极保护和牺牲阳极防腐法？ …… 240
252. 循环冷却水缓蚀剂应具备哪些条件？ …… 241
253. 常用缓蚀剂的类型有哪些？ …… 241
254. 不锈钢管选择的原则是什么？如何确定其点蚀电位？ …… 243
255. 不同材质的不锈钢管适用的水质范围是什么？ …… 244
（五）循环冷却水微生物控制技术 …… 245
256. 循环冷却水中的微生物主要有哪些？ …… 245
257. 什么是硝化细菌、反硝化细菌和产黏泥细菌？ …… 246
258. 什么是真菌？其生长条件及对冷却水系统的危害有哪些？ …… 246
259. 什么是藻类？其生长条件及对冷却水系统的危害有哪些？ …… 246
260. 影响微生物黏泥产量的主要因素有哪些？ …… 247
261. 如何判断冷却水中的微生物有无形成危害？ …… 248
262. 如何控制有害细菌的生长？ …… 248
263. 循环冷却水中微生物的物理控制方法有哪些？ …… 249
264. 循环冷却水中微生物的生物控制方法有哪些？ …… 250
265. 循环冷却水杀生剂应具备哪些条件？ …… 250
266. 常用冷却水用杀生剂有哪些？ …… 251

五、锅炉用水处理技术 …… 253

267. 锅炉的基本组成有哪些？ …… 253
268. 锅炉工作包括哪些过程？ …… 254
269. 利用软化处理后的硬水作为锅炉给水存在哪些问题？ …… 254
270. 水垢的成因和危害有哪些？可采取哪些控制措施？ …… 255
271. 炉水引起腐蚀的原因和危害有哪些？可采取哪些控制措施？ …… 257
272. 汽水共腾形成的原因和危害有哪些？可采取哪些控制措施？ …… 262
273. 锅炉用水炉外处理的去除对象和常用技术主要有哪些？ …… 263
274. 何为炉内处理？炉内处理的目的是什么？ …… 263
275. 锅炉防垢剂有哪些种类？其作用机理是什么？ …… 264
276. 锅炉内水处理的加药方法有哪些？ …… 265
277. 锅炉内加药处理需注意哪些问题？ …… 265

六、蒸汽冷凝水处理技术 …… 266

278. 蒸汽冷凝水处理一般应用于哪些场合？ …… 266
279. 蒸汽冷凝水中金属腐蚀产物的主要来源有哪些？如何对其进行去除？ …… 266
280. 覆盖过滤器的结构特点和工作过程是怎样的？ …… 268
281. 管式微孔过滤器的结构特点和工作过程是怎样的？ …… 270

282. 电磁过滤器的结构特点和工作过程是怎样的? …… 271
283. 如何利用氢型阳离子交换器进行冷凝水处理? …… 274
284. 何为阳层混床? 如何利用阳层混床进行冷凝水处理? …… 274
285. 何为空气擦洗高速混床? 其冷凝水中颗粒物的去除效果如何? …… 274
286. 蒸汽冷凝水中油的存在状态有哪些? 有哪些水中油的分离方法? …… 275
287. 蒸汽冷凝水中的盐分来源有哪些? 其含量受哪些因素的影响? …… 276
288. 蒸汽冷凝水中为何常用体外再生混床除盐? 装置有何结构特点? …… 277
289. 体外再生混床冷凝水除盐效果的影响因素有哪些? …… 278
290. 体外再生混床再生系统的常用类型和运行特点有哪些? …… 279
291. 采用铵型混床除盐的原因和运行方式是什么? …… 280
292. 提高混床阴阳树脂分离程度的方法有哪些? 各有哪些优缺点? …… 282
293. 当前凝结水处理的常用系统有哪几种? 适用条件是什么? …… 285
294. 如何进行火力发电机组凝结水处理? …… 285

七、电子工业用水处理技术 …… 287

295. 电子行业用水对水质有何特殊要求? …… 287
296. 纯水和高纯水有何区别? …… 287
297. 当前电子工业中各类产品对水质的要求有哪些? …… 287
298. 超纯水处理系统根据原水存在杂质和水质要求可分为哪几类? 各系统的组成是什么? …… 288
299. 纯水水质的微量检测技术有哪些? …… 289
300. 清洗纯水回收利用技术的工作原理和流程是什么? …… 289

八、食品行业用水处理技术 …… 290

301. 食品行业如何进行水源选择? …… 290
302. 各类水源中所含物质对食品生产有哪些影响? …… 290
303. 食品行业主要生产工艺有哪些? 各工艺用水量有何不同? …… 291
304. 用于处理食品生产用水的常用方法有哪些? 这些方法的处理目的是什么? …… 293
305. 食品中各行业对于用水的水质标准有何异同? …… 293

附录 …… 295

附录一 城市污水再生利用 工业用水水质(GB/T 19923—2024)(摘录) …… 295
附录二 工业循环冷却水处理设计规范(GB/T 50050—2017)(摘录) …… 299

参考文献 …… 313

绪　论

1 何为水资源和用水危机?

根据世界气象组织（WMO）和联合国教科文组织（UNESCO）的 *International Glossary of Hydrology*（国际水文学名词术语，第三版，2012 年）中有关水资源的定义，水资源是指可资利用或有可能被利用的水源，这个水源应具有足够的数量和合适的质量，并满足某一地方在一段时间内具体利用的需求。

地球上约有 $1.386\times10^9 km^3$ 水量，但其中绝大部分是海水，约占 94%，由于海水含盐量高（含 NaCl 约 3.5%）、流域分布局限（仅限于沿海地区），大规模使用受到限制。适宜人类活动的各种淡水在地球上约有 $2.767\times10^{16} m^3$，仅占全部水量的 2%，而且这 2%的淡水中，大部分分布在冰山、冰川及大气中，人类不能直接利用，人类可以利用的河流、湖泊及浅层地下水仅有 $4.7\times10^{15} m^3$。由此可见，地球上人类可以利用的水资源是非常有限的。

可以被人类利用的淡水资源在地球上分布又极不均衡，有的国家（地区）水量充沛，有的国家（地区）却处于干旱和半干旱状况，甚至有的仅能依靠海水淡化来维持正常的社会活动（如中东地区）。早在 1977 年联合国水会议就发出警告：“水不久将成为一个深刻的危机，继石油危机之后的下一个危机便是水。”可见缺水已是非常严重的问题，预计到 2025 年全球将有 50 亿人生活在缺水地区，27 亿人面临严重的饮用水危机。

2 我国的水资源有何分布特征?

根据《中华人民共和国 2023 年国民经济和社会发展统计公报》可知，我国 2023 年水资源总量为 $2.478\times10^{12} m^3$。全年总用水量为 $5.907\times10^{11} m^3$，比上年下降 1.5%。其中，生活用水增长 0.5%，工业用水增长 0.2%，农业用水下降 2.9%，人工生态环境补水增长 3.9%。万元国内生产总值用水量为 $50m^3$，下降 6.4%。万元工业增加值用水量为 $26m^3$，下降 3.9%。人均用水量为 $419m^3$，下降 1.4%。

我国水资源分布呈现南方多北方少的状况，南方长江流域、华南、西南、东南地区水资源占全国的 81%（人口占全国的 54.7%），而北方的东北、华北、黄河及淮河流域水资源仅占全国的 14.4%（人口占全国的 43.2%），我国北方及西北地区是严重的缺水地区，干旱缺水地区涉及 20 多个省市，总面积达 $5\times10^6 km^2$，占我国陆地面积的 52%。在我国 600 多个建制市中有近400座城市缺水，严重缺水城市达130多个，甚至有的省市人均水资源低于1000m^3/a，达到国际上公认的水资源紧缺限度。另外，我国北方和西北地区不同季节的降水量又极不均衡，6～9月份集中了全年降水量的70%～80%，这更加剧了这一地区的缺水状况。水资源短缺除了影响人的正常生活外，还限制了工农业发展。

3 工业节水的具体措施有哪些?

我国水资源的特点是地区分布不均，水土资源组合不平衡；年内分配集中，年际变化大；连丰连枯年份比较突出；河流的泥沙淤积严重。这些特点造成了我国容易发生水旱灾害，水的供需产生矛盾，这也决定了我国对水资源的开发利用、江河整治的任务十分艰巨。

从以上所述可以看到，在我国节约用水不仅是必须的，而且还有很大的操作空间。一般来讲，节约用水可以从以下方面进行操作：

① 加强水资源管理，引入市场机制，对从自然界取水实行分时、分质、分类收取水费，利用水费的杠杆作用减少需水量，保证节水工作实施；

② 在工业企业内部加强水务管理，合理进行水量分配，促进企业内部水的重复使用、循环使用和梯级利用，提高水的重复利用率，减少排放，减少水的损失和浪费；

③ 鼓励使用海水、苦咸水及其他低质水，搞好污水回用，开发与此相关的技术和设备；

④ 加大科技投入，开发节水的新技术、新工艺、新材料，开发及使用节水型设备与器具，减少用水。

4 工业用水常用水源有哪些?

工业用水（industrial water）水源通常为地表水（河水、湖水、水库水）和地下水（井水）。对用水量不大的中小型企业，还可以直接使用城市自来水作水源。在某些特殊场合，如沿海地区和缺水地区，甚至可使用海水和经处理后的城市污水（再用水）作水源。

5 工业用水的类型有哪些?

在工业企业内部，不同工厂、不同设备需要的水量、水质是不同的，工业用水的种类繁多。关于工业用水的分类，由于涉及企业、工艺面广，涉及的问题复杂，至今尚未得到统一的看法，从不同需要、不同角度可以提出不同的分类方法，下面对目前几种常用的（或习惯使用的）分类方法加以介绍。

（1）按用水的作用分类

① 生产用水　直接用于工业生产的水，称为生产用水。生产用水包括冷却水、工艺用水、锅炉用水。

② 间接冷却水　在工业生产过程中，为保证生产设备能在正常温度下工作，用来吸收或转移生产设备的多余热量，所使用的冷却水（此冷却用水与被冷却介质之间由热交换器壁

或设备隔开)，称为间接冷却水。

③ 工艺用水　在工业生产中，用来制造、加工产品以及与制造、加工工艺过程有关的这部分用水，称为工艺用水。工艺用水中包括产品用水、洗涤用水、直接冷却水和其他工艺用水。

④ 锅炉用水　为工艺或采暖、发电需要产汽的锅炉用水及锅炉水处理用水，统称为锅炉用水。锅炉用水包括锅炉给水、锅炉水处理用水。

⑤ 生活用水　厂区和车间内职工生活用水及其他用途的杂用水，统称为生活用水。

(2) 按用水的过程分类

① 总用水　是指工矿企业在生产过程中所需用的全部水量，包括空调、冷却、工艺用水和其他用水。在一定设备条件和生产工艺水平下，其总用水量基本是一个定值，可以通过测试计算确定。

② 取用水　取用水（或称补充水）是指工矿企业取自不同水源（江河水、湖泊水或水库水、地下水、自来水或海水等）的总取水量。

③ 排放水　排放水是指经过工矿企业使用后，向外排放的水量。

④ 耗用水　是指工矿企业生产过程中耗掉的水量，包括蒸发、渗漏、工艺消耗和生活消耗的水量。

⑤ 重复用水　是指在工业生产过程中使用两次以上的用水量。重复用水量包括循环用水水量和二次以上的用水量。

(3) 按水源类型分类

① 地表水　包括陆地表面形成的径流及地表储存的水（如江、河、湖、水库水等）。

② 地下水　地下水包括地下径流或埋藏于地下的，经过提取可被利用的淡水（如潜水、承压水、岩溶水、裂隙水等）。

③ 自来水　是指由城市给水管网系统供给的水。

④ 海水　沿海城市的一些工业用作冷却水水源或为其他目的所取的那部分海水（注：城市污水回用水与海水是水源的一部分，但目前对这两种水暂不考核，不计在取水量之内，只注明使用水量以作参考）。

⑤ 城市污水回用水　经过处理达到工业用水水质标准又回用到工业生产的那部分城市污水，称为城市污水回用水。

⑥ 其他水　有些企业根据本身的特定条件使用上述各种水以外的水作为取水水源，称为其他水。

6 工业用水的水量有多大?

根据最新发表的《中国水资源公报》可知，2022 年我国工业用水 $9.684\times10^{10}\,m^3$（其中直流火（核）电冷却水 $4.827\times10^{10}\,m^3$），占用水总量的 16.2%。1997 年以来全国用水总量总体呈缓慢上升趋势，2013 年后变化相对平稳。其中，工业用水量从总体增加转为逐渐趋稳，近年来有所下降；与 2021 年相比，用水总量增加 $7.8\times10^9\,m^3$，其中工业用水量减少 $8.12\times10^9\,m^3$。1997—2022 年全国用水量变化如图 1-1 所示。

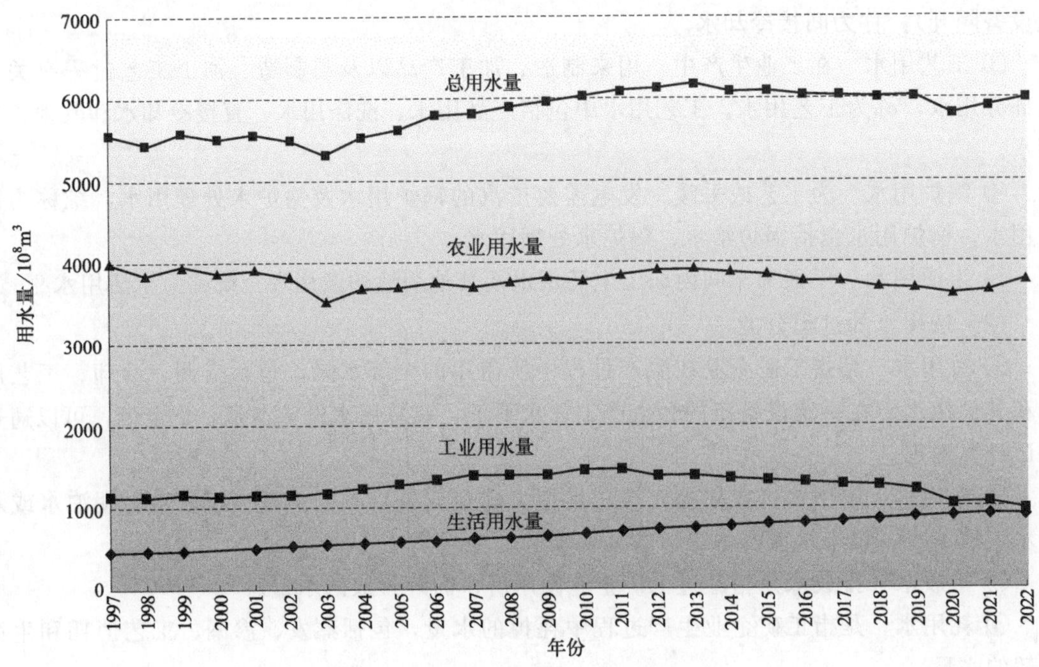

图 1-1　1997—2022 年全国用水量

7 工业高用水行业的特点有哪些？涉及哪些行业？

通过统计各工业行业与用水相关的指标数据，可以发现高用水行业有一些共同的特点：

① 由于输水损失和生产过程中大量蒸发、渗漏、产品带走、产区生活等，需要在生产过程中大量加水，导致用水量大。

② 用水效率较低。高用水行业的一个重要的划分标准是行业生产单位产品所取用水量大于或等于经济系统的平均水平，从经济产出角度分析，单位产出用水量较大则是行业用水水平低的重要标志。

③ 污水排放严重。国民经济各部门用水后的污染效应严重影响水资源的可利用量和水资源的循环再生系统。废污水的排放使原水质下降或破坏，进而降低了水资源的可利用量与可利用效率，是随着经济的发展而导致严重缺水的、对水资源可持续利用具有更大破坏作用的关键因素。

④ 经过过去自然资源和人们生活需求的不断选择，目前的高用水行业均表现出在国民经济中占有重要的地位。

根据因子分析法对各工业行业的用水水平评价结果，结合各行业用水量评价指标的统计数据共同分析，可得出以下结论：

① 化学原料及化学制品制造业因其用水量巨大、在国民经济中占有重要地位以及用水效率较低等因素，成为 37 个工业行业中用水水平评分最低的行业，将其界定为高用水行业。

② 黑色金属冶炼及压延加工业、纺织业和造纸及纸制品业三个行业的综合评价结果仅次于化学原料及化学制品制造业，且与其他行业的评分结果有明显界限，因此可界定为高用水行业。其中，黑色金属冶炼及压延加工业评分较低的主要原因是用水量大、行业产值在整个国民经济中占比重较大，以及未来产业发展有加速的趋势；而纺织业和造纸及纸制品业主

要是由于用水量大、排污严重等原因，造成评分较低。

③ 煤炭开采和洗选业、农副食品加工业、非金属矿物制品业、饮料制造业、有色金属冶炼及压延加工业和石油加工、炼焦及核燃料加工业六个行业用水量较大。需要指出的是，对于石油加工、炼焦及核燃料加工业，随着工业化、城镇化的快速发展，房屋建筑面积和汽车保有量快速增长，未来的石油能源需求将处于较快增长阶段，石油和炼焦相关产品的用水量将相应增加。因此，将石油加工、炼焦及核燃料加工业定义为高用水行业。对于其他五个行业，从生产工艺特点定性分析以及行业内的重点产品用水定额来看，用水量相对较小，不归为高用水行业。

8 工业用水成本在产品成本中所占的比例有多少?

在一切工业生产中，水是各种工程上直接或间接使用的重要工业原料。工业用水的水量、水温、水质等条件，在经济性和操作两方面都要满足生产所需各种工艺过程的要求，在保证这一条件的限度内来估算用水费用。用水费用包括设施费、维护管理费、动力费、水质改善费等，这几项费用在工厂生产费用中占多大的比例，自然就决定了水源的利用价值。无论是水质多么好的水，如果不可能获得足够的水量来满足各种生产设施和生产规模的要求，且取水费用又高的话，作为工业用水的价值就降低了。反之，有时虽然水质较差，但水量充足，取水费用低，那么，即使估计要付出一定的水质改善费，也有很大的利用价值。

工业用水的费用随工业生产的种类、规模以及各地的具体情况不同而异。用水成本在产品成本中所占的比例平均大约为0.5%～1%，但有的地方也可高达3%～5%，整体而言用水成本在产品成本中所占的比例很小。

9 工业用水对水质有何要求?不同行业是否相同?

对于各种工业生产的工业用水，各个行业和各种使用目的有不同的水质要求，很复杂，但饮用水和锅炉用水在各种情况下所受的限制共同点较多。

在各种用水中，有的像原料用水、产品处理用水那样直接用于生产工艺，或作为原料的一部分添加进去；有的与原料、半成品等的表面接触，起物理或化学作用。无论哪一种情况都需要优质水，但是，根据产品种类和制造方法的不同，要求各种各样的水质。在表1-1～表1-3中列举了一些工业行业对用水水质的要求。

表1-1 电子和半导体工业用高纯清洗用水水质标准（GB/T 11446.1—2013）

项目		技术指标			
		EW-Ⅰ	EW-Ⅱ	EW-Ⅲ	EW-Ⅳ
电阻率(25℃)/(MΩ·cm)		≥18(5%时间不低于17)	≥15(5%时间不低于13)	≥12	≥0.5
全硅/(μg/L)		≤2	≤10	≤50	≤1000
微粒数/(个/L)	0.05～0.1μm	500	—	—	—
	0.1～0.2μm	300	—	—	—
	0.2～0.3μm	50	—	—	—
	0.3～0.5μm	20	—	—	—
	＞0.5μm	4	—	—	—

续表

项目	技术指标			
	EW-Ⅰ	EW-Ⅱ	EW-Ⅲ	EW-Ⅳ
细菌个数/(个/mL)	≤0.01	≤0.1	≤10	≤100
铜/(μg/L)	≤0.2	≤1	≤2	≤500
锌/(μg/L)	≤0.2	≤1	≤5	≤500
镍/(μg/L)	≤0.1	≤1	≤2	≤500
钠/(μg/L)	≤0.5	≤2	≤5	≤1000
钾/(μg/L)	≤0.5	≤2	≤5	≤500
铁/(μg/L)	≤0.1	—	—	—
铅/(μg/L)	≤0.1	—	—	—
氟/(μg/L)	≤1	—	—	—
氯/(μg/L)	≤1	≤1	≤10	≤1000
亚硝酸根/(μg/L)	≤1	—	—	—
溴/(μg/L)	≤1	—	—	—
硝酸根/(μg/L)	≤1	≤1	≤5	≤500
磷酸根/(μg/L)	≤1	≤1	≤5	≤500
总有机碳/(μg/L)	≤20	≤100	≤200	≤1000

表 1-2　工业锅炉水质标准（GB/T 1576—2018）

水样	锅炉类型	贯流蒸汽锅炉			直流蒸汽锅炉		
	额定蒸汽压力/MPa	$p\leq1.0$	$1.0<p\leq2.5$	$2.5<p\leq3.8$	$p\leq1.0$	$1.0<p\leq2.5$	$2.5<p\leq3.8$
	补给水类型	软化或除盐水			软化或除盐水		
给水	浊度/FTU	≤5.0			—		
	硬度/(mmol/L)	≤0.03		$\leq5\times10^{-3}$	≤0.03		$\leq5\times10^{-3}$
	pH(25℃)	7.0～9.0			10.0～12.0		9.0～12.0
	溶解氧/(mg/L)	≤0.50			≤0.50		
	油/(mg/L)	≤2.0			≤2.0		
	铁/(mg/L)	≤0.30		≤0.10	—		
	总碱度/(mmol/L)	—			4.0～16.0	4.0～12.0	≤12.0
	酚酞碱度/(mmol/L)				2.0～12.0	2.0～10.0	≤10.0
	电导率(25℃)/(μS/cm)	$\leq4.5\times10^{2}$	$\leq4.0\times10^{2}$	$\leq3.0\times10^{2}$	$\leq5.6\times10^{3}$	$\leq4.8\times10^{3}$	$\leq4.0\times10^{3}$
	溶解固形物/(mg/L)	—			$\leq3.5\times10^{3}$	$\leq3.0\times10^{3}$	$\leq2.5\times10^{3}$
	磷酸根/(mg/L)	—			10～50		5～30
	亚硫酸根/(mg/L)	—			10～50	10～30	10～20

注：1. 直流锅炉给水取样点可设定在除氧热水箱出口处。

2. 直流蒸汽锅炉给水溶解氧≤0.05mg/L的，给水pH下限可放宽至9.0。

表 1-3　纺织染整工业回用水水质标准（FZ/T 01107—2011）

序号	项目		限值
1	pH值		6.5～8.5
2	化学需氧量(COD)/(mg/L)	≤	50
3	悬浮物/(mg/L)	≤	30
4	透明度①/cm	≥	30
5	色度(稀释倍数)	≤	25
6	铁/(mg/L)	≤	0.3
7	锰/(mg/L)	≤	0.2
8	硬度($CaCO_3$计)/(mg/L)	≤	450
9	电导率/(μS/cm)	≤	2500

① 透明度可以通过浊度的测定进行换算。

10 工业用水原水中的杂质主要有哪些?

对于工业用水原水中杂质，粗略地可以按其颗粒大小分为三类：悬浮物（suspended solids，SS）、胶体（colloid）和溶解物质（dissolved matter）。溶解物质又可以分为溶解气体、溶解无机离子、溶解有机物质三种。

11 工业用水原水中常见的胶体有哪些?

工业用水原水中的胶体按成分可以分为无机胶体、有机胶体和混合胶体三种。无机胶体多为硅、铝、铁的化合物、复合物及其聚合体，比如各种黏土胶体就是典型的无机胶体；有机胶体多为大分子的有机物，比如原水中经常见到的腐殖质、蛋白质类的有机胶体；混合胶体多为无机胶体上吸附了大分子有机物的情况。

12 工业用水原水中常见的气体组分有哪些?

以代表性的工业用水原水——地表水和地下水为例，地表水由于和空气接触，空气会溶入水中。空气中含有氮气和氧气，所以水中也存在溶解的氮和氧，由于氮气是不活泼气体，不参与化学过程，所以一般都不予重视，仅注意水中的溶解氧。空气中还含有 CO_2，CO_2 也会溶解在水中。另外，由于地壳运动、水生生物作用等原因，放出的 CO_2 也会增加水中 CO_2 含量。排入地表水的各种生活污水、工业废水及农田排水，还会给地表水带入氨、硫化氢等气体。

地下水由于和空气隔绝，水中溶解氧量很少。但由于地下水长期在地层中，地壳活动产生的 CO_2 会大量溶解在地下水中，地下水的 CO_2 含量通常较高。另外，地下水若流经硫铁矿源，水中还会带有硫化氢等气体。

13 工业用水原水中的无机离子主要有哪些?

工业用水原水中溶解的无机离子主要有：①阳离子，K^+、Na^+、Ca^{2+}、Mg^{2+} 等；②阴离子，HCO_3^-、CO_3^{2-}、SO_4^{2-}、Cl^-、$HSiO_3^-$ 等。它们的含量占水中总的无机离子95%以上。除了这些主要的离子外，其他的还有 Fe^{2+}、Cu^{2+}、Mn^{2+}、Ba^{2+}、Sr^{2+}、PO_4^{3-}、HPO_4^{2-}、$H_2PO_4^-$、NO_3^-、NO_2^-、F^-、Br^-，但含量均很低，约在 mg/L 级及以下。

14 工业用水原水中的有机组分主要有哪些?

工业用水中有机物含量一般较低，其来源包括两个方面：一是在水循环过程中所溶解和携带的有机成分；二是水生生物生命活动过程中所产生的各种有机物质。水中有机物的含量是水中各种复杂过程相互作用的结果。在淡水水体中有机物的浓度通常为几个 mg C/L，个别（如沼泽水）可高达 50mg C/L；海水中有机物的含量范围在 0.2～2.0mg C/L 之间，约为无机成分总含量的百万分之一。

水中有机物种类繁多，按其在水中分散度的大小可分为颗粒状有机物和溶解性有机物；按对水环境质量的影响和污染危害方式，可分为耗氧有机物与微量有毒有机物；按结构复杂程度和产生方式分为腐殖质类和非腐殖质类有机物。

(1) 颗粒状有机物

在水质分析中，一般将平均颗粒直径大于 0.45μm 的悬浮物称为颗粒物。以颗粒状存在的有机物称为颗粒状有机物，以符号 POM 表示；而小于 0.45μm 的部分称为溶解性有机物，以符号 DOM 表示。颗粒状有机物的物理形状可在普通光学显微镜下观察，它没有明显的布朗运动，在水体中可逐步沉降进入底泥。颗粒状有机物由有生命的有机体（如浮游生物）和有机碎屑组成。其化学组成十分复杂，现已鉴定出的化学成分包括脂肪酸、叶绿素、类胡萝卜素、维生素 B12、单糖（葡萄糖、半乳糖、阿拉伯糖和木糖）、氨基酸（谷氨酸、天门冬氨酸、精氨酸、丝氨酸、脯氨酸、丙氨酸和甘氨酸等）以及多核苷酸和三磷腺苷等。

(2) 溶解性有机物

按照上述分类方法，“溶解性有机物”实际上是包括胶体和真溶液两种状态存在的有机物，其中大部分呈胶体状态。其成分也很复杂，比较重要的有碳水化合物、含氮有机化合物、类脂化合物、维生素、其他简单有机化合物和腐殖质等。

① 碳水化合物　包括各种多糖和复杂的多糖类；海水中碳水化合物的总浓度为 200～600mg/L。

② 含氮有机化合物（DON）　主要为蛋白质腐解产物以及细胞分泌物，如胞外蛋白、球蛋白以及氨基酸。我国主要淡水湖泊总有机氮（TON）的含量在 0.12～7.38mg/L 之间，多数在 2.5mg/L 以下，总有机氮中可溶性有机氮占 40%～60%左右。

游离氨基酸主要有甘氨酸、谷氨酸、赖氨酸、天门冬氨酸、丝氨酸、亮氨酸和缬氨酸等。在海水中总的游离氨基酸的含量为 16～124mg/L，结合氨基酸含量变化于 2～120mg/L 之间。此外，海水中还存在其他一些含氮化合物，如尿素［$CO(NH_2)_2$，含量约为 5mg/L］，腺嘌呤（$C_6H_5N_5$，含量为 100～1000mg/L）和尿嘧啶（$C_4H_4N_2O_2$，含量约为 300mg/L）等。

③ 类脂化合物　包括脂肪酸或含有结合磷酸的脂类及其衍生物，如脂肪醇、甘油、胆固醇等；水体中类脂化合物的含量较低，海水中总脂肪酸含量平均约为 5mg/L，由于它们在水中较难分解，因此比较容易从水中检出。

④ 维生素　在海水中的已检出的维生素主要有三种 B 族维生素，即维生素 B12，维生素 B1 和维生素 H（生物素）。水体中维生素与生物生长有密切关系，但其含量甚微。海水中维生素 B12 的含量在 0.1～4mg/L 之间，B1 的含量可达十几 mg/L，维生素 H 的含量为几个 mg/L。

⑤ 其他简单有机化合物　水体中简单有机物包括羧酸，如乙酸、乳酸、羟基乙酸、苹果酸、柠檬酸等。它们是水中微生物生命活动所分泌的产物或复杂有机物的降解产物。

⑥ 腐殖质　腐殖质是有机物在微生物作用下，经过分解转化和再合成形成的、性质不同于原有机物的新的一类物质，在土壤和水体中广泛分布。水体底泥中的腐殖质含量一般为 1%～3%，某些地区可达 8%～10%左右。河水中腐殖质含量平均是 10～15mg/L，在某些情况下，可达到 200mg/L，沼泽水中常含有丰富的腐殖质。湖水中腐殖质含量变化较大，

在1～150mg/L之间，干旱地区由含碳酸盐岩石为底所组成的湖泊里，腐殖质含量不高，而分布在北方针叶林沼泽地带内的湖泊，腐殖质含量极高。

15 何为水质指标？评价工业用水水质的指标有哪些？

在工业用水中，常使用一些指标来表示水的质量，这就是水质指标。在其他用水场合，比如生活用水、工业废水等，也有相应的水质指标，不同场合所用的水质指标大部分是相同的，但也有一些各自的特殊点，这主要是为适应各自不同要求而定的。

工业用水常用的水质指标可以分为两种类型。一种是表示水中某些具体成分（如离子、分子等）含量，如表示水中Na^+、K^+、SO_4^{2-}、Cl^-等的指标，这些明确表示水中相应物质含量的指标通常叫做成分性指标，成分性指标可以根据实际水质情况及用水的需要进行增减。另一种类型称为技术性指标，它是用一种指标来表示水中某一类物质总的含量或者是某一类物质的某种性质。比如硬度表示水在受热时产生结垢的物质总量（通常指Ca^{2+}、Mg^{2+}总量），溶解固体表示水中溶解物质的总量，化学耗氧量是借水中有机物被氧化时消耗的氧化剂量来反映水中有机物的多少等。技术性指标是在长期实践中已得到大家认同的指标，不可随意修改。

16 如何评价水的色度、嗅和味？

水的颜色深浅，通常用色度来表示，色度的单位采用铂钴标准，它是将一定量的氯化铂酸钾和氯化钴溶液混合，总铂的浓度为1mg/L其颜色（黄褐色）为1度，作为色度的基本单位。清洁天然水色度一般在15～25度，含较多腐殖质的湖水、水库水，色度可以达到50度以上。

嗅指鼻子闻到的气味，味指口感味道，常见的嗅和味多是由于水中有机质的腐败、生物的作用、硫化氢的产生、某些异味污染物的进入而引起的。水的嗅和味通常按强度分为6级（0～5级），代表从无嗅无味到极强嗅和味的6个档次。另外，还需对嗅和味的类型进行描述，比如泥土气、鱼腥气、霉烂气、苦味、咸味、涩味等。

17 如何评价水的浊度与透明度？

（1）浊度

浊度实际上是一种光学指标，是用水的某种光学性质来表示水中悬浮物和胶体等粗分散颗粒对水清晰透明的影响程度。浊度大，水透明程度差，水中颗粒状物也多；相反，水浊度小，水透明程度高，水中颗粒状物也少。浊度的测定是用一束光通过含有粗分散颗粒的水，光除了受到阻碍，光强度减弱外，光线遇到水中颗粒物还要发生散射（图1-2）。

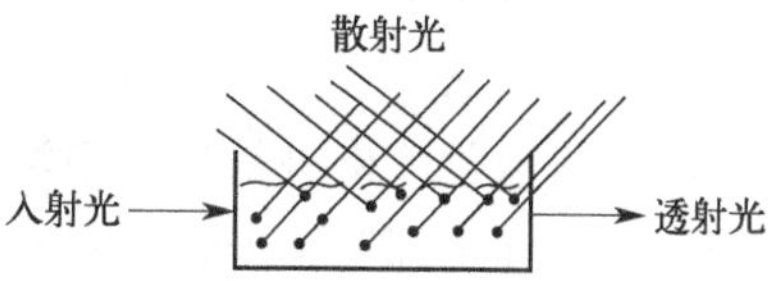

图1-2 浑浊水样对光的阻挡和散射

如果入射光强用λ_0表示，透射光强用λ_T表示，散射光强用λ_S表示，在水中颗粒大小、密度、形状、颜色等特性固定情况下，存在如下关系：

$$对透射光：\lg\frac{\lambda_0}{\lambda_T}=KnL$$

$$对散射光：\frac{\lambda_S}{\lambda_0}=knL$$

式中，L 为光通过水的光程长，在分析测试中，即比色皿长度，m；n 为水中悬浮颗粒的浓度；K、k 为常数。

由上述可知，在一固定的水体系中，可以用测量透射光强来了解水中颗粒状物质的多少，也可以用测量散射光强来了解水中颗粒状物的多少。浊度仪就是利用这一原理制得的。利用测量透射光强的浊度仪称为透射光浊度仪，测得的浊度称为透射光浊度；利用测量散射光的浊度仪称为散射光浊度仪，测得的浊度称为散射光浊度。除此之外，可以对透射光和散射光均进行测量，称为积分球式浊度仪，测得的浊度称为积分球浊度。

(2) 透明度

为了适应工业快速监测的需要，早期还使用过透明度指标，表示水的透明程度，透明度与浊度代表的是同一事物，但意义相反。透明度的测定方法是用一直径 2.5～3cm、长 0.5～1m 的玻璃筒，表面刻以 cm 为单位的刻度（可用玻璃量筒代替），筒底放一白瓷片，将被测水放入后，用绳吊一个铅字或十字或其他物体（图 1-3），用眼睛从上向下看，调节吊绳长度，直至符号刚刚看不见为止（图 1-4），记录此时的水柱高度（cm），即为该水的透明度。

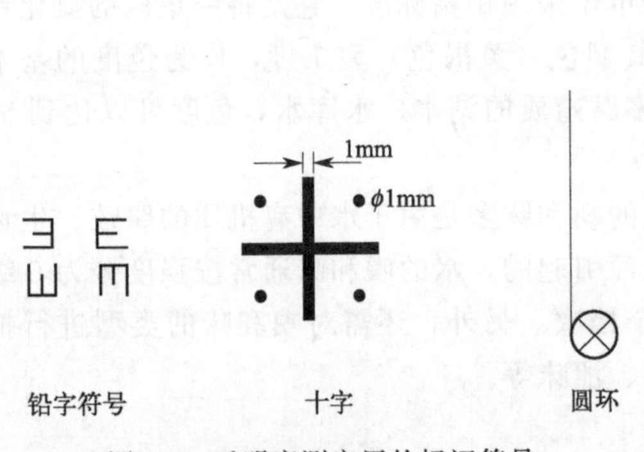

图 1-3　透明度测定用的标记符号

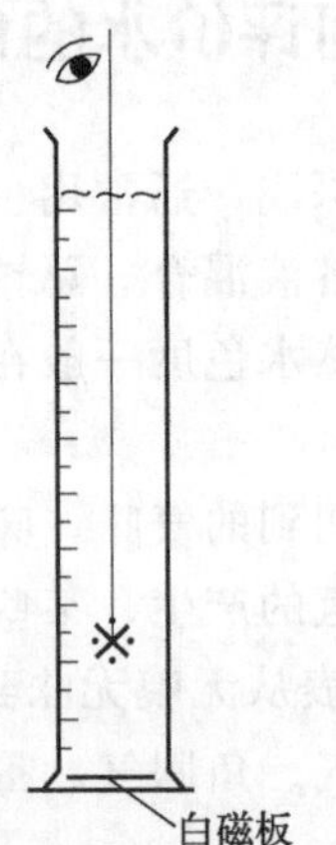

图 1-4　透明度测定方法示意图

18 如何评价水中的含盐量和电导率？

水中的含盐量和电导率评价方法如下。

(1) 含盐量

水的含盐量严格讲是指水中溶解的无机盐的总量，它是通过水质全分析，测得的水中全部阳离子量和全部阴离子量，再经过计算而得到的。含盐量有两个单位，一个是 mg/L，一个是 mmol/L。采用 mg/L 时，含盐量为水中全部阳离子含量（以 mg/L 表示）和全部阴离子含量（以 mg/L 表示）之和。采用 mmol/L 时，含盐量为水中全部阳离子含量（以 mmol/L 表示）之和或全部阴离子含量（以 mmol/L 表示）之和。

溶解固体可以近似代表水的含盐量 S，但不能完全代表水的含盐量，它们之间的关系约为：

$$S=\sum 阳+\sum 阴=总溶解固体-[SiO_2]_{全}-\sum 有机物+\frac{1}{2}[HCO_3^-]$$

式中，$[SiO_2]_{全}$ 为水体中所有可溶的 SiO_2 胶体的含量，mg/L；$[HCO_3^-]$ 为 HCO_3^- 在水中的含量，mg/L。

(2) 电导率

水中溶解的带电荷离子在电场作用下会移动，即有电流通过，因而水是导电的，水的导电能力即电导率。电导率大小与水中带电离子量成正比，故可以用电导率来反映水中溶解的离子含量。

与测定水的溶解固体和含盐量相比，电导率方法简便、快速、灵敏度高，又不破坏水样，所以得到广泛应用，特别适用于工业水处理的过程监测。

根据欧姆定律，一个导体的电阻（R，Ω）与导体的长度（L，cm）成正比，与导体截面积（A，cm^2）成反比：

$$R=\rho\frac{L}{A}$$

式中，ρ 为电阻率，Ω·cm。

在被测导体为水时，在水中放入由平行的两个金属（铂）片构成的电导电极，金属片之间立方体内的水即为导体，金属片面积为 A，金属片之间距离为 L，则该水的电导为

$$S=\frac{1}{R}=\frac{1}{\rho}\frac{A}{L}$$

令

$$\gamma=\frac{1}{\rho}$$

$$K=\frac{L}{A}$$

则

$$S=\gamma\frac{1}{K}$$

或

$$DD=SK$$

式中，γ 为电导率，S/cm；K 为电极常数，cm^{-1}。

电导率可以反映水中溶解的盐类多少，但与含盐量数值之间却无明显的固定关系，因而不能用电导率来计算含盐量的具体数值，仅能在同一类的水中，用电导率对含盐量进行一些简单的估算。需要指出的是，某些化合物如 SiO_2 类物质，对电导率的影响是很小的，也就是说，用电导率无法判断 SiO_2 类物质的多少。

19 如何评价水的碱度和酸度?

(1) 碱度

水的碱度是指水中能接受强酸中 H^+ 或与之发生反应的物质的量，包括碱及强碱弱酸盐，

比如 NaOH、$NaHCO_3$、Na_2CO_3、$Ca(HCO_3)_2$、$Mg(HCO_3)_2$、Na_3PO_4、Na_2HPO_4、NaH_2PO_4 和腐殖酸盐（NaY）等。

按测定方法不同，碱度有甲基橙碱度（methyl orange alkalinity）和酚酞碱度（phenolphthalein alkalinity）之分，甲基橙碱度是在用酸滴定水碱度时，用甲基橙作指示剂，甲基橙由黄色变橙色时为滴定终点，此时 pH 约为 4.2～4.4。酚酞碱度是用酚酞作指示剂，酚酞由红色变无色时为滴定点，此时 pH 约为 8.2～8.4。甲基橙碱度又称 M 碱度或总碱度，酚酞碱度又称 P 碱度。天然水中 P 碱度和 M 碱度间的关系可由图 1-5 来说明。

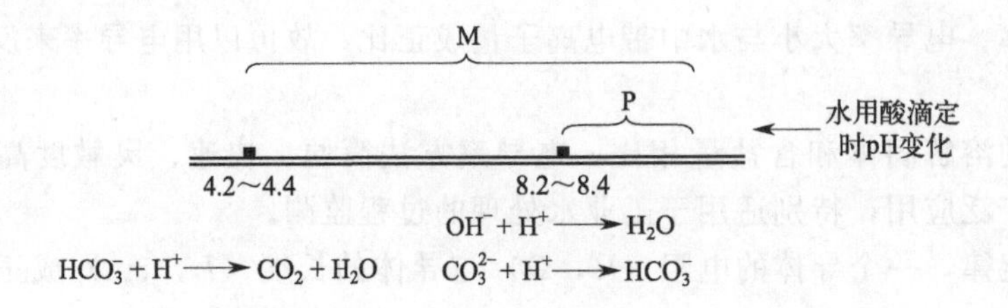

图 1-5 天然水中 P 碱度和 M 碱度之间关系示意图

（2）酸度

水的酸度是指水中能接受强碱中 OH^- 或与之发生反应的物质的量。水酸度的测定可用 NaOH 来滴定，指示剂可以用酚酞也可以用甲基橙。用酚酞时，测定结果包括水中强酸（如 HCl、H_2SO_4 等）、弱酸（如 CO_2、有机酸等）及强酸弱碱盐（如 $FeCl_3$ 等），测得的酸度称为总酸度。用甲基橙作指示剂时，测定结果仅为水中的强酸（或某些强酸弱碱盐），此时称为强酸酸度，有时强酸酸度也简称为酸度，比如阳离子交换出水酸度实际是指强酸酸度。

20 如何评价水的硬度？

硬度通常是指水中钙、镁离子总量，因为它们能形成坚硬的水垢，所以叫硬度。硬度常用的单位是 mmol/L［$C(Ca^{2+})$ 计或 $C(Mg^{2+})$ 计］，指每升水中含有的 Ca^{2+}、Mg^{2+} 等物质的量的和。但目前还在使用一些其他单位，比如：

mg $CaCO_3$/L 是将水中硬度离子全部换算成 $CaCO_3$，计算以 mg/L 为单位的浓度，1mmol/L＝100mg $CaCO_3$/L。

德国度（°G）是将水中硬度离子全部换算成 CaO，计算以 mg/L 为单位的浓度，每 10mg CaO/L 即为 1°G，1mmol/L＝2.8°G。

水的重碳酸盐硬度是指水中与 HCO_3^- 相结合的钙、镁离子量，水的非碳酸盐硬度是指水中与 Cl^-、SO_4^{2-}、NO_3^- 相结合的钙、镁离子量。所谓"结合"是一个假设的概念，由于水在受热的时候，会析出 $CaCO_3$ 垢：

$$Ca(HCO_3)_2 \xrightarrow{\triangle} CaCO_3 \downarrow + CO_2 \downarrow + H_2O$$

所以假设水中 Ca^{2+}、Mg^{2+} 是首先与 HCO_3^- 相结合，多余的才与 Cl^-、SO_4^{2-}、NO_3^- 相结合。不同类型水的碳酸盐硬度和非碳酸盐硬度表示方法示于图 1-6。

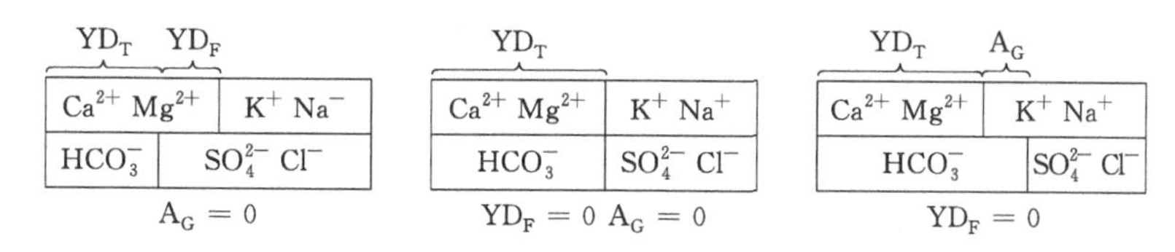

图 1-6　不同类型水的碳酸盐和非碳酸盐硬度表示方法

YD_T—碳酸盐硬度；YD_F—非碳酸盐硬度；A_G—过剩硬度

21 高锰酸盐指数、COD 和 BOD_5 有何差异?

(1) 高锰酸盐指数

高锰酸盐指数是反映清洁和较为清洁水体中有机和无机可氧化物质污染的常用条件性相对指标。水中的亚硝酸盐、亚铁盐、硫化物等还原性无机物和在此条件下可被氧化的有机物，均可被 $KMnO_4$ 氧化。高锰酸盐指数是采用 $KMnO_4$ 氧化水样中的某些有机物及无机可氧化物质，由消耗的 $KMnO_4$ 量计算相当的氧量，以氧的 mg/L 表示。

(2) 化学需氧量 (COD)

化学需氧量 (COD) 反映了水体中受还原性物质 (包括有机物和无机还原性物质等) 污染的程度，但一般水及废水中的亚硝酸盐、亚铁盐、硫化物数量相对不大，而被有机物污染是普遍的，因此 COD 被认为是有机物质相对含量的一项综合性指标。COD 是指在一定严格的条件下，水中的还原性物质在 $K_2Cr_2O_7$ 的作用下，被氧化分解时所消耗氧化剂的量，以氧的 mg/L 表示。

(3) 生化需氧量 (BOD_5)

生化需氧量 (BOD_5) 是指在 (20±1)℃培养 5d，在微生物作用下，使可降解的有机物被转化为无机盐所消耗的水中的溶解氧的过程，分别测定培养前后样品的溶解氧，两者之差为 BOD_5 值，以氧的 mg/L 表示。根据耗氧量的多少，间接判断有机物含量。

综上所述，高锰酸盐指数、COD 和 BOD_5 都指水中还原物质的多少，其测定过程都是使水体中的相对不稳定状态氧化为稳定状态。

COD 和高锰酸盐指数测定过程是化学反应，而 BOD_5 是人为模拟自然条件的生化反应和化学反应的共同结果。并且所使用的氧化剂也有所不同，高锰酸盐指数是 $KMnO_4$，COD 是 $K_2Cr_2O_7$，BOD_5 是原水中的溶解氧。

22 水中碳酸盐的存在形态与析出特性有哪些?

水中碳酸化合物主要有三种形态：溶解的 CO_2 或 H_2CO_3，H_2CO_3 的一级解离产物 HCO_3^- 以及二级解离产物 CO_3^{2-}，即

$$CO_2+H_2O \rightleftharpoons H_2CO_3 \rightleftharpoons H^+ + HCO_3^- \rightleftharpoons 2H^+ + CO_3^{2-}$$

在此平衡中，CO_2 指水中溶解的 CO_2，它受与水接触的气体中 CO_2 影响，它们之间存在平衡。CO_3^{2-} 还受碳酸盐沉淀物影响，也与它存在平衡。

从水中析出 $CaCO_3$，是因为水中 $[Ca^{2+}]$ 与 $[CO_3^{2-}]$ 的乘积大于 $CaCO_3$ 的溶度积

K_{sp}。在水中硬度一定时，只有CO_3^{2-}浓度升高才会引起$CaCO_3$析出，CO_3^{2-}浓度升高的原因一般有：

① 有碱性物质进入水中，水的pH值上升，水中CO_2含量减少，CO_3^{2-}含量增多；

② 水受热，水中CO_2逸出，碳酸盐平衡被破坏；

③ 其他原因（如脱气等）使水中CO_2减少，碳酸盐平衡破坏。

综上所述，CO_3^{2-}浓度上升，均是由水中CO_2减少所致，比如当水受热时，水面水蒸气分压上升，CO_2分压减少，水中溶解的CO_2逸出。

23 水中硅酸化合物的存在形态与转化特征有哪些？

天然水中硅酸化合物有溶解硅和胶体硅之分，溶解硅和胶体硅之和称为全硅。一般比色分析测得的是溶解硅，所以溶解硅又称为反应硅。水中硅酸化合物由于形态复杂，通常统一写为SiO_2。

胶体硅与溶解硅之间可以相互转换，转换条件与水的pH值、温度等因素有关（图1-7），pH值高、温度高时胶体硅容易转换为溶解硅，最典型的例子是在锅炉水高温和碱性条件下，带入锅炉的胶体硅会很快转变为溶解硅。

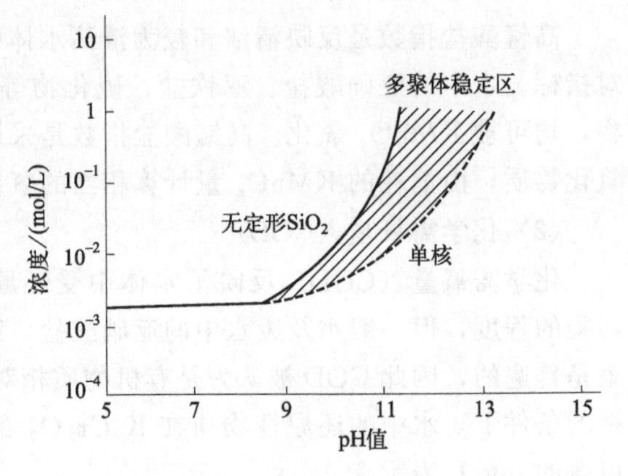

图1-7 pH值与SiO_2形态的关系

24 水中铁氧化合物的存在形态与转化特征有哪些？

天然水中铁化合物也有溶解态、胶体和颗粒状之分。颗粒状主要是铁及其氧化物，如Fe_2O_3、Fe_3O_4等，溶解态铁有Fe^{2+}及Fe^{3+}两种，在水中溶解氧浓度较低和中性pH时，水中铁多以Fe^{2+}形式存在，因为它溶解度大，不易析出。但当水中溶解氧浓度高或pH值较高（如pH值大于9）时，Fe^{2+}会发生下列氧化反应：

$$4Fe^{2+}+3O_2+6H_2O \longrightarrow 4Fe(OH)_3\downarrow$$

生成的$Fe(OH)_3$溶解度小，易形成胶体或沉淀。所以地表水中含有的铁很少，地下水中由于缺氧，处于还原气氛，含有Fe^{2+}较多，一旦地下水上升到地面，接触空气，Fe^{2+}会迅速变为Fe^{3+}，形成沉淀。

Fe^{3+}也和其他金属离子（如Al^{3+}）一样，在水中是以羟基化合物形式存在，如$Fe(OH)_2^+$、$Fe_2(OH)_2^{4+}$等，在一定pH下，通过水解达到最终产物$Fe(OH)_3$，Fe^{3+}在水中的存在形态与pH关系示于图1-8。

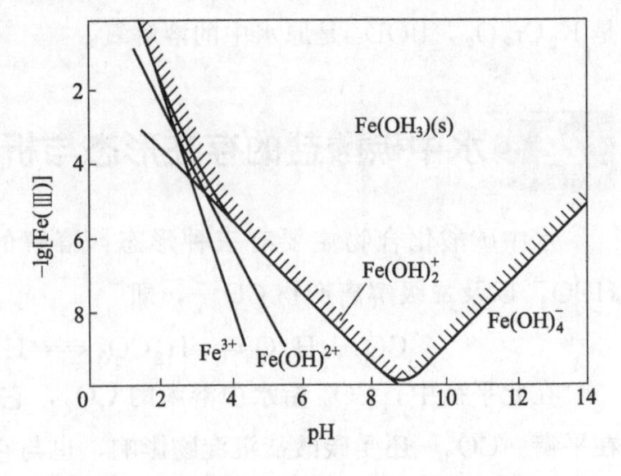

图1-8 Fe^{3+}在水中的存在形态与pH关系

25 何为腐殖质？其性质与结构特点有哪些？

腐殖质是有机物经微生物分解转化形成的胶体物质，一般为黑色或暗棕色，是土壤有机质的主要组成部分（50%～65%）。腐殖质主要由碳、氢、氧、氮、硫、磷等营养元素组成，其主要种类有胡敏酸和富里酸（也称富丽酸）。其具有以下特性：

① 溶解性　腐殖酸和富里酸水溶性都很好，尤其是富里酸，溶解度很大；在碱性溶液中，它们生成相应的盐，水溶性更好，往往可以形成透明的真溶液；在无机酸（pH＝1～1.5）中富里酸溶解度好，腐殖酸溶解性差；在有机一元羧酸中，腐殖酸具有一定溶解度，在二元羧酸及不饱和脂肪酸中溶解度差。在醇中溶解度随醇链长增加而减少。

② 酸性　具有弱酸性，酸碱滴定曲线与弱酸相似，这主要是因为它们均含有大量羧基、酚羟基等官能团。它们在水中解离出 H^+ 后，大分子成为带负电的阴离子。

③ 吸附性　这类化合物比表面积较大，吸附性较强，可以吸附水中的有机质、金属离子等，在环境中往往起到金属的输送、浓缩和沉积作用。

④ 与金属离子形成沉积　腐殖质在高浓度 Ca^{2+}、Mg^{2+} 存在下可以形成沉淀，所以在高硬度地区的水中，它们会沉积下来，含量较低。它们还会和高浓度 Fe^{3+}、Al^{3+}、Ba^{2+} 形成沉淀或络合物。

⑤ 离子交换性　由于它们是具有弱酸性的高分子化合物，因而和弱酸性阳离子交换树脂相似，具有一定离子交换能力。

⑥ 凝聚特性　这一类化合物在水中解离后，大分子部分类似于带负电荷的胶体，通常认为是有机胶体的组成部分。曾测得其 Zeta 电位为－(10～30)mV，所以可以被正电荷胶体及电解质凝聚。

⑦ 氧化还原及氧化降解　曾测得腐殖酸的氧化还原电位为＋0.70V，因而它可以将 U^{4+} 氧化为 U^{5+}，也可以将 Fe^{3+} 还原为 Fe^{2+}，或将金盐还原为金。这一类物质如遇到强氧化剂，如 $KMnO_4$、O_3、H_2O_2、紫外光、Cl_2 等，都可以发生氧化降解，氧化物视氧化强度而定，可以是 CO_2 和 H_2O，但更多时候是低分子有机物，如烷烃、苯衍生物、羧酸等。

⑧ 热稳定性　固体状态下，在空气中、60～80℃以上会发生结构变化。

腐殖质类化合物的结构很复杂，虽有很多人提出各种结构模型，但至今仍无定论。不过，有一点是确定的：它们都是含有苯环的化合物，由于苯环上有双键，因而对紫外光强烈吸收，可以用 UV_{254} 来检测它的浓度。比如，曾测出腐殖酸的吸光率为 0.0318/(mg/L)，富里酸为 0.0174/(mg/L)（均为 10mm 石英比色皿）。

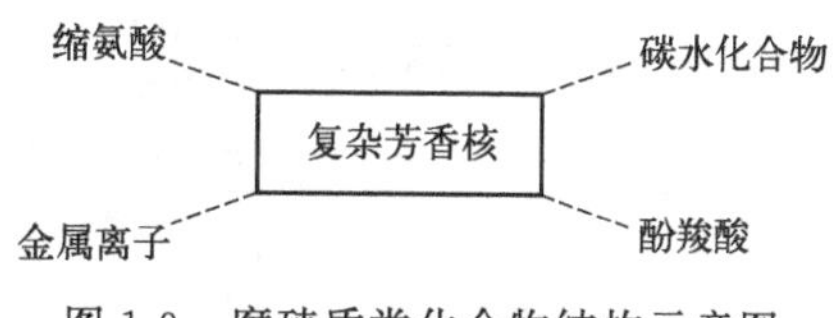

图 1-9　腐殖质类化合物结构示意图

有人提出腐殖质类化合物结构如图 1-9 所示。从图中可见，其结构中除了复杂的芳香环外，还有带各种官能团的侧链，以至金属离子。

26 工业用水中所含杂质会引起哪些危害？应该如何处理？

工业用水中所含杂质及其引起的危害与处理方法如表 1-4 所示。

表 1-4 工业用水中所含杂质及其引起的危害与处理方法

杂质成分	引起的危害	处理方法
浑浊度	使水变浑浊，沉积于配管系统、装置、锅炉等之中；作产品处理用水时大多引起危害	混凝、沉淀、过滤、超声波处理
色度(用标准色的单位表示)	使炉水产生泡沫；在除铁、用磷酸盐软化法等使其形成沉淀进行水处理时，会引起危害，使产品质量降低	混凝沉淀、过滤、氯处理、用活性炭吸附
硬度(钙、镁的盐类，用 $CaCO_3$ 的含量表示)	在锅炉、热交换器、蒸馏器的配管中产生水垢，使热传导恶化，引起局部过热，损伤设备；使肥皂难于溶解，而且妨碍染色；此外，还使产品质量降低	用离子交换法软化、投入药剂使之沉淀而去除、投入离子封锁剂、蒸馏、投入表面活性剂
碱度(HCO_3^-、CO_3^{2-}、OH^-，用 $CaCO_3$ 的含量表示)	引起炉水产生泡沫和使之发生汽水共腾；碱性脆化；使蒸汽中产生 CO_2，引起腐蚀；使水的 pH 值升高，中和酸度，在染色和其他工艺过程中影响 pH 值的控制	用离子交换法脱碱、脱盐；用氢(H)型沸石① 软化；蒸馏
游离的无机酸(H_2SO_4、HCl 等，用 $CaCO_3$ 的含量表示)	腐蚀金属材料，影响 pH 值的调节	用离子交换树脂脱酸、用碱中和
游离 CO_2(用 CO_2 的含量表示)	引起配管系统，特别是蒸汽和回水管系统的腐蚀	曝气除气、用碱中和、投入胺类
pH 值	pH 值随水中所含酸性或碱性固形物而变化。大部分天然水的 pH 值为 6～8	pH 值可用碱来提高或用酸来降低
硫酸盐(用 SO_4^{2-} 的含量表示)	与 Ca^{2+} 结合生成 $CaSO_4$ 水垢；使水的固形物增加	用离子交换树脂脱盐；蒸馏
氯化物(用 Cl^- 的含量表示)	使水的腐蚀性增加；使水的固形物增加	用离子交换树脂或离子交换膜脱盐；蒸馏
硝酸盐(用 NO_3^- 的含量表示)	使水的固形物含量增加，但通常是无害的；能有效地防止锅炉的苛性脆化	用离子交换树脂脱盐；蒸馏
氟化物(用 F^- 的含量表示)	引起斑釉牙，但含量少的时候有防止龋齿的作用	用阴离子交换树脂去除；用氢氧化镁、磷酸钾或骨炭吸附；混凝沉淀
硅酸(用 SiO_2 的含量表示)	在锅炉和冷却水系统中生成水垢，由于硅酸的挥发而引起汽轮机叶片上形成不溶性的沉积物	用离子交换树脂制造纯水；电解法脱硅酸；用镁盐的加热法脱硅酸
钠、钾(用 Na^+、K^+ 的含量表示)	增加炉水的浓度，引起汽水共腾	用离子交换树脂或离子交换膜制造纯水或进行脱盐；蒸馏
铁(用 Fe^{2+} 或 Fe^{3+} 的含量表示)	生成铁化合物的沉淀，引起污染；使染色、鞣革、造纸、化纤食物和制造阴极射线管时变色，引起着色(黄色或褐色)与斑点；在配管系统和锅炉产生沉积物，使效率降低	曝气、混凝沉淀、过滤、石灰软化法、阳离子交换法、接触过滤法、投入离子封锁剂
有机铁和胶体状铁	生成铁化合物的沉淀，引起污染；使染色、鞣革、造纸、化纤产品和制造阴极射线管时变色，引起着色(黄色和褐色)与斑点；在配管系统和锅炉中生成沉积物，使效率降低	混凝、沉淀、电解法
锰(用 Mn^{2+} 的含量表示)	生成铁化合物的沉淀，引起污染；使染色、鞣革、造纸、化纤产品和制造阴极射线管时变色，引起着色(黄色和褐色)与斑点；在配管系统和锅炉中生成沉积物，使效率降低	同铁项
铜(用 Cu^{2+} 的含量表示)	数量多时对人体有害；与氧化剂(如剩余氯)共存时可作为催化剂而催化氧化；引起金属的局部腐蚀	进行阳离子交换，投入离子封锁剂

续表

杂质成分	引起的危害	处理方法
油脂	引起锅炉产生水垢、软泥和泡沫；降低热交换效率；对大多数工艺有害	用挡板、油脂分离器、活性炭和硅藻土等过滤；混凝、沉淀
胶体状硅酸和悬浊状酸	在锅炉内形成可溶性的分子状硅酸，引起和硅酸的场合相同的危害	混凝、沉淀和电解法脱硅。蒸馏
溶解氧(用 O_2 的含量表示)	引起配管系统、热交换器装置、锅炉、回水系统等的腐蚀	除氧；投入亚硫酸钠、联胺等。投入防腐蚀剂
硫化氢(H_2S 的含量表示)	产生坏鸡蛋的臭味；引起腐蚀	曝气、氯化处理、用强碱性阴离子交换树脂处理
氨(用 NH_3 的含量表示)	由于生成可溶性的络盐而使铜和锌的合金腐蚀	用氢(H)型沸石[①]进行阳离子交换；氯化处理；除气
微生物(细菌类、藻类)	不能饮用；堵塞配管系统；产生嗅味、污染和腐蚀产品	投入硫酸铜、氯或其他杀生剂；混凝、沉淀、过滤；用微滤机去除；蒸馏
电导率(用 $\mu\Omega$/cm 表示)	电导率是溶液中的固体离子化的结果；电导率高时，水的腐蚀性增加	减少溶解固形物的方法总会降低电导率，例如脱盐、蒸馏
溶解固形物	这是用蒸发法测得的溶解物质的总量；溶解固形物增加时，对生产有害，也可引起锅炉产生泡沫	用离子交换树脂进行脱盐和制造纯水；用离子交换膜脱盐；蒸馏
悬浮物	这是用重量法测得的不溶物质的总量；悬浮物使管道堵塞，使热交换装置与锅炉等产生沉积物	混凝、沉淀、过滤
总固形物	这是用重量法测得的总和	同溶解固形物与悬浮物

① 氢（H）型沸石是指脱除碱金属阳离子（钠或钾）的沸石。

27 工业用水处理有何必要性?

工业用水处理就是将原水（对用水量较少的电子和制药行业往往用城市自来水作原水，而用水量较大的发电行业则多取天然水作原水）经一系列处理去除水中杂质后制得符合要求的水，供生产使用，若水质达不到要求，则会产生一系列危害。而工业上的各种冷却水，它的作用是传输热量，对水质要求不高，一般的天然水或稍经处理后的水即可达到要求，但为防止设备污垢和腐蚀损坏，必须对冷却水进行各种防垢、防腐和防止生物生长处理。所以，工业上每一个生产工艺、每一种设备对其用水的水质都有它各自的要求，工业给水处理就是要满足这种要求。

28 生活用水和一般工业用水的处理方式有何不同？其水质要求有何不同?

生活用水及一般工业用水对水质的要求都不高。生活用水的水质应符合国家规定的标准（见表 1-5）。为了满足这一标准，生活用水最简单的处理程序为：凝聚沉淀→过滤→消毒。消毒在饮用水处理中是一个重要步骤。作为消毒剂用的药剂，主要是氯及次氯酸（加液氯或次氯酸钠）。加氯量的多少可根据标准和原水水质而定。但如饮用水中含游离性余氯量较多时，将使水的味道不好，增加嗅味，这对制造清凉饮料的用水是不适宜的。此外，对进一步需作离子交换处理的工业用水，将引起离子交换树脂工作条件的恶化。这就有必要进行脱氯的前处理，一般可用活性炭进行吸附处理，也可加入还原剂亚硫酸钠（Na_2SO_3）、亚硫酸钙（$CaSO_3$）或亚硫酸氢钠（$NaHSO_3$）等。

一般工业用水采用自来水即可。若某些工业有更进一步的要求，则再进一步予以处理。如：根据规定，食品生产用水必须符合《生活饮用水卫生标准》(GB 5749—2022)（表 1-5)。特别地，食品加工厂对细菌指标特别注意；罐头食品厂对硝酸盐含量要控制，否则对食品颜色有影响；制酒工业要求水中 NH_3 含量在 0.1mg/L 以下，铁含量在 0.1mg/L 以下，否则使酒具有颜色，且铁与水中水杨酸结合，使酒的色香味被破坏；陶瓷工业中，含铁量高时将影响产品的色泽和透明度；洗涤印染工业中，如水硬度较大，一方面使肥皂消耗量增加，另一方面硬水中 Ca^{2+}、Mg^{2+} 与肥皂作用生成的不溶性产物沉积于纤维表面，使织物变黄或染色后产生斑点，因而它要用无色、透明、硬度低、含铁量少的软水；制革工业要求水的暂时硬度及游离 CO_2 含量小，否则将使皮革具有褐色斑点而影响质量并浪费鞣皮原料等。各种工业用水对水质的基本要求见表 1-6。

表 1-5 生活饮用水卫生标准（GB 5749—2022）

序号	指标	限值
一、微生物指标		
1	总大肠菌群①/(MPN/100mL 或 CFU/100mL)	不应检出
2	大肠埃希氏菌①/(MPN/100mL 或 CFU/100mL)	不应检出
3	菌落总数②/(CFU/mL)	100
二、毒理指标		
4	砷/(mg/L)	0.01
5	镉/(mg/L)	0.005
6	铬(六价)/(mg/L)	0.05
7	铅/(mg/L)	0.01
8	汞/(mg/L)	0.001
9	氰化物/(mg/L)	0.05
10	氟化物②/(mg/L)	1.0
11	硝酸盐(以 N 计)②/(mg/L)	10
12	三氯甲烷③/(mg/L)	0.06
13	一氯二溴甲烷③/(mg/L)	0.1
14	二氯一溴甲烷③/(mg/L)	0.06
15	三溴甲烷③/(mg/L)	0.1
16	三卤甲烷(三氯甲烷、一氯二溴甲烷、二氯一溴甲烷、三溴甲烷的总和)③	该类化合中各种化合物的实测浓度与其各自限值的比值之和不超过 1
17	二氯乙酸③/(mg/L)	0.05
18	三氯乙酸③/(mg/L)	0.1
19	溴酸盐③/(mg/L)	0.01
20	亚氯酸盐③/(mg/L)	0.7
21	氯酸盐③/(mg/L)	0.7

续表

序号	指标	限值
三、感官形状和一般化学指标[4]		
22	色度(铂钴色度单位)/度	15
23	浑浊度(散射浑浊度单位)[2]/NTU	1
24	臭和味	无异臭、异味
25	肉眼可见	无
26	pH	不小于 6.5 且不大于 8.5
27	铝/(mg/L)	0.2
28	铁/(mg/L)	0.3
29	锰/(mg/L)	0.1
30	铜/(mg/L)	1.0
31	锌/(mg/L)	1.0
32	氯化物/(mg/L)	250
33	硫酸盐/(mg/L)	250
34	溶解性固体/(mg/L)	1000
35	总硬度(以 $CaCO_3$ 计算)/(mg/L)	450
36	高锰酸盐指数(以 O_2 计)/(mg/L)	3
37	氨(以 N 计)/(mg/L)	0.5
四、放射性指标[5]		
38	总 α 放射性/(Bq/L)	0.5(指导值)
39	总 β 放射性/(Bq/L)	1(指导值)

① MPN 表示最可能数；CFU 表示菌落形成单位。当水样检出总大肠菌群时，应进一步检验大肠埃希氏菌，当水样未检出总大肠菌群时，不必检验大肠埃希氏菌。

② 小型集中式供水和分散式供水因水源与净水技术受限时，菌落总数指标限值按 500MPN/mL 或 500CFU/mL 执行，氟化物指标限值按 1.2mg/L 执行，硝酸盐（以 N 计）指标限值按 20mg/L 执行，浑浊度指标限值按 3NTU 执行。

③ 水处理工艺流程中预氧化或消毒方式：

采用液氯、次氯酸钙及氯胺时，应测定三氯甲烷、一氯二溴甲烷、二氯一溴甲烷、三溴甲烷、三卤甲烷、二氯乙酸、三氯乙酸；

采用次氯酸钠时，应测定三氯甲烷、一氯二溴甲烷、二氯一溴甲烷、三溴甲烷、三卤甲烷、二氯乙酸、三氯乙酸、氯酸盐；

采用臭氧时，应测定溴酸盐；

采用二氧化氯时，应测定亚氯酸盐；

采用二氧化氯与氯混合消毒剂发生器时，应测定亚氯酸盐、氯酸盐、三氯甲烷、一氯二溴甲烷、二氯一溴甲烷、三溴甲烷、三卤甲烷、二氯乙酸、三氯乙酸；

当原水中含有上述污染物，可能导致出厂水和末销水的超标风险时：无论采用何种预氧化或消毒方式，都应对其进行测定。

④ 当发生影响水质的突发公共事件时，经风险评估，感官性状和一般化学指标可暂时适当放宽。

⑤ 放射性指标超过指导值（总 β 放射性扣除 ^{40}K 后仍然大于 1Bq/L），应进行核素分析和评价，判定能否饮用。

表 1-6 各种工业用水水质参考标准

用水工业	浑浊度/度	色度/度	总硬度/德国度	总碱度/(mg/L)	pH	总含盐量/(mg/L)	铁/(mg/L)	锰/(mg/L)	硅酸/(mg/L)	氯化物/(mg/L)	COD_{Mn}/(mg/L)
制糖	5	10	5	100	6～7	—	0.1	—	—	20	10
造纸(高级)	5	5	3	50	7	100	0.05～0.1	0.05	20	75	10
造纸(一般纸)	25	15	5	100	7	200	0.2	0.1	50	75	20
造纸(粗纸)	50	30	10	200	6.5～7.6	500	0.3	0.1	100	200	—
纺织	5	20	2	200	—	400	0.25	0.25	—	100	—
染色	5	5～20	1	100	6.5～7.5	150	0.1	0.1	15～20	4～8	10
洗毛	—	70	2	—	6.5～7.5	150	1.0	1.0	—	—	1
鞣革	20	10～100	3～7.5	200	6～8	—	0.1～0.2	0.1～0.2	—	10	—
人造纤维	0	15	2	—	7～7.5	—	0.2	—	—	—	6
黏液丝	5	5	0.5	50	6.5～7.5	100	0.05	0.03	25	5	5
透明胶片	2	2	3	—	6～8	100	0.07	—	25	10	—
合成橡胶	2	—	1	—	6.5～7.5	10	0.05	—	—	20	—
聚氯乙烯	3	—	2	—	7	150	0.3	—	—	10	—
合成染料	0.5	0	3	—	7～7.5	150	0.05	—	—	25	—
洗涤剂	6	20	5	—	6.5～8.5	150	0.3	—	—	50	—
缫丝	2	—	5～8	100	6.8～7.6	150～400	0.1～0.3	0.1	—	40	3～8

注：1L 水中含有 10mgCaO 为 1 德国度。

29 一般工业用水的水质要求和常用处理工艺流程有哪些?

工业用水的水质应满足生产用途的需要，保证产品的质量，同时不会产生副作用，造成生产故障，损害技术设备，所以不同的工业用水对水质提出多方面的要求，规定出一定的水质指标。

(1) 原料用水

主要指饮料、食品制造工业、电解水、医药、药剂制造工业等。

饮料、食品制造工业的水质要求基本与生活饮用水相同。但也有特殊之处：如酿酒工业，考虑对微生物发酵过程的影响，钙镁作为营养料应有一定量；Cl^- 促进糖化作用，为 50mg/L 左右；NO_2^- 在 0.2mg/L 以下，NO_3^- 为 5～25mg/L。电解水、医药、药剂制造工业要求含盐量低，铁锰尽量低，最好是纯水。

(2) 产品工艺用水

轻工业和化学工业：制糖、造纸、纺织、染色、人造纤维、有机合成等。在生产过程中，水本身并不进入最终产物，但其所含成分可能进入产品，影响产品质量。

制糖用水要求尽量少含有机物、含氮化合物、细菌等；精制糖常用纯水；造纸用水对不同级别的纸有不同的水质要求。浑浊度、色度、铁、锰以及钙、镁会影响光洁度和颜色，氯化物和含盐量影响纸的吸湿性；纺织染色工业对硬度和含铁量要求较高，生成的沉积物会减弱纤维的强度，使染料分解变质，色泽鲜明度降低。

(3) 生产过程用水

不直接进入产品，只是一般接触或清洗表面，大多对产品质量影响不大。这类用水没有共同的水质要求，视具体用途提出不同标准。

① 油田注水：无沉积物，不致堵塞油层。

② 电镀清洗用水：在金属表面没有沉积生成斑点，要求硬度、金属离子、固体盐类含量尽量低。

(4) 锅炉动力用水

按锅炉的压力和温度提出不同的要求，对硬度要求较高，易生成水垢；溶解氧会造成设备腐蚀；油脂会产生泡沫和促进尘垢；游离 CO_2、pH、含盐量、碱度、Cl^-、SiO_2 等与结垢、腐蚀、泡沫等有关。

① 工业锅炉：以蒸汽作热源或一般动力，多为中低压锅炉，对水质要求较低。

② 电站锅炉：以蒸汽驱动汽轮机，多为高压甚至超高压，同时要考虑蒸汽对汽轮机的沉积结垢和腐蚀问题，对水质要求十分严格。

(5) 冷却用水

基本要求：水温尽可能低，不随气候剧烈变化；不产生水垢、泥垢等堵塞管路现象；对金属无腐蚀性；不繁殖微生物和生物等。

无统一标准，一般应考虑藻类、微生物、悬浮物、硬度盐类、溶解气体、有机物、酸、油脂等项目。

30 何为原料用水？不同行业的原料用水的水质要求是否相同？

直接作原料，或作为原料的一部分而使用的水称为原料用水，其水质的好坏对产品质量的影响极大，其中尤以酿酒、制冰、清凉饮料、食品加工、黏胶丝和水电解等的生产用水问题最多。

(1) 酿造工业原料用水

酿造工业原料用水中的溶解盐类作为发酵微生物的营养源，或作为刺激剂，或作为酶类作用的缓冲剂而起作用。酿酒用水一般最好用无色透明、水温一定（13～19℃）的地下水，pH 最好为 6.5～7.5，硬度最好略高。这是因为水中的钙和镁是微生物发育所需的成分，能对糖化、发酵起良好的作用。此外，氯化物有刺激酶类作用，促进糖化的功效。因此酿酒用水中需要 50～70mg/L 的氯化物。酒糟用水中则需要 20～50mg/L 左右的氯化物。表 1-7 所示为酱香型白酒酿酒用水标准。

表 1-7 酱香型白酒酿酒用水标准 (DB52/T 870—2014)

项目	判断标准
外观	澄清、无味、无嗅
口味	降水加热至 20～30℃，口尝时应具有清爽气味、味净微甘，为水质良好
卫生要求	应符合 GB 5749 的规定
色度/度	≤5，不得有异色
浑浊度/NTU	≤1.0
嗅和味	不得有异味
肉眼可见物	无
pH	5.0～8.0
电导率[(25±1)℃]/(μS/cm)	≤10
总硬度($CaCO_3$ 计)/(mg/L)	酒母用水 71～107
	酒糟用水 36～89

续表

项目	判断标准
氯/(mg/L)	酒母用水 50 左右
	酒糟用水 20～50
硝酸盐/(mg/L)	≤50
亚硝酸盐	无
氨	无
铁/(mg/L)	≤0.05
有机物/(mg C/L)	≤5

酿造啤酒用水中要求铁、锰和有机物的含量较低，因此用自来水就足以生产出优质产品。在水质方面，碳酸盐和重碳酸盐的碱度对比尔森型的淡色啤酒不利，而且不能有铁、硅酸盐和氯化物。硬度（以 $CaCO_3$ 计）在 89mg/L 以下，pH 值在 6.8 左右为宜。与此相反，酿造慕尼黑型的黑啤酒时，宜使用总固形物比较多而且含有大量重碳酸盐的水。

(2) 制冰、清凉饮料和食品加工行业原料用水

制冰、清凉饮料、食品加工等用的水当然必须符合饮用水的水质标准，都应该是无色透明、没有异嗅的，细菌学方面也必须安全可靠。制冰的原料用水，如果是使用溶解盐类多的水，则制成的冰大多数不透明，或者容易破碎。因此，要有效地制成碎冰少、质量好的冰，用水中总固形物的含量最好在 350mg/L 以下，硅酸盐浓度最好在 20mg/L SiO_2 以下，同时，碱度比硬度越低越好。

清凉饮料因为是酸性的，所以水的碱度要低，禁忌铁、锰和有机物等引起饮料带颜色的成分。水中的硬度成分和硅酸盐等是使产品发生浑浊的原因，所以含这些成分较多的水最好不要直接使用。表 1-8 为以我国佛山市各区供水公司提供的生活饮用水为水源，经过水质深度处理工艺制成的用于佛山市饮料生产的工艺用水水质要求。

表 1-8 饮料生产工艺用水（T/FSAS 26—2018）

项目			指标
感官指标	色度/铂钴色度单位	≤	5
	浑浊度/NTU	≤	0.5
	臭和味		无异臭、异味
	肉眼可见物		无
理化指标	硝酸盐(以 N 计)/(mg/L)	≤	3.0
	铅(以 Pb 计)/(mg/L)	≤	0.001
	总砷(以 As 计)/(mg/L)	≤	0.005
	镉(以 Cd 计)/(mg/L)	≤	0.0005
	总硬度($CaCO_3$ 计)/(mg/L)	≤	150
	溶解性总固体(TDS)/(mg/L)	≤	200
微生物指标	菌落总数/(CFU/mL)	≤	100
	总大肠杆菌/(CFU/100mL)	≤	不得检出

食品加工的生产用水必须选择不含有损产品色香味的杂质的水。例如，适宜于制造面包的水一般是呈中性或微酸性，有适当的硬度（50～100mg/L，以 $CaCO_3$ 计），无色、透明、无嗅味，细菌总数尽可能少的水。pH 值非常高的水会使面团的 pH 值升高到超过酵母和面粉的酶类作用时的最佳 pH 值（4～5）。硬度低的水可以使面筋变软，面团发黏，产品会有潮湿的感觉。硬度高的水则可能使面筋变硬，有时使发酵推迟。因此，面筋软的面粉宜用硬水，面筋硬的面粉则宜用软水。

生产糕点用的水主要用来发湿各种原料，必须具备一般食品加工用水的水质条件。为了提高产品质量，最好使用下述水质的水：①完全无色、无浑浊、无嗅味；②pH 值为 6.5～7.3；③氯化物的含量在 30mg/L 以下；④硫酸盐含量在 20mg/L 以下；⑤硝酸盐含量在 20mg/L 以下；⑥不含氨和亚硝酸盐；⑦硬度达到使肥皂不起泡沫的不好；⑧蒸发残渣在 500mg/L 以下；⑨有机物的 $KMnO_4$ 消耗量在 10mg/L 以下；⑩无大肠菌，细菌总数在 70 个/mL 以下；⑪不能含铜、铅，铁、锰的含量则应在 0.3mg/L 以下。

罐头生产用水中如果含有硝酸盐，就会使罐头肉变色；橘子汁罐头中 NO_3^- 在 3mg/L 以上时，溶出的锡将增多，会发生腐蚀罐头筒的现象，因此，NO_3^- 含量的极限值最好规定在 1mg/L 以下。

(3) 人造纤维、玻璃纸、胶卷和药品生产行业原料用水

用作人造纤维的原液-黏胶的原料水必须使用不含有机物的软水。另外，引起着色的铁、锰最成问题，尤其是锰，它在黏胶人造丝的生产工艺过程中起一种特殊的作用，即使进入极微量的锰，也会使黏度降低，影响丝的质量，故应特别警惕。玻璃纸和胶卷的生产用水也要求同样的水质，特别是希望使用无色透明，铁、锰、氮化物、有机物等极少的优质水（表 1-9）。

表 1-9　黏胶人造丝和胶卷生产用水的水质控制值

项目	水质控制值		项目	水质控制值	
	黏胶人造丝用水	胶卷生产用水		黏胶人造丝用水	胶卷生产用水
水温/℃	8～25	—	硫酸根(SO_4^{2-})/(mg/L)	<10	—
浑浊度/度	<2	—	二氧化硅(SiO_2)/(mg/L)	—	25.0
总硬度(以 $CaCO_3$ 计)/(mg/L)	<48.2	53.6	铅(Pb)/(mg/L)	0.0	—
总固形物/(mg/L)	<80	100	$KMnO_4$ 消耗量/(mg/L)	<5	—
碱度/(mg/L)	<0.07	—	硝酸盐氮/(mg/L)	<0.2	0.0
氯(Cl)/(mg/L)	<30	10	亚硝酸盐氮/(mg/L)	<0.002	0.0
铁(Fe)/(mg/L)	0.05	0.07	氨/(mg/L)	0.0	0.0

水电解用水、照相的显影用水、制药厂制造安瓿瓶的用水和调制电镀液等的用水，也可以称为原料用水，都必须是含固形物和铁、锰少的水，有时还需要高纯度的水。

此外，各种药品的生产用水中也有不少要求超纯水的，注射用水是生物制品中的重要组成原料，在中国、欧盟和美国药典中均有收录。表 1-10 是原料注射用水的质量对照表。

表 1-10　原料注射用水水质要求

项目	中国药典 2010 版	欧盟药典 7.0 版	美国药典 36 版
制备方法	注射用水为纯化水经蒸馏所得到的水	注射用水通过符合官方标准的饮用水制备，或者通过纯化水蒸馏制备	注射用水的原水必须为饮用水；无任何外源性添加物；采用适当的工艺制备(如蒸馏法或纯化法)，制备法需得到验证
形状	无色澄明液体、无溴、无味	无色澄清液体	—
pH	5.0～7.0	—	—
氨	≤0.2μg/mL	—	—
不挥发物	≤1mg/100mL	—	—
硝酸盐	≤0.06μg/mL	≤0.2μg/mL	—

续表

项目	中国药典 2010版	欧盟药典 7.0版	美国药典 36版
亚硝酸盐	≤0.02μg/mL	—	—
重金属	≤0.1μg/mL	≤0.1μg/mL	—
铝盐	—	最高10μg/L 用于生产渗析液时需控制此项目	—
易氧化物	—	—	—
总有机碳	≤0.5mg/mL	≤0.5mg/mL	≤0.5mg/mL
电导率	符合规定 （三步法测定）	符合规定 （三步法测定）	符合规定 （三步法测定）
细胞内毒素	<0.25EU/mL	<0.25EU/mL	<0.25EU/mL
微生物限度	细菌、霉菌和酵母菌总数 ≤10CFU/100mL	好氧菌总数 ≤10CFU/100mL	细菌总数 ≤10CFU/100mL

31 何为产品处理用水？主要涉及哪些行业？

产品处理用水或与原料、半成品发生化学反应，或在生产过程中与产品接触，进行物理性操作，其水质要求与原料用水相同。

（1）淀粉、甜菜糖的生产用水

从马铃薯、小麦、大米等原料中提取淀粉，或用甜菜熬糖时用的水，要求是无色透明的，引起发酵、腐败的细菌、有机物、氮化物要少，同时还要求使洁白度降低的铁、锰含量尽可能低。此外，还希望使产品灰分增加的硬度成分和硅酸盐要少。在生产甜菜糖时，水中的腐败性有机物在提炼甜菜糖的过程中会产生不良影响。此外，无机盐类在糖液浓缩时将使反应罐和结晶罐附着水垢，不但降低蒸发能力，而且妨碍结晶的析出，招致失败的结果（影响大小的顺序为硝酸盐、硫酸盐、氯化物）。

（2）纸张、纸浆的生产用水

纸张、纸浆生产用水要求的水质因产品所要求的质量而异。一般说来，水中对产品质量产生影响的成分有浑浊度、色度、硬度、pH值、碱度、硅酸、铁、锰、嗅味、菌和藻类等。浑浊的水使产品的色泽恶化；灰分的增加可使强度降低，有时在抄纸过程中使产品产生孔眼，堵塞滤网网眼，或者由于微生物的繁殖增加软泥状的悬浮物（软泥），对产品有危害。上等纸用水的浑浊度一般要求为5NTU。最近，为了得到高质量的人造丝浆料，要求符合浑浊度为0～1NTU。水的色度与产品的洁白度有关。因此，洁白度要求特别高的可溶性浆料、上等纸、感光纸等要用色度在5NTU以下的水。硬度高的水对纸张、纸浆的生产工艺和产品质量会造成各种危害，特别是碳酸盐硬度高的水会在机械的各个部分产生水垢沉积，在用松香上胶的操作中生成松香酸钙，附着于表面而使上胶困难，降低洗涤和漂白的效果。硬水还是产生所谓树脂危害（沥青危害）的重要原因之一。

用亚硫酸盐法生产可溶性人造丝浆料时，水中的硬度成分不但使人造丝纤维的灰分增加，影响质量，而且在纺丝工序中堵塞喷丝口，因此，对于它的含量一般都规定了一个非常严格的极限值。此外，水中如果含有游离 CO_2 和 H_2S，有时会腐蚀造纸设备，或在造纸过程中产生别的问题。特别是游离 CO_2 的含量在25mg/L以上时，在抄纸过程中对纸张的成形造成困难，如果数量更多，会使纸张容易破裂，或产生孔眼。作为产品处理用水来说，铁、锰的存在是非常有害的，特别是会促进铁细菌和其他细菌的繁殖，形成软泥，堵塞管道；或被产品吸附，影响漂白和染色效果，经常引起变色。此外，水中如果存在藻类、真菌之类的微生物时，会增加软泥，使产品受到污染或产生臭气，因而不可能生产出优质产品。

(3) 纤维制品厂用水

在纤维制品加工厂的精炼、漂白、染色等工艺中，洗涤、洗毛、煮沸、加工之类的操作要使用产品处理用水，要求的水质大致与纸张、浆料生产用水的情况相同。天然纤维通常是用肥皂去除纤维中的杂质进行精炼的，如果使用硬水，不仅耗费肥皂，而且会生成不溶性的钙皂、镁皂，它们留在纤维中，使纤维变脆，颜色变黄，织出的布也会染色不匀。同时，因为硬水使媒染剂分解，并可与某种色素结合，所以染色结果会失去色调的丰富多彩，减少颜色配合的鲜明度。

用于漂白、染色的洗涤水必须是含铁量在 0.05～0.1mg/L 以下，含锰量在 0.05mg/L 以下的，要完全没有藻类和铁细菌。如果把含有大量铁、锰的水用于纤维的碳酸钠处理，铁就会固定在纤维中，肥皂将变成为铁皂，使纤维或布匹产生斑点。如果用这种水染色，铁、锰就和染料结合，由于催化作用而使染上的颜色不鲜明。此外，水中也不能有能与染料发生化学反应而影响染色效果的物质存在。总之，水中杂质的作用因所用的染料而异，例如，含钙较多的水有时反而有媒染作用，呈现出美丽的色彩。另外，染料多半是胶体，配制染料溶液时必须尽可能使用杂质少的水；溶解盐类多时，由于盐类的作用有时会使胶体凝固。

天然水中常含有大量使 pH 值升高的重碳酸盐和碳酸盐，在使用媒染剂及碱性染料进行染色期间，或在染色后用上述天然水洗涤时，必须预先用硫酸或醋酸对此天然水进行中和才可使用。反之，用酸性染料时，水的 pH 值问题不大；而用直接染料和硫化染料染色时，则必须进行软化。此外，用盐分和镁盐多的水进行染色或洗涤时，产品容易吸湿发霉。

(4) 制革（鞣皮）工业用水

制革工业中需要大量的水用作洗涤。首先，在生皮的处理工序中，为了不致发生腐烂，要尽可能使用水温在 16℃左右，不含腐败细菌、有机物、硬朊氮等成分的水。其次，产品处理用水如果用盐类含量多的硬水，就会妨碍石灰脱毛、提取丹宁或皮革的染色、加脂等操作。例如，使用碳酸盐硬度高的水时，因为碳酸钙沉积于皮革表面，石灰生皮的表面就会变粗糙，而且鞣酸溶液会沉淀，使皮革变成暗色。

水中如果含有大量的氯化物，对于酸性染料染色、丹宁的提取、肥皂乳化所进行的加脂等会引起各种各样的危害。特别是在鞣酸处理和铬革处理工艺中，水中即使只存在微量的铁、锰或细菌，也会引起污损和变色，有时甚至完全失去商品价值，因此要特别注意。

(5) 陶瓷工业用水

陶瓷生产要使用尽可能是无色透明的，铁、锰含量少的软水。陶瓷和砖的生产中最好不使用含有大量硫酸盐和氯化物的水。特别是含有钙、镁的氯化物的水容易使产品潮湿，而且有产生污点的危险。拌和水泥砂浆时，要用不含酸、碱和油脂的水，更不能含有妨碍水泥硬化的腐殖酸之类的有机物。含有大量氯化物、硫酸盐的水对混凝土施工不利，最好避免使用。特别是当硫酸盐达到几百 mg/L 时会产生大量的硫铝酸钙，破坏混凝土，有时甚至成为泥状。水中的游离 CO_2 有溶解水泥或混凝土中的碳酸钙的作用。浓度在 20mg/L 以上时对混凝土的侵蚀性较大。水中有硫细菌、硫酸盐还原菌之类以硫化物为代谢产物而生长的细菌存在时，会促使混凝土变质，引起龟裂。所以不应使用容易引起这些细菌繁殖（被生活污水或工厂废水污染而成为嫌气状态时）的水。

（6）电镀处理用水

在电镀工艺中，除配制电镀液要用水以外，成品的洗涤也要用水。洗涤时，通常是使用碱性洗涤剂或肥皂，此时如用硬水，就会发生镀层表面沉淀物沉积的问题。用硬水洗涤镀层表面，干燥后，成品上有时会出现云翳或斑点，表面不匀整。此外，在固形物中，Fe、SO_4、SiO_2 等也会产生同样的危害。在某种条件下，微量的铁、铝、钠、钾、铜、铅以及碳酸盐、氯化物等在电镀液中也会引起各种危害。镀镍时，游离 CO_2 的存在是金属变脆、使边缘产生裂纹的原因。镀银时，一般认为游离 CO_2 的浓度最好在 15mg/L 以下。溶解氧和各种氮化物在某种情况下也会引起危害。

（7）电子工业用水

随着电子工业技术的进步，电子工业用水需求逐年增加。特别是阴极射线管和晶体管、二极管等半导体产品的生产，要求使用可称之为超纯水的高纯度水，比阻希望在 $1\times10^7\Omega\cdot cm$ 以上。电子工业使用的纯水，因其使用目的不同，要求的水质也不同，因而处理的环境也就不同。

① 电子管阴极材料的处理水　小型电子管涂有碳酸盐，由于活度、发射放大的需要，碳酸盐的调制与处理不能混入杂质，因此要求比阻抗为 $(3\sim5)\times10^6\Omega\cdot cm$（25℃）左右的纯水。

② 显像管（阴极射线管等）荧光膜的生产用水　涂敷或使之沉淀附着于阴极射线管等内壁上的荧光物质，是锌或其他金属的硫化物，即使只混入了极微量的杂质也会出现发光变色或辉度降低的现象。这种荧光体对铜特别敏感，铜这种杂质混入的数量在 0.008mg/L 以上时，就会引起变色和其他事故。只要有铁和其他金属存在，就会使整个画面或部分画面变色，出现跳跃、变暗等现象。因此，用于这种荧光膜附着工艺的纯水必须完全去除有机物、微生物和固体金属离子。

③ 半导体产品的生产用水　晶体管、二极管等半导体产品生产工艺过程中使用的纯水大部分是作洗涤用的水，一部分作腐蚀工艺和其他化学工艺所用药液调制药剂用的水。腐蚀处理等半导体元件处理液所用的水和洗涤用水，需要完全去除杂质和污物的超高纯度的纯水，以免处理水带来的杂质和污物反过来附着在元件上，损害元件的特性，也就是说要求比阻抗为 $1\times10^7\Omega\cdot cm$（25℃）的水，需要完全去除固形物、氧、$CO_2$、有机物等。

32 产品处理用水水质要求有哪些？各行业是否相同？

各行业的产品用水水质要求各不相同，国内外代表性的各行业产品处理用水水质要求如下。

（1）淀粉、甜菜糖的生产用水

甜菜糖工厂用水的水质建议如表 1-11 所示。

表 1-11　甜菜糖工厂用水的水质

成分	建议的控制值	成分	建议的控制值
钙(Ca)/(mg/L)	20	氯化物(Cl^-)/(mg/L)	20
镁(Mg)/(mg/L)	10	重碳酸盐(HCO_3)/(mg/L)	100
硫酸盐(SO_4^{2-})/(mg/L)	20	铁(Fe)/(mg/L)	0.1

(2) 纸张、纸浆的生产用水

表 1-12 和表 1-13 为中国和美国纸张、制浆技术协会制定的水质标准。

表 1-12 中国制浆造纸工艺用水标准

成分	高白度纸浆 高级纸	机械木浆 新闻纸 普通纸	不漂浆 牛皮纸 包装纸	可漂或半 漂浆 中等纸	碱法、硫酸盐、 亚硫酸盐 漂白浆
浑浊度/NTU	10	50	100	40	25
色度(以铂单位计)/度	5	30	100	25	5
总硬度(以 $CaCO_3$ 计)/(mg/L)	100	200	200	100	100
钙硬度(以 $CaCO_3$ 计)/(mg/L)	50	—	—	—	50
镁硬度(以 $CaCO_3$ 计)/(mg/L)	—	—	—	—	50
碱度(用甲基橙指示剂以 $CaCO_3$ 计)/(mg/L)	75	150	150	75	75
铁(Fe)/(mg/L)	0.1	0.3	1.0	0.2	0.2
锰(Mn)/(mg/L)	0.05	0.1	0.5	0.1	0.1
溶解硅(以 SiO_2 计)/(mg/L)	20	50	100	50	20
总溶解固形物/(mg/L)	200	500	500	300	300
游离 CO_2/(mg/L)	10	10	10	10	10
氯化物(以 Cl^- 计)/(mg/L)	2.0	75	200	100	100

表 1-13 美国纸浆生产用水中各种物质的限值

项目	上等纸	KP 用纸		GP 用纸	碱纸浆和硫酸盐纸浆的生产用水
	证券纸、账簿用纸、纸笈用纸、笔记用纸	晒	未晒	新闻用纸、低级纸	
浑浊度/NTU	10	40	100	50	25
有色物质/度①	5	25	100	30	5
总硬度(以 $CaCO_3$ 计)/(mg/L)	100	100	200	200	100
钙硬度(以 $CaCO_3$ 计)/(mg/L)	50	—	—	—	50(钙硬度) 55(镁硬度)
甲基橙碱度(以 $CaCO_3$ 计)/(mg/L)	75	150	150	150	75
铁(Fe)/(mg/L)	0.1	1.0	1.0	0.3	0.1
锰(Mn)/(mg/L)	0.05	1.5	1.5	0.1	0.05
氯(以 Cl_2 计)/(mg/L)	2.0	—	—	—	—
污水硅酸(以可溶性 SiO_2 计)/(mg/L)	20	100	100	50	20
游离 CO_2(以 CO_2 计)/(mg/L)	10	10	10	10	10
总的溶解固形物/(mg/L)	200	500	500	500	250
氯化物(以 Cl^- 计)/(mg/L)	—	200	200	75	75

① 铂钴标准比色单位，1mg/L 铂所具有的颜色称为 1 度。

(3) 纤维制品厂用水

表 1-14 为美国纤维制品加工厂用水水质的极限值示例，水中含有大量的钠盐，与日本的情况大不相同。在日本，有人提出如表 1-15 所示的标准作为染色用水的理想水质标准，但要在天然水中找到这种优质水是相当困难的，所以，实际上许多工厂都进行了除铁、软化等处理。

表 1-14　美国纤维制品加工厂用水水质的控制值

成分	控制值	成分	控制值
浑浊度/度	0.3～25	重金属/(mg/L)	无
色度/度	5～70	Ca^{2+}/(mg/L)	10
$Fe^{2+}+Mn^{2+}$/(mg/L)	0.2～1.0	Mg^{2+}/(mg/L)	5
Fe^{2+}/(mg/L)	0.1～1.0	SO_4^{2-}/(mg/L)	100
Mn^{2+}/(mg/L)	0.05～1.0	Cl^-/(mg/L)	100
硬度(以 $CaCO_3$ 计)/(mg/L)	0～50	HCO_3^-/(mg/L)	200
COD/(mg/L)	8		

表 1-15　染色用水的标准水质

成分	标准值/(mg/L)	成分	标准值/(mg/L)	成分	标准值/(mg/L)
Ca^{2+}	2～3.5	NO_3^-	<0.5 左右	CO_3^{2-}	<20
Na^+	10 左右	PO_4^{3-}	0.01～0.5	SO_4^{2-}	3～5
Fe^{2+}	0.01～0.08	Mg^{2+}	1	SiO_2	<16
Cl^-	4～8	K^+	0.5～2		

(4) 制革（鞣皮）工业用水

皮革工业中各种工艺过程都能使用的水的水质极限值如表 1-16 所示。

表 1-16　皮革工业用水水质的极限值

项目	极限值	项目	极限值
温度/℃	20	镁离子(Mg^{2+})/(mg/L)	10
pH 值	6～8	铁离子(Fe^{2+})/(mg/L)	0.1
总硬度($CaCO_3$)/(mg/L)	50	氯离子(Cl^-)/(mg/L)	10
钙离子(Ca^{2+})/(mg/L)	40	锰离子(Mn^{2+})/(mg/L)	0.1

(5) 陶瓷工业用水

表 1-17 和表 1-18 列举了判断混凝土用水好坏的标准。

表 1-17　混凝土拌和水的好坏

对混凝土搅拌无害的水	对混凝土搅拌有害的水
盐类含量在 3%以下的海水	盐类含量在 3%以上的海水
含硫酸盐的水(SO_3 含量在 1%以下)	硫酸盐含量在 3.5%以上的水
NaCl 含量最高为 0.15%的水	NaCl 含量在 3%以上的水
坑道内的水(煤矿除外)	皮革加工厂、色度工厂和电镀厂的废水
屠宰场的废水(根据芝加市的实例)	含有砂糖、蜜糖的水，炼油厂的废水
啤酒酿造海沧的废水、煤气工厂、肥皂厂的废水，沼泽水，灌溉用水，蒸馏水	

表 1-18　混凝土用水标准（JGJ 63—2006）

项目	预应力混凝土	钢筋混凝土	素混凝土
pH 值	≥5.0	≥4.5	≥4.5
不溶物/(mg/L)	≤2000	≤2000	≤5000
可溶物/(mg/L)	≤2000	≤5000	≤10000
Cl^-/(mg/L)	≤500	≤1000	≤3500
SO_4^{2-}/(mg/L)	≤600	≤2000	≤2700
碱含量/(mg/L)	≤1500	≤1500	≤1500

33 哪些水可用作冷却水？与其他工业用水相比，冷却水水质要求有何不同？

在工业用水的各种用途中，在数量方面占第一位的是冷却水，除了火力发电厂的汽轮机、城市煤气生产用的水冷式变压器，钢铁厂的炼铁炉、电炉，轧钢厂的轧辊，炼油厂的蒸馏装置，制冷机的冷凝器，机械厂的压缩机、轴承等需要大量的冷却水以外，电解、化学合成工业、电石、焦炭、硫胶、氰氨化钙、可溶性磷肥等化肥以及药品等生产部门也要使用大量的冷却水。

但是，冷却水的条件因工厂所在地的气温、水温、水源等的不同而有很大差别。在水源方面，地下水全年的温度变化不大，条件是很好的，但是，如要保证大量的用水，却受到了一定程度的限制。

另一方面，尽管水质不太好而水量却可以保证的海水和被污染了的河水也被用作冷却水。近年来，随着工业的发展，用水的不足和水源污染的问题日趋严重，更加使可用的水量减少。因此，大量使用冷却水的工厂都考虑了水的循环利用，以补充不足的部分，但是，水质方面的问题也就越来越多了。

作为冷却水的条件可以概括如下：①尽可能的低温，全年的温度变化小；②不会有水垢或泥渣的沉积而引起的危害；③对金属的腐蚀性小；④不产生因为生物或微生物使管道或热交换设备堵塞等危害。

许多工厂只关心冷却水的水量而无视使用条件引起水质的变化，造成严重的危害。用水中硬度成分、悬浮物、溶解气体（O_2、CO_2、H_2S）、酸、油类、其他有机物、藻类、形成软泥的生物、海栖生物等的存在，是造成这些危害的原因。一般说来，冷却水的水质不如其他用途的用水那样严格，但是由于水源的种类和利用方式等引起意想不到的水质危害的可能性是很大的。作为冷却水的水源，在水量方面海水居首位。由此看来，许多场合用非循环方式使用大量的水就可以达到目的。但是，如果从水质条件来看，还是希望使用淡水。不过，由于厂址、水量以及成本等方面的问题，有时也不得不采用上述方式。

在现代工业中，也有要求用高纯度纯水作为冷却用水的。例如，原子反应堆所用的冷却水，即使只有极微量的盐类，也会使管道、水泵等附着水垢，金属发生腐蚀，从而促进反应堆中心的水分解，捕捉中子，使反应堆效率降低。此外，溶解气体中，即使是氮这种不活泼的物质也会因受反应堆的辐射而被氧化生成硝酸引起腐蚀。水中的有机物被分解后生成二氧化碳，也是引起腐蚀的原因。

由于上述理由，原子反应堆的冷却用水，要求使用经离子交换树脂制造纯水的装置处理、pH 值为中性、比阻抗为 $10^6\Omega \cdot cm$ 以上的水。

二、工业用水的水源

（一）地表水

34 地表水一般包括哪些?

地表水（surface water），是指陆地表面上动态水和静态水的总称，亦称“陆地水”，包括各种液态的和固态的水体，主要有河流、湖泊、沼泽、冰川和冰盖等。它是人类生活用水的重要来源之一，也是各国水资源的主要组成部分。

35 地表水水质有哪些特征? 各类地表水又有什么不同?

一般来说，地表水水质较好，含盐量较低，含氧充足，CO_2 含量少，但受气候、季节影响大，水质波动大，水中悬浮物多，水中生物及微生物多。在沿海地区，地表水还易受到海水倒灌的影响，含盐量大幅增高。

相对于河水来说，湖水、水库水受气候、季节影响小，水质波动小，但由于水体流动性差，水中生物活动频繁，水中腐殖质类有机物含量偏高，有时还会出现一些复杂的有机胶体，给某些要求高的水处理工艺带来困难。

36 地表水中主要溶解性和不溶性的成分有哪些? 主要来源是什么?

本问题以河流和湖泊为例，对地表水中溶解性和不溶性的组分和来源进行介绍。

（1）河流

河流是降水经地面径流汇集而成的。由于流域面积十分广阔，又是敞开的流动水体，河水成分与地区的地形、地质条件、气候条件关系密切，而且受生物及人类活动影响极大。

对于河流中的无机物，不同地区的岩石、土壤组成决定着该地区河水的基本化学成分。在结晶岩地区，河流水中溶解离子含量较少；在石灰岩地区，河水中富含 Ca^{2+} 及 HCO_3^-；若河流流经白云岩及燧石层时，水中 Mg^{2+}、Si 含量增高；河流流经石膏层时，使水中富含 SO_4^{2-} 且总含盐量有所增加；富含吸附阳离子的页岩及泥岩地区则向河水提供大量溶解物质，如 Na^+、K^+、Ca^{2+}、Mg^{2+}。河水中总含盐量在 100～200mg/L 间，一般不超过 500mg/L，有些内陆河流有较高的含盐量。河水中主要离子含量关系与海水相反，即其次序为 $Ca^{2+}>Na^+>HCO_3^->SO_4^{2-}>Cl^-$。

江河水一般均带泥沙悬浮物而有浑浊度，含量从数十度到数百度。夏季或汛期可达上千度，也随季节而变化。

对于河流中的有机物，地球陆地表面为植物所覆盖，当植物死亡或腐烂时，其中的有机物就部分进入水中，因此河水中既有溶解的有机物也含有微粒有机物，河水中有机物总含量通常为 10～30mg C/L。热带河流中，河水通过丛林沼泽可以使有机质含量增高，此时河水可有较高的色度。

（2）湖泊

湖泊是由河流及地下水补给而形成的。气候、地质、生物条件影响湖泊的水质，虽然湖水水质与补给来源的水质有密切关系，但二者化学成分可能相差很远。流入湖泊和从湖泊流出的水量，以及水质、日照、蒸发强度等因素也影响湖泊水质。若水量较大，蒸发量相对较小，则湖水可保持较低含盐量而成为淡水湖，如鄱阳湖、洞庭湖、太湖等。若流入湖泊的水量较少，且大部分或全部被蒸发，那么输入的溶解盐便在湖水中积累起来，形成咸水湖或盐湖。如内蒙古雅布赖盐湖，湖水的总含盐量达 316.5g/L。

淡水湖泊水中基本离子的组成具有内陆淡水特点。水库为人工湖泊，一般为淡水湖，其水质状态与淡水湖泊十分近似。

37 湖泊的类别有哪些？各类湖泊的水质特征有何不同？

湖泊可以根据水质分成几类。例如，按湖水中溶解盐类的数量可以分成两大类，一般把盐含量在 500mg/L 以上的称为咸水湖，含量在此以下的就称为淡水湖。一般淡水湖中溶解化学成分的数量大致如表 2-1 所示。

表 2-1 淡水湖的化学溶解组成 单位：mg/L

成分	含量	成分	含量	成分	含量
C	5～100	SiO_2	1～30	Mg	1～5
N	0.05～2	S	1～10	Na	3～20
O_2	5～10	Fe	0.001～1	K	1～5
P	0.005～0.5	Ca	3～50		

另外，这些成分中，如果主要考虑湖泊用于养殖所必须具备的成分的话，则可作表 2-2 所示的分类。

表 2-2 按湖水中的营养盐类分类

分类	总氮/(mg/L)	总磷/(mg/L)	高锰酸钾消耗量/(mg/L)	pH 值	铁/(mg/L)	K/(mg/L)
富营养湖	<0.2	>0.02	<20	7.0～9.0	<0.1	1～5
贫营养湖	<0.2	>0.02	<15	6.0～8.0	<0.05	0.1～2
腐殖质营养湖(中性)	<0.2	>0.02	>20	6.0～7.0	0～1	0.1～2
腐殖质营养湖(酸性)	<0.2	<0.03	<15	3.5～5.0	0～2	0.1～1
无机营养湖(一般型)	不定	不定	<15	1.5～5.0	0～1	>1
无机酸营养湖(铁型)	不定	不定	<15	1.5～5.0	1～20	>1

38 我国不同地域的江河水含盐量、硬度以及浑浊度有何特征和区别?

我国不同地域的江河水在含盐量、硬度以及浑浊度方面有着不同程度的区别。

① 含盐量和硬度　我国江河水的含盐量通常为70～990mg/L，硬度（以$CaCO_3$计）为50.0～400.0mg/L，与其他国家相比，算是较低的。我国东半部江河水的含盐量和硬度从南向北逐渐增加，而东北松花江流域地面水的含盐量和硬度又较低。

② 浑浊度　我国河水浑浊度因地区不同而相差很大。华东、中南和西南地区因土质、气候条件较好，草木丛生，水土流失较少，河水浑浊度低，年平均在100～400NTU之间。而在华北和西北的河流，特别是黄土地区则浑浊度高，且随季节变化的幅度也大，其中突出的是黄河，冬季河水浑浊度只有几十度，夏季悬浮物含量可达几万mg/L，遇洪峰时甚至可达几十万mg/L。

39 地表水体如何实现自净？当受纳污染物超过该自净能力时会产生什么样的后果?

水体被污染后，通过一系列的物理、化学和生物学的作用，逐渐恢复其原有性状的过程，称为水的自净过程。水体自净主要通过三方面作用来实现。广义的是指受污染的水体由于物理、化学、生物等方面的作用，使污染物浓度逐渐降低，经一段时间后恢复到受污染前的状态；狭义的是指水体中微生物氧化分解有机污染物而使水质净化的作用。

水体自净机理包括沉淀、稀释、混合等物理过程以及生物化学过程。各种过程同时发生，相互影响，并相互交织进行。一般说来，物理和生物化学过程在水体自净中占主要地位。水体的自净能力是有一定限度的，与其环境容量有关。水体自净是一种资源，合理而充分利用水体自净能力，可减轻人工处理污染的负担，并据此安排生产力布局，以最经济的方法控制和治理污染源。当排向水体污染物量多，超过水体自净能力时，水质就会急剧恶化，发黑、发臭。

40 以地表水为水源的工业企业需在日常的生产过程中注意什么?

以地表水为水源的工业企业，应定期对水源水质进行分析，通常每月一次，建立水源水质资料档案。要注意洪水期及枯水期的水质资料。还要了解本企业取水点附近及上游的工业废水和生活污水排放情况及变化趋势，掌握它们对本企业取水水质的影响，必要时要采取相应措施。

（二）地下水

41 地下水包括哪些水？它是怎么形成的？

地下水（ground water）是指赋存于地面以下岩石空隙中的水，狭义上是指地下水面以下饱和含水层中的水。在国家标准《水文地质术语》（GB/T 14157—1993）中，地下水是指埋藏在地表以下各种形式的重力水。国外学者认为地下水的定义有三种：一是指与地表水有显著区别的所有埋藏在地下的水，特指含水层中饱水带的那部分水；二是向下流动或渗透，使土壤和岩石饱和，并补给泉和井的水；三是在地下的岩石空洞里、在组成地壳物质的空隙中储存的水。

地下水主要来源于大气降水和地表水的入渗补给，同时以地下水渗流方式补给河流、湖泊和沼泽，或直接注入海洋。上层土壤中的水分则以蒸发或被植物根系吸收后再散发入空中，回归大气，同时涉及地球上发生的溶蚀、滑坡、土壤盐碱化等过程。靠近地下的土层比较疏松，孔隙大，地面上的雨水、雪水、水蒸气等就会沿着空隙渗透下去，其中沙质土壤渗下的水最多，如果有不渗水的岩层挡住了水的去路，或是地球表面下有断裂层，或是有溶洞，水就会聚集在一块，形成地下水层。

42 地下水按照地理位置划分为哪几类？具体位置如何划分？

地下水按深度可分为表层水、层间水和深层水。表层水包括土壤水和潜水，它是地壳不透水层以上的水；层间水是指不透水层以下的中层地下水，这是工业使用较多的地下水源；深层水为几乎与外界隔绝的地下水层。由于地壳构造的复杂性，不同地区（甚至是相邻地区）同一深度的井，有的可能引出的是表层地下水，有的可能引出的是中层地下水（图 2-1），水质会有很大不同。

图 2-1　表层水井和层间水井位置示意图

43 地下水中主要含有哪些可溶性矿物质？其含量与哪些因素有关？

地下水常因流经不同的地质构层而溶入了各种可溶性矿物质，如钙、镁、铁的硫酸盐及碳酸氢盐等。其含盐量一般在100～5000mg/L之间。一般来说，地下水硬度较大，约为100.0～500.0mg/L（以$CaCO_3$计），也有高达500.0～1250.0mg/L（以$CaCO_3$计）甚至更高的。其含量的多少决定于其流经的地质层中矿物质的成分、接触的时间和流过路程的长短等。

44 企业使用地下水作为工业用水需要注意哪些事项?

利用地下水作为工业用水的水源时，因为其使用目的就决定了全年都处于连续工作状态，所以设计、施工都必须在充分计划、研究的基础上进行，而且还必须进行严格的管理。

由于井水水质较稳定，以井水为水源的企业建立档案的水质分析次数可适当减少（如每季一次），但是应建立取水用井的详细档案资料，包括本地区的水文地质资料、凿井的层标本和地质柱状图，以及井位、井深、井管结构、动水位、静水位、泵、流量、水温等有关资料。浅井附近也应禁止污水的排放和污物的堆放。

45 若使用井水作为工业用水，发现水质出现盐水化问题，其原因可能是什么?

使用井水，有可能发生水质异变的问题，特别是在沿海平原地区，常常发生地下水盐水化的问题。关于地下水盐水化的原因，考虑有以下几种情况：①直接起因于水位降低；②起因于取水层的选择；③起因于井的构造；④由于其他原因。

尤其是海岸附近井的盐水化情况是：如果取水上部黏土类不透水层厚的话，即使动水位比海面低得多，也因为离受污染的时间较长，所以不容易看出；如果黏土层薄，或是取水层出露海底或海岸线，则因抽水的关系，海水往往进入取水层。此外，井水的盐水化也可由抽水以外的原因引起。这些原因有：①建设港口造成的；②整修河道造成的；③废井造成的。

建设港口时，由于挖掘土方、淡水含水层上部的不透水黏土层变薄了，或者是含水层露了出来，淡水从港底涌出来。在这种情况下，含水层就容易被海水污染。另一方面，沿海平原的河流由于整修而改变河道，或者供给沿岸地下水的河流没有了渗透水时，海水也往往渗入，发生污染。此外，由于河口附近筑坝，其下游的地下淡水也往往会盐水化。旧河道下面地下水的盐水化则可能是由于来自上游的淡水流量减少了的缘故。

46 地下水被海水污染的评价指标有哪些?

地下水被海水污染后，水质方面一般是［HCO_3^-/总阴离子］减小，［Na^+/总阳离子］增加。有人曾以［$Cl^-/(CO_3^{2-}+HCO_3^-)$］的当量比来区分污染的程度，如表2-3所示。另外，如果从地球化学角度，以Ca^{2+}/Mg^{2+}为标准来区分，则如表2-4所示。这种看法可以用来判断淡水是直接被海水污染的还是被原来就含于地层中的盐水污染。

表 2-3 地下水被海水污染后的评价标准（1）

$Cl^-/(CO_3^{2-}+HCO_3^-)$	0.5	1.3	2.8	6.6	15.5
污染的程度	平常未被污染的地下水	稍受污染的地下水	受中等程度污染的地下水	相当污染的地下水	污染最严重的地下水

表 2-4 地下水被海水污染后的评价标准（2）

Ca^{2+}/Mg^{2+}	0.20	0.34±0.05	>0.5
水的分类	直接被海水稀释的水	长时间处于土壤中的水	淡水

47 深井在使用过程中，需要对哪些事项进行调查和记录?

深井在使用过程中，必须对下列事项经常进行调查，并整理其记录：

① 井的编号（在厂区的位置）。

② 凿井的日期。

③ 井深、集水管的直径（也有中间较小的）。

④ 取水深度，亦即过滤器在井管内的安装深度。

⑤ 静水位（停泵时水面离地面的深度）。

⑥ 抽水量（尽可能用 m/h 表示，求出平时运转时的抽水量）。

⑦ 动水位（相应于上述抽水量的水位）。

⑧ 泵的种类与型号，插入深度，扬水管与水泵的口径，抽水设备动力的大小。

⑨ 泵的总扬程与地下（往上压的）扬程。

⑩ 每小时和每月抽水的动力费用。

⑪ 凿井时的资料：凿井时取出的地层标本或地质柱状图，凿井时的静水位，抽水试验结果。

⑫ 深井的档案资料与记录：洗井的年月或次数，发生故障的种类、原因、内容，发生的年月，抽水设施的更新情况等。

⑬ 井投入运行的过程中，有明显的水位下降和抽水量降低的危险时，必须在充分判明周围情况之后，迅速调查、弄清其原因。水位降低的原因可能有：过度抽水（有时排出的砂量显著增加）和邻近井的干扰，集水孔或过滤器的堵塞，流砂的堆积等。在弄清各种原因以后，必须及时地采取适当措施。

⑭ 了解井的阀门、接头和过滤器有无异常情况，预防地表水、污水等沿着阀门外面侵入，如有不当，必须进行改进。

⑮ 抽水过程中，混入的泥沙较多时，要将抽水量降低到不混入泥沙的程度；要注意保持适当的抽水量，绝不要过量。

（三）再生水

48 再生水的定义是什么？其特点和用途有哪些?

“再生水”主要指生活和部分工业废水经一定工艺处理后，回用于对水质要求不高的用水。在城市供水中，工业用水量所占比例很大，因此城市污水回用于工业可节省大量的新鲜水，是再生水回用的最大用户。

再生水的特点是水量大、水质稳定、受季节和气候影响小，是一种十分宝贵的水资源。其用途很多，可回用于地下水回灌用水，工业用水，农、林、牧业用水，城市杂用水，景观环境用水等。具体地，再生水回用于地下水回灌，可用于地下水源补给、防止海水入侵、防止地面沉降；再生水回用于工业可作为冷却用水、洗涤用水、工艺用水和锅炉用水等；再生水用于农、林、牧业用水可作为粮食作物、经济作物的灌溉、种植与育苗，林木、观赏植物的灌溉、种植与育苗，家畜和家禽用水。此外，再生水还可用于消防、空调和水冲厕等市政杂用方面。

49 再生水和自来水作为工业供水在水质上有哪些差别?

再生水的水质介于污水和自来水之间，是城市污水、废水经净化处理后达到国家标准，能在一定范围内使用的非饮用水，可用于工业冷却水、城市景观和百姓生活的诸多方面。在水质层面，通常再生水水质介于污水排放水质与自来水水质之间，但如果采用反渗透技术作为再生水的处理技术，则与自来水相比，再生水的 pH 值通常略低、偏酸性，水中各类阴阳离子和悬浮物大部分被予以去除，大部分有机物也可被高效去除，但低分子量、非极性、挥发性有机物的去除率相对较低。整体来看，以污水二级处理出水为水源的反渗透再生水中的阴阳离子与有机物的浓度低于自来水。

50 城市污水二级处理出水需经过哪些处理环节才可应用于工业的冷却系统?

为了将城市污水二级处理出水再用于工业冷却水系统而不造成系统运行障碍，有必要对污水进行处理。适于将城市污水二级处理出水再用于工业冷却水系统的三级处理，有几种不同的处理流程。表 2-5 列出了几种三级处理流程的特点。

表 2-5 三级处理流程的特点 单位：mg/L

预处理	三级处理流程	三级处理出水水质估计				
		BOD	COD	PO_4^{3-}	SS	NH_4^+-N
预初级处理	混凝，沉淀	50～100	80～180	2～4	10～30	20～30
	混凝，沉淀，过滤	30～70	50～150	0.5～2	2～4	20～30
	混凝，沉淀，过滤，活性炭处理	5～10	25～45	0.5～2	2～4	20～30
	混凝，沉淀，提氨过滤，活性炭处理	5～10	25～45	0.5～2	2～4	1～10
初级处理	混凝，沉淀	50～100	80～180	2～4	10～25	20～30
	混凝，沉淀，过滤	30～70	50～150	0.5～2	2～4	20～30
	混凝，沉淀，过滤，活性炭处理	5～10	25～45	0.5～2	2～4	20～30
	混凝，沉淀，提氨过滤，活性炭处理	5～10	25～45	0.5～2	2～4	1～10

续表

预处理	三级处理流程	三级处理出水水质估计				
		BOD	COD	PO_4^{3-}	SS	NH_4^+-N
高负荷生物滤池	过滤	10～20	35～60	20～30	10～20	20～30
	混凝，沉淀	10～15	35～55	1～3	4～12	20～30
	混凝，沉淀，过滤	7～12	30～55	0.1～1	0～1	20～30
	混凝，沉淀，过滤，活性炭处理	1～2	10～25	0.1～1	0～1	20～30
	混凝，沉淀，提氨过滤，活性炭处理	1～2	10～25	0.1～1	0～1	1～10
传统活性污泥法	过滤	3～7	30～50	20～30	3～12	20～30
	混凝，沉淀	3～7	30～50	1～3	3～10	20～30
	混凝，沉淀，过滤	1～2	25～45	0.1～1	0～1	20～30
	混凝，沉淀，过滤，活性炭处理	0～1	5～15	0.1～1	0～1	20～30
	混凝，沉淀，提氨过滤，活性炭处理	0～1	5～15	0.1～1	0～1	1～10

由表 2-5 可知，如果不使用二级处理出水作为原水，各三级处理流程的出水，不经活性炭过滤时，BOD 浓度都在 30～70mg/L 以上，COD 在 50～150mg/L 以上。如果用二级处理出水作为原水，尤其是活性污泥处理出水，再进行三级处理，则 BOD 和 COD 可分别降至 3～7mg/L 与 30～50mg/L 以下。

对于磷酸盐来说，只要经过混凝沉淀就可做到大部分去除。在去除悬浮物方面，使用混凝沉淀与过滤结合的流程最好。对于氨氮的去除，如不用汽提脱氨，其他单元过程都无效（硝化过程除外）。活性炭处理过程对于除磷和氮无效，但可脱除部分有机物。

要指出的是氨氮的去除并不只有汽提一种过程，用生物硝化过程去除氨氮，使之转化为硝酸盐也是可行的。二级处理与三级处理也可以结合进行。

在美国的一份报告中建议，在将二级处理出水作为工业循环冷却水时，应作进一步的处理，这些处理包括加石灰澄清、pH 调节、过滤与氯化，另外还要加缓蚀剂。他们建议石灰剂量为 400mg/L，澄清池负荷为 $1.5m^3/(m^2 \cdot h)$。当处理站规模较大时，可用两级再碳酸化接于澄清池之后，第一级将多余的钙作为碳酸钙沉淀而除去，第二级则调 pH 至中性。再碳酸化的每个二氧化碳接触池的接触时间为 5min；沉淀池的负荷可为 $4m^3/(m^2 \cdot h)$；二氧化碳的投量为 390mg/L；滤器的滤速为 $12m^3/(m^2 \cdot h)$，反洗强度为 $35～50m^3/(m^2 \cdot h)$。投氯剂量为 6mg/L。

51 再生水作为工业冷却水可能存在的问题和隐患有哪些?

再生水作为工业冷却水存在诸多安全隐患。原因在于随着温度的升高，微生物群在管道、回水池中以及热交换器等的上面繁殖，堵塞管道或引起腐蚀。

特别是循环水的温度在 20～35℃时，不但对许多微生物的繁殖是个好条件，而且再利用的水中所含氨氮（NH_4^+-N）、硝酸盐氮（NO_3^--N）、磷酸根离子（PO_4^{3-}）、钙（Ca^{2+}）、钾（K^+）、钠（Na^+）、有机物等微生物的营养源比一般工业用水的多。同时，活性污泥的微细颗粒也与一般的浑浊度物质不同，它们附着于钢材表面，不但引起微生物的繁殖，而且会引起腐蚀。

52 城市污水二级处理出水作为工业企业工艺用水水源需要考虑哪些问题？

如果要将城市污水二级处理出水用作工厂企业工艺用水水源，则必须对其进行更进一步的深度处理，以达到相应工艺用水的水质要求。这在技术上有较高要求；在经济上，处理费用也较高。当然，有的时候还要考虑人们的心理承受能力，特别是与食品、饮料有关的工业企业，应尽量避免使用污水水源。

53 用作锅炉用水的城市污水二级处理出水的常用处理工艺是什么？

虽然城市污水二级处理出水用作锅炉给水与城市自来水用作锅炉给水相比较，要困难一些。但经过人们的不断探索，仍可通过工艺处理将城市污水用于锅炉用水，如利用反渗透膜（RO）就可能达到较好的效果。以反渗透为核心的处理工艺如图 2-2 所示，处理流程涉及凝聚沉淀装置、双层过滤装置与反渗透装置。

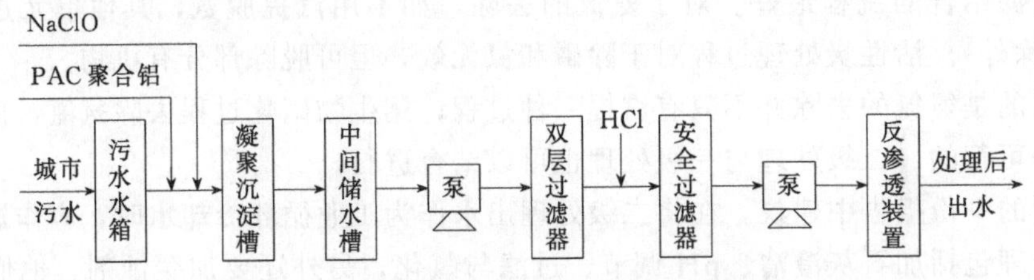

图 2-2 城市污水再利用工艺(利用反渗透膜)

① 凝聚沉淀装置 主要是去除原水的浊度、色度、悬浮物质等。一般投加聚合铝（PAC）及次氯酸钠（NaClO）。上部安装蜂窝斜板，防止絮凝体被携带出去。本装置启动、停运频繁，宜采用自动信号控制。

② 过滤装置 为提高过滤效率采用石英砂/无烟煤双层滤料滤池。过滤装置为重力流，反冲洗利用保存于过滤器上部空间的水自行反冲洗，不需设置反冲洗水箱和反冲洗泵，还可采用空气反冲洗。

③ 热交换器 反渗透膜透过的水量随着原水的黏滞性而变化，当水温下降时，水的黏滞度增大，透过水量则减少。为此，在冬季可利用此装置将原水加温到 20～25℃，但不宜超过 35℃。

④ 盐酸投加设备 反渗透膜的材质为醋酸纤维素，在碱的作用下可被水解。为防止水解和析出碳酸钙等结垢物，在反渗透膜入口处投加盐酸，pH 值控制在 6 左右。

⑤ 安全过滤器 为防止异物混入后段高压泵内，设置了安全过滤器，一个月利用反冲水冲洗一次。

⑥ 反渗透装置 采用低压醋酸纤维素膜，表压由 30～35kgf/cm^2（1kgf＝9.8N）降为 15～20kgf/cm^2，降低了压力，节省了耗电量，处理效率仍可达 80%以上。在反渗透装置中，有一部分水成为浓缩水被废弃，为提高处理水的回收率，可将第一段的浓缩水再次脱盐

处理，这样，原水的回收率可达75%。

⑦ 反渗透膜的冲洗装置　随着长时间的运行不可避免地在反渗透膜的表面会附着各种污染杂质，需进行清洗。为洗涤膜的表面，应将水泵与水箱组合妥当。此外，经活性污泥法处理后的其他污废水，也应考虑再利用作为锅炉用水。

（四）海水

54 海水有何水质特征？

海水水质差，含可溶盐多，但水质稳定。海水的盐度可达3.3%～3.7%，盐度是指当海水中所有碳酸盐转变为氧化物、溴和碘用氯代替、有机物被氧化后的固体物质总含量。海水总含盐量中氯化物可达88.7%，硫酸盐为10.8%，碳酸盐仅0.3%（碳酸盐波动较大），海水表层pH值为8.1～8.3，深层约为7.8。

55 海水作为工业冷却水使用存在哪些安全问题？通常应采取怎样的处理措施？

由于海水水质差，作为冷却水使用时，设备与管道的腐蚀严重，防腐工作很突出。另外，海生生物在冷却水系统中的繁殖和黏附会堵塞管道，影响冷却效果，必须采用有效的措施。

经过多年实践，氯化处理较为有效，可防止海洋生物在循环冷却水系统附着、滋长。氯化处理可通过3种方式实现：①直接加氯气；②加次氯酸钠溶液；③注入电解海水产生的次氯酸钠。前两种通过加药设备注入循环冷却水系统；后者利用特制的电极电解海水中的氯化钠（NaCl）产生有效氯（HClO、ClO^-、Cl_2），加入循环冷却水系统，以确保循环冷却水系统尤其是热变换器的安全、经济运行。

56 海水作工业用水时必须具备的条件有哪些？需要考虑哪些因素？

在沿海工业地带，单依靠地下水作水源时，因为在凿井和确保水量的供应方面会受到限制，因此，只要不造成太多的危害，很多地方可以利用海水作工业用水。利用海水时要考虑的问题，原则上和一般工业用水没有什么两样，但在具体内容方面，则具有用淡水作水源时无法比拟的特殊性。海水作工业用水时必须具备的条件，概括起来有以下几点：

① 要能够经常确保必需的水量；

② 水质良好（污染程度低，透明度良好），而且稳定；

③ 水温要经常满足使用要求；

④ 取水设备中造成危害的生物（贝类、浮游生物、藻类及其他细菌）的发生率要小；

⑤ 海水对金属的腐蚀性比淡水要大一些，所以必须采取防止腐蚀的措施；
⑥ 海底和海岸的地形要便于进行取水、配管等的施工；
⑦ 取水地点要选择在异常潮流、河水流入、台风等灾害少的地方；
⑧ 离河水入海位置远，而且要没有漂浮的垃圾和有害的工业废水；
⑨ 有关渔业和航道等水利问题少。

57 海水取水形式有哪些？如何进行选择？

海水取水有多种方式，整体上可分为三类：海滩井式取水、深海取水和浅海取水。一般而言，海滩井式取水水质最好，深海取水次之，浅海取水水质最差，但浅海采水具有建设投资少，适用范围广的特点，因此被广泛使用。

（1）海滩井式取水

海滩井取水方式是基于砂层的自然渗透原理，在海岸边打井，从井里提取出经海床渗滤过的海水作为海水淡化厂的原水。这种方式取得的海水具有浊度低、水质好的特点，尤其适用于采用反渗透膜法工艺的海水淡化厂。

能否使用此种取水方法，主要取决于海岸构造的透水性、海岸沉积物的厚度及海水对海床的冲刷效果等因素。通常要求海岸地质为砂质结构，有良好的渗水性，渗水率至少为 $1000m^3/(m^2 \cdot d)$，沉积物厚度至少为15m。其工作原理是：海水流经海岸时，海水被过滤，固态颗粒等杂质则被留在海床上，这些杂质经海浪、潮汐等冲刷后大多会被冲回海中，保持了海岸的良好渗透性。但如果这些颗粒不能被及时地冲回海中，将会降低海滩的渗透性，导致海滩供水能力下降。同时，考虑海滩井取水方式时，还需要考虑取水系统是否会污染地下水或被地下水污染，海水对取水结构的腐蚀性以及对沿海自然生态环境的影响等因素。

海滩水取水方式的不足之处是建筑面积大，所取原水中可能含铁和锰，溶解氧含量低等问题。比如产水量40000t/d的反渗透膜法海水淡化厂，海滩井占地面积大概为 $20000m^2$。

由于可获得高质量的水源且占地面积较大，海滩井取水方式一般适用于小型反渗透膜法海水淡化厂。因受到单井取水能力的影响，当淡化厂规模＞40000t/d时，海滩井取水方案的优势就不再明显。如我国浙江省嵊山镇的反渗透海水淡化示范工程，项目产水量为500t/d，产水水质符合我国饮用水卫生标准，为我国首座自选设计、建造的反渗透法海水淡化厂。项目采用的就是海滩井取水方式，在海岸上建造钢筋混凝土深井，井深为3.7m，底部直径为5m，省掉了海水澄清沉砂工序。

总而言之，海滩井取水适用于取水量稳定，离海岸近，海底砂层的渗水性良好，地下矿物质溶出量比较少且取水量不是太大的海水淡化厂。

（2）深海取水

深海取水是通过建造管道，将外海的深海水引入岸边，再通过岸边的取水泵房将海水输送至海水淡化厂。

正常情况下，海面以下1～6m内的水中会含有沙子、鱼虾、水母、海藻等微生物，水质较差。而海面以下35m附近的海水中，这些物质的含量将非常少，水质较好，可明显减轻预处理的负担。同时，深海水温较低，也有利于海水淡化系统的运行维护，尤其是对采用热法海水淡化工艺的项目。

对于海床比较平缓的海岸取水，如需取到海面以下35m附近的水，需要向海中铺设相当长的取水管道，而海底铺设取水管道的工艺复杂，投资巨大，这种情况下便不适宜采用深海取水方式。因此深海取水方式主要适用于海床陡峭，最好是距离海岸线50m以内即达到深度35m的情况。此外，这种取水方式也不适于大型取水工程。

(3) 浅海取水

浅海取水的海水水质较差，但投资少，适应性广，应用经验丰富，是目前使用最普遍的海水取水方式。常见的浅海取水方式主要有海岸式取水、海床式取水、引水渠式取水、潮汐式取水等。

① 海岸式取水　海岸式取水方式的原理是取水泵直接从海边抽水，然后经过加压泵将海水输送到厂区，这种方式主要适用于海岸线比较陡峭，海水含沙量少，高低潮位差较小，低潮时近岸水深大于1m且取水量较少的项目。其优点是系统简单，投资低，方便运行管理。缺点是容易受到海潮变化的影响，泵房会受到海浪的影响且受到海中微生物的危害较大，需做好耐腐蚀及去除微生物的工作。为保证安全性与可靠性，泵房一般距离海岸10～20m，每台取水泵配置独立取水头、独立取水管，并考虑足够的冗余配置。

② 海床式取水　海床式取水方式的原理是将取水管道（耐腐蚀自流管或隧道）埋入海底，仅取水头暴露在海水中，在海岸上建造泵房和集水井。适用于取水量大，海岸平坦，深水区离海岸较远，或潮汐位差大及海湾条件恶劣的项目。其优点是所取原水为低温海水，利于海水淡化厂的运行；泵房距离海岸有一定距离，保证泵房免受海浪冲击，取水的安全性与可靠性更高。缺点是取水管道埋在海床底部，容易积聚海洋生物或泥沙，难以清除；取水管铺设工艺复杂，施工成本高。

③ 引水渠式取水　引水渠式取水的原理是自深海区开挖引水渠，将海水引至取水泵房，同时在泵房进水侧建造防浪堤，引水渠两侧建造防浪堤坝。适用于海岸陡峭，取水点海水较深，海水淤泥较少，且高低潮位差值较小的石质海岸或港口、码头附近。引水渠在设计时需保证其入口标高低于设计最低潮位0.5m以上，且设计取水量需考虑足够的冗余系数。其优点是取水量不受限制，引水渠内的粗细格栅及清污系统等能截留较大的海洋生物。缺点是工程量大、海洋动植物的活动比较活跃，且容易受海潮影响。

④ 潮汐式取水　潮汐式取水的原理是利用海水的涨潮落潮，在海岸建造调节水库，并在水库入口安装自动逆止闸门。高潮位时，闸板门自动开启将海水流入水库。水库水位到达一定高度后，闸板门自动关闭，存储在水库中的海水即作为海水淡化厂的供水水源。适用于海岸平坦、深水区较远且涨落潮位差比较大的地区。其优点是利用了海水涨落潮的规律，供水安全可靠；泵房不需要建在海岸，免受海潮威胁；同时蓄水池自身也起到一定的澄清作用，取水水质较好。缺点是调节水库占地大，投资高；海中的微生物生长会导致逆止闸门关闭不严，需考虑配置微生物清除设备。

在海水淡化厂的设计阶段，可根据项目所需水质、水量、取水结构及地质条件等因素综合考虑取水方式，比如引水渠式和潮汐式组合使用。这种方式的调节水库与引水渠并列独立布置，水库中的海水可经由引水渠流至取水泵房；高潮位时，调节水库的逆止闸门自动开启蓄水，但不流入取水泵房，海水直接经引水渠取水并流入取水泵房；低潮位时，开启调节水库与引水渠之间的联通阀，同时关闭引水渠的进水闸门，由调节水库向取水泵房供水。这种取水方式供水量大、水质好、供水安全可靠且泵房不易被腐蚀，但施工工程量较大。

58 海水中哪些生物会对取水设备造成危害？具体的防治措施有哪些？

海水中存在着无数的生物，如鱼类与贝类的卵、小鱼、浮游生物、藻类的孢子等，其中那些随水流走的生物是不成问题的，问题是贝类、藻类等附着性生物，它们的孢子或卵进入机械设备的冷却水系统，附着在配管或机器上生长，有时会发展到引起机械设备不能工作的事故。此外，在很多工厂都可以看到由于贝类、藻类着生在海水进水管上而使供水能力显著降低的情况。贝类大多是壳菜、牡蛎。关东地方主要是淡菜、藤壶、松叶贝、紫壳菜等，关西、九州地方大多是牡蛎、藤壶。上述几种贝类中，紫壳菜危害最大，常常引起海水管道的堵塞，造成很大的损害。此外，蚌也是一种有害的贝，它着生在海水流速为1～2m/s以下的管道内壁和冷凝管的管壁上，使管道堵塞，或使水垢附着在管壁上，影响传热效果；或形成氧的浓差电池，产生电偶腐蚀。

对于以上各种有害生物造成的危害，可以采用下述几种防治措施：①海水加热法；②增加或减少海水中盐分的方法；③除气法；④提高管内流速的方法；⑤用酸毒杀法；⑥用涂料涂覆的方法；⑦用过滤网过滤的方法；⑧用银、铜等重金属离子毒杀的方法；⑨氯处理法；⑩电流处理法。

这些方法中，最实用的是氯处理法。氯处理法有用低浓度连续处理或用高浓度间歇处理两种。对紫壳菜进行调查的结果表明，剩余氯为0.25～0.5mg/L的连续处理法比高浓度的间歇处理要有效得多。为了经济有效地进行氯化处理，要考虑海水温度等海洋情况的季节性变化和紫壳菜等主要有害生物的产卵、附生期，以调整氯处理的周期与投药浓度。

59 海水对钢铁的腐蚀原因和影响因素有哪些？

海水对钢铁的腐蚀情况在一年之中并不是完全一样的，主要腐蚀原因因季节而交替变化，腐蚀的速度也不相同。特别是以微生物作为引起腐蚀的主要原因来考虑的话，夏季问题最大的是硫酸盐还原菌引起的腐蚀（图2-3、图2-4），秋、冬季节则是波浪等搅动海水之类的作用影响最大（图2-5）。

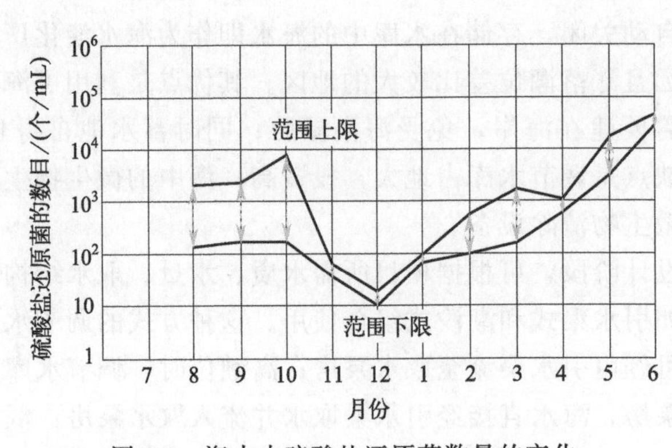

图2-3 海水中硫酸盐还原菌数量的变化

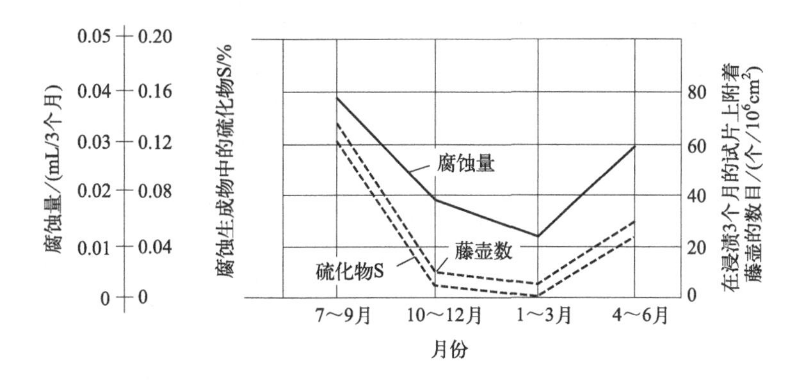

图 2-4 3 个月内浸渍试片的腐蚀量与腐蚀原因的关系

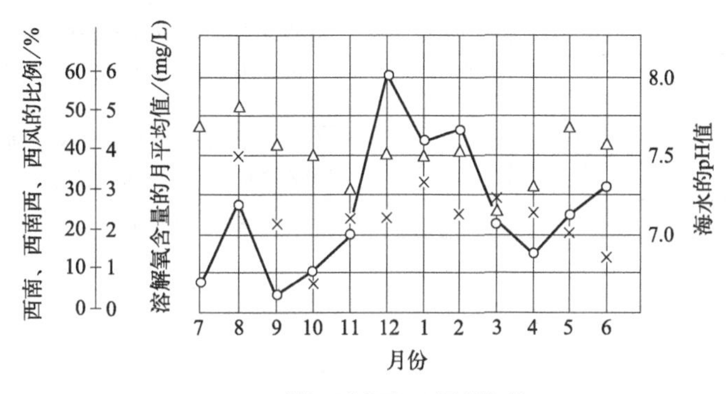

图 2-5 试验海区各个月的腐蚀原因的变化

引起冷凝器传热障碍的软泥的形成原因是铁细菌、菌胶团等附着于管壁，使冷却水中的无机物和有机物产生沉淀；由污水中硫酸盐还原菌的代谢作用产生的硫化物，也与局部的腐蚀过程有关。

60 如何以腐蚀为指标判断污染海水?

表 2-6 为被污染海水的判断标准。该表对设计机械时的材料选择和设备的维护管理方面也有一定的参考价值。同时腐蚀性成分的最大值及保持这一数值的时间也很重要。例如，测定硫化氢时，有时即使白天为 0，晚上因工业废水的影响却可达 3.0mg/L 以上，从而发生原因不明的异常腐蚀情况。总之，在用清洁海水时见不到的腐蚀情况，在用污染海水时却容易发生，所以，在设备的维修保养方面，必须经常注意局部地方污染程度的变化。作为防止使用这种污染海水引起危害的措施，可以考虑采用耐腐蚀性的管道材料或采用促使形成耐腐蚀膜的方法，以及进一步改进电气防腐蚀法等。

表 2-6 以腐蚀为指标的判断污染海水的标准

项目	清洁海水	污染海水	备注
pH 值	7.6～8.4	6.5～7.5	被污染后偏低,低到 7 以下时必须注意,4 以下时对碳素钢的腐蚀加剧。但是,pH 值因其他多种原因而变化,所以不能简单地只以这个标准来判断海水对金属的腐蚀性
电导率/(μΩ/cm)	45000～53000	25000～50000	单以此项标准不能表明污染程度;因河水流入等原因而使此值降低时,要注意河流引起的污染
溶解氧/(mg/L)	6～10	0～4	被污染后偏低,如果低到 0,则是被有机物严重污染 有氧化能力。如果此值低时,耐腐蚀性金属的耐久性将迅速降低
高锰酸盐消耗量/(mg/L)	10～15	＞20	数值大则表示有机物多。有机物成分增多并不一定与腐蚀的增加有直接关系,但与溶解氧数量的降低有关,所以很重要
氯离子/(mg/L)	18000～22000	不限定	污染海水一般都低,但不一定与腐蚀有关。太低时可作为调查是否混入了被污染的有害河水的一个尺度
硫化氢/(mg/L)	无	＞0.03	0.1～0.3 以上时便有害。特别是对铜合金、镍合金的害处更大
氨离子/(mg/L)	痕迹	＞1.0	单独存在时对钢铁几乎无腐蚀性,但是数量即使少到无直接腐蚀性,对于铜合金也有不良影响
亚硝酸根离子/(mg/L)	无	＞0.1	表示被有机物污染

工业用水单元处理技术

（一）曝气/除气

61 曝气的目的是什么？

曝气的目的或是从原水中去除有害气体，或是使铁、锰与氧接触氧化后沉淀去除。这个操作可以去除令人不快的嗅味以及二氧化碳和硫化氢，还能去除铁和锰。此外，曝气还有促进有机物的生物化学氧化作用。其中，去除嗅味的效果不很理想，而铁和锰的去除与二氧化碳的去除有关，是最简单而有效的措施。

62 利用曝气法去除原水中气体的必要条件有哪些？

利用曝气方法去除原水中气体的必要条件如下：

① 水温越高，效果越好；

② 曝气时间越长，效果越好；

③ 和水接触的空气量越多，效果越好；

④ 水的表面积越大，效果越好。

除以上条件外，水中气体的浓度越高，周围大气中该种气体的浓度越低，效果也越好。

63 常用的曝气方法和适用条件有哪些？

曝气的方法多种多样，一般只是将原水喷成雾状或降雨状，使之充分与空气接触。曝气的方法，依其目的有下述几种。

（1）喷水式

常采用以下两种方法：

① 配置多孔管喷水的方法；

② 用固定式或旋转式喷嘴向空气中强力喷雾的方法。

通常采用的是喷淋池法。这个方法是利用向上安装在露天池中的喷嘴将压力水喷射至空中而后落入池内［例如，用 $1.5kgf/cm^2$（1kgf＝9.8N）的喷射压力，每个喷嘴喷射出的水

量为 $1.5m^3/h$]。有的喷嘴在水头为 15m 的情况下，每小时可喷射 $2m^3$ 的水。如果每小时的处理水量为 $200m^3$，则以 75cm 的间距安装 100 个喷嘴就行了（图 3-1、图 3-2）。这个方法所需要的面积很大，在处理大量的原水时，风造成水的损失和尘埃造成的污染是其缺点。

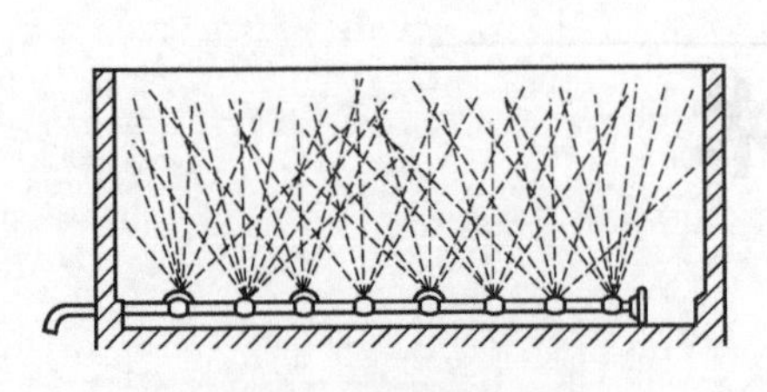

图 3-1 喷嘴喷水式

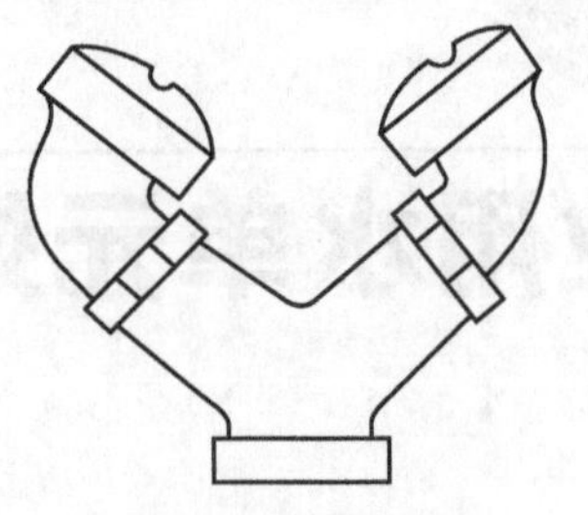

图 3-2 曝气用喷嘴

(2) 空气吹入式

在这种方式中，有的是以适当的间距架上很多多孔板，从最上部使水像下雨似的落下，而从下部送入空气进行曝气；还有的是用有缝板代替多孔板，像多孔板一样安装，缝相互交叉，从下面送气。图 3-3 是其断面。在这种情况下，二氧化碳的去除率一般能达到 70%～90%左右。此外，喷淋面积如果设置得当，得到的结果也相当好。

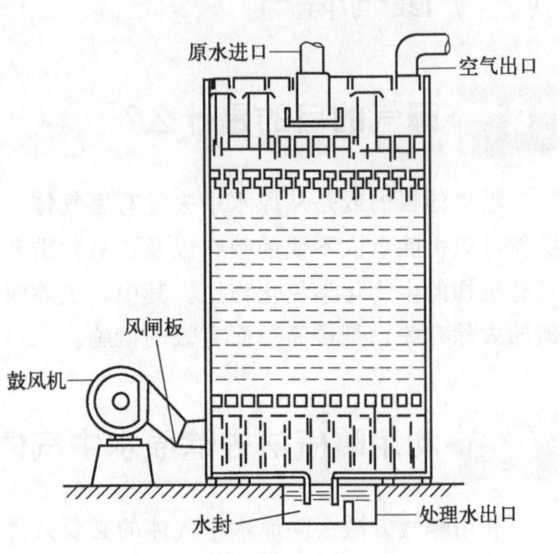

图 3-3 空气吹入式曝气装置

但是，由于原水不是呈水滴状，空气吹入的时间就要长，一般需停留 10～30min。吹入空气的数量比理论上需要的多，一般每 1L 处理水需要 1.0～1.5L 空气。使用这种方法的时候，应注意下列事项：连续处理时，需要设置适当的挡板，使原水处理过的水不致混合。其缺点是基建与维修费用增加，但是，因为池深采用 3.0～4.5m，所以面积比喷水式的可以小得多。表 3-1 为方塔型空气吹入式曝气装置的标准规格。

表 3-1 方塔型空气吹入式曝气装置的标准规格

序号	处理水量 /(m^3/h)	高度 /mm	边长 /mm	截面面积 /m^2	进水管管径 /mm	出水管管径 /mm	鼓风机功率 /kW	运转重量 /t
1	15.0	2400	450	0.203	50	63	0.2	0.6
2	25.0	2400	580	0.336	63	75	0.2	0.8
3	36.0	2400	700	0.49	75	100	0.2	1.2
4	60.0	2400	900	0.81	100	125	0.2	1.7
5	74.0	2400	1000	1.00	100	125	0.4	2.0
6	105.0	2400	1190	1.42	125	150	0.4	2.8
7	165.0	2400	1500	2.25	150	200	0.4	4.3
8	240.0	2400	1800	3.24	200	250	0.75	6.1
9	295.0	2400	2000	4.00	200	250	0.75	7.5
10	355.0	2400	2200	4.84	250	300	0.75	9.0
11	425.0	2400	2400	5.76	250	300	0.75	10.6

（3）瀑布式（图 3-4）

这是使原水从高的地方逐级成瀑布状落下进行曝气的方法。这种场合所需的水头有 5～10m 就足够了。利用这一水头，使水成瀑布状而进行氧化，所以所需的处理面积比喷水式的要小，但需注意刮风造成的水的损失。

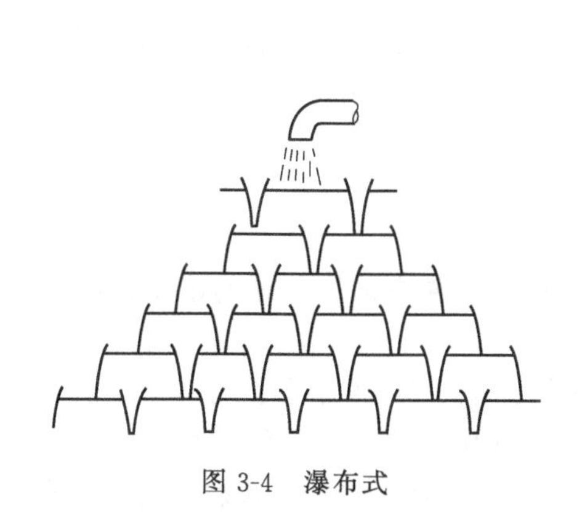

图 3-4 瀑布式

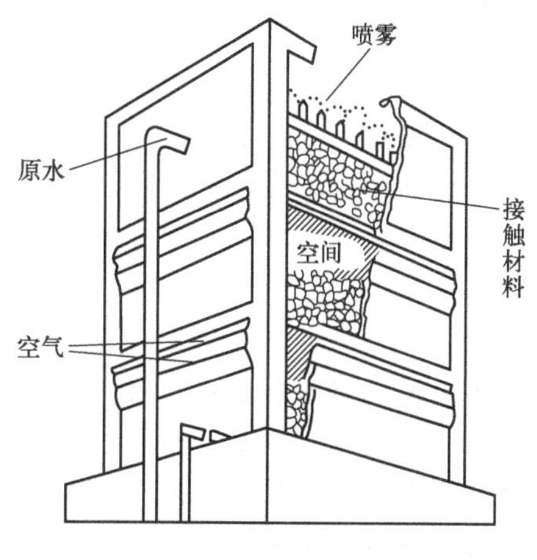

图 3-5 接触式曝气装置

（4）接触法（图 3-5）

这种方法是使原水通过由焦炭、磁粒等接触材料及木隔板组成的接触层与空气接触，进行处理。空气从下部的入口进入。这个方法有两种方式，一种是自然通风方式，另一种是用鼓风机进行强制通风的方式。为了使从塔顶落下的水滴成为极细小的水珠，强制通风式当然较好，它的优点是可以任意调节接触空气的量。

此外，与空气吹入式比较，因为这种装置只需要很小的空气压力，所以动力费用很低，这是它的一个特点。如上所述，进行曝气有许多方法，一般用得最多的是喷嘴喷雾式和空气吹入式的接触法曝气。另外，还有在水中装设通气管或空气扩散板，从底部送入压缩空气进行曝气的方法。

64 除气的目的是什么？主要方式有哪些？

除气的目的是去除溶解在水中的气体成分——氧、二氧化碳、氨等气体，特别是在溶解气体中要全部去除的是氧气。原因在于，与等量的二氧化碳比较，氧的腐蚀性要大 5～10 倍，特别是氧和二氧化碳共存的时候，这两种气体的腐蚀性与等量各自单独作用的情况相比要强 10%～40%。

除气的方法有机械除气和化学除气等数种，但有时由于单独采用机械除气不能完全去除溶解的气体，所以要同时采用化学除气法。

65 以防腐蚀为目的的除氧限值的决定因素有哪些？

为防止腐蚀而必须去除的氧的限度，主要决定于使用温度。同时，使用的水量也有影响。在冷却水系统中，溶解氧如果能去除到 0.3mg/L 左右，就几乎可以防止腐蚀作用。但是，在70℃的热水系统中，则必须去除到0.10mg/L以下；对18个大气压以下的锅炉，需去除到0.03mg/L以下，有省煤器的锅炉或高压锅炉则必须去除到0.005mg/L左右。

66 机械除气的原理是什么?

机械除气的基本原理是达尔顿、亨利两定律。根据达尔顿定律，几种气体混合物的总压力，等于各气体按其在混合气体中所占体积单独存在时的分压的总和。根据亨利定律，溶液中溶解气体的浓度与这种液面上的自由空间中该种气体的分压成正比。也就是说，这种情况可用公式表示如下：

$$K=\frac{C}{P}$$

式中，K 为溶解度系数（温度一定时为常数）；C 为溶液中溶解气体的浓度；P 为气体的压力。

例如，在一个大气压力下，如果在一定容量的水中溶解0.002g分子气体，那么在两个大气压力下就溶解0.004g分子气体。也就是说，要从水中去除溶解气体，只要降低与水面相接的大气中该种气体的压力就行了。为此，最简单的方法是向水中吹入别的气体，使之出现气泡，或向别的气体的对流气流中将水喷成雾状，于是，周围大气中溶解气体的浓度就被洗涤气体稀释而减少了。即，根据亨利定律，接触大气中该种气体的分压如果降低了，为了保持平衡，水中溶解气体的浓度就随着分压的降低而成比例地减少了。

这个理论已应用于实际。像二氧化碳除气塔那样，就是对从相反方向落下来的水流中吹进空气，从而去除水中的二氧化碳。即采用对通过多层拉西环和木框架呈层流或薄膜状流下的水，从塔的下部由鼓风机反向吹入空气的方法。按理说，氧也可以用同样的方法从流下的水中予以去除，但因为氧与在大气中分压极小的二氧化碳的情况不同，而是以21%这样高的比率存在于空气中，所以不能用这个方法。

67 蒸汽溶媒法的机理是什么？效果如何?

蒸汽溶媒法是去除溶解氧的最合适的方法。水蒸气作为最经济的气体，很适宜作为洗涤气体。而蒸汽溶媒法的核心技术在于采用水蒸气作洗涤气体对气体进行去除。在从水中去除溶解氧的时候，只要将水加热到与除氧器中的压力相应的饱和温度，就能用机械分离的方法从水中去除，去除效果可达到90%～95%。

68 用蒸汽溶媒法去除锅炉给水中的溶解氧时，应该考虑哪些注意事项?

利用蒸汽溶媒法从锅炉给水中去除溶解氧时，实际中应考虑的事项如下：

① 要将水加热到与操作时的压力相应的沸点；

② 设计的加热器要能使蒸汽与水充分混合；

③ 从装置中能连续地排出气体与蒸汽的混合物。

69 除气装置的种类有哪些？各种除气装置的适用条件有哪些？

除气装置的种类按其内部构造区分，可以分为棚架型除气装置和喷雾型除气装置两种。另外，按压力划分，可以分为加热式除气装置和真空式除气装置两种。

(1) 棚架型除气装置和喷雾型除气装置

① 棚架型除气装置　水在拉西环挡板或棚架上扩散成薄膜状，蒸汽与水密切接触，排出的蒸汽通过排汽冷凝器，在这里凝结回流，未凝结的气体排入大气中(图 3-6)。

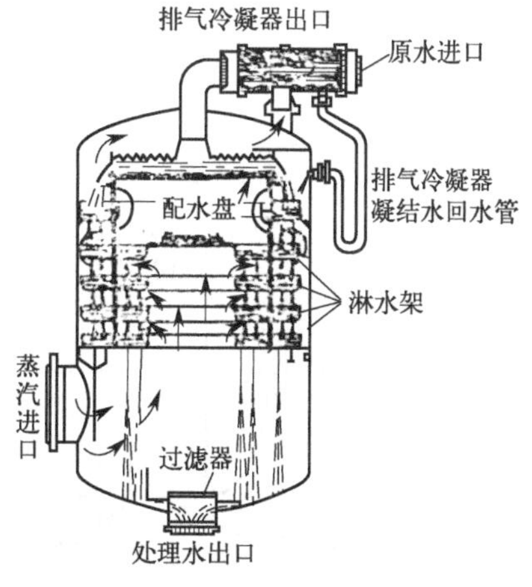

图 3-6　棚架型除气装置

② 喷雾型除气装置　水在蒸汽室中被喷成雾状，温度因而上升到接近蒸汽温度。用这一操作可以去除90%～95%的氧。

再将这种水导入高速的喷射蒸汽流中，由于喷射蒸汽流的作用而被雾化，进行除气。排出的气体通过冷凝器排出，凝结水则回流至除气器内，这点与棚架型的情况相同。图 3-7 为喷雾型除氧装置的示例。

(2) 加热式除气装置和真空式除气装置

加热式除气装置如上所述，在大气压或大气压以上的压力下通入蒸汽，使水沸腾，蒸汽则通过冷凝器变成水而回流，排出气体。

真空加热式除气装置如果要在水的大气压沸点100℃以下的温度中进行除氧。就要使除氧器内保持相当于水的沸腾压力的真空度。真空式是用单级蒸汽喷射器或真空泵减压到 400～700mmHg (1mmHg=133.32Pa)，使原水一面往下流一面吸引向上，让水中溶解气体扩散，因此，溶解氧也就能与二氧化碳同时被去除。但是，如果要全部去除溶解氧和二氧化碳，就要使用加热式除气装置，即将原水一面加热到 100℃或 100℃以上的温度，一面减压，由于沸腾就可以使氧和二氧化碳的溶解度等于 0。图 3-8 为其主要构造。

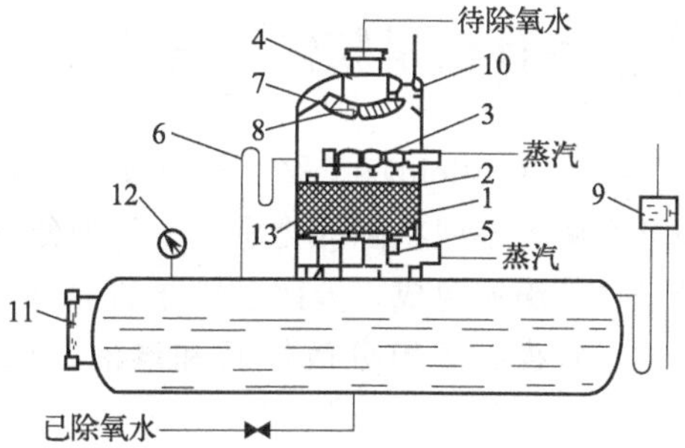

图 3-7　喷雾填料式除氧器

1—填料层；2—挡水板；3—蒸气环形室；4—进水室；5—进汽孔板；6—平衡管；7—折流板；8—喷嘴；9—水封；10—排气管；11—水位计；12—压力表；13—淋水盘

真空除气以能在常温下除氧为特征，剩余的溶解氧为 0.1～0.3mg/L。加热除气时，剩余的溶解氧为 0.003～0.05mg/L，效果很好。另外，用于锅炉给水时，因为同时使给水预热了，也很方便。在有蒸汽汽轮机的冷凝器时，也有导入冷凝器中使之除氧的方法。

进行除氧时，首先用上述物理方法去除其大部分，然后根据需要，可以投入亚硫酸钠和联氨之类的还原剂，用化学方法完全去除剩余的氧。

此外，铜离子交换树脂法是使与离子交换树脂结合了的铜还原成金属铜，再让水通过而除氧。因此，在低温下也能使剩余的溶解氧只有 0.005mg/L 左右。

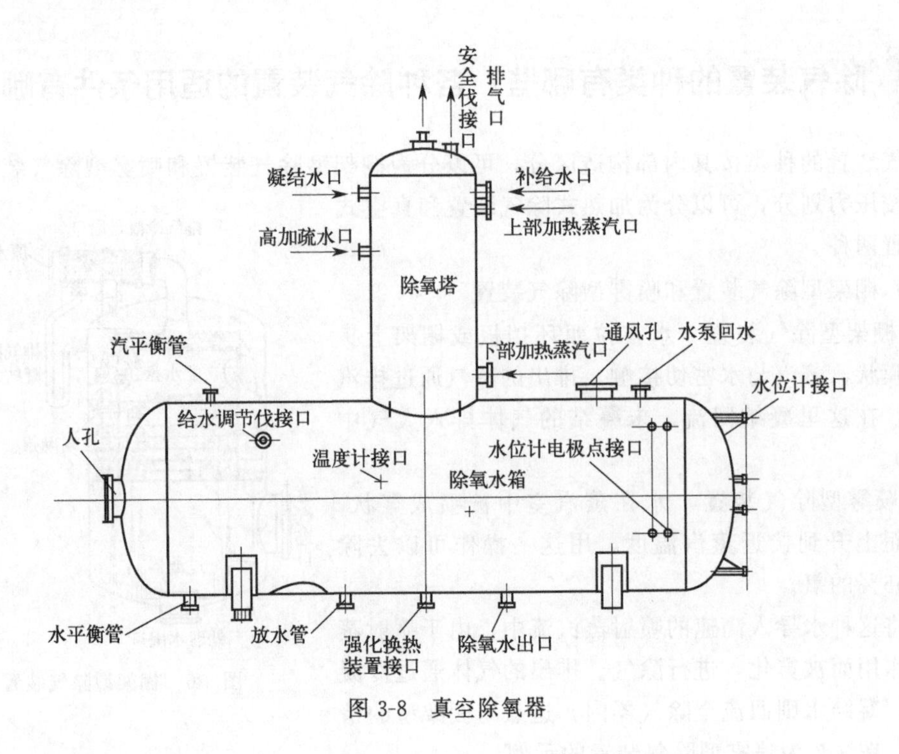

图 3-8 真空除氧器

(二) 絮凝

70 什么是胶体？有何结构特点？

胶体（colloid）又称胶状分散体（colloidal dispersion），是一种较均匀混合物。在胶体中含有两种不同状态的物质，一种为分散相，另一种为连续相。分散质的一部分是由微小的粒子或液滴所组成，分散质粒子直径在 1～100nm 之间的分散系是胶体；胶体是一种分散质粒子直径介于粗分散体系和溶液之间的一类分散体系，是一种高度分散的多相不均匀体系。

胶体颗粒由胶核、吸附层和扩散层三部分组成，现以 $Fe(OH)_3$ 胶体为例说明胶体的结构。胶核是许多 $Fe(OH)_3$ 分子的聚集体，它不溶于水而成为胶体颗粒的核心，故称胶核。胶核具有较大的比表面积，有从水中吸附某些离子的能力，如吸附 FeO^+ 使胶核表面上拥有一层带电离子，称为电位决定（形成）离子。如果电位决定离子为阳离子，胶核就带正电荷；如果电位决定离子为阴离子，胶核就带负电荷。

胶核表面的电位决定离子在静电引力的作用下，吸引水溶液中电荷符号相反、电荷量相等的离子（如 Cl^-、SO_4^{2-}）到胶核周围，被吸引的离子称为反离子。这样就在胶核与周围水溶液之间的界面区域内形成一个双电层结构，内层为胶核的电位决定离子层，外层为水溶液中的反离子层。其中有一部分反离子因受到较大的静电引力作用，与胶核表面的电位决定离子结合紧密、牢固，形成吸附层，其厚度较小。由于在吸附层外的反离子受到的静电引力较弱，在反离子浓差扩散和热运动作用的推动下，分散到溶液深处，形成扩散层，其厚度通常比吸附层大得多。胶核、电位决定离子与反离子的吸附层一起称为胶粒，胶粒是带电的。

胶核、电位决定离子、反离子的吸附层和扩散层组成一个整体，称为胶团，胶团是不带电的，下式是 $Fe(OH)_3$ 胶团的组成结构：

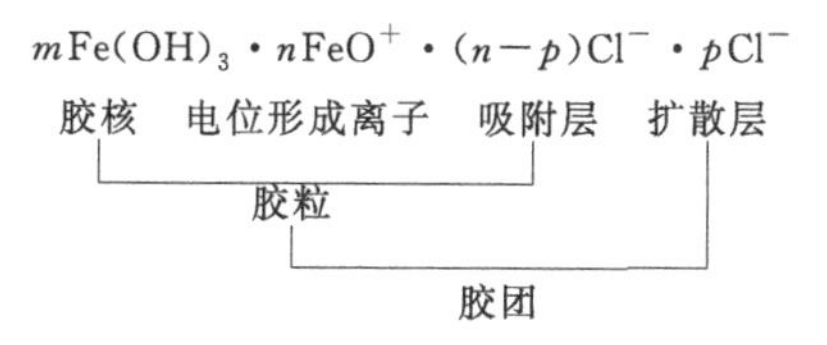

式中的 m、n、p 表示任何正整数，m 表示胶核中 $Fe(OH)_3$ 分子数，n 表示吸附在胶核表面上的电位决定离子数，p 表示扩散层中反离子数。图 3-9(a) 所示为胶体（颗粒）的结构。

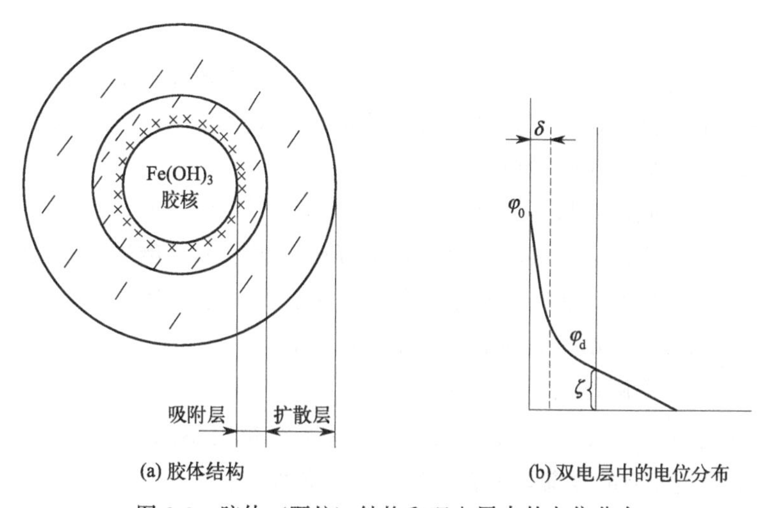

(a) 胶体结构　　(b) 双电层中的电位分布

图 3-9　胶体（颗粒）结构和双电层中的电位分布

当胶体颗粒在某种力的作用下与溶液之间发生相位移时，吸附层中的反离子和扩散层中部分反离子随胶核一起移动，而扩散层中的其他反离子滞留在水溶液中，这样就形成了一个滑动界面，滑动界面的电位称 ζ（Zeta）电位，吸附层与扩散层分界面处的电位用 φ_d 表示，胶核表面上的电位称为总电位（φ_0），即胶核表面上的离子与反离子之间形成的电位（整个双电层电位），也称热力学电位，它是测不出来的，如图 3-9(b) 所示。对于足够稀的溶液，可把 ζ 电位与 φ_d 电位等同地看待。因此，通常用 ζ 电位表示胶粒的带电量大小。ζ 电位越高，微粒间的静电斥力越大，胶粒的稳定性越高，反之 ζ 电位越低，微粒间的静电斥力越小，也就越不稳定。

71 水中颗粒物表面带电的原因有哪些?

胶体表面电荷是产生双电层的根本原因，水中胶体微粒的表面电荷来源有以下几个方面。

(1) 同晶置换

水中的黏土颗粒一般由高岭土、蒙脱石和伊利石等矿物组成，其主要成分是硅和铝的氧化物，当其晶格中的 Si^{4+} 被大小几乎相同、价数较低的 Al^{3+} 或 Ca^{2+} 置换后，或晶格中的 $A1^{3+}$ 被 Ca^{2+} 置换后，都不会影响黏土颗粒的晶格结构，而黏土颗粒却带上了负电荷，这种置换现象称同晶置换。

(2) 电离作用

有机物物质表面的一些基团在水中离解后，使其表面带上正电荷或负电荷，如蛋白质在碱性溶液中常带负电荷：

$$R\begin{matrix}COOH\\NH_2\end{matrix} + NaOH \longrightarrow R\begin{matrix}COO^-\\NH_2\end{matrix} + Na^+ + H_2O$$

在酸性溶液中常带正电荷：

$$R\begin{matrix}COOH\\NH_2\end{matrix} + HCl \longrightarrow R\begin{matrix}COOH\\NH_3^+\end{matrix} + Cl^-$$

细菌蛋白质的等电点在 pH 2～5 之间，因此一般天然水条件下细菌带负电。

水中天然有机物（如腐殖质）多含有酸性基团，在天然水 pH 下，解离为带负电的大离子，所以天然水中有机胶体也带负电荷。

(3) 离子的吸附（吸附作用）

由于胶体颗粒有巨大的比表面积，有很强的吸附能力，因此能选择性地吸附一些离子，使微粒带上正电荷或负电荷。由于阳离子容易发生水合作用，水合离子半径大，所以阴离子比阳离子更容易被吸附。故水中微粒表面常带负电荷。

(4) 离子的溶解（溶解作用）

一些两性金属氢氧化物胶体，在不同 pH 条件下会带上不同电荷，这时溶液中 H^+ 和 OH^- 浓度决定了颗粒表面的电荷，如在酸性或中性条件下：

$$Al(OH)_3 \longrightarrow Al^{3+} + 3OH^-$$

$Al(OH)_3$ 胶核因吸附 $A1^{3+}$ 而带正电荷。而在碱性（pH>8）条件下有

$$Al(OH) \longrightarrow AlO_2^- + H^+ + H_2O$$

$Al(OH)_3$ 胶核，因吸附 AlO_2^- 而带负电荷。

72 为什么胶体可以在水中长期稳定存在?

胶体可以在水中长期稳定存在，取决于三方面的原因：

(1) 高分散使胶粒具有动力稳定性

布朗运动越剧烈，越能阻止由于重力作用而引起的下降，即胶体动力稳定性。胶粒越小，与分散介质的密度差越小，介质黏度越大，溶胶的动力稳定性越大。

(2) 胶粒表面双电层的稳定作用——胶体的聚结稳定性

胶团靠近到与双电层的扩散层重叠时，出现静电斥力，胶团靠得越近，斥力越大，斥力大于引力时，碰撞的胶粒重新分开，即胶体的聚结稳定性。

(3) 溶剂化的稳定作用

胶粒表面吸附离子及反离子都是溶剂化的，在胶粒周围形成溶剂化膜。溶剂化膜具有一定的机械强度和弹性，能阻止胶粒聚结。

73 混凝的机理是什么?

目前，水处理界一致认可的混凝作用有4种：压缩双电层作用、吸附-电中和作用、吸附-架桥作用、网捕卷扫作用。但混凝剂与水中胶体粒子发生混凝作用时究竟以何者为主，取决于混凝剂的种类和投加量、水中胶体的性质、含量及水的pH值等。

(1) 压缩双电层作用

根据DLVO理论，双电层厚度较薄时能降低胶体颗粒的排斥能，如果能使胶体颗粒的双电层被压缩，减小颗粒间相互靠近所需的能量，当胶体颗粒接近时，就可以由原来以排斥力为主变成以吸引力为主，颗粒就得以凝聚。水中胶体颗粒通常带负电荷，当加入含有高价态正电荷离子的电解质时，水中反离子浓度增大，水中胶体微粒的扩散层在反离子的压缩作用下减薄，电位下降，使胶粒间的相互作用势能发生变化。当ζ电位降到零时，胶粒间的排斥势能完全消失，此时的胶粒处于完全脱稳状态，胶粒间的吸引势能达到最大值，胶粒很容易凝聚。电位等于零时的状态称为等电点状态。实验研究表明，凝聚不一定在ζ电位降至等电点时才开始发生，而在与电位值约为0.01～0.03V时，排斥势能已降低到足以使胶粒相互接近的程度，此时在吸引力的作用下，胶粒开始凝聚，这一电位值是胶体颗粒保持稳定的限度，称为临界电位值。试验表明，投加的电解质，其反离子价数越高，脱稳效果越好。在投加量相同的情况下，二价离子的脱稳效果为一价的50～60倍，而三价离子的脱稳效果为一价的700～1000倍，即要使水中带负电的胶体颗粒脱稳，所需的投加量之比大致为1∶(10^{-2}～10^{-3})，这条规则称为叔-哈代(Schulze-Hardy)法则。

(2) 吸附-电中和作用

吸附-电中和作用是指胶体颗粒表面吸附异号离子、颗粒或高分子，从而中和胶体本身所带部分电荷，减少胶体间的静电斥力，使胶体颗粒易于聚沉。这种吸附作用的驱动力包括颗粒间的静电斥力、氢键、配位键和范德华力等，其中胶体特性和被吸附的物质本身结构决定某种作用为主要驱动力。依据吸附电中和作用的机理可推知，胶体颗粒与异号离子先发生吸附作用，然后电性中和，胶体颗粒表面电荷被降为零。当投加过多的絮凝剂时，颗粒表面能超量吸附其水解聚合形态，以致颗粒表面电荷反号。当颗粒表面正电荷过多时，凝聚的胶体颗粒会因为静电斥力增大发生再稳定作用。除了静电作用力外，表面络合、离子交换吸附等专属化学作用也促使胶体颗粒发生凝聚脱稳作用。

(3) 吸附-架桥作用

吸附-架桥理论对有机高分子化合物与胶体颗粒产生的絮凝作用进行了解释，即同种电荷的高分子絮凝剂通过化学吸附架桥作用去除带负电的胶体颗粒，胶体颗粒不通过直接接触，由高分子物质将胶体颗粒连接起来。多个胶体颗粒通过结合在一个含有许多活性基团的长链状聚合物分子上，以“架桥”方式连接在一起，开成桥联状的粗大絮状物。

吸附架桥作用可细分为三种作用：

① 胶体颗粒与不带电的高分子物质发生吸附架桥作用，由两者表面产生的吸附力促使其结合，从而增大胶体颗粒，产生脱稳现象；

② 胶体颗粒与不带异号电荷的高分子发生吸附架桥，如水中带负电荷的胶体颗粒与带正电荷的阳离子高分子物质吸附桥连接脱稳，此时同时具有电中和作用；

③ 胶体颗粒与带同号电荷的高分子物质发生吸附架桥作用，此时，胶体颗粒表面同时带有

负电荷及正电荷，虽然总电性依然呈负电性，但胶体表面仍然存在只带正电荷的局部区域，并吸引与胶体颗粒带同号电荷的高分子物质的某些官能团，使胶体颗粒与高分子物质结合而脱稳。

（4）网捕卷扫作用

絮凝剂水解后形成氢氧化物沉淀时，能将水中的胶体或小颗粒当成晶核或吸附物质而网捕。网捕卷扫作用是一种机械作用，除浊率不高，水中胶体颗粒杂质的多少与所需混凝剂量的多少成反比关系。

表 3-2 是这四种混凝机理的比较及特点。

表 3-2 四种混凝机理的比较

混凝机理	与胶体颗粒作用的水解产物	混凝剂过量反应
压缩双电层	简单离子	无再稳定现象
吸附-电中和	聚合离子和多核羟基配合物	电荷反号，颗粒再稳
吸附-架桥	高分子物质	包裹胶体，体系再稳
网捕卷扫	无定型的氢氧化物沉淀	无再稳定现象

但实际的混凝过程是上面一种或几种机理共同作用的结果。此外，混凝机理不仅取决于所使用的混凝剂的物化特性，而且与所处理水的水质特性，如浊度、碱度、pH 值以及水中各种无机或有机杂质等有关。

74 影响混凝效果的因素主要有哪些?

与混凝作用有关的因素有水温、pH 值、碱度、硬度和游离二氧化碳等，以及混凝剂的投药浓度、投药顺序、搅拌条件等操作条件。

（1）水温

水温对混凝反应的影响，由于悬浮物和水质等条件而多少有所不同。一般来说，水温升高，水的黏滞度就降低，离子的扩散也加快，因而促进了混凝剂的化学反应，混凝效果就更反之；水温低时，形成絮体所需的时间加长，混凝剂的用量也增加。

有人认为，温度在 2～14℃范围内，絮体的形成较快，同时，混凝剂（硫酸铝）的投药量变化也不大，而高于或低于这个温度时，都必须增加投药量。另有人认为，水温从 24℃降到 0℃时，絮体形成的速度要降低 30%。还有人指出，水温在 4.4℃以下或 21℃以上时，比在这中间温度下的混凝剂投药量要增加。总之，水温的降低无疑会增加混凝处理的困难。经验数据以 10℃左右为宜。

（2）pH 值

pH 值与碱度也有关系，是影响混凝反应的重大因素。不同混凝剂在不同的混凝作用下都有最佳的 pH 值存在，因而有必要调整 pH 值，使之达到混凝剂的混凝作用最大而絮体的溶解度最小的那一点。

硫酸铝和铁盐混凝剂的水解随 pH 值的上升而加快，铝酸钠的水解则随 pH 值的下降而加快。硫酸铝起混凝反应时，水解生成的氢氧化铝在 pH＝5.5～8.5 的范围内几乎不溶解。另一方面，共存的离子少时，pH 值在 8 左右最容易形成氢氧化铝的絮体，一般认为这与氢氧化铝微粒的表面电位有关。

调整 pH 值以降低悬浮物的 ζ 电位，一般可以增加混凝作用的效果，但是由于水溶性高分子混凝剂的溶解状态易受 pH 值的影响，所以必须同时考虑 pH 值对混凝剂本身的影响。阳离子高分子混凝剂在碱性环境下易于沉淀，阴离子高分子混凝剂则大多在酸性环境下易于沉淀。因此，容易沉淀的混凝剂由于丧失活性基，因而降低了混凝的能力。

此外，活性基之间的相互作用使活性基的损失越少，而分子的弯曲度越小，形状越长的高分子混凝剂，混凝作用就越好。因此，pH 值对离子活性基的离解度的影响与混凝作用之间有密切的关系。

（3）碱度

众所周知，要使混凝作用有效地进行，必须使混凝剂充分水解，生成金属氢氧化物的絮体，而此时就需要有一定的碱度。一般说，如果投入 Al^{3+}、Fe^{3+} 等的混凝剂，就会与碱度反应生成氢氧化物，pH 值将会降低，这时如果有充分的碱度存在，由于它的缓冲作用，pH 值便不至于急剧降低。如果水中碱度不够，就有必要人为地提高碱度。但是，如果碱度太高，也不一定就会生成良好的絮体。碱度过高，只是无谓地消耗了混凝剂，白白地增加了投药量，经济上是不合算的。

（4）搅拌条件

进行混凝反应，要使投入原水中的混凝剂均匀分散，使之发生均匀的反应。为此目的，就需要进行搅拌。在下一步中，为了形成絮体，需要进行机械搅拌，使颗粒间相互碰撞的机会增多。这时，如果搅拌强度适当，生成的絮体颗粒由于碰撞次数的增加而长大，因而缩短了絮体的成熟时间，加快了沉淀。一般说来，混凝反应的速度是颗粒接触次数的函数，而接触次数可用下式表示。

$$N=n_1n_2\cdot\frac{1}{6}G(D_1+D_2)^3$$

式中，N 为单位容积中单位时间内颗粒接触的次数；n_1，n_2 为两种颗粒的数目；D_1，D_2 为两种颗粒的直径，cm；G 为速度梯度，s^{-1}。

因此，颗粒接触的次数越多，其浓度和直径越大，而且搅拌速度越快，混凝反应的速度也就越大。一般说，浑浊度高的水比浑浊度低的水易于混凝，同时，絮体的沉降速度也大，这样一个常识就是基于上述原理而来的。

混凝处理过程中，开始时的搅拌速度一般要大，随着混凝作用的进行，为了不使絮体破坏，应注意降低搅拌速度。实际装置中，在开始快速搅拌时的速度梯度 G 以 $100s^{-1}$ 为宜，到最终慢速搅拌阶段，G 则以 $10s^{-1}$ 左右为宜。有人提出：①混凝处理中刚投药时就立即搅拌是重要的；②搅拌速度越大越好；③搅拌时间以 5min 左右为限，当然越长越好，但搅拌速度大时可缩短搅拌时间；④与曝气处理同时使用时效果更好，其机制大约在于增加了搅拌效果。还有人指出，从投入混凝剂到开始搅拌的时间越长，混凝沉淀的效果越差。

（5）共存物的影响

混凝处理过程中，掌握共存物的影响是决定处理条件的一项指标，可以作为决定混凝反应速度和絮体性质的一个因素。

研究表明，共存物对氢氧化铝和氢氧化铁的混凝作用有一定影响，其影响之一是使混凝作用的 pH 值发生变化。例如，硫酸根离子、腐殖酸、硅酸、聚合硅酸等使氢氧化铝进行混凝作用时的最佳 pH 值明显地降低了。对氢氧化铁胶体而言，藻朊酸钠也起着同样的作用。钾盐则反而使发生混凝作用的 pH 值范围扩大到碱性方面。

75 何为同向絮凝、异向絮凝和速度梯度？

在水的混凝处理中，一般通过两种方式实现胶粒间碰撞。一种方式是由布朗运动引起的胶粒碰撞聚集，这种碰撞聚集称为异向絮凝（perikinetic flocculation）。

另一种方式是由水力或机械搅拌引起胶粒碰撞聚集，这种碰撞聚集称为同向絮凝（orthokinetic flocculation）。异向絮凝只对小颗粒（$\leqslant 1\mu m$）起作用，而同向絮凝主要对大颗粒（大于 $1\mu m$）起作用。由于混凝过程包括了从胶粒脱稳而形成细小絮凝物到逐渐形成大颗粒絮凝体的过程，因此可以认为在整个混凝过程中，异向絮凝和同向絮凝同时存在，只是各自所起的作用程度有所不同。

由水体流动引起的颗粒碰撞在混凝的反应阶段起重要作用，而影响水体流动状态的水力学参数是速度梯度，其反映了单位时间单位体积内所消耗功率的大小。在水力学中速度梯度是指两个相邻水层的水流速度差 $\mathrm{d}u$ 与它们之间的距离 $\mathrm{d}y$ 之比，用 G 表示：

$$G=\frac{\mathrm{d}u}{\mathrm{d}y}$$

76 水的色度来源于什么？混凝法去除色度的原理和特殊之处是什么？

水的色度大部分是由超显微镜下可视的悬浮胶态物质形成的，其中一部分由胶态乳胶体组成，另一部分则由溶解的中性盐类、非胶态物质以及有机酸等组成。因为这些胶态乳胶体带有电荷，一通电流，根据电泳（阳离子电泳）原理，这些物质被吸引到带有相反电荷的电极上，形成絮体，沉淀以后就可使色度降低。而由有机物形成的有色水的颜色，是由带负电的可溶性腐殖酸化合物形成的，沉淀时的 pH 值为 4.6 以下或是 6.9～8.3。

北海道大学对野地或泥炭地里有色水投加硫酸铝进行混凝处理，并得出如下结论：

① 使有色水发生混凝作用所需混凝的投药量，比一般去除黏土类浊度物质的投药量要多得多。为了使浊度物质混凝，硫酸铝的投药量为 10～50mg/L，然而，为了去除色度，需要投入 50～200mg/L 甚至更多的混凝剂。这是因为构成色度的物质粒径非常小，与黏土类浊度物质等的情况比较，其参与反应的表面积特别大，因而吸附表面积的差别就大，所以混凝剂投药量的差别也就大。

② 要使构成色度物质的 ζ 电位发生变化，三价铝离子的效果并不太大，但 pH 值为 4.0 时，生成了四价的水解铝，ζ 电位便急剧上升。

pH 值为 4.7～5.0 左右，ζ 电位达最大值的情况可作如下解释：pH 值等于 4.0 时，开始生成四价的聚合氢氧化铝，不溶性物质随着 pH 值的升高而增多，pH 值达 4.7 左右时，溶解度急剧降低。随着硫酸铝投入量的增加，大部分作为不溶性的铝化物而存在。对于黏土类浊度物质，不溶性的氢氧化铝在使悬浮物颗粒的 ζ 电位发生变化的能力上，远远比不上可溶性的氢氧化铝，但是，发挥混凝作用的能力是足够了。相反，对构成色度物质而言，不溶性的氢氧化铝改变 ζ 电位的作用就不太大。

因此，随着 pH 值的上升，可溶性的聚合铝化物迅速减少，同时 ζ 电位也很快下降。pH 值达 6.2 左右时，可溶性氢氧化铝的数量似乎是非常少了，色度物质的 ζ 电位同不溶性氢氧化铝的 ζ 电位与 pH 值的变化关系不大，大致接近于一个常数。

③ 由于可溶性聚合铝化物比构成色度物质的颗粒还小，所以被吸附在构成色度物质的颗粒表面上，形成两层，致使色度物质颗粒的ζ电位发生变化。氢氧化铝的聚合物颗粒逐渐增大，成为不溶性时，其直径将比色度物质的胶体颗粒要大得多。

一旦出现这种情况时，色度物质的胶体颗粒就被吸附在巨大的聚合铝化物颗粒的表面。因此，不溶性的铝化物表面被色度物质絮体的电位所左右，其表面电位也就降低了。当 pH＝7.0 左右时，如果有充分的、能够覆盖铝化物颗粒的色度物质胶体颗粒存在时，色度物质絮体的ζ电位几乎就是色度物质胶体颗粒的ζ电位，差不多不受铝化物投入量的影响。

④ 用混凝处理去除色度时，如果投入的硫酸铝能使 pH 值保持在 5 左右，ζ电位为 12～13mV 左右，就能进行最经济的处理。

一方面，随着投药量的增加，混凝范围也向 pH 值高的方向扩展，投药量增加到 200mg/L 时，去除色度的 pH 值范围扩大到 4.9～7.7。另一方面，ζ电位上升，便进入了可能混凝的临界领域（最高的ζ电位在 pH 值为 5.0 时为 12mV，而混凝的临界ζ电位约为 －16mV）。

关于上述混凝处理中，不同混凝剂投药量的效果示于图 3-10 中。

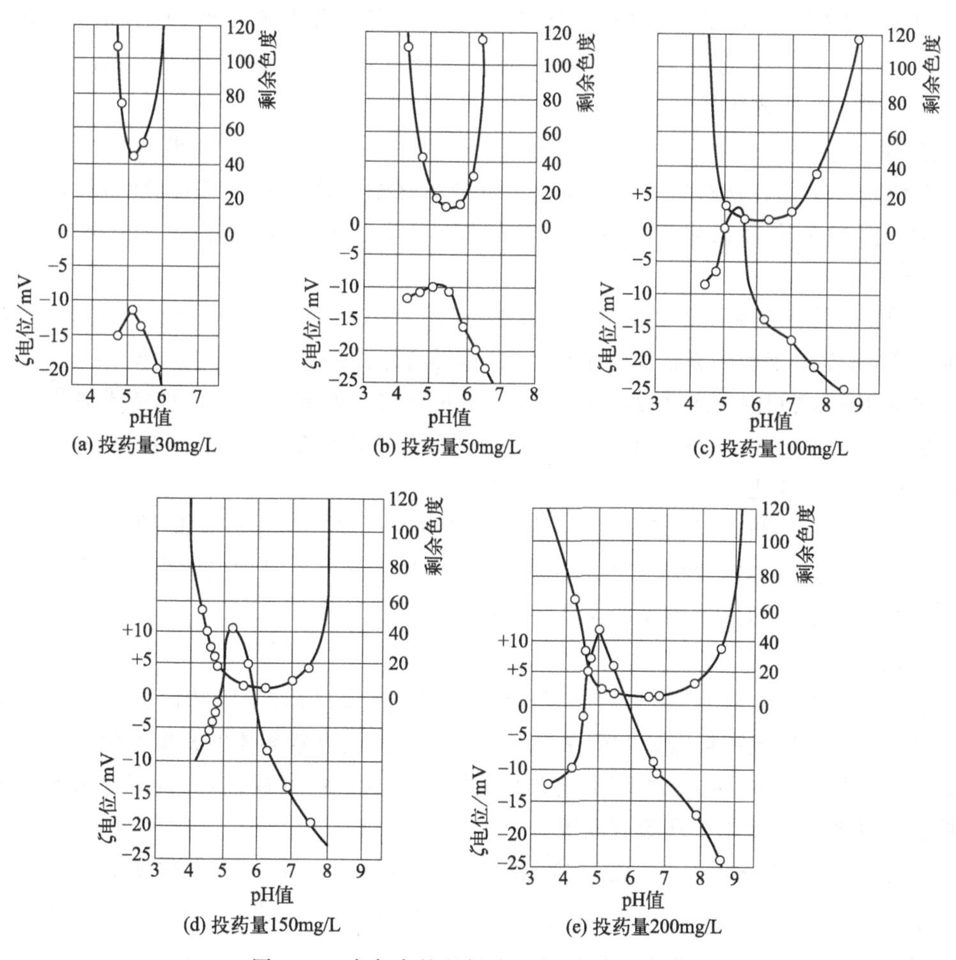

图 3-10　有色水的混凝处理中 pH 与ζ电位

77 常用的混凝剂有哪些？如何使用？

混凝剂（coagulant）种类很多，按化学成分可分为无机和有机两大类。无机混凝剂品种较少，目前主要是铝盐和铁盐及其聚合物，在水处理中应用最多。有机混凝剂品种较多，主要是高分子物质，但在水处理中的应用比无机混凝剂少。下面主要介绍常用的两类无机混凝剂。

（1）铝盐混凝剂

铝盐混凝剂包括硫酸铝类混凝剂［俗称明矾，如钾明矾 $Al_2(SO_4)_3 \cdot K_2SO_4 \cdot 24H_2O$、铵明矾 $Al_2(SO_4)_3 \cdot (NH_4)SO_4 \cdot 24H_2O$、铝明矾 $Al(SO_4)_3 \cdot 18H_2O$］、氯化铝、铝酸钠（$NaAlO_3$）和聚合铝等，但常用的只有硫酸铝和聚合铝。

硫酸铝的工业产品为白色晶体，密度约为 1.62g/mL，其中 Al_2O_3 的含量在16%左右，工业产品中会夹杂少量不溶性物质。硫酸铝使用方便，混凝效果较好，且不会给处理后的水质带来不良后果，因此应用较多，但水温低时，硫酸铝水解困难，形成的絮凝体比较松散，混凝效果较差，可采用与铁盐联合使用改善混凝效果。

钾明矾或铵明矾是硫酸铝和硫酸钾或硫酸铵的复盐，相对密度约为 1.76，其中 Al_2O_3 含量较低，约为 11%，它是水处理领域中应用较早的混凝剂，目前也有应用，但它使用时会增加水中离子杂质的含量。

铝酸钠中 Al_2O_3 的含量较高，可高达 53%，但因其价格较贵，在水处理中很少采用。

聚合铝是一类化合物的总称，主要包括聚合氯化铝（PAC）和聚合硫酸铝（PAS）等。目前使用较多的是聚合氯化铝，我国也是研制 PAC 较早的国家之一。20 世纪 70 年代，PAC 得到应用。

聚合铝可看作是在铝盐中加碱，经水解逐步转为 $Al(OH)_3$ 的过程中，各种水解产物通过羟基桥联等反应聚合而成的无机高分子化合物。聚合氯化铝一般可表示为 $[Al_2(OH)_nCl_{6-n}]_m$，其中 n 可取 1～5 之间的任何整数，m 则为≤10 的整数。聚合氯化铝也称碱式氯化铝，称碱式氯化铝时用通式 $[Al_n(OH)_mCl_{3n-m}]$ 表示。聚合氯化铝是多种成分的混合物，其成分随商品的制造过程而变化。

聚合铝与硫酸铝相比有以下优点：①加药量少，只要相当于硫酸铝的 1/3～1/2；②混凝效果好，形成絮凝体速度快；③适用范围广，对低浊度水、高浊度水及高色度水均有较好的效果；腐蚀性小，即便过量投加也不会恶化出水。

（2）铁盐混凝剂

铁盐作混凝剂时，其水解、混凝等过程和铝盐相似。相对于铝盐混凝剂，其主要特点有：①适用的 pH 值范围较宽；②受水温影响较小；③生成絮凝体的密度比铝盐的大，沉降性能好；④腐蚀性相对大些，加药量较大时可能使出水带色（黄色）。目前常用的铁盐有硫酸亚铁、硫酸铁、三氯化铁和聚合铁等。

三氯化铁（$FeCl_3 \cdot 6H_2O$）是铁盐混凝剂中最常见的一种。三氯化铁溶于水后，水合铁离子 $Fe(H_2O)_6^{3+}$ 进行水解聚合反应。在一定条件下，Fe^{3+} 通过水解聚合可形成多种成分的络离子，如单核组分 $Fe(OH)_2^{+}$、$Fe(OH)^{2+}$ 及多核组分 $Fe_2(OH)_2^{4+}$、$Fe_3(OH)_4^{5+}$ 等，以致 $Fe(OH)_3$ 沉淀物。三氯化铁混凝效果好，但腐蚀性极强，药剂溶解及加药设备必须有很好的防腐措施。

硫酸亚铁（$FeSO_4 \cdot 7H_2O$）固体产品是半透明绿色晶体，俗称绿矾。硫酸亚铁在水中离解出的 Fe^{2+} 只能生成较简单的单核络离子和溶解度较大的 $Fe(OH)_2$，故不具 Fe^{3+} 优良的混凝效果。同时，处理后残留的 Fe^{2+} 会使处理后出水带色，特别是当 Fe^{2+} 与水中有色胶体作用后，将生成颜色更深的溶解物。所以采用硫酸亚铁作混凝剂时，应先将 Fe^{2+} 氧化成 Fe^{3+}，然后起混凝作用。氧化方法有氯化、曝气、提高水的 pH 值等。

工业水处理中，在对水进行氯化消毒时（投加氯气、漂白粉等），水中氧化性的氯也将投加的 $FeSO_4$ 中的 Fe^{2+} 氧化成 Fe^{3+}：

$$6FeSO_4 + 3Cl_2 \longrightarrow 2Fe_2(SO_4)_3 + 2FeCl_3$$

然后由 Fe^{3+} 进行混凝反应，最终形成 $Fe(OH)_3$ 沉淀。

工业水处理中，硫酸亚铁混凝剂还经常与石灰处理同时使用，水中加入石灰后，水的 pH 值上升，为硫酸亚铁氧化创造很好的混凝条件。一般来说，当水的 $pH>8.5$ 时，水中的氧会将 Fe^{2+} 氧化成 Fe^{3+}：

$$4Fe^{2+} + 3O_2 + 6H_2O \longrightarrow 4Fe(OH)_3 \downarrow$$

聚合铁包括聚合氯化铁（PFC）和聚合硫酸铁（PFS）两种，聚合氯化铁的生产与聚合氯化铝类似，系在适当的温度和压力下，用碱中和三氯化铁溶液制得，其分子式相应地表示为 $[Fe_2(OH)_nCl_{6-n}]_m$。聚合硫酸铁的制备方法有好几种，但目前基本上都是以硫酸亚铁作原料，采用不同氧化方法（如 H_2O_2、$KMnO_4$、$NaNO_2$ 等），将硫酸亚铁氧化成硫酸铁，同时控制总硫酸根 SO_4^{2-} 和总铁的摩尔数之比，使氧化过程中部分羟基取代部分硫酸根而形成碱式硫酸铁 $Fe_2(OH)_n(SO_4)_{3-n/2}$。碱式硫酸铁易于聚合而产生聚合硫酸铁 $[Fe_2(OH)_n(SO_4)_{3-n/2}]_m$，聚合硫酸铁有固体和液体两种，液体为红色黏稠液体，含 Fe^{3+} 量>11%（一般为 16%），盐基度为 9%～14%，聚合铁的盐基度是指 OH^- 与 Fe^{3+} 的摩尔比 [$盐基度=\frac{n(OH^-)}{3n(Fe^{3+})}\times 100\%$，式中 $n(OH^-)$ 和 $n(Fe^{3+})$ 分别表示聚合铁中 OH^- 和 Fe^{3+} 的物质的量]。运行实践表明，聚合铁具有以下的优点：①出水残留铁含量低，没有发现混凝剂本身铁离子的后移现象；②由于所形成的聚合铁络离子的电荷量高于铁盐（如 $FeCl_3$）水解产物的电荷量，所以混凝效果较好；③除色和去除有机物效果高于一般铁盐；④对低温、低浊度水处理效果也较好。但当聚合铁中含有较多 Fe^{2+} 时（一般不超过 0.1%～0.15%），混凝后水中会因 Fe^{2+} 而呈黄色。

(3) 混凝剂新进展

目前研制的新型混凝剂多采用复合的方法，比如将铁盐和铝盐甚至硅酸盐混合，再经羟基化聚合，形成复合型的无机高分子混凝剂，也有简单地将各种混凝剂和絮凝剂混合，以改善其混凝特性。这些新型混凝剂中，各组分的配比和制备工艺是提高混凝性能的关键，应当使各组分之间形成增效作用，并尽量降低各种不良影明。目前常见的几种新型混凝剂列于表 3-3。

表 3-3　目前常见的几种新型混凝剂

名称	简称	成分	特性
聚合氯化铝铁	PAFC	氯化铁与氯化铝经羟基化聚合	黏稠状棕色液体、混凝性能优于聚合氯化铝(PAC)

续表

名称	简称	成分	特性
聚硅硫酸铝	PSAA	硫酸铝与聚硅酸复合	低温混凝效果好
聚合硅酸铝	PASS	硫酸铝、硅酸钠、铝酸钠一起聚合	用量少，处理后水中残留铝低，矾花沉降性能好，低温低浊水处理效果好
聚合硫酸铝	PAS	硫酸铝与石灰反应聚合	除色、除氟效果好，低温混凝效果好
聚合硫酸铁铝	PFAS	铁、铝盐一起用空气氧化并聚合	适用于废水处理、高浊度水处理
聚硫氯化铝	PACS	实质为一种改性液体聚合氯化铝，是在聚合氯化铝结构中增加了硫酸根配位基	适用于废水处理
聚磷氯化铝	PPAC	氯化铝与磷酸二氢钠一起羟基化聚合	适用于废水处理
聚合铝聚丙烯酰胺	PACM	PAC与聚丙烯酰胺(PAM)复配	适用于饮用水处理、工业废水处理、农业灌溉等。可节约药剂，降低水处理成本
聚合铝甲壳素	PAPCH	PAC与甲壳素复配	适用于废水处理。针对不同水质状况，可适当调节聚合氯化铝和甲壳素的含量

78 常用的助凝剂有哪些？助凝作用机理是什么？

代表性助凝剂的种类与性质如表 3-4 所示。在水中，这些助凝剂因水解而形成表面带有阳电荷的氢氧化物的微细颗粒，它能促进水中微细颗粒的凝聚成长。

表 3-4 助凝剂的种类与性质

类别	药剂名称	分子式(结构式)	适于凝聚的pH值	能在饮用水的处理中使用	备注
阴离子性聚合物	藻朊酸钠	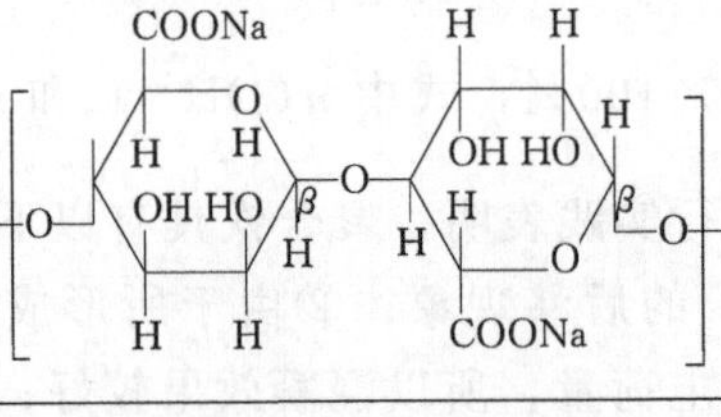 [—O—(COONa, H, OH, HO, H, H, H; β)—O—(H, H, OH, HO, H, H, COONa; β)—O—]$_n$	6以上	○	用量应避免由于吸附而产生过分的交联作用
	羧甲基纤维素钠(CMC钠盐)	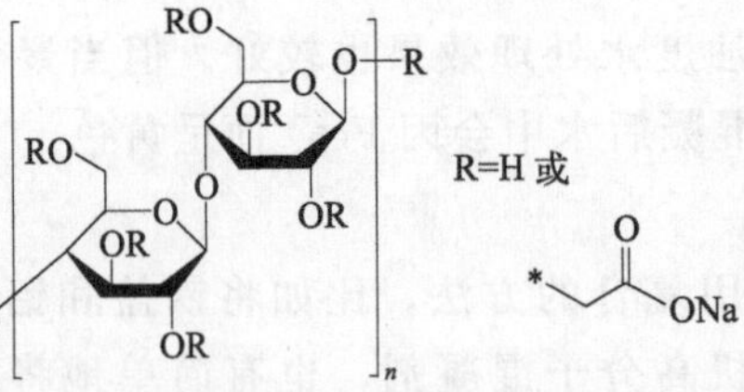 [(RO, OR, RO, OR, OR, RO)—O—R]$_n$　R=H或 $*-CH_2-C(=O)-ONa$		○	
	聚丙烯酸钠	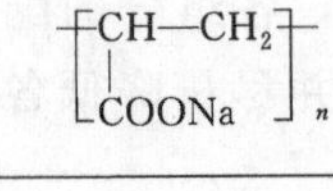 $\left[-CH-CH_2-\right]_n$（CH上接COONa）			
	聚苯烯酸胺的部分加水分解盐	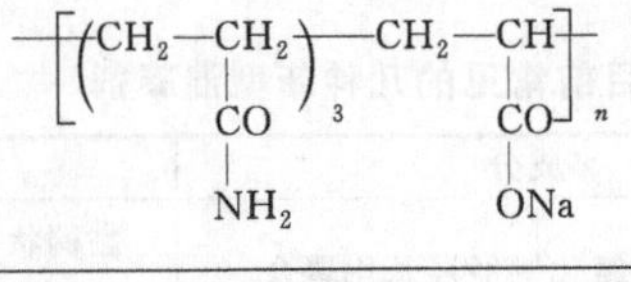 $\left[(CH_2-CH_2)_3-CH_2-CH-\right]_n$（$CO-NH_2$；$CO-ONa$）			
	马来酸聚合物	$(C_4H_4O_4)_n$			

续表

类别	药剂名称	分子式(结构式)	适于凝聚的pH值	能在饮用水的处理中使用	备注
阳离子性聚合物	水溶性苯胺树脂	$-(CH_2-NH-C_6H_4)_n-$	有的在酸性条件下也能使用		对负电荷的胶体，有时在单独使用时也能起凝聚剂的效果
	聚合硫脲	$-(R-NHCSNH)_n-$			
	聚丙烯	$-(CH_2CH_2NH)_n-$			
	第四级铵盐（季铵盐）	$R_1R_2R_3R_4N \cdot X$			
	聚乙烯吡啶类	$-[CH_2-CH(C_5H_4N)]_n-$			
非离子性聚合物	聚丙烯酰胺	$-[CH(CONH_2)-CH_2]_n-$	强酸性，碱性不强时也可使用		
	聚氧化乙烯	$-(CH_2 \cdot CH_2O)_n-$			作微细矿石颗粒和 $Mg(OH)_2$ 的沉降促进剂，效果很好，价格也便宜
	苛性淀粉		8以上	○	
硅酸类物质	活性硅酸	硅酸聚合物		○	作为助凝剂的作用较大，但在调配方法和使用寿命上有问题
	黏土			○	
pH值、碱度调整剂	无机酸类	H_2SO_4、HCl		○	有时利用含有这些物质的废水
	碱类	$Ca(OH)_2$、$NaOH$、Na_2CO_3、$NaHCO_3$		○	
氧化还原剂	氯、漂白粉	Cl_2、$CaOCl_2$		○	用于铁、锰、氨氮的氧化和灭菌中，用于去除嗅味、锰等，在废水的再处理中与亚硫酸一样使用
	高锰酸盐	$KnMnO_4$		○	
	硫酸亚铁	$FeSO_4 \cdot 7H_2O$		○	

注：除了表中所列各种药剂外，还少量使用各种明矾、锌盐、钛盐、电解铝的氢氧化物、树胶类、蛋白质类、表面活性剂、膨润土、炭黑和挥发性灰分等。

79 高分子絮凝剂的絮凝机理是什么?

高分子絮凝剂的絮凝反应不单是由于电荷的中和；使用高分子物质时，起因于吸附现象的粒子间的交联作用，也可能引起凝聚反应。这是非离子性和阴离子性高分子聚合物对悬浮物起的有效的凝聚作用。但是必须注意，如果使用过量，反而会引起分散作用（图 3-11）。

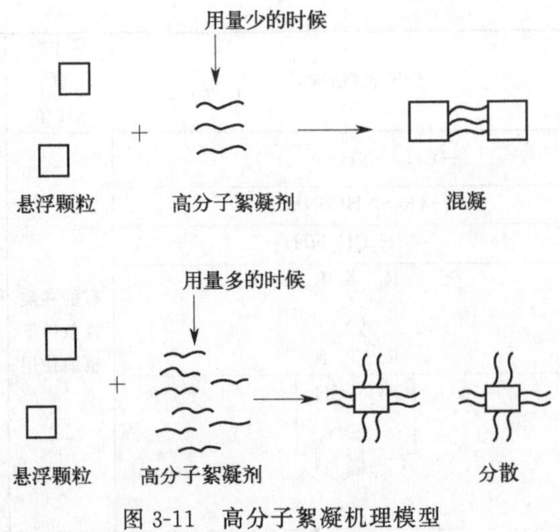

图 3-11 高分子絮凝机理模型

80 高分子絮凝剂有哪些特点?

一般高分子絮凝剂还包括以下几个特点：

① 用量较少时就能使之絮凝成相当稳定的絮体；

② 种类相同的高分子絮凝剂，聚合度越大，效果越好；

③ 电荷与悬浮物颗粒的表面电荷相反的离子性高分子絮凝剂和非离子性高分子絮凝剂，适应的 pH 值范围较大，对多数悬浊液都有效果；

④ 电荷与悬浮物颗粒的表面电荷相同的离子性高分子絮凝剂，当其聚合体具有极性基—OH、$—CONH_2$ 时，是有效的；

⑤ 具有羧基的阴离子性高分子絮凝剂在中性或弱酸性条件下有效果；

⑥ 由于离子性高分子絮凝剂易受 pH 值或离子的影响，pH 值的大小或含有的离子的种类以及使用方法都容易使絮凝作用发生变化；

⑦ 电荷与悬浮物颗粒的表面电荷相反的离子性高分子絮凝剂在降低浊度方面有效果，而电荷与悬浮物颗粒的表面电荷相同的离子性高分子絮凝剂和非离子性高分子絮凝剂，在降低浊度方面则难以发挥作用。

因此，在使用絮凝剂时，必须充分研究悬浊液的特性及其与絮凝剂特性的关系，同时也必须充分研究与悬浊液的特性有关的絮凝性能特点。

市场上，高分子絮凝剂的商品种类很多，各有不同的絮凝性能。商品中有粉末状、黏稠状和液状等成品。使用时，以 0.1%～1%的浓度投入，这时最好以 300r/min 的速度进行 30～60min 的搅拌（搅拌速度不能在 2000r/min 以上），使药液浓度成为 10%以后，稀释 10～100 倍再行投药，这样效果较好。

溶液的稳定性由于产品的种类和浓度的不一而不同，一般 10%的溶液以存放 2～3 个月为限，1%的溶液以存放 7d 为限。这些絮凝剂的用量由于水质、使用条件和使用目的等不同，因而不可能统一规定。一般每升悬浊液约用几毫克，悬浊液的浓度很大时，特别是在过滤的时候，也有需要十几毫克的。同时，絮凝剂的用量也未必就与悬浮物的数量成比例，一般说 1kg 固形物要用 40～200mg。

81 如何选择混凝剂和助凝剂投加装置?

选择投药装置的类型需要从以下几个方面进行：①装置的性能，如投药速度，投药量的准确度，要不要记录装置，控制方式（自动式、手动式、间歇式）等；②储药池的容量；③用泵还是自流；④装置的材料。以上事项如果决定了，一般就能确定装置的种类。

82 常用的混凝剂和助凝剂投加方式有哪些?

常用投入药剂的方式有湿式和干式两种。湿式之中又有根据水质与水量投入一定浓度药剂的方法，和根据一定的流量调整溶液浓度的投药方法。前者需要有几个备有搅拌机的大溶解池，后者则是使药剂自然溶解，利用密度差的联动装置自动地调节到所需浓度，因此不需要太大的溶解池和储药池。投入的方法有自流式或用泵和水射器等投入。

湿式投药法是使药剂在水中溶解，调制成一定的浓度再投入原水中去的方法。这时为了便于一般的计算，多采用浓度为 10％的溶液。但是，对浑浊度高的水，需要投入大量药剂时，则采用浓度为 20％～30％的溶液。但是，在投药量少、用 10％的溶液计量有困难时，可以稀释到 3％～5％来使用。要设置 2 个以上的溶解池，每个池的容量最好能容纳预料中的最高浑浊度条件下 1～2h 的投药量。因为腐蚀问题严重，对溶解池和投药设备需要进行耐酸处理。

干式投药装置是按规定的投药量将干燥的粉末状固体药剂连续投入，一面计量，一面投药。有直接向原水中投入固体药剂的，也有用喷射器喷向投药地点的。采用干式投药方法时，每变动一次药剂的种类或投药量，都要在一定的时间内检定处理药剂的重量。同时，对易吸湿性的药剂则不适用。

（1）湿式投药方式

① 重力式滴入型　这种型式的装置属于定量投药方式，是间歇式的。能投入的药液有硫酸铝、苏打粉和氢氧化钠、硅酸钠等溶液，对悬浊液则不适用。

在图 3-12 所示的溶解槽中经常储存一定量的药剂，在其下部的固定水位槽中保持一定的水位，用浮筒开关投药。调节安装在固定水位槽上的针形阀，能够使一定量的药剂在重力作用下投入必要的地点。而在有压力的时候，不能在减压的位置，例如在泵（唧筒）等处投药。这种方式是定量投药方式，因此以原水流量一定、水质变化不大为条件。停止供入原水时，必须关好手动控制阀。

② 罐式（图 3-13）　这种型式的投药装置能根据水的流量成比例地投药，但不太准确，能投入的药剂也仅限于明矾结晶碳酸钠，而且在 1d 内所需药剂量很大的时候也不宜使用。

这种型式是直接利用安装在原水管内的孔板产生的压差，使药液槽中的溶液加到干管中的，槽内的溶液必须经常保持为饱和状态。这种装置能根据原水流量成比例地投药，但流量太大的时候不太准确。另外，在停止供入原水时能自动地停止投药。

图 3-14 是在上述孔板的位置上设置给水泵的装置，这种装置不是连续使用，而是在有时投入一定量的药液时使用。

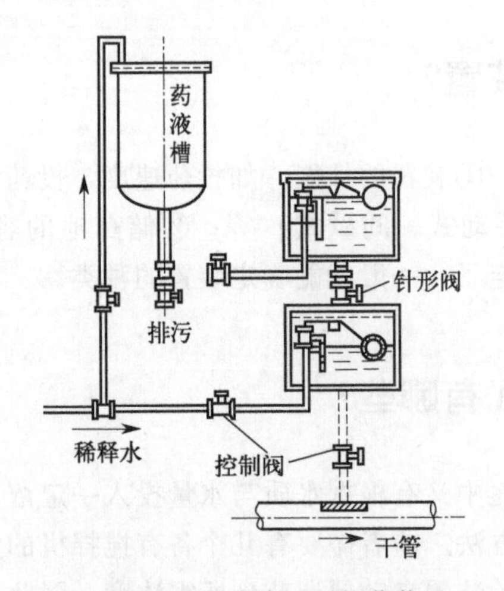

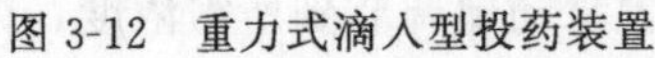

图 3-12 重力式滴入型投药装置

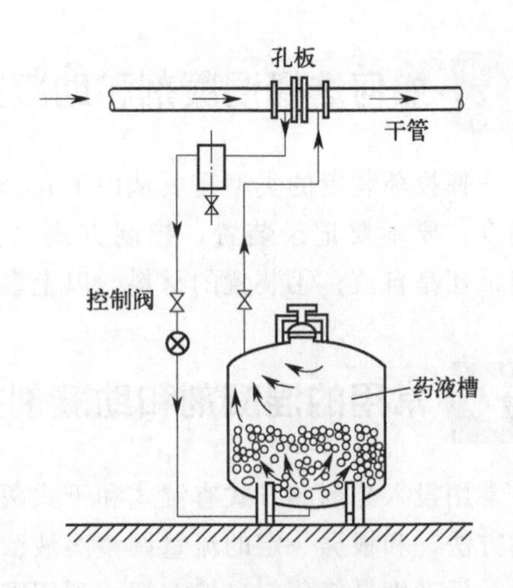

图 3-13 罐式投药装置

③ 二级孔板型 这种装置能比较准确地根据流量成比例地投药，能投入的药剂有硫酸铝、苏打粉、苛性钠、硅酸钠、亚硫酸钠和磷酸盐等，但不宜使用悬浊液。该装置由两个孔板和药液槽组成。

首先将药剂在药液槽上面的溶解槽中溶解后，流入下面的投药槽，由于原水管道中第一孔板的压差，使一部分原水进入旁通管。在旁通管中设有第二孔板，由这个孔板形成的压差使原水流入投药槽的上部。与此数量相当的药液则从槽的下部被压出，在第二孔板的下游侧流入干管（图 3-15）。

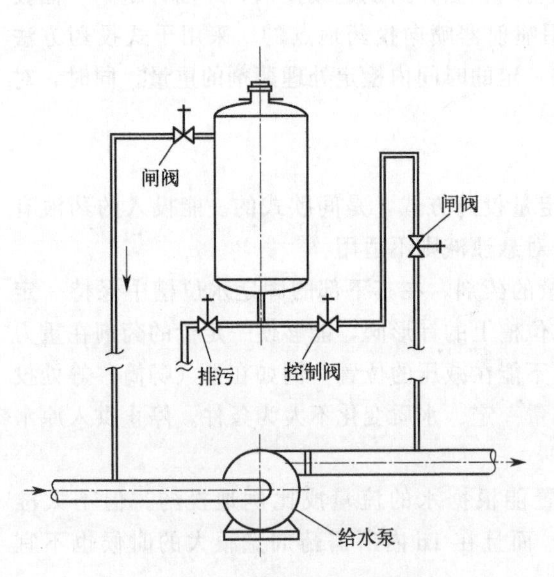

图 3-14 压力罐式投药装置

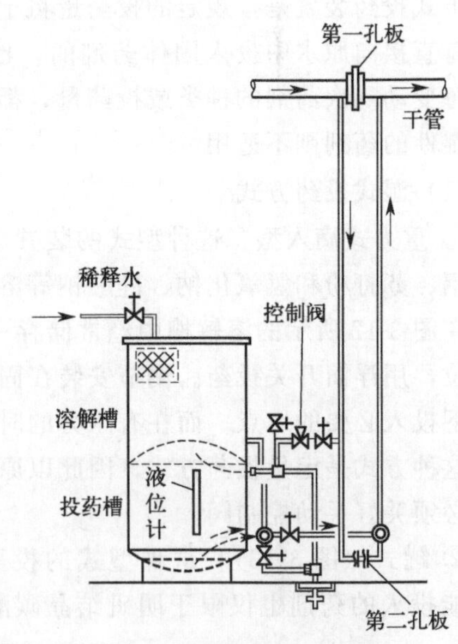

图 3-15 二级孔板型投药装置

由于药剂溶液是稀释了的，与原水的密度差别不大，所以投药量与原水流量的比例是准确的。投药量可由针形阀调节。在投药槽内，药液的密度与原水的密度差别较大，因而不会混合，而是成为两层。槽中药液的液面可以从安装在槽上的浮子液位计看出来。使用药液的浓度最好尽可能高些。

④ 缓慢倾泻式 这种型式的装置既适用于溶液，也适用于悬浊液。能投入的药剂为硫

酸铝、苏打粉、碳酸氢钠、磷酸、消石灰、氧化镁等。使用悬浊液时，药液槽中要设置搅拌装置。这种投药方式是从设在原水干管的流量计中发出信号，启动电动机，使药剂槽中的流出管下降。每流出一定量的原水，流量计就发出一次信号。

电动机工作的时间由另外的自动记时仪控制。药液流出管随着槽中水位的降低而下降，以投入一定数量的药剂。这种装置虽然不能完全连续运转，但能完全根据原水流量成比例地投药，通过控制流出管的下降速度（用直接由电动机传动的减速机随意调节）和下降时间（由自动记时仪控制）、电动机启动时间，以及原水流量计发出信号的时间等，可以任意变动。图 3-16 为这种投药装置的示例。

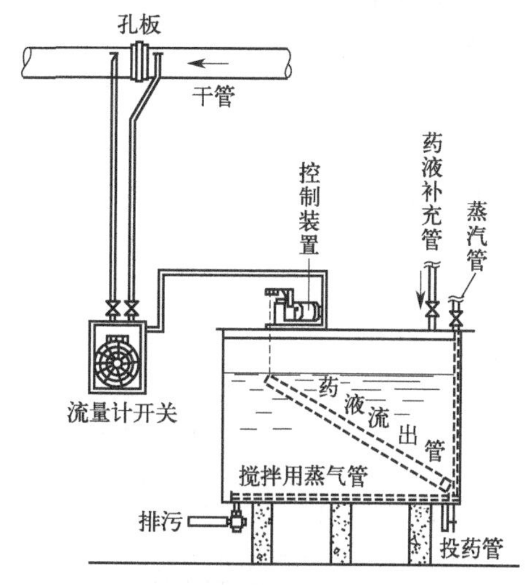

图 3-16　缓慢倾泻式投药装置

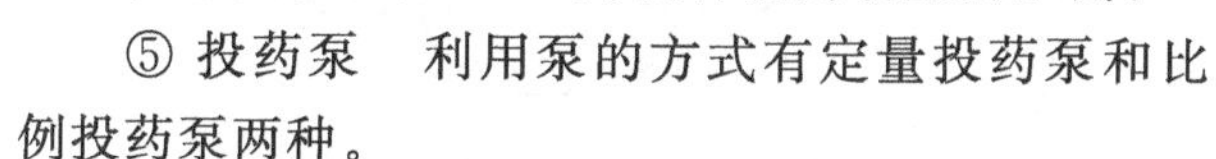
⑤ 投药泵　利用泵的方式有定量投药泵和比例投药泵两种。

a. 定量投药泵是用柱塞泵投药的方式，可用改变柱塞行程的长度来控制。这种装置在压力高的地方，例如水泵的出口处等也能很容易地进行投药。误差只有±1%左右。如果与原水泵连锁，同时开动和停车，装置停止排污投药的时候泵也能自动停止。

b. 比例投药泵使用与上述定量投药泵同一类型的柱塞泵，能根据原水流量计发出的信号按比例地进行投药。因为是利用柱塞行程的长度和往复次数两个因素来控制，所以混凝剂的投药量是最准确的。图 3-17 是压力投药泵投药的一个例子。

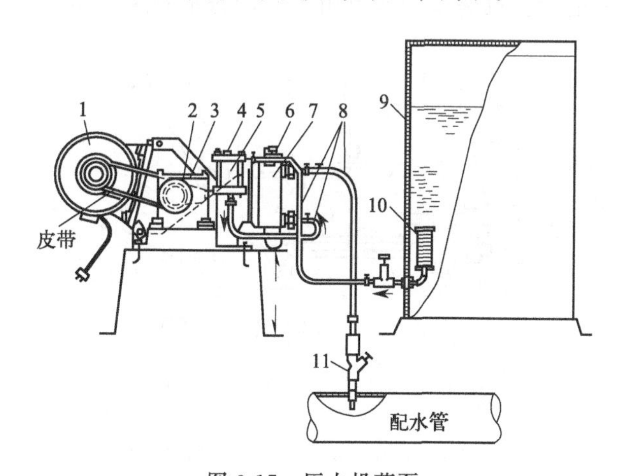

图 3-17　压力投药泵

1—交流单相电动机；2—齿轮箱；3—调节装置；4—塞子；5—侧面玻璃；6—安全阀；7—隔膜泵；8—乙烯软管；9—药液池；10—过滤器；11—投药龙头

（2）干式投药方式

用这类投药装置时，不能使用未经粉碎或破碎的药剂。一般具有每小时投药 4.5kg 以上的能力。

① 容量式　这种装置能一边以容量计量投入的药量，一边进行投药。药剂仅限于使用粉末状或接近粉末状的。同时，这种装置使用的药剂密度如果不一定，其准确度就会很低。

这是因为密度的变化将使投药量改变。容量式投药装置的计量误差一般是5%左右。

图3-18为其中之一例。漏斗下面的传送带，在它的龙骨之间储存有一定数量的粉末，由于传送带的转动，这部分药剂就落入下面的溶解槽中。投药量由传送带的转速进行调节。这种方式也能按比例地投药。图3-19为另一种型式的漏斗的一部分，这里是用小刀刮药，每次向下面投入一定数量的药剂。

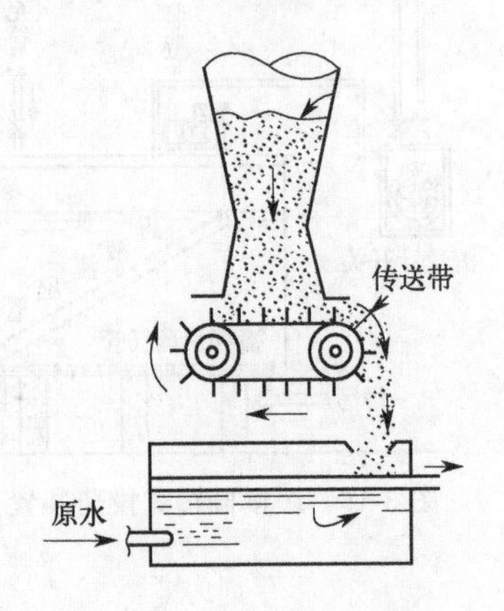

图3-18 容量式投药装置

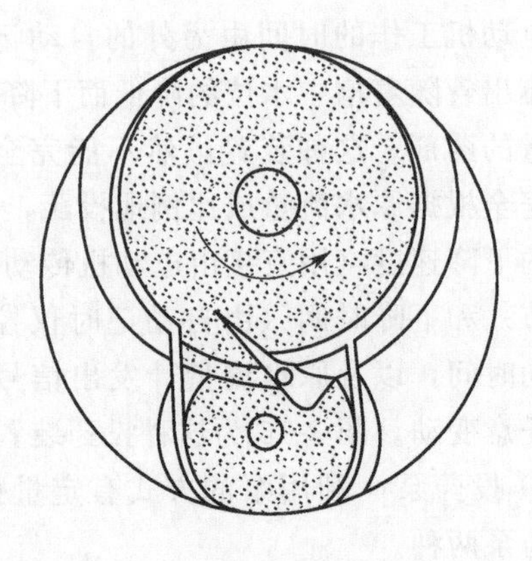

图3-19 漏斗的一部分

② 重力式 这种方式是依靠重力的作用，一边计量、一边进行投药的方式。装置的费用一般较高，但误差较小，只有1%左右。图3-20为这种投药装置的示例。药剂从漏斗中落到传送带上，传送带上的药剂和传送带一起被计量。重量不足的时候，漏斗下面的盘子的振动增加，从而使药剂达到规定重量。另一方面，重量过大的时候，就会减少振动，使落下来的药剂减少而达到规定重量。投药量的调节由改变传送带的速度实现。

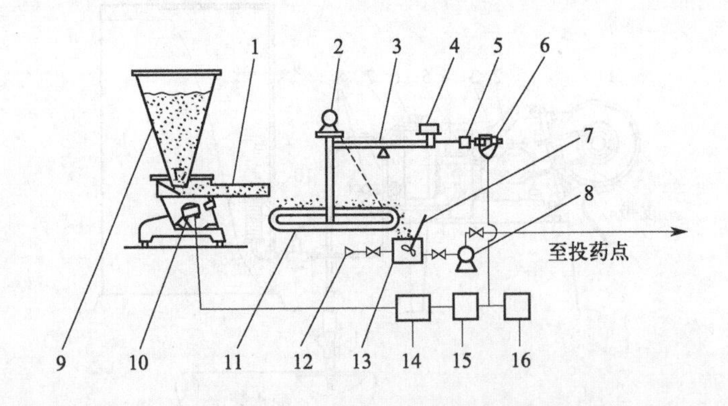

图3-20 重力式粉剂连续计量投药装置

1—送药器；2—传动电动机；3—磅秤；4—重锤；5—可动铁片；6—检验线圈；7—搅拌机；8—投药泵；9—漏斗；10—振动调节器；11—传送带；12—溶药用水；13—溶解槽；14—闸流管；15—相位变换部分；16—手动调节器

83 如何保证混凝过程中形成的絮体不破碎?

在形成絮体的过程中，有下述几种方法可以不破坏已形成的絮体。

(1) 挡板法

这个方法是在水渠中设置挡板，使原水上下或左右回流，采用挡板的装置在水流动的过程中生成絮体。采用镶木式的挡板是很方便的，可以调节其间距和水流弯曲部分的面积。挡板的间距一般为 60～100cm，也有越往下游间距越大，以使流速降低的做法。

(2) 利用水位差的方法

使用这种装置时，絮体的形成和沉淀分离是基于水位差的作用，以喷出、上升、回流的方式进行的。为了使反应池利用水位差向其他装置送水，必须将它安装得比较高，使之经常保持高水位。由于水位差使水在反应池内一边顺次回流一边上下流动，促进了絮体的形成而省去了搅拌装置。

这种装置是圆筒形或多边形的，三五个池一连。原水从切线方向流入，使池内产生自然回流，利用这种作用能够促进反应，因而很经济。

促进絮体形成的回流速度一般在 6cm/s 以下，因此，应缩小直径，以便利用高度来调节通过连池的时间，使其外侧流速为 3～10cm/s。为了使喷出水流产生良好的回流效果，原水进水管径的大小一般最好在输水管的 2 倍以上。池内的上下流速应大于絮体的最大沉降速度，以免在反应池内产生沉淀现象，一般以 20～70m/h 为宜。

(3) 机械搅拌（絮凝器）法

这种方法优点较多，最近用得很广。这种方法是缓慢地旋转木制或钢制的翼板使之形成絮体。一般有两种型式。

① 圆形或矩形水池内设置有垂直轴的搅拌机。这时原水从下部流入，从上部流出；从中央进水而在周边缓慢地搅拌，使小的絮体集合成大的絮体。由于浑浊度小的水一般难以形成絮体，在这种场合下，可以将沉淀下来的一部分污泥连续地回流到絮凝器的入口，促进絮体的形成。另外，有时也可以投入颗粒不太细的膨润土和其他助凝剂，促使絮体的形成。

一般絮体形成的适当流速是 15～30cm/s，时间是 20～40min。但因原水的水质、水温、混凝剂的种类和数量而异，因此应预先通过试验决定。

在原水的水温、浑浊度、碱度等较低，不利于絮体形成的情况下，应尽可能地降低流速、增加混凝时间。一般说流速在 9cm/s 以下，絮体就沉淀，75cm/s 以上则被破坏，有时就干脆使之流出去了。

② 矩形水池内设置有水平轴的搅拌机。水平轴的方向有与水流方向平行的，也有垂直于水流方向的。一般是设在循环水渠中，也有利用一部分沉淀池的。另外，还有再设置挡板的，但是必须注意不要使这一部分的流速突然增大。一般水翼的断面积为过水断面的 10% 左右，为了利于絮体的形成，各螺旋桨的翼端速度以 15～60cm/s 左右为宜，停留时间则以 20～40min 为宜。

在这种场合下，为了使下游的流速逐渐降低，可以减小螺旋桨的断面积或是减少螺旋桨的旋转次数。总之，最好是将旋转速度设计成可以改变的。

在有水平轴的搅拌机的池中，该轴与水流方向垂直时，螺旋桨的尖端以接近水面为宜，而与池壁和池底的间距为 10cm 左右，各螺旋桨翼片端的间距为 60～90cm。旋转次数则为 1～3r/min。

图 3-21 是絮凝器的一些实例。图 3-22 是快速搅拌机、絮凝器与沉淀池合建在一起的例子。

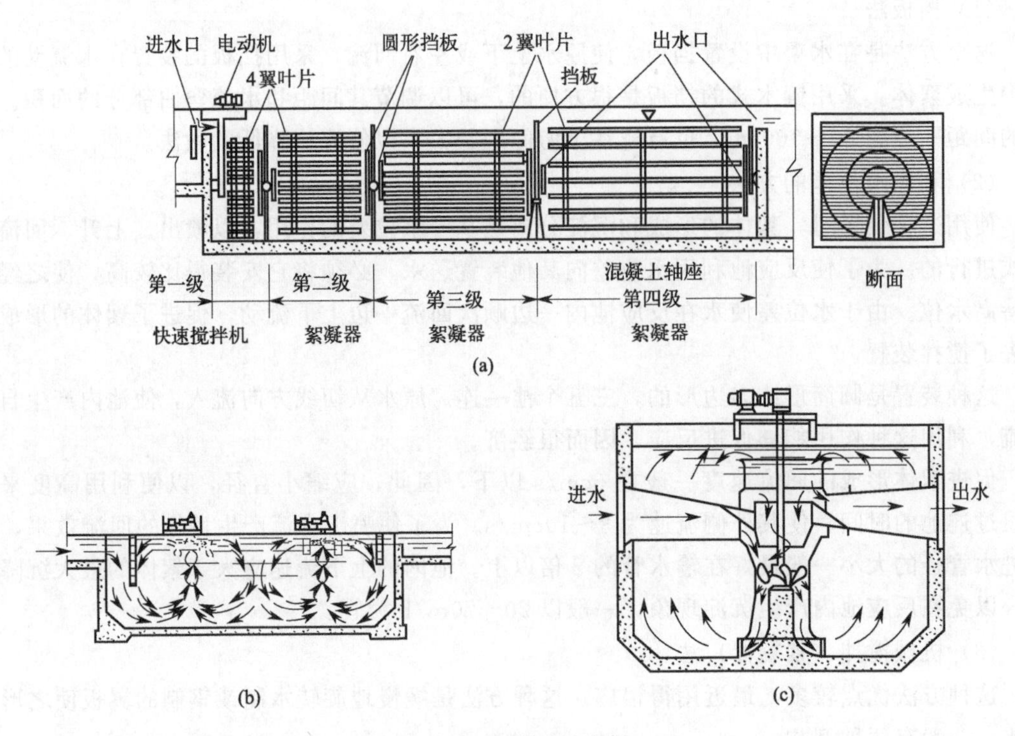

图 3-21 絮凝器的实例

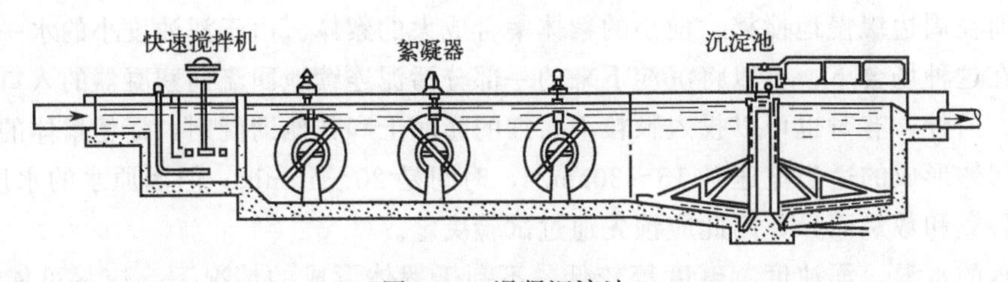

图 3-22 混凝沉淀池

84 何为强化混凝？其影响因素有哪些？

强化混凝（enhanced coagulation）是指强化混凝条件的混凝，目前常采用的方法是向水源水中投加过量的混凝剂并控制一定的 pH 值，从而提高常规处理中有机物，特别是天然有机物（NOM）的去除效果，最大限度地去除消毒副产物（DBP）的前驱物质。

强化混凝的影响因素如下：

（1）混凝剂量

混凝剂投加量越大，吸附有机物的金属氢氧化物就越多，有机物的去降率也就越高，除非投加量过高引起胶粒再稳定。过高的混凝剂投加量必会引起处理费用的增加和污泥处理的困难，因此，合适的混凝剂投加量应该根据水源水质特点和处理后水质要求来确定。

（2）pH 值的影响

通常情况下混凝 pH 值控制在 6±0.5 范围内可获得有机物最高去除率。pH 值高，天然有机物溶解度、亲水性均增大，去除效果下降；pH 值过低，混凝过程不能顺利进行，所以去除率当然也会明显下降。

（3）混凝剂种类

混凝剂种类很多，常用的有铁盐、铝盐及有机高分子絮凝剂。在天然水的混凝进程中单独使用有机絮凝剂，因主要由吸附电中和作用参与有机物的共沉淀（吸附有机物能力差），因此对有机物的去除效果较差。铝盐和铁盐混凝剂不但可以起吸附电中和作用，形成有机物的铝、铁聚合物以利于沉降去除，而且能在形成的金属氢氧化物表面提供强烈的吸附作用，因此无机铝、铁盐混凝剂对有机物的去除效果比有机絮凝剂好。在相同投加量条件下，铁盐对有机物的去除效果优于铝盐。

85 如何进行低温、低浊水的絮凝处理？

低温、低浊水的絮凝处理方法有以下几类。

（1）将低温低浊水变为常温常浊水

这在工业水处理中可以采用，因为工业水处理的处理水量较小，又地处工业企业内，有可能利用工业企业中的余热将水加热，水温升至常温范围再行处理。此时只要注意水温的波动不能太大，否则影响澄清池运行。

对低浊水可以采用投加添加剂的办法来解决，最典型的添加剂是经筛选的黏土组成的低浊添加剂，也可以直接投加普通黏土或澄清池的排泥。投加可以采用连续投加，也可以采用间断投加，对澄清池运行间断投加就可以起到很好的作用。

（2）投加助凝剂和絮凝剂

投加活化硅酸等助凝剂，这在处理水量大的生活饮用水处理中经常使用，有一定效果。在工业水处理中，往往因为硅化合物会危害后续处理系统及用水设备（如锅炉）而不敢贸然使用。

投加絮凝剂可以增强、增大絮凝体颗粒，因此也可改善低温低浊水处理效果。

（3）强化混凝

通过改善混凝条件来强化混凝过程，目前已有应用强化混凝技术成功地将低温低浊水处理为工业用水的报道。

（4）气浮工艺

已有应用气浮技术成功处理低温低浊水的实例。

86 常用的药剂混合设备有哪些？

我国常用的药剂混合设备归纳起来有三类：水泵混合、管式混合以及机械混合。

（1）水泵混合

水泵混合是我国常用的混合方式。药剂投加在取水泵吸水管或吸水喇叭口处，利用水泵叶轮高速旋转以达到快速混合的目的。水泵混合效果好，不需另建混合设施，节省动力，大、中、小型水厂均可采用。但当采用三氯化铁作为混凝剂时，若投量较大，药剂对水泵叶轮可能有轻微腐蚀作用。当取水泵房距水厂处理构筑物较远时，不宜采用水泵混合，因为经水泵混合后的原水在长距离管道输送过程中，可能过早地在管中形成絮凝体。已形成的絮凝体在管道中一经破碎，往往难以重新聚集，不利于后续絮凝，且当管中流速低时，絮凝体还可能沉积管中。因此，水泵混合通常用于取水泵房靠近水厂处理构筑物的场合。两者间距不宜大于150m。

(2) 管式混合

最简单的管式混合即将药剂直接投入水泵压水管中，以借助管中流速进行混合。管中流速不宜小于1m/s，投药点后的管内水头损失不小于0.3～0.4m。投药点至末端出口距离以不小于50倍管道直径为宜。为提高混合效果，可在管道内增设孔板或文丘里管。这种管道混合简单易行，无需另建混合设备，但混合效果不稳定，管中流速低时，混合不充分。

目前广泛使用的管式混合器是“管式静态混合器”。混合器内按要求安装若干固定混合单元。每一混合单元由若干固定叶片按一定角度交叉组成。水流和药剂通过混合器时，将被单元体多次分割、改向并形成涡旋，达到混合目的。这种混合器构造简单，无活动部件，安装方便，混合快速而均匀。目前，我国已生产多种形式的管式静态混合器，图3-23为其中一种，图中未绘出单元体构造，仅作为示意。管式静态混合器的口径与输水管道相配合，目前最大口径已达2000mm。这种混合器水头损失稍大，但因混合效果好，从总体经济效益而言还是具有优势的。唯一缺点是当流量过小时效果下降。

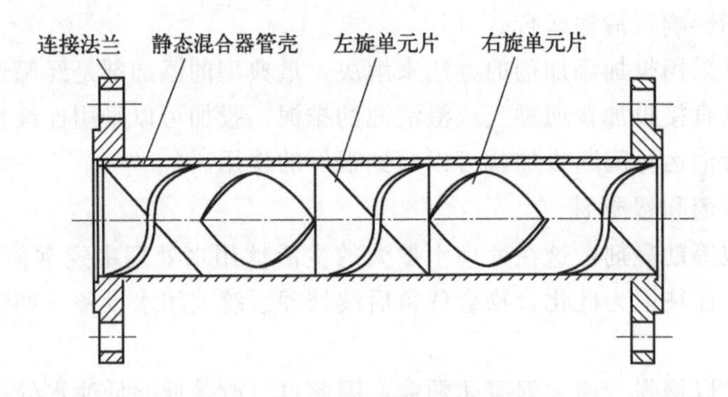

图3-23 管式静态混合器

另一种管式混合器是“扩散混合器”。它是在管孔板混合器前加装一个锥形帽，水流和药剂对冲锥形帽而后扩形成剧烈紊流，使药剂和水达到快速混合。锥形帽夹角为90°。锥形帽顺水流方向的投影面积为进水管总表面积的1/4。孔板的开孔面积为进水管截面积的3/4。孔板流速一般采用1.0～1.5m/s。混合时间为2～3s。混合器节管长度不小于500mm。水流通过混合器的水头损失约0.3～0.4m。混合器直径在DN200mm～DN1200mm范围内。

(3) 机械混合

机械混合是在池内安装搅拌装置，以电动机驱动搅拌器使水和药剂混合的。搅拌器可以是桨板式、螺旋桨式或透平式。桨板式适用于容积较小的混合池（一般在2m^{3}以下），其余可用于容积较大的混合池。搅拌功率按产生的速度梯度为700～1000s^{-1}计算确定。混合时间控制在10～30s以内，最大不超过2min。机械混合池在设计中应避免水流同步旋转而降低混合效果。机械混合池的优点是混合效果好，且不受水量变化影响，适用于各种规模的水厂。缺点是增加机械设备并相应增加维修工作。

87 常用的絮凝设备类型有哪些？有何特点？

絮凝设备的基本要求是原水与药剂经混合后，通过絮凝设备应形成肉眼可见的大的密实絮凝体。絮凝池形式较多，概括起来分成两大类：水力反应和机械搅拌式。我国在新型絮凝池研究上达到较高水平，特别是水力絮凝池方面。这里重点介绍以下几种。

(1) 隔板絮凝池

隔板絮凝池是应用历史较久、目前仍常应用的一种水力反应絮凝池，有往复式和回转式两种。后者是在前者的基础上加以改进而成。在往复式隔板絮凝池内，水流作180°转弯，局部水头损失较大，而这部分能量消耗往往对絮凝效果作用不大。因为180°的急剧转弯会使絮凝体有破碎的可能，特别在絮凝后期。回转式隔板絮凝池内水流作90°转弯，局部水头损失大为减小，絮凝效果也有所提高。

隔板絮凝池通常用于大、中型水厂，因水量过小时，隔板间距过狭，不便施工和维修。隔板絮凝池优点是构造简单，管理方便。缺点是流量变化大，絮凝效果不稳定，与折板及网格式絮凝池相比，因水流条件不甚理想，能量消耗（即水头损失）中的无效部分比例较大，故需较长絮凝时间，池子容积较大。

隔板絮凝池已有多年运行经验，在水量变动不大的情况下，絮凝效果有保证。目前，往往把往复式和回转式两种形式组合使用，前为往复式，后为回转式。因絮凝初期，絮凝体尺寸较小，无破碎之虑，采用往复式较好；絮凝后期，絮凝体尺寸较大，采用回转式较好。

(2) 折板絮凝池

折板絮凝池是在隔板絮凝池基础上发展起来的，目前已得到广泛应用。

折板絮凝池通常采用竖流式。它是将隔板絮凝池（竖流式）的平板隔板改成具有一定角度的折板。折板可以波峰对波谷平行安装［见图3-24(a)］，称“同波折板”；也可波峰相对安装［见图3-24(b)］，称“异波折板”。按水流通过折板间隙数，又分为“单通道”和“多通道”。图3-24为单通道折板絮凝池剖面示意图。多通道系指将絮凝池分成若干格子，每一格内安装若干折板，水流沿着格子依次上、下流动。在每一个格子内，水流平行通过若干个由折板组成的并联通道，如图3-25所示。

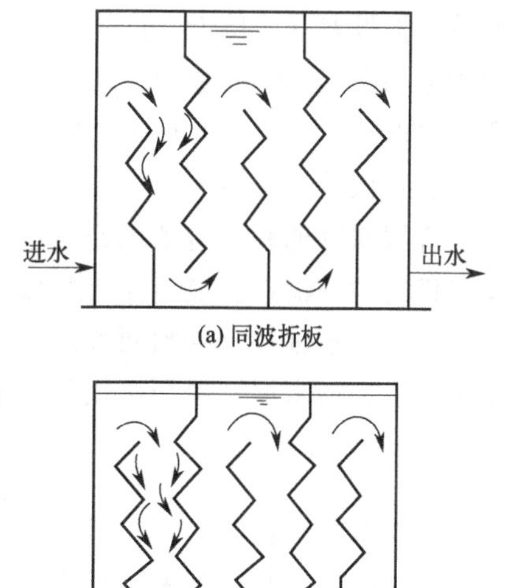

图3-24 单通道折板絮凝池剖面示意

无论在单通道还是多通道内，同波、异波折板两者均可组合应用。有时，絮凝池末端还可采用平板。例如，前面可采用异波、中部采用同波，后面采用平板。这样组合有利于絮凝体逐步成长而不易破碎，因平板对水来说扰动较小，图3-25中第Ⅰ排采用同波折板，第Ⅱ排采用异波折板，第Ⅲ排可采用平板。是否需要采用不同形式折板组合，应根据设计条件和要求决定。异波和同波折板絮凝效果差别不大，但平板效果较差，故只能放置在絮凝池末端起补充作用。

折板絮凝池的优点是：水流在同波折板之间曲折流动或在异波折板之间缩放流动且连续

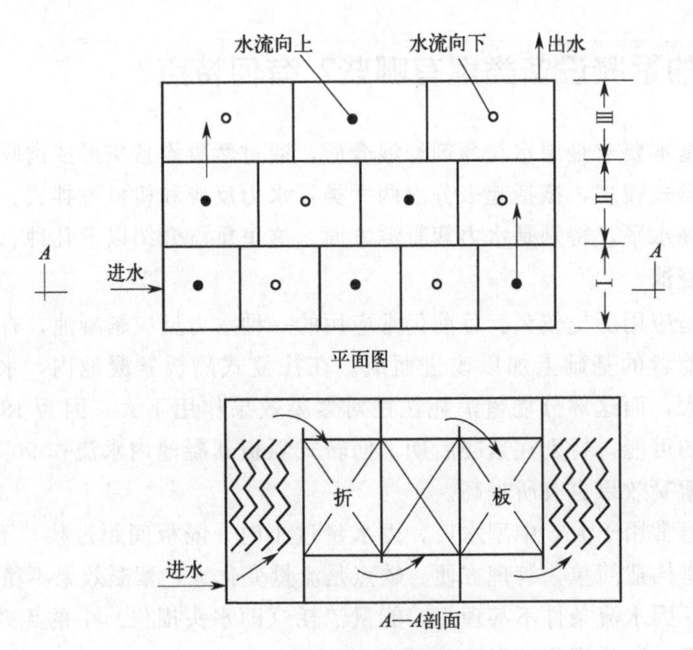

图 3-25 多通道折板絮凝池示意

不断，以至形成众多的小涡旋，提高了颗粒碰撞絮凝效果。在折板的每一个转角处，两折板之间的空间可以视为完全混合连续型（continuous stirred tank reactor，CSTR）单元反应器。众多的CSTR型单元反应器串联起来，就接近推流型（PF型）反应器。因此，从总体上看，折板絮凝池接近于推流型。与隔板絮凝池相比，水流条件大大改善，亦即在总的水流能量消耗中，有效能量消耗比例提高，故所需絮凝时间可以缩短，池子体积减小。从实际生产经验得知，絮凝时间在10～15min为宜。

（3）机械絮凝池

机械絮凝池利用电动机经减速装置驱动搅拌器对水进行搅拌，故水流的能量消耗来源于搅拌机的功率输入。搅拌器有桨板式和叶轮式等，目前我国常用前者。根据搅拌轴的安装位置，又分水平轴和垂直轴两种形式（图3-26）。水平轴式通常用于大型水厂。垂直轴式一般用于中、小型水厂。单个机械絮凝池接近于CSTR型反应器，故宜分格串联。

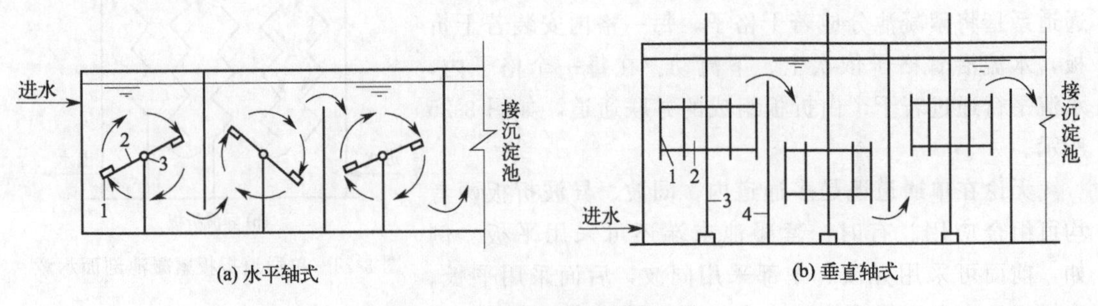

图 3-26 机械絮凝池剖面示意

1—桨板；2—叶轮；3—旋转轴；4—隔墙

机械絮凝池的优点是：可随水质、水量变化而随时改变转速以保证絮凝效果，能应用于任何规模水厂。但需要增加机械维修工作。

88 如何进行隔板絮凝池设计?

隔板式絮凝池的总水头损失 h 为各段水头损失之和（包括沿程和局部损失）。各段水头损失近似按下式计算：

$$h_i=\zeta m_i\frac{v_{it}^2}{2g}+\frac{v_i^2}{C_i^2+R_i}l_i$$

式中，v_i 为第 i 段廊道内水流速度，m/s；v_{it} 为第 i 段廊道内转弯处水流速度，m/s；m_i 为第 i 段廊道内水流转弯次数；ζ 为隔板转弯处局部阻力系数，往复式隔板（180°转弯）$\zeta=3$，回转式隔板（90°转弯）$\zeta=1$；l_i 为第 i 段廊道总长度，m；R_i 为第 i 段廊道过水断面水力半径，m；C_i 为流速系数，随水力半径 R_i 和池底及池壁粗糙系数 n 而定，通常按曼宁公式 $C_i=\frac{1}{n}R^{\frac{1}{6}}$ 计算或直接查水利计算表。

絮凝池内总水头损失 h 为：

$$h=\sum h_i$$

根据絮凝池容积大小，往复式总水头损失一般在 0.3～0.5m 左右。回转式总水头损失比往复式小 40%左右。

隔板絮凝池的主要设计参数如下：

① 廊道中流速起端一般为 0.5～0.6m/s，末端一般为 0.2～0.3m/s。流速应沿程递减，即在起、末端流速已选定的条件下，根据具体情况分成若干段确定各段流速。分段越多、效果越好。但分段过多，施工和维修较复杂，一般宜分成 4～6 段。为达到流速递减目的，有两种措施：一是将隔板间距从起端至末端逐段放宽，池底相平；二是隔板间距相等，从起端至末端池底逐渐降低。一般采用前者较多，因施工方便。若地形合适，可采用后者。

② 为减小水流转弯处水头损失，转弯处过水断面积应为廊道过水断面积的 1.2～1.5 倍。同时，水流转弯处尽量做成圆弧形。

③ 絮凝时间，一般采用 20～30min。

④ 隔板间净距一般宜大 0.5m，以便于施工和检修。为便于排泥，池底应有 0.02～0.03 坡度，并设直径不小 150mm 的排泥管。

89 如何进行折板絮凝池设计?

如隔板絮凝池一样，折板间距应根据水流速度由大到小而改变。折板之间的流速通常也分段设计。分段数不宜少于 3 段。各段流速可分别为：第一段 0.25～0.35m/s；第二段 0.15～0.25m/s；第三段 0.10～0.15m/s。

折板夹角采用 90°～120°。折板可用钢丝网水泥板或塑料板等拼装而成。波高一般采用 0.25～0.40m。

90 如何进行机械絮凝池设计?

设计桨板式机械絮凝池时，应符合以下几点要求：

① 絮凝时间一般宜为15～20min。

② 池内一般设3～4挡搅拌机。各挡搅拌机之间用隔墙分开，以防止水流短路。隔墙上、下交错开孔，开孔面积按穿孔流速决定。穿孔流速以不大于下一挡桨板外缘线速度为宜。为增加水流紊动性，有时在每格池子的池壁上设置固定挡板。

③ 搅拌机转速按叶轮半径中心点线速度通过计算确定。线速度宜自第一挡的0.5m/s起逐渐减小至末挡的0.2m/s。

④ 每台搅拌器上桨板总面积宜为水流截面积的10%～20%，不宜超过25%，以免池水随桨板同步旋转，降低搅拌效果。桨板长度不大于叶轮直径的75%，宽度宜取10～30cm。

（三）沉淀/澄清

91 水中悬浮颗粒的沉淀类型有哪些？各有何特点？

悬浮颗粒在沉降过程中常出现四种情况：当水中悬浮颗粒浓度较小时，沉降过程可以按颗粒的絮凝性强弱分为离散沉降和絮凝沉降；当颗粒浓度较大且颗粒具有絮凝性时，呈层状沉降；当颗粒浓度很大时，颗粒呈压缩沉降状态。

（1）离散沉降

离散沉降依托于一些理想假设：颗粒在沉降过程中，该颗粒不受其他颗粒的干扰，也不受器壁的干扰，完全处于自由沉降状态；水中颗粒的形状为等体积的球形；水中颗粒表面都吸附有一层水膜，所以颗粒在静水中的沉降，可认为是水膜与水之间的一种相对滑动；在沉降过程中，颗粒之间不发生任何絮凝现象，即它的形状、大小、质量等均不发生变化。

在以上假设下发现，水中颗粒沉降速度与颗粒密度、直径和水的黏度有关，随密度和直径增大而增大，随水温下降（黏度增大）而减少。

（2）絮凝沉降

在水的沉降分离过程中，只有当水中的悬浮颗粒全部由泥沙组成，且浓度小于5000mg/L时，才会发生上述离散沉降现象。而天然水中的悬浮颗粒及混凝处理中形成的絮凝体大都具有絮凝性能，颗粒在沉降过程中会发生碰撞和聚集长大，从而导致沉降速度不断加快，是一个加速过程，不像离散颗粒那样在沉降过程中保持沉降速度不变。

由于在沉降过程中，颗粒的质量、形状和沉速是变化的，实际沉速很难用理论公式计算。因此，对此类沉降需要研究的问题，不是它的某一沉降速度，而是要通过实验来测定水中颗粒在某一流程中的沉降特征。

（3）层状沉降（拥挤沉降）

当水中悬浮颗粒浓度继续增大时，如悬浮颗粒占水溶液体积大于1%时，大量颗粒在有限水体中下沉时，被排挤的水便有一定的上升速度，使颗粒所受到的水阻力有所增加，最终可以看到水体中有一个清水和浑水的交界面，并以界面的形式不断下沉，故称这种沉降为层状沉降，也称为拥挤沉降。

（4）压缩沉降

在沉降的压缩区，由于悬浮颗粒浓度很高，颗粒相互之间已挤集成团块结构，互相压缩、互相支承，下层颗粒间的水在上层颗粒的重力作用下被挤出，使颗粒浓度不断增大，因此压缩沉降过程也是不断排除颗粒之间孔隙水的过程。

92 常用的沉淀池类型有哪些?

用来进行沉降分离的设备叫沉淀池。用沉淀进行混凝处理时，先将水和药品通过混合器进入反应池后再进入沉淀池内。常见的沉淀池按水流方向可分为平流式、竖流式和辐流式三种。图 3-27 为各种形式沉淀池的示意图。平流式沉淀池是使用最早的一种沉淀设备，由于它结构简单，运行可靠，对水质适应性强，故目前仍广泛应用于城市自来水系统。

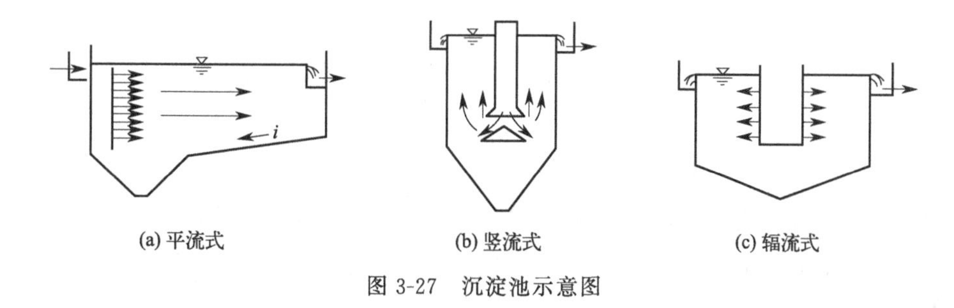

图 3-27 沉淀池示意图

93 平流式沉淀池的沉淀原理是什么? 有何结构特点?

平流式沉淀池由进、出水口，水流部分和污泥斗三个部分组成。池体平面为矩形，进、出水口分别设在池子的两端，进水口一般采用淹没进水孔，水由进水渠通过均匀分布的进水孔流入池体，进水孔后设有挡板，使水流均匀地分布在整个池宽的横断面；出水口多采用溢流堰，以保证沉淀后的澄清水可沿池宽均匀地流入出水渠。堰前设浮渣槽和挡板以截留水面浮渣。水流部分是池的主体，池宽和池深要保证水流沿池的过水断面布水均匀，依设计流速缓慢而稳定地流过。污泥斗用来积聚沉淀下来的污泥，多设在池前部的池底以下，斗底有排泥管，定期排泥。

94 什么是沉淀池的截留速度与表面负荷?

如图 3-28 所示，进入沉淀区的水流中有一种颗粒，从池顶 A 点开始以水平流速 v_{SH} 和沉降速度 u 的合成速度，一边向前行进一边向下沉降，到达池底最远处 D 点时刚好沉到池底，AD 线即表示这种颗粒的运动轨迹。这种颗粒的沉速表示在池中可以截留下来的临界速度，也称截留速度。可见，凡是沉降速度大于或等于 u_J 的颗粒，从池顶 A 点开始下沉，必然能够在 D 点以前沉到池底，AE 线表示这类颗粒的运动轨迹，所以 u_J 表示沉淀池中能够全部去除的颗粒中最小颗粒的沉降速度。同样，凡是沉速小于 u_J 的颗粒，从池顶 A 点开始下沉，必然不能到达池底而被带出池外，AF 表示这类颗粒的运动轨迹。

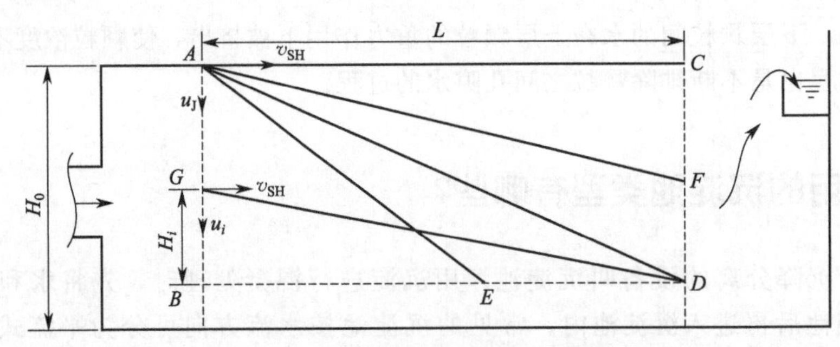

图 3-28 离散颗粒在沉淀池中的沉降

对于 AD 线代表的一类颗粒，沿水平方向和垂直方向到达 D 点的时间是相同的，即

$$t=\frac{L}{v_{SH}}=\frac{H_0}{u_J}$$

$$v_{SH}=\frac{Q}{H_0 B}$$

$$u_J=\frac{Q}{LB}=\frac{Q}{A}$$

式中，v_{SH} 为水平流速，m/s；u_J 为截留速度，m/s；H_0 为沉淀池的水深，m；Q 为处理水量，m^3/s；B 为沉淀池 $A—B$ 断面宽度，m；L 为沉淀池的长度，m；t 为水在沉淀区中的停留时间，s。

式中$\frac{Q}{A}$称为表面负荷或溢流率，表面负荷在数值上和量纲上等于截留速度，它在沉淀池设计中是一个重要的公式。

95 影响平流式沉淀池沉淀效果的因素有哪些？

实际平流式沉淀池偏离理想沉淀池条件的主要原因有以下几方面。

(1) 沉淀池实际水流状况对沉淀效果的影响

在理想沉淀池中，假定水流稳定，流速均匀分布。其理论停留时间 t_0 为：

$$t_0=\frac{V}{Q}$$

式中，V 为沉淀池容积，m^3；Q 为沉淀池的设计流量，m^3/h。

但在实际沉淀池中，停留时间总是偏离理想沉淀池，表现为一部分水流通过沉淀区的时间小于 t_0，而另一部分水流则大于 t_0，这种现象称为短流，它是由于水流的流速和流程不同而产生的。短流的原因有进水的惯性作用，进水堰产生的水流抽吸，较冷或较重的进水产生异重流，风浪引起的短流，池内存在导流壁和刮泥设施等。这些因素造成池内顺着某些流程的水流速度大于平均值，而在另一些区域流速小于平均值，甚至死角，因此一部分水通过沉淀池的时间短于平均值而另一部分水却长于平均值。停留较长时间的那部分沉淀增益，一般不能抵消另一部分水由于停留时间短而不利于沉淀的后果。

水流的紊动性可用雷诺数 Re 判别。该值表示推动水流的惯性力与黏滞力两者之间的对比关系：

$$Re=\frac{vR}{\gamma}$$

式中，v 为水平流速，m/s；R 为水力半径，m；γ 为水的运动黏度，m^2/s。

一般在明渠流中，$Re>500$ 时，水流呈紊流状态。平流式沉淀池中水流的 Re 一般为 4000～15000，属紊流状态。此时水流除水平流速外，尚有上、下、左、右的脉动分速，且伴有小的涡流体，这些情况都不利于颗粒的沉淀。在沉淀池中，通常要求降低 Re，以利于颗粒沉降。

异重流是进入较静而密度相异的水体的一股水流。异重流重于池内水体，将下沉并以较高的流速沿着底部绕道前进，异重流轻于池内水体，将沿水面径流至出水口。密度的差别可能由于水温、所含盐分或悬浮固体量的不同所致。若池内水平流速相当高，异重流将和池中水流汇合，影响流态甚微。这样的沉淀池具有稳定的流态。若异重流在整个池内保持，则具有稳定的流态。

水流稳定性能用弗劳德数 Fr 判别。该值反映推动水流的惯性力与重力两者之间的对比关系：

$$Fr=\frac{v^2}{Rg}$$

式中，R 为水力半径 m；v 为水平流速，m/s；g 为重力加速度，m/s^2。

Fr 增大，表明惯性力作用相对增加，重力作用相对减小，水流对温差、密度差异重流及风浪等影响的抵抗能力强，使沉淀池中的流态保持稳定。一般认为，平流沉淀池的 Fr 值宜大于 10^{-5}。

在平流式沉淀池中，降低 Re 和提高 Fr 的有效措施是减小水力半径 R，池中纵向分格及斜板、斜管沉淀池都能达到上述目的。

在沉淀池中，增大水平流速，一方面提高了 Re 而不利于沉淀，但另一方面却提高了 Fr 而加强了水的稳定性，从而提高了沉淀效果。因此，水平流速可以在很大范围内选用，而不致对沉淀效果造成明显的影响。混凝沉淀池的水平流速宜为 10～25mm/s。

（2）絮凝作用的影响

原水通过絮凝反应后，悬浮颗粒的絮凝过程在平流式沉淀池内仍继续进行。如前所述，池内水流流速实际上是不均匀的，水流中存在的速度梯度将引起颗粒相互碰撞而促进絮凝。此外，水中絮凝颗粒的大小也是不均匀的，它们将具有不同的沉速，沉速大的颗粒在沉淀过程中能追上沉速小的颗粒而引起絮凝。水在池中沉淀的时间越长，由速度梯度引起的絮凝便进行得越完善，所以沉淀时间对沉淀效果是有影响的，池中的水深越大，因颗粒沉速不同而引起的絮凝也进行得越完善，所以沉淀池的水深对混凝效果也是有一定影响的。因此，实际沉淀池的沉淀时间和水深均影响沉淀效果，所以实际沉淀池也就偏离了理想沉淀池的假定条件。

96 如何设计平流式沉淀池?

（1）平流式沉淀池的设计原则及参数

① 当进行混凝沉淀处理时，出水浊度一般低于 10NTU，特殊情况不大于 20NTU；

② 平流式沉淀池的停留时间与原水水质、水温、泥渣特性、表面负荷大小等因素有关。

当进行混凝沉淀处理时，一般为1.0～3.0h。当水温较低、有机物或色度较高时取上限；

③ 沉淀池的分格数一般不小于2格，只有水中悬浮物含量常年低于30mg/L或为地下水时，可考虑只设1格，但应有旁路管；

④ 沉淀池内的水平流速一般为10～25mm/s，个别情况下允许30～50mm/s，自然沉降可取1～3mm/s；

⑤ 沉淀池内的有效水深一般为3.0～5.0mm，超高为0.3～0.5m。每一格宽度为3～9m，最宽为15m。池长度与宽度一般取(3∶1)～(5∶1)，池长度与池深比一般大于10∶1；

⑥ 沉淀池的排空时间一般不超过6h，池内弗劳德数 Fr 一般控制在 10^{-5}～10^{-4}，池内雷诺数 Re 一般控制在4000～15000之间，属于紊流状态。

(2) 工艺计算

① 按表面负荷 Q/A 的关系计算沉淀池表面积 A (m^2)：

$$A=\frac{Q}{u_J}$$

式中，Q 为处理水量，m^3/s；u_J 为截留速度，m/s，可通过沉降试验来确定。

沉淀池长度 L (m)：

$$L=3.6v_{SH}t$$

式中，v_{SH} 为水平流速，m/s；t 为停留时间，s。

沉淀池宽度 B (m)：

$$B=\frac{A}{L}$$

也可按水流停留时间 t，先计算沉淀池有效容积 V (m^3)：

$$V=Qt$$

再根据选定的池深 H（一般为3.0～3.5m）用下式计算池宽度 B (m)：

$$B=\frac{A}{LH}$$

② 根据沉淀池几何尺寸和有关数据，计算核对 Re 和 Fr。

③ 平流式沉淀池排泥管直径，利用水力学中变水头放空容器公式计算：

$$d=\sqrt{\frac{0.7BLH^{0.5}}{T}}$$

式中，d 为排泥管直径，m。

④ 沉淀池出水渠起端水深 h，利用下式计算：

$$h=1.73\sqrt[3]{\frac{Q}{gB^2}}$$

式中，B 为管道宽度，m；g 为重力加速度，一般取 $9.8m/s^2$。

97 斜板/斜管沉淀池的沉淀原理是什么？有何结构特点？

图3-29为斜管式沉淀池示意图。在池中设置了许多密集的斜管，让沉降过程在斜管中进行。也有将许多斜管集合成蜂窝状，称“蜂窝斜管式”沉淀池。加过药的水经混合反应后

由沉淀池下部进入，水由下而上，通过许多密集成蜂窝状的斜管然后经集水管而流入集水池，池渣由斜管上滑下后沉入泥斗再排出。斜板式沉淀池是以斜板代替上述斜管式沉淀池中的斜管，把斜板做成图 3-30 的形状，其斜板斜角一般为 55°～60°。采用此种方法沉降，其优点是分离速度加快，缩短沉降时间，减少设备体积。

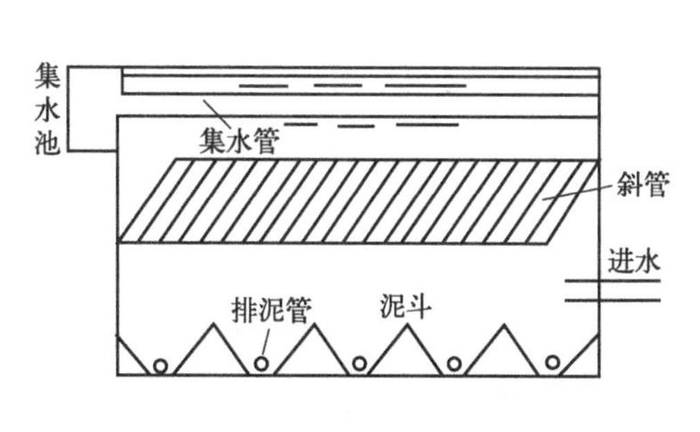

图 3-29 斜管式沉淀池

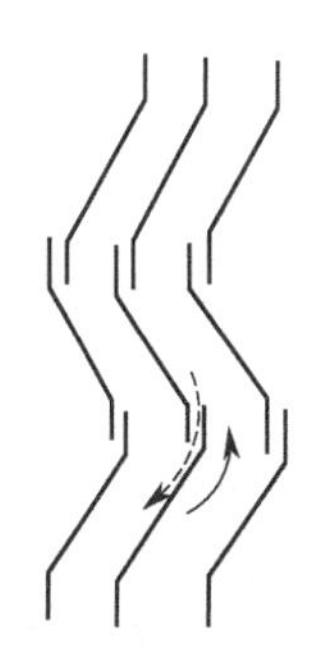

图 3-30 斜板式沉淀池的斜板形状

98 如何进行斜板/斜管沉淀池设计？

这里以工业用水处理中常用的异向流斜板沉淀池为例，讨论它的设计计算。该设计计算既适用于沉淀池加装斜板，又适用于澄清池加装斜板。

图 3-31 为异向流斜板内水流的纵剖面，斜板的长度为 L、断面高度为 d，宽为 B，倾角为 α，板间水流平均流速为 v_{SH}，截留速度为 u_J。

$$u_J=\frac{d\sin\alpha}{L\cos\alpha\sin\alpha+d}v_{SH}$$

斜板长度为：

$$L=\left(\frac{v_{SH}}{u_J}-\frac{1}{\sin\alpha}\right)\frac{d}{\cos\alpha}$$

单个沉淀单元的面积为 dB，水流量 Q'为：

$$Q'=v_{SH}dB$$

因此，u_J 与水流量的关系：

$$u_J=\frac{d\sin\alpha}{L\cos\alpha\sin\alpha+d}\times\frac{Q'}{dB}=\frac{Q'}{LB\cos\alpha+\frac{Bd}{\sin\alpha}}$$

式中，$LB\cos\alpha$ 为斜板面积在水平方向的投影 m^2；$\frac{Bd}{\sin\alpha}$为板间水流断面面积在水平方向的投影 m^2。

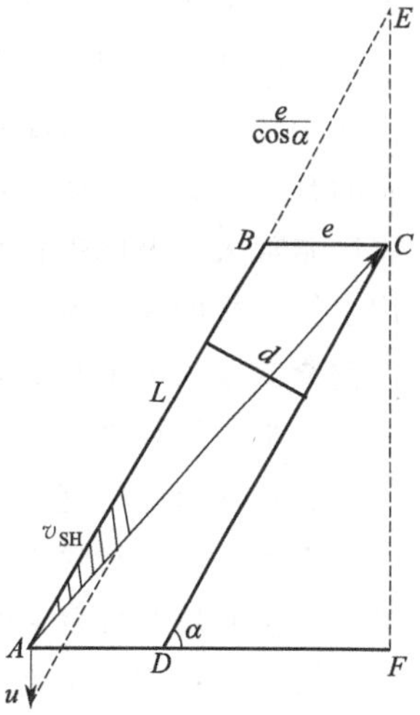

图 3-31 异向流沉降过程分析

因此，斜板沉淀池的截留速度，也等于表面负荷，只是其表面面积是依整个水流部分在水平方向的投影计算的。

由于在上述计算中采用平均流速代替了实际流速以及忽略了进口处受水流紊动的影响，因此实际的截留速度 u_J'与 u_J 之间应加一个校正系数 η，即

$$u_J'=\eta u_J$$

式中的校正系数 η 一般取 0.75～0.85。

对应的斜板实际长度 L' 为：

$$L'=\frac{1}{\eta}\left(\frac{v_{SH}}{u_J}-\frac{1}{\sin\alpha}\right)\frac{d}{\cos\alpha}$$

通常当选用现成斜板、斜管组件制品时，沉淀单元的长度 L'、内径 d 和倾斜角 α 实际上已给定，因此在校正系数 η 选定的情况下，水平流速 v_{SH} 与截面速度之间，只要先确定一个，就可以求出另一个数值来。

99 什么是澄清池?

澄清池是进行水的混凝，去除水中悬浮物和胶体的设备。澄清池中起到截留分离杂质颗粒作用的介质是呈悬浮状的泥渣。水和废水的混凝处理工艺包括水和药剂的混合、反应及絮凝体与水的分离三个阶段。澄清池就是集上述三个过程于一体的专门设备。

100 澄清池的常见类型有哪些?

在废水处理中常用的澄清池有高密度澄清（沉淀）池、加砂高速澄清（沉淀）池、水力循环澄清池、悬浮澄清池、脉冲澄清池、机械加速澄清池和水力循环澄清池。

（1）高密度澄清（沉淀）池

Densadeg 高密度澄清（沉淀）池是由苏伊士公司开发的，集混凝、絮凝、斜板澄清、污泥沉淀浓缩于一体的高效混凝澄清（沉淀）工艺。此工艺目前在国内外被广泛应用于自来水澄清、污水初沉、污水三级除磷、初期雨水处理等领域。

（2）加砂高速澄清（沉淀）池

加砂高速澄清（沉淀）池是威立雅水务技术公司在常规高效沉淀池（高密池）的基础上研发的新一代高效沉淀装置。在絮凝池中投加微砂作为絮体的核心，以微砂为核心形成的絮体密度非常大，因此更容易与水分离并沉淀下来，从而提高了上升流速和处理效率。该装置采用了投加微砂及回流技术，具有工艺灵活可靠、适应性强、耐冲击负荷能力强、占地少、土建投资低以及出水水质好等特点。

（3）水力循环澄清池

靠进水水力能来完成池中混合反应、泥浆循环回流和水的分离处理。原水由池中心底部经喷嘴进入池内，喷嘴上面设混合室、喉管和第一反应室。喷嘴射流将池锥形底中大量矾花吸进混合室和原水混合，然后溢入第二反应室。第一、第二反应室构成悬浮层区以澄清处理原水，第二反应室出水进入分离室，相当于进水量的澄清水向上流出，剩下的为回流量重新进入混合室，回流比为 4。这种澄清池的优点是不需要机械搅拌设备、运行管理方便、锥底角度大、排泥效果好，但其反应时间较短，运行不稳定，不适于大水量。

（4）悬浮澄清池

悬浮澄清池是指原水经加入混凝剂后，脱去水中的气泡，通过悬浮污泥层反应的澄清池，属悬浮泥渣型澄清池。悬浮澄清池是一种传统的净水工艺。其工作原理是利用池底部进水形成的上升水流使澄清池内的成熟絮粒处于一种平衡的静止悬浮状态，构成所谓悬浮泥渣层。投加混凝剂后的原水通过搅拌或配水方式生成微絮粒，然后随着上升水流自下而上地通过悬浮泥渣层，进水中的微絮粒和悬浮泥渣层中的泥渣进行接触絮凝，使细小的絮粒相互聚合，或被泥渣层所吸附，而清水向上分离，原水得到净化。

(5) 脉冲澄清池

脉冲澄清池是一种泥渣悬浮型澄清池，它利用悬浮层中的泥渣对原水中悬浮颗粒的接触絮凝作用来去除原水中悬浮杂质，具有占地面积小、处理效果好、生产效率高、布水较均匀以及节省药剂等特点。由于脉冲澄清池采用了池底配水管进水的方式，它还可以使悬浮层的浓度分布趋于均匀，并防止颗粒在池底沉积。

(6) 机械加速澄清池

机械加速澄清池主要是由第一反应室、第二反应室及分离室所组成。此外，还有进出水系统加药系统、排泥系统以及机械搅拌提升系统。工作流程为：原水进入一次混合及反应区与泥渣混合，在叶轮的带动下上升至次混合及反应区，絮凝后进入分离室，清水上升，经集水槽流出，泥渣回流至一次混合室，部分则经浓缩后定期排放。

(7) 水力循环澄清池

水力循环澄清池是指在水射器的作用下，将池中的活性泥渣吸入，和原水充分混合，从而加强了水中固体颗粒间的接触和吸附作用，形成良好的絮凝，加速了沉降速度，使水得到澄清。

101 澄清池的组成和优缺点有哪些?

澄清池的类型虽然众多，但其工作流程基本相同，图 3-32 为澄清池的工作流程示意图。

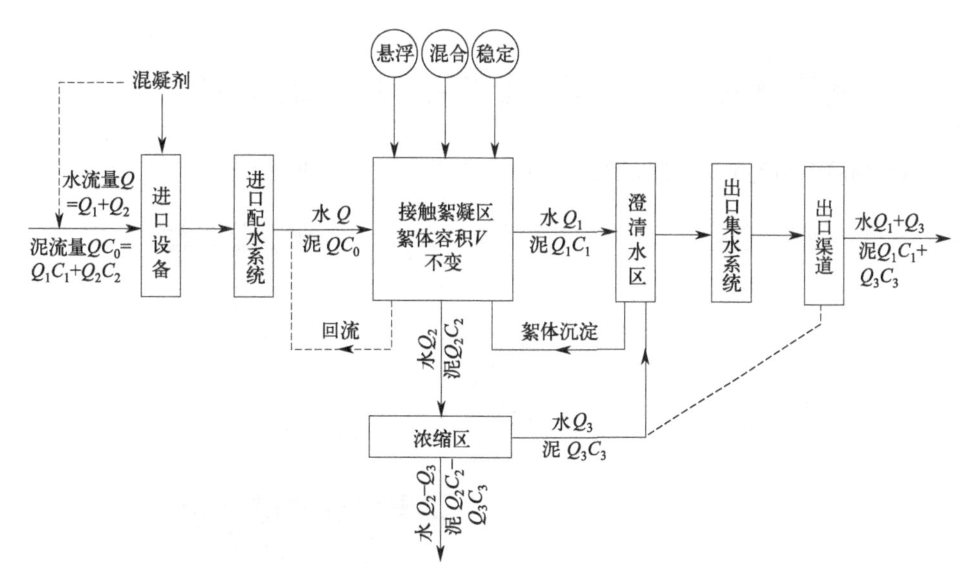

图 3-32　澄清池的工作流程示意图

图中方框表示澄清池的主要组成部分，只是不同池型的各个组成部分的结构不同而已。原水由进水装置经配水系统配水后，进入接触絮凝区，在此进行混合、接触絮凝，随后依层状沉降进行沉降分离等过程，澄清水经澄清区出水系统流出池外，完成澄清净化作用。

要使澄清池能始终获得良好的处理效果，应保证澄清池内水量、泥量一直处于动态平衡状态。如图 3-32 所示，相关平衡如下。

① 水量平衡

$$Q=Q_1+Q_2=(Q_1+Q_3)+(Q_2-Q_3)$$

② 泥量平衡

$$QC_0+\text{混凝生成的沉淀物量}=Q_1C_1+Q_2C_2=(Q_1C_1+Q_3C_3)+(Q_2C_2-Q_3C_3)$$
$$=\text{出水中的泥渣量}+\text{排出泥渣量}$$

③ 出水中悬浮颗粒浓度 C_4（mg/L）

$$C_4=\frac{Q_1C_1+Q_3C_3}{Q_1+Q_3}$$

④ 排出泥渣浓度 C_5（mg/L）

$$C_5=\frac{Q_2C_2-Q_3C_3}{Q_2-Q_3}$$

澄清池的优缺点包括：

① 因为是在澄清池中将水与药剂的混合、絮凝反应及絮凝颗粒的沉降分离等过程在一个设备内完成，所以可减少设备及占地面积。

② 水在澄清池内的停留时间约为沉淀池的 1/2～2/3，这样可在处理水量不变的情况下减小设备体积和降低造价。

③ 澄清池与沉淀池相比，投药量少，出水悬浮颗粒含量小。正常运行情况下，出水浊度小于 10NTU，运行状态良好时可低于 5NTU。

④ 澄清池的结构比沉淀池复杂，运行管理的技术要求高，有的还需机械设备及较高的建筑物相配套。

102 高密度澄清池的工作原理和结构特点是什么？

Densadeg 高密度澄清（沉淀）池的结构示意图如图 3-33 所示。

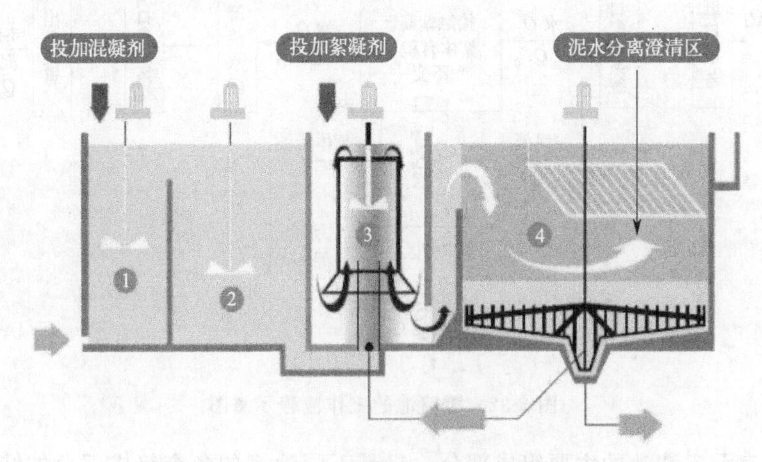

图 3-33 Densadeg 高密度澄清（沉淀）池

1—一级混合池；2—二级混合池；3—絮凝池；4—沉淀区

其工艺流程主要包括混凝反应、絮凝反应、沉淀浓缩和斜板/管澄清。

（1）混凝反应

进水在混凝区内通过机械搅拌与混凝剂充分反应。为保持混凝反应的效率，每座 Densadeg 高密度沉淀池设串联的两个混凝反应区。混凝剂通常采用 PAC（聚合氯化铝）等。

（2）絮凝反应

经混凝后的进水在絮凝反应区内与絮凝剂混合。絮凝区内装有导流筒，将絮凝反应分为两部分，每部分的絮凝能量有所差别。导流筒内部絮凝速度快，由一个轴流叶轮进行搅拌。导流筒外壁和池壁间的推流状况导致慢速絮凝，保证了矾花的增大和密实。

根据进水悬浮物浓度，通过调节污泥浓缩区（沉淀区的下半部分）内浓缩污泥的回流，使该搅拌区域内悬浮固体（矾花或沉淀物）的浓度维持在最佳水平。反应区独特的设计，能够形成较大块的、密实的、均匀的矾花，这些矾花以比现今其他正在使用的沉淀系统快得多的速度进入沉淀浓缩区。

（3）沉淀浓缩

进入面积较大沉淀区时矾花的移动速度放缓。这样可以避免造成矾花的破裂及避免涡流的形成，也使绝大部分的悬浮固体在该区沉淀并浓缩。沉淀区内设有刮泥机，促进污泥沉淀、浓缩。浓缩区可分为两层：一层在锥形循环筒上面，另一层在锥形循环筒下面。部分浓缩污泥在浓缩池抽出并泵送回至导流筒底部的进水口，其余浓缩污泥由剩余污泥排至污泥处理系统，浓缩污泥的浓度在 10～40g/L 之间。锥形循环筒是一个锥形的泥斗，用来储存污泥，有助于提高污泥浓度。这里污泥浓度比外面更高一些，外排及回流的污泥从这里面排出。

（4）斜板/管澄清

经泥水分离，污水流经斜板/管澄清区除去剩余矾花。精心的设计使斜板/管区的配水十分均匀。正是因为在整个斜板/管面积上均匀的配水，所以水流不会短路，从而使得沉淀在最佳状态下完成。出水经收集槽系统收集，经渠道流至后续处理。

103 加砂高速沉淀池的工作原理和结构特点是什么？

加砂高速沉淀池具有沉淀速度快、处理效果好和耐冲击负荷能力强等特点，这得益于其与常规高密度沉淀池不同的结构和工艺特点。

（1）混凝池

原水中的浊度物质是带有负电荷的自然微粒，这些微粒间互相排斥，从而形成了高度稳定状态。通过投加混凝剂，可使这些微粒脱稳。混凝剂投加到混凝池中，快速搅拌可以保证药剂快速和完全扩散。

（2）投加池

粒径约为 100～150μm 的微砂投到投加池中，通过微砂循环和补充可以增加凝聚的概率，确保絮状物的密度，以增加絮体形成和沉淀的速度。

另外，对于通常由于低温水或泥浆水而导致的絮凝困难，投加微砂可以显著增大反应表面积从而得到良好的处理效果。同时，对于通常的高密度沉淀池难以去除的原水中的藻类，由于微砂的引入提高了矾花的沉淀速度，Actiflo® 加砂高速沉淀池与气浮池具有相近的去除藻类效果。在投加池中水的搅拌是迅速和猛烈的，以达到充分混合的效果。

(3) 熟化池（絮凝池）

熟化阶段的作用是为了形成大的絮凝体。得益于微砂的加速絮凝，在相同的沉淀性能情况下，其速度梯度相当于传统絮凝工艺的10倍。由于颗粒间碰撞概率的增加而引发的高絮凝动力效用，在搅拌时间有限和絮凝池体积有限的情况下，仍能达到良好的絮凝效果。

熟化池中的水被柔和地搅动以防止絮体破碎。尽管搅动强度低于前段，但也足够使絮体保持悬浮状态。在熟化池宽度方向上设浮渣槽，与气动刀闸阀连接。在正常运行状态下，浮渣槽淹没在水下。当有浮渣聚集时，气动阀打开，排除表层浮渣。

(4) 沉淀池

沉淀效果的提高是基于微砂加速沉淀和斜管（板）的逆向流系统。经过絮凝后，水进入沉淀池的斜管（板）底部，然后上向流至集水区。在斜管（板）上沉淀的颗粒和絮体基于重力作用滑下，较高的径向流速和斜管60°倾斜可以形成一个连续自刮的过程。在斜管（板）上没有絮体的积累。

由于上游良好的混凝、絮凝及优化设计，来自熟化池的絮体致密而且易于沉淀。大部分絮体在进入斜管（板）区之前就在污泥区沉淀并浓缩在池底部，因此斜管（板）不易堵塞（来自传统斜管沉淀池的污泥是沉淀在斜管上的），不需经常清洗。

(5) 沉淀水的收集

沉后水由分布在斜管（板）沉淀池顶部的不锈钢集水槽收集。

(6) 微砂循环和污泥排放

带刮板的旋转刮泥机把微砂和污泥的混合物刮到沉淀池底的中心坑中。浓缩的污泥被循环泵连续抽取以防止堵塞，循环流量取决于进水量。微砂循环示意见图3-34。

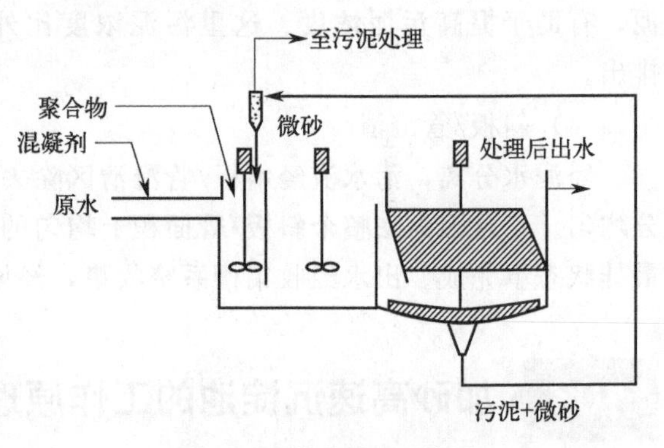

图3-34 微砂循环示意图

(7) 微砂和污泥的分离

微砂和污泥被循环泵送入水力旋流器中，在离心力的作用下微砂和污泥分离。微砂从下层流出，直接再次投到投加池中；污泥从上层溢出，然后通过重力排放到后续污泥处理单元，其污泥排放浓度由进水SS和回流率确定，可以根据实际需要调节控制排泥含固率为0.4%～2%。

微砂的粒度系数和水力旋流器的选择性能保证了微砂的分离和循环。水力旋流器溢流损失的微砂量最多不超过2g/m³，一般在1g/m³以下，可以定期补充损失的部分。排除的污泥中含有很少量微砂，按照以往的经验，这些微砂不会对污泥的性质和处理产生特别的影响。

(8) 循环率

循环率是指微砂/污泥量与进水量的比值，可以由每个沉淀池配备的1～2台循环泵根据进水流量而改变（进水量的3%或6%）。提高循环率可以很好地处理进水的高峰浊度。

(9) 自控系统

加砂高速沉淀池设计为自动控制，可以减少操作成本并确保满足水厂的出水要求。

104 悬浮型澄清池的工作原理和结构特点是什么？

悬浮澄清池的结构如图 3-35 所示。

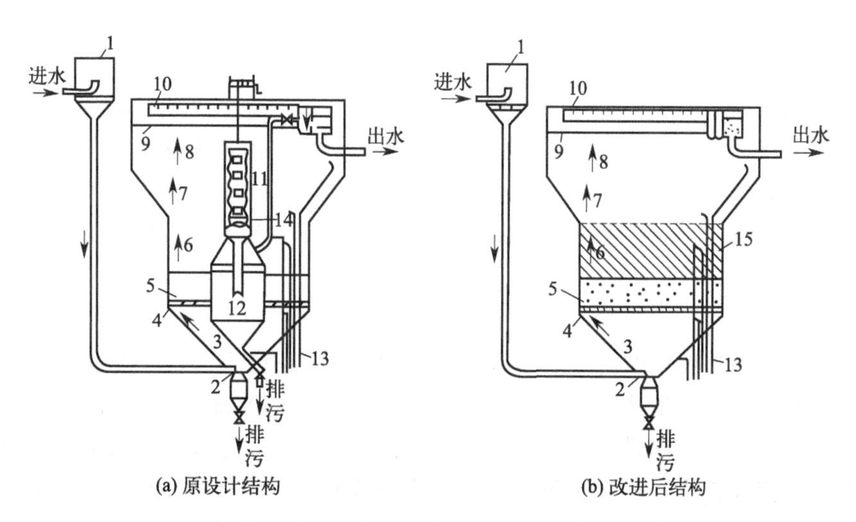

图 3-35 悬浮澄清池结构

1—空气分离器；2—喷嘴；3—混合区；4—水平隔板；5—垂直隔板；6—反应区；7—过渡区；8—清水区；9—水栅；10—集水槽；11—排泥系统；12—泥渣浓缩器；13—取样管；14—可动罩子；15—斜板斜管

(1) 空气分离器

其作用是利用水流方向改变和截面扩大时水流速度降低，使水中气泡在惯性的作用下分离出来，以防止气泡在泥渣悬浮层中产生骚动，影响出水水质。

(2) 混合区

除去气泡的水，依靠位差落到澄清池底部，并通过喷嘴以切线方向进入混合区，在此与药剂充分混合并进行反应，为此设计中要求水流每上升 1m 要旋转 30～60 圈，混合区呈圆锥形。

(3) 水平和垂直隔板

在混合区上部设置有一块水平隔板，隔板上开有许多通水用的圆孔，再向上是几块开有圆孔的垂直隔板。水平隔板的作用是增加水流上升的阻力，使水流均匀上升。垂直隔板的作用是消除水流的旋转，使水流平稳上升。当水流通向圆孔时，由于产生一股股涡流，使水和药剂进一步混合反应。

(4) 泥渣悬浮区和过渡区

垂直隔板以上的空间是泥渣悬浮层，经混凝反应已产生微小颗粒的原水与原先集聚的泥渣颗粒在此相互接触、吸附、絮凝。泥渣悬浮层的上部是过渡区，由于截面自下向上逐渐扩大，水流速度逐渐降低，新生成的大的絮凝颗粒在重力作用下向下沉降，澄清后的水流继续上升。

(5) 出水区

过渡区的上面是出水区，为保证出水水质，应使上升水流平稳，故在出水区设置了水平孔板（水栅）和集水槽。

(6) 排泥系统

为了能及时排出泥渣悬浮层中失去表面活性的多余泥渣颗粒，在池子的中央设置了一个专用的排泥系统，它是一个垂直安放的圆筒，在筒的不同高度处开有5～6排排泥窗。最底一排窗口位于泥渣悬浮区上部，以便收集一部分失去活性的泥渣颗粒。当泥渣层高时，排泥窗口数增多，排泥量加大，泥渣层高度降低。当泥渣层低时，排泥窗口数减少，排泥量减小，泥渣层增高。

排入泥渣筒内的泥渣跌入泥渣浓缩器中，在此因不受筒外上升水流的影响，泥渣中的水会逐渐挤出并上升至上部集水槽，称为返回水。浓缩后的泥渣由泥渣浓缩器底部排泥管连续排入地沟。积于澄清池底部的泥渣由底部的排泥管定期排入地沟。在返回水管上装有一个门，改变其开度大小，可以人为控制集泥浓度大小。返回水量改变，排泥系统收集的泥渣流量也会相应改变。

(7) 取样管

在澄清池的不同高度处装有4～5根取样管，用于监督它的运行工况。该澄清池适用于处理水量不大的场合，一般为50～200m^3/h，很少有超过500m^3/h的。该澄清池还可用来进行石灰处理（同混凝一起进行）。由于该澄清池的处理效果受水质、水量、水温等变化影响较大，上升流速也较小，所以新设计的悬浮澄清池较少。当只用于混凝澄清处理时，一般监测出水的浊度和泥渣层的沉降比。当同时用于石灰软化和混凝澄清时，除监测出水浊度、pH值和泥渣沉降比以外，有时也监测对水中SiO_2和COD的去除情况。

105 脉冲澄清池的工作原理和结构特点是什么？

脉冲澄清池也是一种泥渣悬浮型澄清池，同样也是利用上升水流的能量来完成絮凝颗粒的悬浮和搅拌任务，但它的上升水流是发生周期性变化的脉冲水流。当水的上升流速小时，泥渣悬浮层在重力作用下沉降、收缩、浓度增大，使颗粒排列紧密。当水的上升流速大时，泥渣悬浮层在水流的上涌下而上浮、膨胀、浓度减小，使颗粒排列稀疏。泥渣悬浮层的这种周期性的脉冲式收缩和膨胀，不仅有利于颗粒之间的接触絮凝，还可使泥渣悬浮层内浓度分布均匀和防止泥渣沉降到池底。

脉冲澄清池主要由以下四个系统组成：脉冲发生器系统；配水稳流系统（包括中央落水渠、配水干集、多孔配水支管和稳流板）；澄清系统（包括泥渣悬浮层、清水层、多孔集水管和集水槽）；排泥系统（包括泥渣浓缩室和排泥管）。

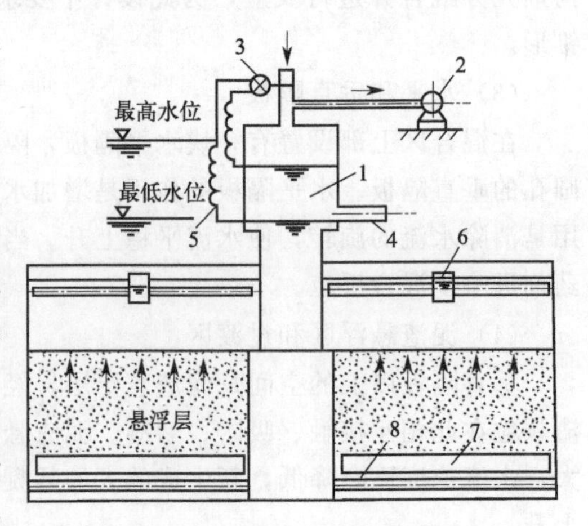

图3-36 真空式脉冲澄清池

1—落水井；2—真空泵；3—空气阀；4—进水管；5—水位电极；6—集水槽；7—稳流挡板；8—配水管

图3-36为真空式脉冲澄清池。加有混凝剂的原水首先由进水管进入落水井，在此，一方面由于原水不断进入，另一方面由于真空泵的抽气，井内水位不断上升，这称为充水期。当井内水位上升到最高水位时，继电器自动打开空气阀，外界空气进入破坏真空。这时水从落水井急

剧下降，向澄清池底部放水，这称为放水期。当水位下降到最低水位时，继电器自动关闭空气阀，真空泵重新启动，再次使水进入落水井，水位再次上升，如此进行周期性的脉冲工作。

从落水井下降的水进入配水系统，由配水支管的孔隙的孔眼中喷出，喷出的水流在挡板的作用下产生涡流，促使药剂和水进行混合反应。然后水流从两块挡板的狭缝中向上冲出，使泥渣上浮、膨胀，并在此进行接触絮凝。通过泥渣层的清水上升到集水管和集水槽后流出池外，完成净化作用。多余的泥渣在膨胀时溢流入泥渣浓缩室，在此浓缩后排出池外。

106 机械加速澄清池的工作原理和结构特点是什么？

机械加速澄清池内泥渣的循环流动是靠一个专用的机械搅拌机的提升作用来完成的（图3-37）。这种澄清池是20世纪30年代出现的，60年代开始在国内使用，目前已广泛用于各种水处理工艺中。单池处理能力最高已达3650m^3/h，池径达36m，但在工业用水处理中一般都设计为几百立方米每小时的中小型澄清池。

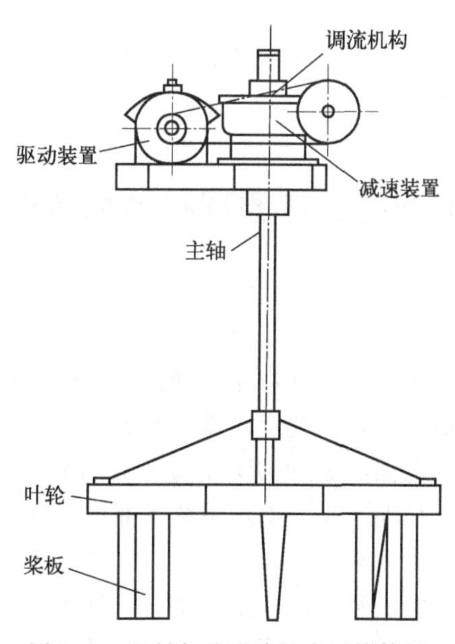

图3-37 机械加速澄清池专用搅拌机

机械加速澄清池的池体主要由第一反应室、第二反应室和分离室三部分组成，并设置有相应的进出水系统、排泥系统、搅拌机及调流系统。另外还有加药管、排气管和取样管等，如图3-38所示。

原水由进水管进入环行三角配水槽后，由槽底配水孔流入第一反应室，在此与分离室回流的泥渣混合。混合后的水由于叶轮的提升作用，从叶轮中心处进入，再向外沿辐射方向流出来，经叶轮与第二反应室底板间的缝隙流入第二反应室，在第一反应室和第二反应室完成接触絮凝作用。第二反应室内设置有导流板，以消除因叶轮提升作用所造成的水流旋转，使水流平稳地经导流室流入分离室，导流室有时也设有导流板。分离室的上部为清水区，清水向上流入集水槽和出水管。分离室的下部为悬浮泥渣层，下沉的泥渣大部分沿锥底的回流缝

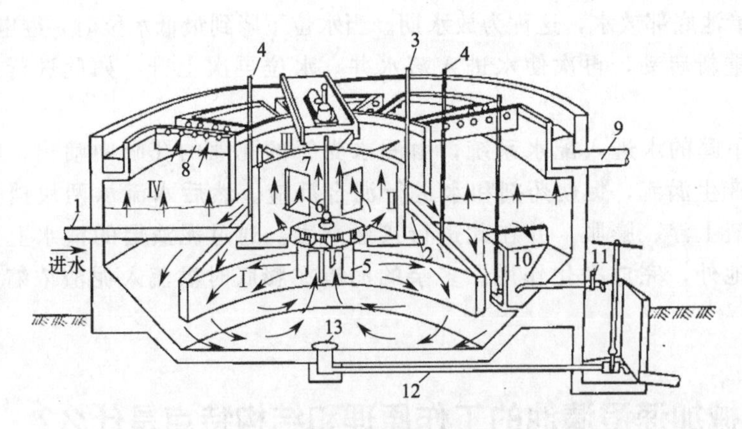

图 3-38 机械加速澄清池

Ⅰ—第一反应室；Ⅱ—第二反应室；Ⅲ—导流室；Ⅳ—分离室；1—进水管；2—三角配水槽；3—排气管；4—加药管；5—搅拌桨；6—提升叶轮；7—导流板；8—集水槽；9—出水管；10—泥渣浓缩室；11—排泥阀；12—放空管；13—排泥罩

再次流入第一反应室，重新与原水进行接触絮凝反应，少部分排入泥渣浓缩室，浓缩至一定浓度后排出池外，以便节省耗水量。

环行三角配水槽上设置有排气管，以排除水中带入的空气。药剂可加入第一反应室，也可加至环行三角配水槽或进水管中。

107 水力循环澄清池的工作原理和结构特点是什么?

水力循环澄清池的基本原理和结构与机械加速澄清池的相似，只是泥渣循环的动力不是采用专用的搅拌机而是靠进水本身的动能，池内没有转动部件，因此它结构简单，运行维护方便，成本低，适用于处理水量为 $50\sim400m^3/h$ 的中小型澄清池。在工业用水处理中应用也较多，但相对机械加速澄清池而言，其对水质、水量等变化的适应性能差些。

水力循环澄清池的结构示意如图 3-39 所示，主要由进水混合室（喷嘴、喉管）、第一反应室、第二反应室、分离室、排泥系统、出水系统等部分组成。

原水由池底进入，经喷嘴高速喷入喉管内，此时在喉管下部喇叭口处形成一个负压区，使高速水流将数倍于进水量的泥渣吸入混合室。水、混凝剂和回流的泥渣在混合室和喉管内快速、充分混合与反应。混合后的水进入第一反应室和第二反应室，进行接触絮凝。由于第二反应室的过水断面比第一反应室的大，因此水流速度减小，有利于絮凝颗粒进一步长大。从第二反应室流出来的泥水混合液进入分离室，在此由于过水断面急剧增大，上升水流速度大幅度下降，有利于絮凝体分离。清水向上经集水系统汇集后流出池外，絮凝体在重力作用下沉降，大部分回流再循环，少部分进入泥渣浓缩室浓缩后排出池外或由池底排出池外。

喷嘴是水力循环澄清池的关键部件，它关系到泥渣回流量的大小。泥渣回流量除与原水浊度、泥渣浓度有关外，还与进水压力、喷嘴内水的流速、喉管的大小等因素有关。运行中可调节喷嘴与喉管下部喇叭口的距离来调节回流量。调节方法一是利用池顶的升降机构使喉管和第一反应室一起上升或下降，二是利用检修期间更换喷嘴。

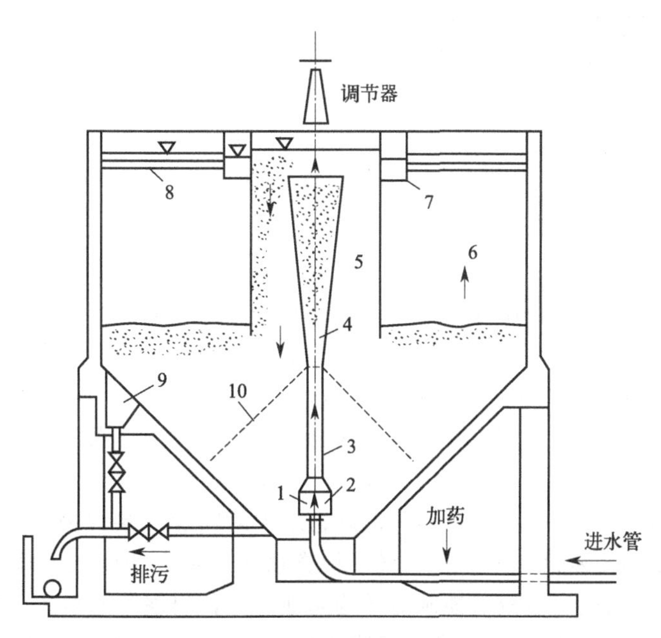

图 3-39 水力循环澄清池

1—混合室；2—喷嘴；3—喉管；4—第一反应室；5—第二反应室；6—分离室；
7—环形集水槽；8—穿孔集水管；9—污泥斗；10—伞形罩

108 如何进行澄清池的运行管理?

澄清池的运行管理主要从以下 6 个方面进行。

（1）安装管理

对澄清池的安装要求可归纳为八个字：横平竖直，中心重合。主要目的是保证水力学的均匀性，不致产生偏流，造成局部负荷过高，使澄清池达不到处理要求，出水水质变差。

例如，机械加速澄清池的第二反应室上口、导流室下口、伞形板下口、配水三角区底板等应在同一水平面上，集水槽的出水孔中心（或三角堰的底角）应在同一水平面上，导流室、第一反应室、第二反应室、整池中心应重合。水力循环澄清池的喷嘴、喉管、第一反应室、第二反应室、整池中心应重合，第一反应室上口、第二反应室下口应水平等。

（2）投运

投运前的准备工作包括下列几点：①检查池内机械设备的空池运行情况；②检查电气控制系统操作安全性、动作灵活性；③进行原水的烧杯试验，确定最佳混凝剂和最佳投药量。

投运的关键是要尽快形成泥渣层，因此投运时要注意以下几点：

① 为了尽快形成所需的泥渣浓度，这时可减少进水量（一般调整为设计流量的 2/3～1/2），并增加混凝剂量（一般为正常药量的 1～2 倍），减少第一反应室的提升水量，停止排泥。

② 在泥渣形成过程中，逐渐提高泥渣回流量，加强搅拌措施，并经常取水样测定泥渣的沉降比，若第一反应室和池底部的泥渣浓度开始逐渐提高，则表明泥渣层在 2～3h 后即可形成。若发现泥渣比较松散，絮凝体较小或原水水温和浊度较低，可适当投加其他澄清池的

泥渣或投加黏土，促使泥渣尽快形成。

③ 当泥渣形成后，出水浊度达到设计要求（<10NTU），这时可适当减小混凝剂投加量，一直到正常加药量，然后再逐渐增大进水量（每次增加水量不宜超过设计水量的20%，水量增加间隔不小于1h），直到设计值。

④ 当泥渣面达到规定高度时（通常为接近导流筒出口），应开始排泥，使泥渣层高度稳定，为使泥渣保持最佳活性，一般控制第二反应室的泥渣5min的沉降比在10%～20%。

（3）调试

澄清池安装结束后需进行调整试验，调整试验主要是检查整池的水力学均匀性及澄清池的各项运行参数和特性，供运行控制使用。调整试验主要包括以下几个内容。

① 水力学均匀性检查　首先要检查安装质量，主要是各水平部位的水平度及垂直部位的垂直度，即是否达到横平竖直、中心重合的要求，还要检查集水槽出水孔及三角配水槽配水孔是否达到设计要求。

整池的水力学均匀性试验方法，是在池内进水中瞬间加入某种物质（如有色物质、Cl^-等），然后定时在池顶出水区不同部位取样，检查该物质最大浓度出现时间是否相同，如果出现时间有先有后，则说明该澄清池水力学均匀性不好，出现时间早的部位有偏流。

② 回流缝开度与回流比关系、最佳回流比确定　本试验要检查该池的回流比、回流调节装置开度与回流比的关系及在正常运行时的最佳回流比。回流比可通过测量第二反应室的流量后计算而得。

③ 最佳加药点和最佳加药量试验　在澄清池投运、泥渣层形成、出水水质达到要求后，可变更加药点及加药量，以期确定最合适的加药位置和最少的加药量。

④ 最大出力和最小出力试验　最大出力试验是确定池出水水质合格时可能达到的最大出力，最小出力试验针对的是水力循环澄清池低出力时由于喷嘴处不能形成回流而无法运行的情况。

⑤ 停止加药试验　澄清池由于存在泥渣层，短时间停止加药尚不致使出水水质恶化，停止加药试验就是确定停止加药多少时间内，出水水质仍合格，为运行控制提供一个技术参数。

⑥ 停止进水试验　机械加速澄清池在停止进水后，由于机械搅拌装置仍在运转，泥渣循环回流仍然在进行，故在短时间停止进水再次启动时，出水仍然能合格，本试验是确定允许的停止进水最长时间。水力循环澄清池若停止进水，泥渣循环将会停止，泥渣全部沉降于池底，甚至被压实，所以无法进行停止进水试验。

（4）停运及停运后重新投运

机械加速澄清池可以允许短时间停运，停止进水，但机械搅拌装置仍需运转。停运后（小于24h），部分泥渣会沉于池底，所以重新投运后，应先开启底部放空门，排出底部少量泥渣，进水后要加大投药量，然后调整到设计出力的2/3左右运行，待出水水质稳定后，再逐渐减小药量和提高水量，直到设计值。水力循环澄清池停止进水后，极易发生泥渣在池底堆集的问题，所以一般在停运后即将池体放空，需运转时再重新启动。

（5）运行监督

为了使澄清池能够始终在良好的条件下工作，对其出水水质和澄清池各部分的工作情况都应进行监督。出水水质监督项目，除了悬浮物含量或浊度以外，其他项目应根据澄清池的用途拟订，有时还需测定出水中有机物、残留铝及铁等含量。

澄清池工况监督项目有泥渣层的高度以及泥渣层、反应室、泥渣浓缩室和池底等部分的悬浮泥渣的特征（如沉降比）。

澄清池投药监控是澄清池运行的关键，目前越来越多地采用流动电流监测器来监测水中微粒脱稳絮凝情况，及时、准确调整澄清池的投药量等参数，以便获得最佳出水水质。

（6）运行中的故障处理

① 当分离室清水区出现细小絮凝体，出水水质浑浊，第一反应室絮凝体细小，反应室泥渣浓度减小时，都可能是由于加药量不足或原水浊度（碱度）不足造成的，应随时调整加药量或投加助凝剂。

② 当分离室泥渣层逐渐上升，出水水质恶化，反应室泥渣浓度增高，泥渣沉降比达到25%以上，或泥渣斗的泥渣沉降比超过80%时，都可能是由于排泥不足造成的，应缩短排泥周期，加大排泥量。

③ 在正常温度下，清水区中有大量气泡及大块漂浮物出现，可能是投加碱量过多，或由于池内泥渣回流不畅，沉积池底，日久腐化发酵，形成大块松散腐败物，并夹带气泡上漂池面。

④ 清水区出现絮凝体明显上升，甚至出现翻池现象，可能由以下几种原因造成：a. 日光强烈照晒，造成池水对流；b. 进水量超过设计值或配水不均匀造成短流；c. 投药中断或排泥不适；d. 进水温度突然上升。这时应根据不同原因进行相应调整。

（四）过滤

109 过滤处理的目的是什么?

天然水经过混凝澄清或沉淀处理后，水中的大部分悬浮物、胶体颗粒被去除。外观上变为清澈透明，但仍残留有少量细小的悬浮颗粒。此时水的浊度通常是小于10NTU。这种水不能满足后续水处理设备的进水要求，也不能满足用户的要求，因此还需要进一步去除残留在水中的细小悬浮颗粒，进一步除去悬浮杂质的常用方法是过滤处理（filtration），经过一般的过滤处理，水的浊度将降至2～5NTU以下。

110 何为深层过滤和表面过滤?

可作为过滤介质的材料很多，根据过滤机理的不同，过滤介质主要包括两大类：深层过滤和表面过滤。

① 深层过滤，简单而言是一种粗过滤，使用的一般都是一些成本较低的过滤介质，如石英砂活性炭滤料或粗纤维滤料等。这些介质中的孔隙尺寸有一个很宽的范围，大小不一，悬浊液在通过过滤介质时，固体颗粒物被随机吸附或截留在这些孔隙之中，部分大颗粒一样可以透过滤膜。深层过滤介质的孔径只是一个标称的截留范围，并非100%截留界限。深层过滤的优势是吸附能力高，通常用于精细实验中预过滤。

② 表面过滤使用的过滤介质多为有较规整孔结构、孔径均一分布的高分子膜材料，比

如混合纤维素、聚四氟乙烯（PTFE）、尼龙、聚醚砜及聚偏二氟乙烯（PVDF）等。表面过滤介质有很确切的截留孔径参数，悬浊液流过膜表面时，膜上均匀分布的细小的微孔只允许水及小于截留尺寸的小分子物质通过，而悬浊液中体积大于截留孔径的物质则100%被截留在膜的进液侧，实现对原液的分离和浓缩。表面过滤的特点是截留效果好，可以截留大于孔径的所有颗粒。但是过滤能力有限，适合用于精细过滤。

111 过滤的发生机理是什么？

水流中的悬浮颗粒能够黏附于颗粒表面上，一般认为涉及三个过程：①被水流挟带的颗粒如何与滤料颗粒表面接近或接触，这就涉及颗粒脱离水流流线而向滤料颗粒表面靠近的迁移机理；②当颗粒与滤粒表面接触或接近时，依靠哪些力的作用使它们黏附于滤粒表面上，这就涉及黏附机理；③在黏附的同时，已黏附的悬浮颗粒会重新进入水中，被下层滤料截留，这就涉及剥落机理。

（1）迁移机理

在过滤过程中，滤层孔隙中的水流一般处于层流状态，且存在一个速度梯度，即滤料颗粒表面滤速接近于零，到孔隙中心滤速达到最大值。被水流挟带的颗粒将随着水流流线运动，它之所以能脱离水流流线向滤料颗粒的表面靠近，完全是由于某些物理因素的作用。这些物理因素有拦截、沉淀、惯性、扩散和水动力作用等。图3-40为上述几种迁移机理的示意图。

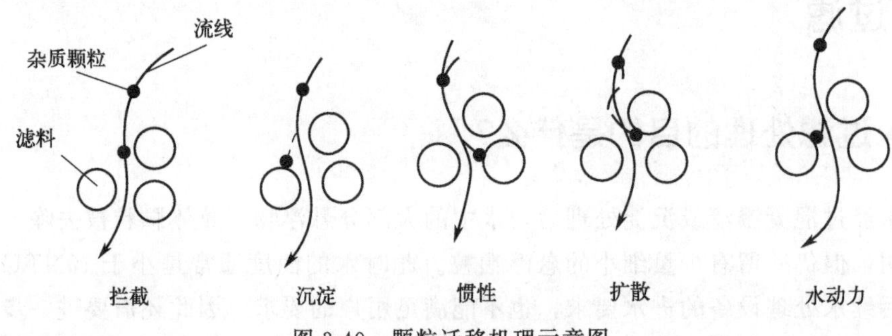

图3-40 颗粒迁移机理示意图

① 拦截作用 颗粒尺寸较大时，处于流线中的颗粒会直接碰到滤料表面而产生拦截作用。

② 沉淀作用 直径大于2～20μm的悬浮颗粒，在重力作用下脱离流线产生沉淀，从而沉积于滤料颗粒的表面。

③ 惯性作用 如水中悬浮颗粒密度大于水的密度，则当水流绕过滤料颗粒时，水中悬浮颗粒由于惯性作用，会脱离流线而被抛到滤料颗粒表面。

④ 扩散作用 颗粒粒径较小（≤1μm）时，会受到布朗运动的影响而做无规则的扩散运动，有可能扩散到滤料表面。

⑤ 水动力作用 由于滤料颗粒周围的水流存在速度梯度，非球体颗粒在速度梯度作用下，会产生转动而脱离流线与颗粒表面接触。

由上述分析可知，水流经滤层时，悬浮颗粒因不同的作用力而被输送到滤料颗粒表面，但目前还无法定量估算各种作用的程度。在实际过滤过程中，由于进入滤层的水中具有尺寸不同的悬浮颗粒，加之上述各种作用力受到不少因素（如滤料尺寸、形状、滤速、水温等）的影响，因此可能同时存在几种作用，也可能只有某些作用。例如，经混凝处理后，水中悬浮颗粒的尺寸一般都较大，扩散作用几乎无足轻重。

（2）黏附机理

悬浮颗粒在滤料表面的黏附作用是一种物理化学作用，当水中悬浮颗粒迁移到滤料表面时，则在范德华引力和静电力相互作用下，以及某些化学键和某些特殊的化学吸附力作用下，被黏附于滤料颗粒表面上，或者黏附在滤粒表面上原先黏附的颗粒上。此外，絮凝颗粒的架桥作用也会存在。黏附过程与澄清池中的泥渣所起黏附作用类似，不同的是滤料为固定介质，排列紧密，效果更好。因此黏附作用主要取决于滤料和水中颗粒的表面物理化学性质。经混凝处理后的水中悬浮颗粒被滤料截留的概率高于未经混凝处理的，这就是证明。当然，在过滤过程中，因为杂质尺寸太大、滤料太细或孔隙太狭窄，易形成表面机械筛滤，水中杂质集中堆积在滤料表层，孔隙很快堵塞，水中杂质难以输送到下游滤层中，表层以下的大部分滤料不能发挥正常的过滤作用，这种现象是不希望发生的。

（3）剥落机理

滤料空隙中水流产生的剥落作用涉及两方面的问题：一方面，剥落导致杂质与滤料颗粒间的碰撞无效；另一方面，剥落有利于杂质输送到滤层内部，进行深层滤层过滤，避免了污泥局部聚积，使整个滤层滤料的截污能力得以发挥。任何杂质颗粒，当黏附力大于剥落力时则被滤料滤除，反之则脱落或保留在水流中继续前进。过滤初期，孔隙率较大，孔隙中的水流速度较慢，水流剪切力较小，剥落作用微弱，因而黏附作用占优势；随着过滤的进行，滤料表面黏附的杂质逐渐增多，占据的孔隙增加，孔隙中的通道变窄，水流速度增加，水流剪切力也相应增大，杂质颗粒的剥落作用增大，这会导致上层滤料出水中浊度增大，于是过滤过程推向下层，下层滤料的截留作用得以逐次发挥。

112 过滤过程中有哪几种主要作用?

过滤可归纳为以下三种主要作用，过滤过程可能是几种作用的综合。

（1）机械筛滤作用

当含有悬浮杂质的水由过滤装置上部进入滤层时，某些粒径大于滤料层孔隙的悬浮物由于吸附和机械筛除作用，被滤层表面截留下来。此时被截留的悬浮颗粒之间会发生彼此重叠和架桥作用，过了一段时间后，在滤层表面好像形成了一层附加的滤膜，在以后的过滤过程中，这层滤膜起主要的过滤作用，故称为表层过滤（表面过滤）。

（2）惯性沉淀作用

堆积一定厚度的滤料层可以看作是层层叠起的多层沉淀池，它具有巨大的沉淀面积，粒径为 0.5mm 的 1m 厚的砂粒层，可提供有效沉淀面积达 $400m^2$ 左右。因此，水中悬浮颗粒由于自身的重力作用或惯性作用，会脱离流线而被抛到滤料表面。

（3）接触絮凝作用

研究证明，接触絮凝在过滤过程中起主要作用。当含有悬浮颗粒的水流流经滤层孔道时，在水流状态和布朗运动等因素作用下，有非常多的机会与砂粒接触，通过彼此间的范德华力、静电力及某些特别吸附力作用相互吸引而黏附，恰如在滤料层中进行了深度的混凝过程。

113 影响过滤效果的因素有哪些？

影响过滤效率的因素很多，但对粒状滤料的过滤装置来说，主要是流速、滤料及滤层等的影响。

(1) 流速的影响

水流在滤料孔隙中的实际流速远高于过滤速度。一般的单层砂滤装置的滤速为8～12m/h，多层滤料过滤装置的滤速更高些。但滤速的提高是有限度的，因为滤速提高，会导致水头损失增加、过滤周期缩短、出水浊度上升等问题。

(2) 滤料的影响

在过滤装置中，滤料是水中颗粒杂质的载体。在选用滤料时，种类确定后，影响过滤的主要因素是滤料的粒径（diameter）和级配（grade)。通常用“粒径”来表示滤料颗粒大小的概况，用“不均匀系数”表示一定数量的滤料中粒径大小级配（即不同粒径所占比例）情况。

① 粒径及其影响　过滤工况不同，对滤料粒径的要求也不同，在通常工况下，粒径要适中，不宜过大或过小。粒径过大，由于滤料间的孔隙增大，在过滤过程中细小的杂质颗粒容易穿透滤层，影响出水水质，而在反洗时，一般的反洗强度不能使滤层充分松动，从而影响反洗效果。反洗不彻底就会使泥渣残留在滤层中，严重时泥渣作为黏结剂与滤料结合成硬块。它不仅影响过滤时水流均匀性，而且一旦形成就难以彻底冲开来，并越来越大，致使过水断面减小，水头损失增大，过滤周期缩短，出水水质恶化。粒径过小滤料间的孔隙减小，这不仅影响到杂质颗粒在滤层中载送，而且也增加水流阻力，造成过滤时水头损失过快增长。

② 不均匀系数及其影响　不均匀系数 K_{80} 表示80％质量的滤料能通过的筛孔孔径（d_{80}）与有效粒径 d_{10} 的比值，即

$$K_{80}=\frac{d_{80}}{d_{10}}$$

式中，d_{80} 为80％质量的滤料能通过的筛孔孔径，mm；d_{10} 为10％质量的滤料能通过的筛孔孔径，mm。

其中 d_{10} 反映细颗粒滤料尺寸，d_{80} 反映粗颗粒滤料尺寸。K_{80} 越大，表示粗细颗粒滤料尺寸相差越大，颗粒越不均匀，这对过滤和反冲洗都不利。因为 K_{80} 越大，水力筛分作用越明显，滤料的级配就越不均匀，结果是滤层的表层集中了大量的细小颗粒滤料，致使过滤过程主要在表层进行，滤料截污能力下降，水头损失很快达到其允许值，过滤周期缩短。反冲洗时，反冲洗强度大时，细小滤料会被反洗水带出，反冲洗强度小时，不能松动滤层底部大颗粒滤料，致使反洗不彻底。K_{80} 越接近1，滤料越均匀，过滤与反冲洗效果越好，但滤料价格提高。生产上也有用 $K_{60}=d_{60}/d_{10}$ 来表示滤料不均匀系数。d_{60} 含义与 d_{80} 或 d_{10} 相似。

(3) 滤层的影响

① 滤层孔隙率的影响　滤层中滤料颗粒与颗粒之间的空间体积占滤层总体积的百分率，即为滤层孔隙率（porosity)。孔隙率的大小与颗粒形状、大小及排列状态有关。在过滤装置中，滤料的形状和排列状态都是无规律的，因此孔隙率只能通过试验然后计算求得。试验方

法如下：取一定量的滤料在105℃下烘干称重，并用比重瓶测出密度。然后将滤料置于过滤柱中，用清水过滤一段时间后，量出滤料层体积。

按下式计算求得孔隙率：

$$\varepsilon=1-\frac{m}{\rho V}$$

式中，ε 为滤层孔隙率；m 为烘干的滤料重，kg；ρ 为滤料的密度，kg/m^3；V 为滤层体积，m^3。

滤层的孔隙率与过滤装置的过滤效率有着密切的关系，孔隙率越大，杂质的穿透深度也随之增大，过滤水头损失增加缓慢，过滤周期可以延长，因此滤层的截污能力得以提高。当然滤层孔隙既是水流通道，又是截污空间。孔隙率过大，悬浮杂质易穿透；孔隙率过小，则截污空间小，水流阻力大，过滤周期短。滤层的截污能力通常用截污容量来表示，是指单位过滤面积或单位滤料体积所能除去悬浮物的量，用 kg/m^3 或 kg/m^2 来表示。

一般所用石英砂滤料孔隙率在0.42左右。

② 滤层组成的影响　普通单层滤料床在水流反洗水力筛分后，粒径小的滤料在上层，越往下层粒径越大，如图3-41(a) 所示。水流自上而下地在滤层孔隙间行进过程中，杂质首先接触到的是上层细滤料，大颗粒悬浮物最先被除去，剩下一些小颗粒悬浮物被输送到下一层。由于下层滤料比上一层要粗，其截留能力不如上一层，故需要比较厚的一层滤料去拦截这些微小悬浮物，越往下层，这一现象越明显。因此，由上而下的滤层的截污能力逐渐减小，上层最强，下层最弱。从整体上看，这种过滤方式是用表层细滤料去拦截水中最容易除去的小颗粒杂质，用底层粗滤料去拦截水中最难除去的小颗粒杂质，也就是说，沿水流方向滤料床截污能力由强到弱的变化与水中杂质先易后难的分级筛除很不适应。所以，该滤床水头损失增长快，过滤周期短，出水水质差。

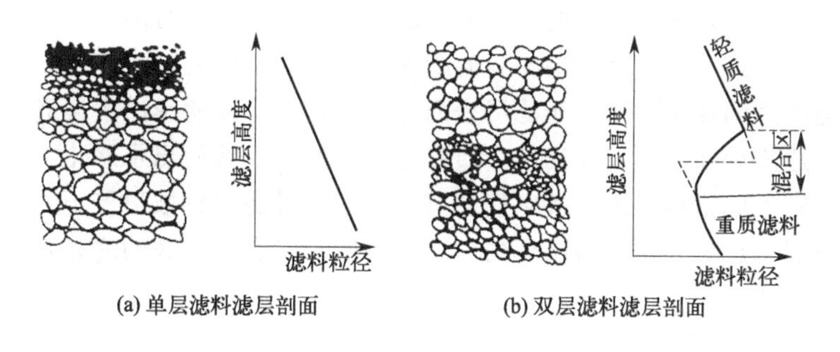

图3-41　单层滤料及双层滤料反冲洗后滤层状态的示意图

从上面分析可知，单层滤料（single media）下向流过滤的固有缺陷是滤料颗粒沿过滤水流方向由小到大排列。消除这一缺陷，实现滤料颗粒由大到小这一理想排列方式（即通常称为“反粒度”过滤）有两种措施：一是改变过滤装置的水流方向，如从过滤装置的下部进水，上部出水，即所谓上向流过滤，或从过滤装置的上、下两端进水，中间排水，即双向流过滤；二是改变滤层的组成，采用双层及多层滤料，这是目前国内外普遍重视的过滤技术。

双层滤料（double media）组成是：上层采用密度小、粒径大的滤料，下层采用密度大、粒径小的滤料。由于两种滤料存在密度差，在一定的反冲洗强度下，经水力筛分作用使轻质滤料分布在上层，重质滤料分布在下层，构成双层滤料过滤装置，如图3-41(b) 所示。

虽然每层滤料的粒径仍由上而下递增，但就整个滤层而言，上层平均粒径大于下层平均粒径。当水流由上而下通过双层滤料床时，上部粗滤料除去水中较大尺寸的杂质，起粗滤作用，下部细滤料进一步除去细小的剩余杂质，起精滤作用。这样每层滤料发挥自己的特长，不同滤层的截污能力得到充分发挥。所以，双层滤料床截污容量大，过滤周期长，出水水质好，水头损失增长速度慢。

114 过滤过程分为哪几个阶段？各阶段作用是什么？

含有悬浮杂质的水流经粒状过滤材料（滤料）时，水中大部分悬浮杂质被截留，滤出水的浊度降至最低，并维持优良水质一段时间，随后由于滤层截留污物太多，引起滤层阻力上升，滤出水流量下降，甚至滤出水的浊度又上升，不符合要求，这一过程即为过滤过程。在这个过程中通常包括三个时期。

（1）过滤初期

在过滤开始阶段，滤层比较干净，孔隙率较大，孔隙流速较小，大量杂质首先被表层滤料所截留，少量杂质因黏附不牢而下移并被下层滤料所截留。因此，过滤初期阶段是以表层过滤为主。

（2）过滤中期

随着过滤的持续进行，表层滤料的孔隙率逐渐减小，孔隙流速增大，水流的剪切力逐渐大于被截流的悬浮颗粒的附着力，于是在表层滤料上的杂质脱离趋势增强，杂质将向下层推动，下层滤料的截留作用渐次得到发挥。此阶段是以滤层过滤为主。

（3）过滤末期

在下层滤料对杂质的截留作用尚未得到充分发挥时，表层仍然继续发挥过滤作用，致使表层截留的杂质量大于杂质向下层的推移量。因而，过滤到一定时间后，表层滤料间孔隙将逐渐被杂质堵塞，严重时，由于表层滤料的筛滤而形成的滤膜使阻力剧增，结果是在一定过滤水头下，滤速将急剧减少，或由于滤层表面受力不均匀而使滤膜产生裂缝，此时大量水流自裂缝中流出，造成局部流速过大而使杂质穿透整个滤层，致使出水恶化。当上述两种情况之一出现时，尽管下层滤料还未发挥它们应有的作用，过滤也将被迫停止。

由于滤膜破裂是在阻力加大后出现的，所以一般粒状滤料过滤的终点是以阻力上升至某一限值为标准确定的。

115 如何评价滤料的机械强度和化学稳定性？

对滤料的性能进行必要的试验和筛选，主要试验指标是滤料的机械强度和化学稳定性。

（1）机械强度

作为滤料，它应有足够的机械强度，因为在反冲洗过程中，滤料处于流化状态，滤料颗粒间不断地碰撞和摩擦，若其机械强度低，就会造成大量滤料破损，颗粒粒径变小。这些破碎滤料在反洗时会被反洗水带走，造成滤料损失。若不将破碎滤料冲走，残留在滤层中，则过滤时会使水头损失增大，缩短过滤周期。

在水处理中常用磨损率和破碎率两项指标来判断滤料的强度。磨损率指的是反冲洗时滤料颗粒间相互摩擦所造成的滤料磨损程度。破碎率表示反冲洗时颗粒相互碰撞所引起的破裂程度。

测定磨损率和破碎率的试验方法是：用筛孔孔径为0.5mm和1mm的标准筛分已干燥的滤料样品，取粒径为0.5～1mm的滤料放入装有150mL水的容器内，将此容器置于实验室振荡装置上振荡24h，取出滤料，用0.5mm和0.25mm孔径的标准筛进行筛分，分别称量0.25mm筛上和筛下的滤料质量，通过计算可求得滤料的磨损率和破碎率：

$$磨损率=\frac{d_{0.25}}{d_{1.0}-d_{0.5}}\times 100\%$$

$$破碎率=\frac{d_{0.5}-d_{0.25}}{d_{1.0}-d_{0.5}}\times 100\%$$

式中，$d_{1.0}$、$d_{0.5}$、$d_{0.25}$分别为通过1mm、0.5mm、0.25mm筛的滤料量。

一般要求滤料磨损率小于0.5%，破碎率小于4%。

(2) 化学稳定性

滤料的化学稳定性是影响滤后水质的重要原因之一，也是选择滤料种类的主要指标。其试验方法是将洗干净并在60℃下干燥的滤料样品放在被过滤水中浸泡24h后，取样测试水溶液被污染的情况。表3-5为某些滤料在不同介质中的试验数据。

表3-5 某些滤料在不同介质中稳定性的比较 单位：mg/L

滤料种类	中性			酸性			碱性		
	溶解固形物	耗氧量	SiO_2	溶解固形物	耗氧量	SiO_2	溶解固形物	耗氧量	SiO_2
石英砂	2～4	1～2	1～3	4	2	0	10～16	2～3	5.7～8.0
大理石	13	1					6	1	
无烟煤	6	6	1	4	3	0	10	8	2

注：试验条件为19℃，中性溶液用500mg/L NaCl配成，pH值为6.7；酸性溶液用HCl配成，pH值为2.1；碱性溶液用NaOH配成，pH值为11.8。浸泡24h，每4h摇动一次。

如果水样中溶解固形物的增加量小于20mg/L，耗氧量的增加量小于10mg/L，硅酸增加量小于10mg/L，则可以认为滤料的化学性质是稳定的。

116 滤料粒径的常用表示方法有哪些?

粒径的表示方法有很多种，包括有效粒径d_{10}，平均粒径d_{50}，最大粒径d_{max}，最小粒径d_{min}和当量粒径d_e等。

① 有效粒径d_{10}是指10%质量的滤料能通过的筛孔孔径。

② 平均粒径d_{50}是指50%质量的滤料能通过的筛孔孔径。

③ 最大粒径d_{max}和最小粒径d_{min}共同给出了滤料大小的界线，表示所有滤料粒径均处于这一范围内。

④ 当量粒径（又称等效粒径）d_e：在保持表面积相等的前提下，将形状不规则、大小参数不齐的实际滤料，假想成等径球体滤料，这种等径球体滤料颗粒的直径称为当量粒径，也称等效粒径。在工艺计算中，为便于计算，可用当量粒径d_e来表示整个滤层颗粒的粒径，当量粒径可由下式计算：

$$d_e=\frac{1}{\sum(P_i/d_{p_i})}$$

式中，P_i 为粒径位于（d_i，d_{i+1}）范围内滤料的质量分率；d_{p_i} 为粒径位于（d_i，d_{i+1}）范围内滤料的平均粒径，$d_{p_i}=(d_i+d_{i+1})/2$。

117 过滤有哪些方法？各方法有何不同之处？

过滤是使原水通过适当的多孔材料过滤层而有效地去除悬浮物的操作。过滤方法有慢速过滤与快速过滤之分。

慢速过滤是以<10m/d 的缓慢速度过滤的方法，因为需要很大的面积，实际使用并不多。

快速过滤因为是以 8～12m/h 的速度过滤，所以在较小的面积上可以处理较多的水，实际应用广泛。

慢速或快速过滤的滤料主要是砂，但快速过滤中还使用无烟煤。另外，由于特殊的目的，除了滤砂以外，还使用其他滤料，例如，去除锰用锰砂，去除嗅味用活性炭等。

除了一般的快速过滤以外，还有可称之为压力式快速过滤的变形硅藻土过滤。同时，在除铁、除锰时，也有使滤层上繁殖铁细菌并利用铁细菌过滤的。作为过滤处理的前处理而采用的过滤中，有利用微滤机和两级过滤（也叫双重过滤）的一次过滤法。过去都认为过滤装置中水的浑浊度使过滤层表面形成过滤膜，而且正因为如此才使得过滤作用完全，故以浑浊度为 20NTU 左右为宜。

但是，最近的趋势是，过滤机入口处水的浑浊度越小越好，如果可能的话，认为最好在 5NTU 以下。这样，滤料的粒径比过去的要大，以使絮体通过滤层表面渗入到很深的地方，这样可以尽可能减少过滤层引起的水头损失，而且滤速有可能提高，同时也有可能延长过滤的持续时间。

一般在刚进行反冲洗的过滤装置中，小的絮体通过过滤层中无数的孔隙，渗入的深度有 5cm，甚至 10cm。过滤层（滤床）的厚度一般为 60～80cm；底下是 13～30cm 的砂砾层，它们又由滤水头托住。经过一定时间的过滤以后，滤层由于堵塞而使滤速降低；根据水质情况，每天要用水反冲洗 1～2 次。

采用慢速过滤时，有时是把水放空，将表面的滤砂换成新的，来代替砂层的冲洗。快速过滤法有重力式与压力式两种。它们的效果差别不大，可根据处理的水量与当地的具体条件来决定采用哪一种。

118 过滤中的水头损失是什么？如何进行计算？它对过滤过程有何指导意义？

在过滤过程中，水流经过滤层时，由于滤层的阻力所产生的压力降，称为水头损失(head loss)。随着过滤过程的进行，滤层中积累的悬浮颗粒量不断增加，滤层阻力逐渐增大，当水头损失达到某一允许值时，过滤装置就应停运而进行清洗。因此，研究过滤装置水头损失变化规律，对改善过滤水力条件，改善过滤效率是十分有意义的。由于仍缺乏滤层孔隙率在过滤过程中随时间以及高度变化的可靠理论，目前只能够计算过滤刚开始滤层处于清洁状态下的水头损失。

（1）清洁滤层水头损失

过滤开始时，滤层是干净的，水头损失较小。水流通过干净滤层的水头损失称“清洁滤层水头损失”或称“起始水头损失”。就普通砂滤装置而言，当滤速为 8～12m/h，该水头损失约为 30～40cm 水柱。

在通常的滤速范围内，清洁滤层中的水流属层流状态。达西通过对层流状态下水流经砂层的水头损失的试验研究，提出了流速与水头损失的经验关系式，即达西定律：

$$\Delta H_0=\frac{vL}{K}$$

式中，ΔH_0 为清洁滤层的水头损失，cm；v 为过滤速度，cm/s；L 为滤层高度，cm；K 为达西系数，即砂层和水流特性常数，由试验求得。

在达西之后，有许多专家提出了不同形式的水头损失计算公式，虽然公式有关常数或公式形式有所不同，但公式所包括的基本因素之间的关系是一致的。计算结果相差也有限。这里仅对卡曼-康采尼（Carman-Kozony）公式作一简介。他们把滤层的孔隙通道看作类似圆形截面的毛细管，在试验基础上，得出了如下的计算水头损失的公式：

$$h_0=\frac{k}{g}\gamma\frac{(1-\varepsilon)^2}{\varepsilon^3}Lv\left(\frac{6}{\varphi d}\right)^2$$

式中，h_0 为滤层总水头损失，cm；k 为通过试验所得无因次系数；g 为重力加速度，cm/s^2；γ 为水的运动黏度，cm^2/s；ε 为滤料孔隙率；L 为滤层高度，cm；v 为过滤速度，cm/h；φ 为滤料颗粒球形度系数，参考表 3-6；d 为与滤料体积相同的球体直径，cm。

表 3-6 滤料颗粒球形度系数及孔隙率

序号	形状描述	球形度系数 φ	孔隙率 ε
1	圆球形	1.0	0.38
2	圆形	0.98	0.38
3	已磨蚀的	0.94	0.39
4	较锐利的	0.81	0.40
5	有尖角的	0.78	0.43

实际滤层是非均匀滤料。计算非均匀滤料层水头损失，可按筛分曲线将滤料分成若干层，取相邻两个筛子的筛孔孔径的平均值作为各层的计算粒径，则各层水头损失之和即为整个滤层总水头损失。设粒径为 d 的滤料质量占全部滤料质量之比为 p，则清洁滤层总水头损失为

$$H_0=\sum h_0=\frac{k}{g}\gamma\frac{(1-\varepsilon)^2}{\varepsilon^3}Lv\left(\frac{6}{\varphi}\right)^2\sum_{i=1}^{n}(p_i+d_i)^2$$

分层数 n 越多，计算精确度越高。

由以上的公式可定性得出如下几个关系：

① 水头损失与滤速、滤层高度和水的黏度成正比，因此滤速与滤层高度应控制在合适的范围内。

② 水头损失与滤料的球形度系数的二次方成反比，因此在生产中应尽量避免采用带有尖棱角的滤料。

③ 水头损失与滤料颗粒直径的二次方成反比，这说明细滤料对过滤不利。

（2）滤层中的负水头

在过滤过程中，当滤层截留了大量杂质以致滤层某一深度处的水头损失超过该处水深

时，便出现负水头现象。图 3-42 表示过滤时滤层中的压力变化。各水压线静水压力线之间的水平距离表示过滤时滤层中的水头损失。a～c 范围内出现负水头，在 b 点负水头达到最大值。由于上层滤料截留杂质最多，故负水头通常出现在上层滤料中。一旦出现负水头，溶于水中的气体就会析出，并在滤层孔隙中积聚，形成气囊，使有效过滤面积减小，过滤时的水头损失及滤层中孔隙流速增加，严重时会影响出水水质。避免出现负水头的方法是增加滤层上面的水深，或者提高出水管位置。

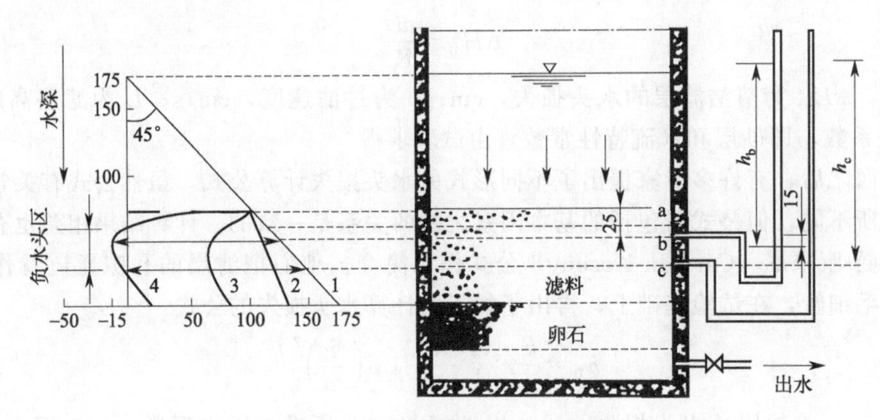

图 3-42 过滤时滤层内压力变化

1—静水压力线；2—清洁滤料过滤时水压线；3—过滤时间为 t_1 时的水压线；4—过滤时间为 t_2（$t_2>t_1$）时的水压线

119 滤层冲洗的方法有哪几种？如何确定冲洗条件？

过滤装置冲洗方法通常采用水流自下而上的反冲洗，简称反洗。目前常用的反冲洗方法有以下三种：一是高速水流反冲洗；二是先用空气搅动后再用高速水流反冲洗；三是表面水冲洗辅助的高速水流反冲洗。

确定冲洗条件相关参数的过程如下：

（1）滤料膨胀率（e）

反冲洗时，滤层膨胀后所增加的高度与膨胀前高度之比，称滤层膨胀率，常用百分率表示：

$$e=\frac{L-L_0}{L_0}\times 100\%$$

式中，e 为滤层膨胀率，%；L_0 为滤层膨胀前高度，cm；L 为滤层膨胀后高度，cm。

上式计算所得的膨胀率是整个滤层的总膨胀率。在一定的总膨胀率下，上层小粒径滤料和下层大粒径滤料的膨胀率相差甚大。由于上层细滤料截留污物较多，因此反冲洗时应尽量满足上层滤料对膨胀率的要求，即总膨胀率不宜过大。但为了兼顾下层粗滤料的清洗效果，必须使下层最大颗粒的滤料达到最小流化程度，即刚开始膨胀的程度。生产实践表明，一般单层石英砂滤料膨胀率采用 45%左右，煤-砂双层滤料选用 50%左右，三层滤料取 55%左右，可取得良好的反洗效果。

（2）反冲洗强度

反冲洗时，单位时间、单位过滤面积的反冲洗水量，称反冲洗强度（backwash rate），简称反洗强度，以 L/(m^2·s) 计。以流速量纲表示的反冲洗强度，称反冲洗流速，以 cm/s 计。

前面已讨论过，必须控制合适的滤层膨胀和反洗强度，才能获得良好的清洗效果。当然反洗强度的大小与滤料的密度也有关，滤料的密度越大，则需要的反洗强度越大。例如石英砂的反洗强度一般为 12～15L/(m^2·s)，而密度较小的无烟煤为 10～12L/(m^2·s)。

(3) 反洗时间

当反冲洗强度或膨胀率符合要求，但反洗时间不足时，也不能充分洗净包裹在滤料表面上的污泥，同时冲洗下来的污物也因排除不尽而导致污泥重返滤层。长此下去，滤层表面将形成泥膜。因此，必须保证一定的反洗时间。

实际生产中，冲洗强度、滤层膨胀率和冲洗时间根据滤料层不同可按表 3-7 选择。

表 3-7 冲洗强度、滤层膨胀率和冲洗时间

滤层	冲洗强度/[L/(m^2·s)]	膨胀率/%	冲洗时间/min
石英砂滤料	12～15	45	5～7
双层滤料	13～16	50	5～7
巨层滤料	16～17	55	6～8

120 过滤中的配水系统的作用和基本形式有哪些？如何设计计算各形式下的运行参数？

配水系统的作用在于使反冲洗水在整个过滤装置平面上均匀分布，同时过滤时可均匀收集过滤出水。配水系统的配水均匀性对反冲洗效果的影响很大。配水不均匀会造成部分滤层膨胀不足，而另一部分滤层膨胀过甚，在膨胀不足区域，滤料冲洗不干净，在膨胀过甚区域，会导致“跑砂”，当承托层卵石发生移动时，造成“漏砂”现象。

目前，配水系统常有“大阻力配水系统”和“小阻力配水系统”两种基本形式。

(1) 大阻力配水系统

快滤池中常用的是穿孔管大阻力配水系统，如图 3-43 所示。中间是一根干管（母管或干渠)，干管两侧接出若干根相互平行的支管。支管下方开两排小孔，与中心线成 45°角交错排列，如图 3-44 所示。反冲洗时，水流自干管起端进入后，流入各支管，由支管孔口流出，再经承托层和滤料层流入排入槽。

如图 3-43 所示的配水系统中，a 点和 c 点处的孔口流量差别最大，在不考虑承托层和滤料层的阻力影响时，根据水力学，孔口出流流量按下式计算：

$$Q_a=\mu\omega\sqrt{2gH_a}$$
$$Q_c=\mu\omega\sqrt{2gH_c}$$

两孔口流量之比：

$$\frac{Q_a}{Q_c}=\frac{\sqrt{H_a}}{\sqrt{H_c}}$$

式中，Q_a、Q_c 分别为 a 孔和 c 孔出流量；H_a、H_c 分别为 a 孔和 c 孔压力水头；μ 为孔口流量系数；ω 为孔口面积；g 为重力加速度。

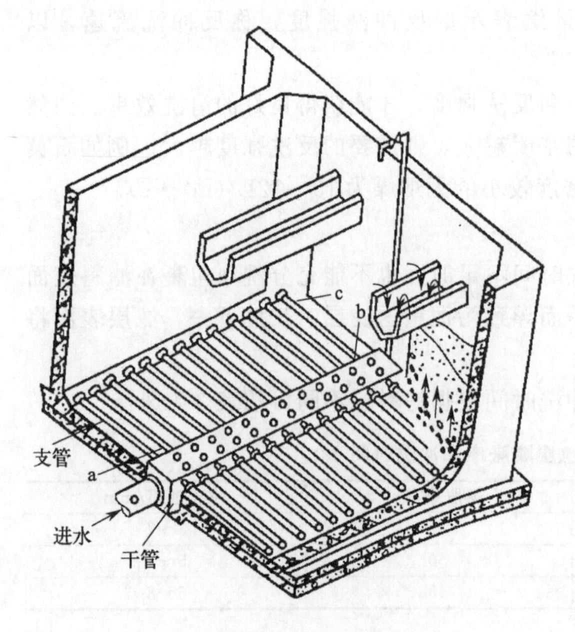

图 3-43 穿孔管大阻力配水系统

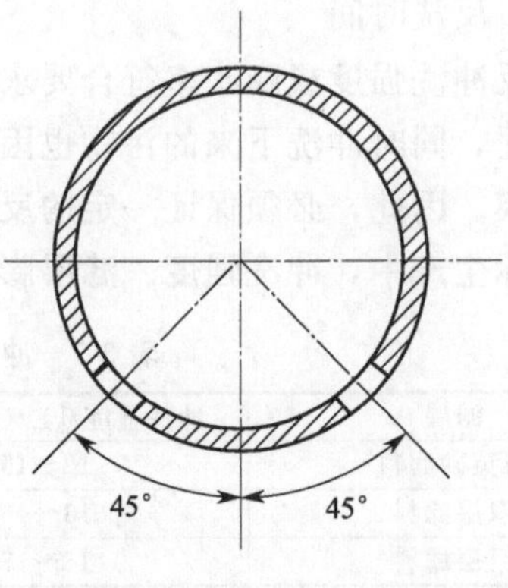

45°
45°

图 3-44 穿孔支管孔口位置

上式说明，配水均匀性取决于 a、c 两孔处的压力水头 H_a 与 H_c 的相对大小。配水均匀时，要求 $Q_a/Q_c \geqslant 95\%$，即不均匀性低于 5%。

假设各支管入口处局部水头损失相等，则 a 孔和 c 孔处的压力水头有如下关系：

$$H_c = H_a + \frac{1}{2g}(v_0^2 + v_a^2)$$

式中，v_0 为干管起端流速；v_a 为支管起端流速。

因此有

$$\frac{Q_a}{Q_c} = \frac{\sqrt{H_a}}{\sqrt{H_c}} = \frac{\sqrt{H_a}}{\sqrt{H_a + \frac{1}{2g}(v_0^2 + v_a^2)}}$$

上式给我们提供了提高配水均匀性的两个基本途径：①增大 H_a 亦即增大孔口水头损失，使 $H_c \approx H_a$，Q_a/Q_c 趋近于 1，这就是大阻力配水的基本原理；②降低干管和支管流速，削弱 $\frac{1}{2g}(v_0^2 + v_a^2)$ 的影响，同样可使 $H_c \approx H_a$，Q_a/Q_c 趋近于 1，这就是小阻力配水的基本原理。

大阻力配水系统的物理含义是：在反冲洗时悬浮滤料层过水断面上阻力不均匀造成的影响被配水系统孔隙的大阻力消除。大阻力配水系统的水头损失一般大于 3m。

大阻力配水系统主要设计参数包括：①干管起端流速 1～1.5m/s；②支管起端流速 1.5～2.5m/s；③支管间距 200～300mm；④支管孔径 9～12mm；⑤孔间距离 75～300mm；⑥孔隙总面积占过滤截面积的 0.2%～0.25%。

（2）小阻力配水系统

大阻力配水系统的优点是配水均匀性较好，当滤层或其他部位运行中阻力不均匀时，造成的水流不均匀也可减少到很低程度，但大阻力配水系统结构较复杂，孔口水头损失大，要求进水压力水头高。因此，对冲洗水头有限的无阀滤池和虹吸滤池等重力式滤池，不能采用大阻力配水系统，可以采用小阻力配水系统。

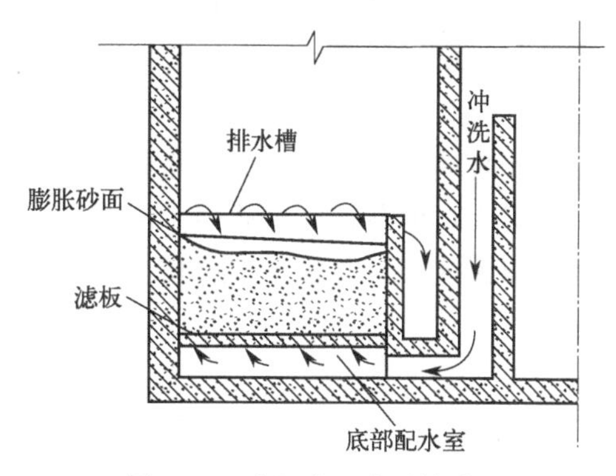

图 3-45　小阻力配水系统滤池

小阻力配水系统中水流流经配水系统的阻力小，水头损失一般在 0.5m 水柱以下。小阻力配水系统的结构通常采用格栅式、尼龙网式和滤帽式等，图 3-45 和图 3-46 为常见的小阻力配水系统示意图。

小阻力配水系统的主要缺点是配水均匀性不如大阻力配水系统，由于它的阻力较小，它对水流的控制能力较差，如配水系统压力稍有波动或滤层阻力稍有不均，就会影响水流分布的均匀性。

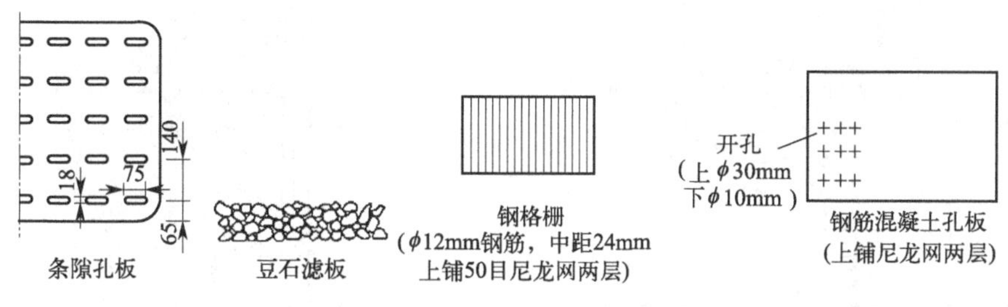

图 3-46　小阻力配水装置举例

121 压力式过滤器有哪几种？其结构和运行方式有何不同？

所谓压力式过滤器（pressure filter），是指过滤器在一定压力下进行过滤，通常用泵将水输入过滤器，过滤后，借助剩余压力将过滤水送到其后的用水装置。这种过滤器的本体是一个由钢板制成的圆柱形密闭容器，故属受压容器，为防止压力集中，容器两端采用椭圆形或碟形封头。容器的上部装有进水装置及排空气管，下部装有配水系统，在容器外配有必要的管道和阀门。压力式过滤器也称机械过滤器，分竖式和卧式，都有现成产品，直径一般不超过 3m，卧式过滤器长度可达 10m。目前常用的压力式过滤器有单层滤料过滤器、双流式过滤器和多层滤料过滤器。

（1）单层滤料过滤器

单层滤料过滤器是一种最简单的压力式过滤器，常称为普通过滤器，其结构如图 3-47 所示。滤料一般为石英砂或无烟煤（石英砂居多），滤层高度在 1.0m 左右，滤速为 8～12m/h。

过滤时，水经过进水装置均匀地流过滤料层，由配水装置收集后流入清水箱或直接送到后续水处理设备。过滤器运行到水头损失达到允许值（一般为 0.05～0.1MPa），过滤器应停运，进行反冲洗。经反冲洗后，由于水力筛分作用，使滤料排列成上小下大状态，这是普通过滤器的一个特点，正是这一特点决定了这种过滤器在滤层中截留的悬浮颗粒分布不均匀，即被截留的悬浮颗粒量沿滤层深度逐渐减小，致使水头损失增加快，过滤周期较短。当过滤器失效时，滤层下部滤料的工作能力未能得到充分发挥，因此，从整体上看，普通过滤器是一种表层过滤装置，它的截污能力和滤料的有效利用率较低。

(2) 双流式过滤器

由于普通式过滤器的下层滤料不能充分发挥截污作用，人们设想将需过滤的水同时从上和从下进入过滤器，经过滤的水从滤层中间某一部位流出，这就避免了普通过滤器的不足，这就是双流式过滤器的工作原理，其结构示意图如图 3-48 所示。

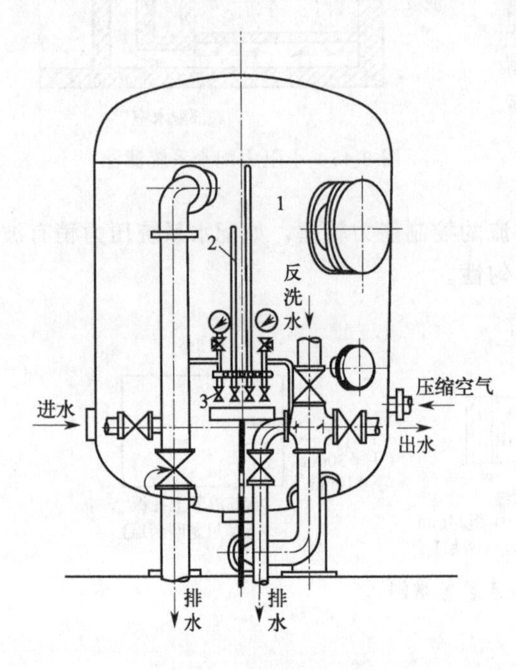

图 3-47 普通过滤器

1—空气管；2—监督管；3—采样阀

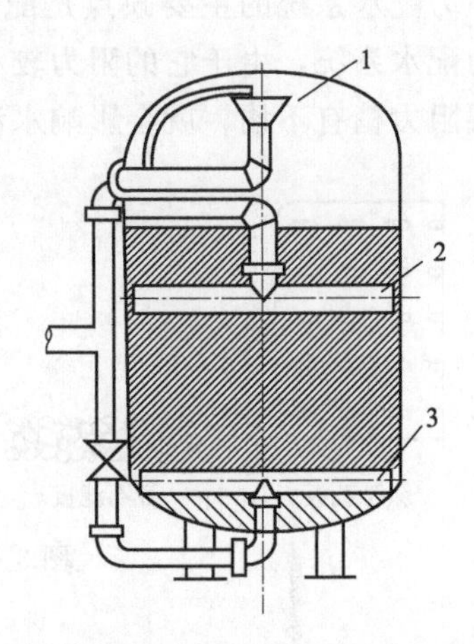

图 3-48 双流式过滤器

1—进水装置；2—中间排水装置；3—配水装置

在这种过滤器中，上部滤层的运行方式与普通过滤器相同，下部滤层则为“反粒度”的过滤方式。上部滤层的运行方式可防止下部滤层的上向过滤过程中的滤层膨胀。

由于现有的双流式过滤器的设计是按运行初期上下部出水量大致相等的原则来考虑的，因此，在总流量不变时到过滤后期，下部出水量约占总出水量的 80%。

双流式过滤器与普通过滤器结构上的不同在于前者设有中间排水装置。双流式过滤器的滤层总高为 2.1～2.4m，中间排水装置设在离表层约 0.6～0.7m 的滤层中，滤料为石英砂时，平均粒径宜采用 0.8～0.9mm，K_{80} 为 2.5～3，过滤速度通常为 12m/h 左右。

双流式过滤器失效后通常以如下方式进行清洗：先用压缩空气擦洗 5～10min，接着从中间排水装置送入反冲洗水，冲洗上部滤层，然后停止输入压缩空气，从下部和中间排水装置同时进水反洗整个滤层。

已有双流式过滤器运行中出现的问题是冲洗不彻底，滤料清洗不净，容易造成污泥积累，甚至结块。

(3) 多层滤料过滤器

多层滤料过滤器（multi-media filter）的结构及运行方式与单层滤料过滤器基本相同，图 3-49 为双层滤料过滤器结构示意图。由于这类过滤器的过滤方式基本上属于“反粒度过滤”，所以滤层截污能力强，出水水质好，过滤周期长。当原水浊度较小时，可以直接利用这种过滤设备进行过滤，通常条件下，滤速可达12～16m/h。

生产实践表明，使用多层滤料时，需注意选择不同滤料颗粒大小的级配和反冲洗强度，因为这影响到不同滤料的相互混杂，最终会影响到过滤效果。双层滤料的级配通常为石英砂0.5～1.2mm，无烟煤0.8～1.8mm，水反冲洗强度为13～16L/(m^2·s)。

(4) 卧式过滤器

在水处理量大的场合可以将过滤装置设计为卧式过滤器。

为了防止反洗时流量太大及减少反洗时流量不均匀的危害，卧式过滤器通常制成多室，每一室相当于一个单流式过滤器，因此它与多台单流式过滤器相比具有设备体积小、占地面积省、投资少的优点。

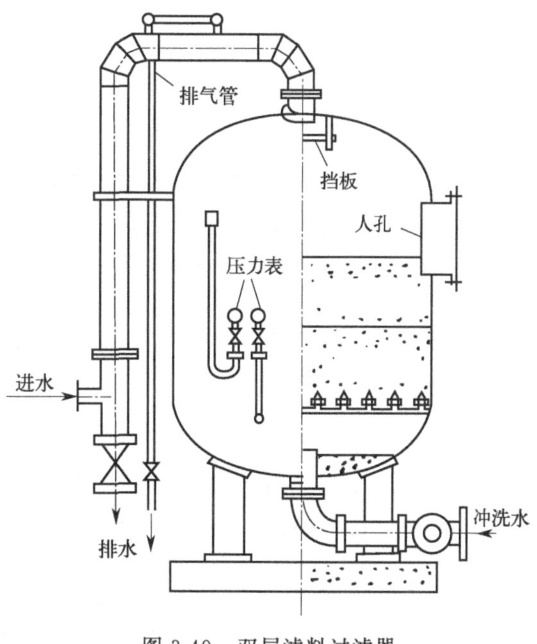

图3-49 双层滤料过滤器

卧式过滤器运行方面有如下特点：①单台设备出力大；②由于滤层过滤面积上部大、下部小，因此是等流量变流速过滤，这与上部滤层截留污物多、下部滤层截留污物少的特点相对应；③由于过滤面积大，反洗水量很大，往往难以同时供应反洗水，所以反洗时通常不是同时进行反洗，而是分室反洗。

122 重力式滤池有哪几种？其结构特点和运行方式有何不同？

所谓重力式滤池（gravity filter），是指依靠水自身重力进行过滤的过滤装置，它通常是用钢筋水泥制成的构筑物，所以滤池的造价比压力式过滤器低，而且宜做成较大的过滤设备。滤池的种类很多，这里介绍常用的几种。

(1) V型滤池

V型滤池是快滤池的一种形式，其结构如图3-50所示。因为其进水槽形状呈V字形而得名，也叫均粒滤料滤池（其滤料采用均质滤料，即均粒径滤料）、六阀滤池（各种管路上有六个主要阀门）。它是我国于20世纪80年代末从法国Degremont公司引进的技术。V型滤池运行过程分为过滤周期及反冲洗周期两部分，互相交替进行。

① 过滤过程　待过滤水由进水总渠经进水阀和两个过水窗（主要用于表面漂洗）后，溢过堰口再经侧孔进入V形槽，分别经槽底均布配水孔和V形槽堰顶进入滤池。被滤层过滤后的洁净水经滤头流入滤池底部，由配水窗汇入气水分配管渠，再经管廊中的水封井、出水堰、清水渠流入清水池。滤速可达7～20m/h，一般为12.5～15m/h（纤维滤料可达10～35m/h）。

② 反冲洗过程　关闭进水阀，进水阀两侧的两个过水窗依然处于常开状态，通过V形槽底部的配水孔，形成表面漂洗。然后开启排水阀将池面水从排水槽中排出，直至滤池水面与V型槽顶相平。开始进行反洗操作，采用“气冲-气水同时反冲-水冲”三步操作工艺。

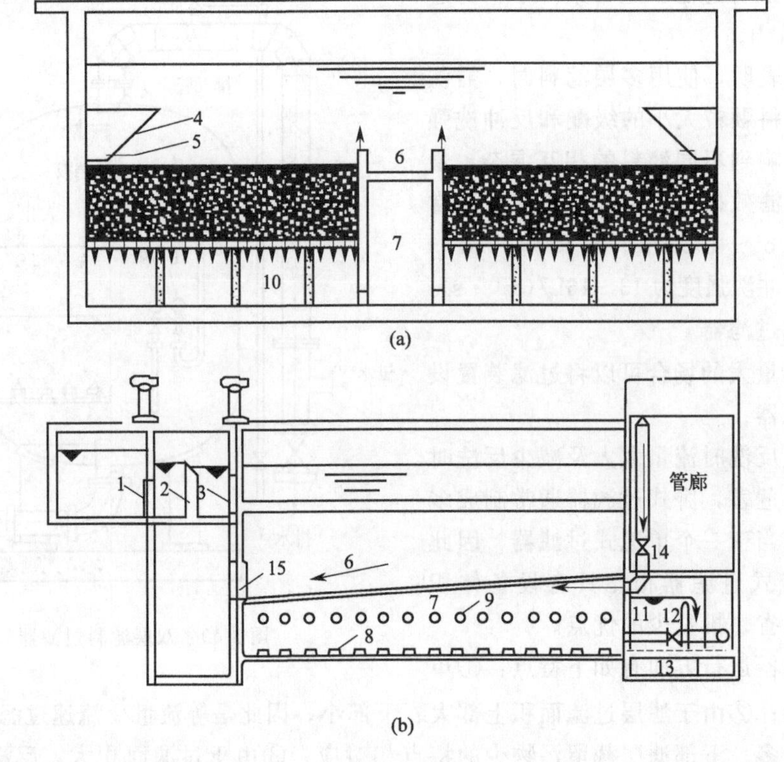

1—进水气动隔膜侧；2—堰口；3—侧孔；4—V形槽；5—小孔；6—排水渠；7—气水分配渠；8—配水方孔；9—配气小孔；10—底部空间；11—水封井；12—出水堰；13—清水渠；14—进气阀；15—排水阀

图 3-50 V型滤池构造

a. 气冲：打开进气阀，开启供气设备，空气经气水分配总渠的上部小孔均匀进入滤池滤板底部，由长柄滤头喷入滤层，将滤料表面杂质擦洗下来并悬浮于水中，再由表面漂洗水冲入排水槽。

b. 气水同时反冲：在气冲的同时启动冲洗水泵，打开冲洗水阀门，反冲洗水也进入气水主分配渠，经下部配水窗流入滤池底部配水区，与反洗空气同时经长柄滤头均匀进入滤池，滤料得到进一步冲洗，表面漂洗依然继续进行。

c. 水冲：停止气冲，单独水冲，表面漂洗依然进行，最后水中、滤层中的杂质彻底被冲入排水槽，待滤料下沉后打开排水阀将上部反洗水排走。

(2) 翻板滤池

翻板滤池是瑞士苏尔寿（Sulzer）公司采用的一种滤池布置形式。由于该滤池在反冲洗排水时排水阀在0°～90°之间翻转，故被称为翻板滤池。其结构简图如图 3-51 所示。

翻板滤池的工作原理与其他类型气水反冲滤池相似：原水通过进水渠经溢流堰均匀流入滤池，水以重力渗透穿过滤料层，并以恒水头过滤后汇入集水室，如图 3-52 所示；滤池反冲洗时，先关进水阀门，然后按气冲、气水冲、水冲 3 个阶段开关相应的阀门，如图 3-53 所示。一般重复两次后关闭排水阀，开进水阀门，恢复到正常过滤工况。

由于采用了先进的反冲洗工艺和技术先进的翻板阀，翻板滤池在气冲、气水混合冲、水冲 3 个阶段中翻板阀始终是关闭的，因此可以提高反冲强度，加大滤料的碰撞和反冲水的清洗强度，这样既提高了滤池的反冲效率又避免了滤料的流失，同时又使反冲水得到了重复利用，减少了反冲水的用量。由于翻板排水阀是在反冲洗结束 20s 后才逐步开启，而且第一排水时段中翻板阀只开启 45°，所以，积聚在滤池内的反冲水和悬浮物仅上部的可以排出，而池内的滤料由于密度大、沉降速度快，不会流失。另外，翻板滤池排水初期水头较高，更有利于水面漂浮物的排出。

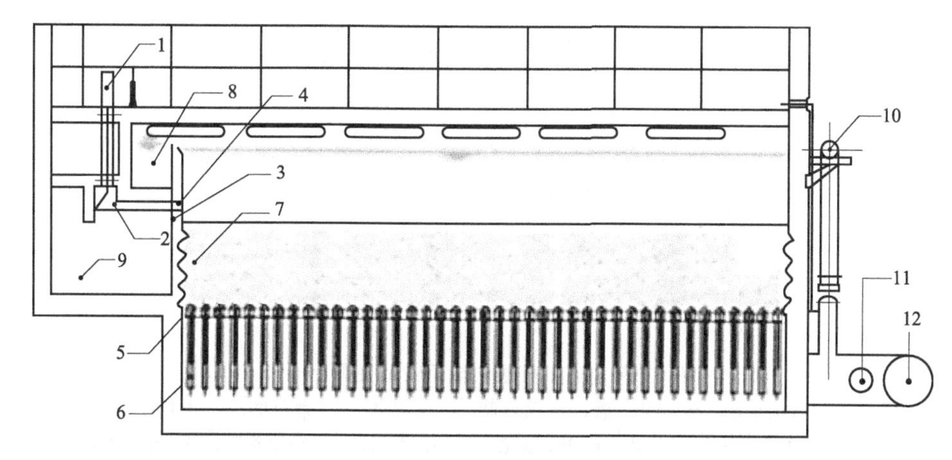

图 3-51 翻板滤池的结构简图

1—翻板阀气缸；2—翻板阀连杆系统；3—翻板阀阀板；4—翻板阀阀门框；5—滤水异型横管；6—滤水异型竖管；7—滤料层；8—进水渠道；9—反冲排水渠道；10—反冲气管；11—滤后水出水管；12—反冲水管

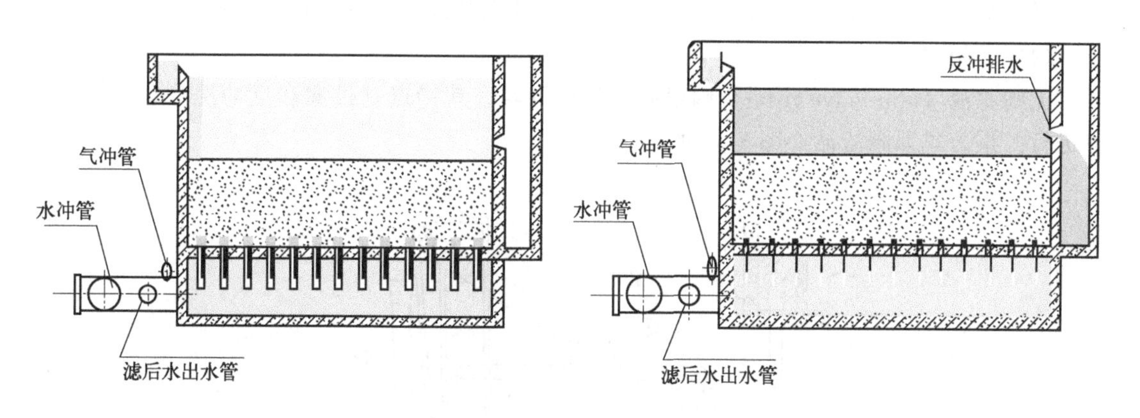

图 3-52 翻板滤池正常过滤状态

图 3-53 翻板滤池反冲洗状态

（3）普通快滤池

普通快滤池（fast filter）应用较早，也较为广泛，其构造如图 3-54 所示。普通快滤池通常有四个阀门，包括控制过滤进水和出水用的进水阀、出水阀，控制反洗进水和排水用的冲洗水阀、排水阀，因此普通快滤池也称四阀滤池。

普通快滤池过滤时，关闭冲洗水阀 14 和排水阀 17，开启进水阀 3 和出水阀 10。浑水经进水总管 1、进水支管 2 和浑水渠 4 进入滤池，再通过滤料层 5、承托层 6 后，滤后清水由配水系统支管 7 收集，从配水干渠 8、清水支管 9、清水总管 11 流往清水池。随着滤层中截留杂质的增加，滤层的阻力随之增加，滤池水位也相应上升。当池内水位上升到一定高度或水头损失增加到规定值（一般为 19.8～24.5kPa）时，应停止过滤，进行反洗。

反洗时，关闭出水阀 10 和进水阀 3，开启冲洗水阀 14 和排水阀 17。反冲洗水依次经过冲洗水总管 12、冲洗支管 13、配水干渠 8 和配水系统支管 7，经支管上孔口流出再经承托

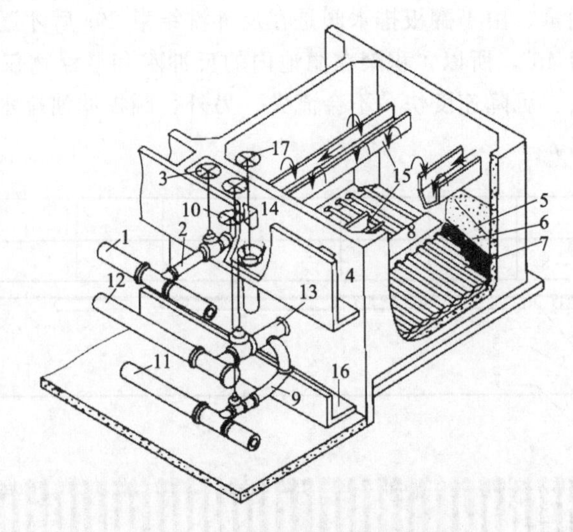

图 3-54 普通快滤池构造视图

1—进水总管；2—进水支管；3—进水阀；4—浑水渠；5—滤料层；6—承托层；
7—配水系统支管；8—配水干渠；9—清水支管；10—出水阀；11—清水总管；12—冲洗水总管；
13—冲洗支管；14—冲洗水阀；15—排水槽；16—废水渠；17—排水阀

层 6 均匀分布后，自下而上通过滤料层 5，滤料层得以膨胀、清洗。冲洗废水流入排水槽 15，经浑水渠 4、排水管和废水渠 16 排入地沟。冲洗结束后，重新开始过滤。

(4) 无阀滤池

无阀滤池（non-valve filter）因没有阀门而得名，其特点是过滤和反冲洗自动地周而复始进行。重力式无阀滤池如图 3-55 所示。

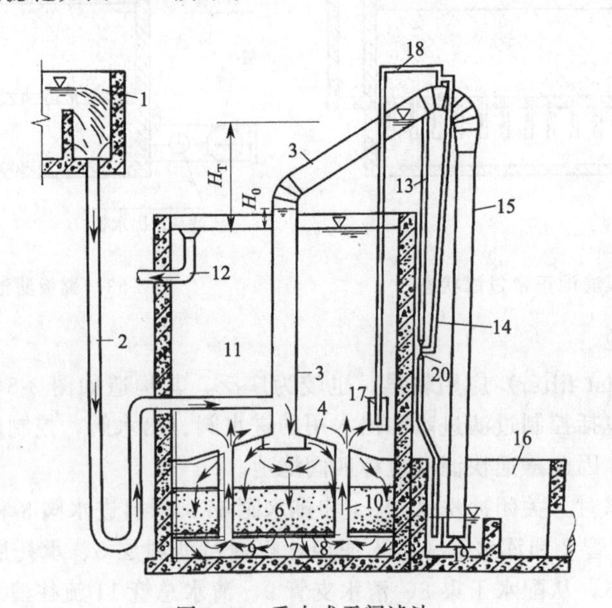

图 3-55 重力式无阀滤池

1—进水分配槽；2—进水管；3—虹吸上升管；4—顶盖；5—配水挡板；6—滤层；7—滤头；8—垫板；
9—集水空间；10—连通管；11—冲洗水箱；12—出水管；13—虹吸辅助管；14—抽气管；
15—虹吸下降管；16—排水井；17—虹吸破坏斗；18—虹吸破坏管；19—锥形挡板；20—水射器

无阀滤池过滤时，经混凝澄清处理后的水，由进水分配槽 1、进水管 2 及配水挡板 5 的消能和分散作用，比较均匀地分布在滤层的上部。水流通过滤层 6、装在垫板 8 上的滤头 7，进入集水空间 9，滤后水从集水空间经连通管 10 上升到冲洗水箱 11，当水箱水位上升达到出水管 12 喇叭口的上缘时，便开始向外送水至清水池，水流方向如图中箭头方向所示。

过滤刚开始时，虹吸上升管 3 与冲洗箱中的水位的高差 H_0 为过滤起始水头损失，一般在 20cm 左右。随着过滤的进行，滤层截留杂质的量增加，水头损失也逐渐增加，但由于滤池的进水量不变，使虹吸上升管内的水位缓慢上升，因此保证了过滤水量不变。当虹吸上升管内水位上升到虹吸辅助管 13 的管口时（这时的水头损失 H_T 称期终允许水头损失，一般为 1.5～2.0m），水便从虹吸辅助管中不断流进水封井内，当水流经过抽气管 14 与虹吸辅助管连接处的水射器 20 时，就把抽气管 14 及虹吸管中空气抽走，使虹吸上升管和虹吸下降管 15 中水位很快上升，当两股水流汇合后，便产生了虹吸作用，冲洗水箱的水便沿着与过滤相反的方向，通过连通管 10，从下而上地经过滤层，使滤层得到反冲洗，冲洗废水由虹吸管流入水封井溢流到排水井中排掉，就这样自动进行冲洗过程。

随着反冲洗过程的进行，冲洗水箱的水位逐渐下降，当水位降到虹吸破坏斗 17 以下时，虹吸破坏管 18 会将斗中的水吸光，使管口露出水面，空气便大量由破坏管进入虹吸管，虹吸被破坏，冲洗结束，过滤又重新开始。

无阀滤池设计运行中的主要特点如下：

① 由于冲洗水箱容积有限，冲洗过程中反洗强度变化的梯度较大，末期冲洗效率较差。为保证冲洗效率并避免滤池高度过高，设计中常采用两个滤池合用一个冲洗水箱，这种滤池称为双格滤池，无阀滤池一般均按一池二格设计。另外，在反冲洗过程中，滤池仍在不断进水，并随反冲洗水一起排出，造成浪费。为解决此问题，可在进水管上安装阀门，改为单阀滤池，当反洗时停止进水。

② 进水分配槽的作用，是通过槽内堰顶溢流使二格滤池独立进水，并保持进水流量相等。

③ 进水管 U 形存水弯的作用是防止滤池冲洗时，空气通过进水管进入虹吸管而破坏虹吸，U 形存水弯底部标高要低于水封井的水面。

④ 无阀滤池的自动反洗，只有在滤池的水头损失达到期终的允许水头损失值 H_T 时才能进行。如果滤池的水头损失还未达到最大允许值而因某些原因（如出水水质不符合要求）需要提前反洗时，可进行人工强制冲洗。为此，需在无阀滤池中设置强制冲洗装置。

⑤ 无阀滤池是用低水头反冲洗，因此只能采用小阻力配水系统。

(5) 虹吸滤池

虹吸滤池（siphon filter）的主要特点是：利用虹吸作用来代替滤池的进水阀门和反冲洗排水阀门操作，依靠滤池滤出水自身的水头和水量进行反冲洗。

虹吸滤池一般是由 6～8 格滤池组成的一个整体，通称“一组滤池”或“一座滤池”。一组滤池平面形状可以是圆形、矩形或多边形，而以矩形为多。这是因为圆形和多边形的虹吸滤池，其施工比较复杂，反冲洗时的水力条件也不如矩形滤池好。但为了便于说明虹吸滤池的基本构造和工作原理，以圆形平面为例。图 3-56 是由 6 格滤池组成的、平面形状为圆形的一组滤池剖面图，中心部分为冲洗废水排水井，6 格滤池构成外环。

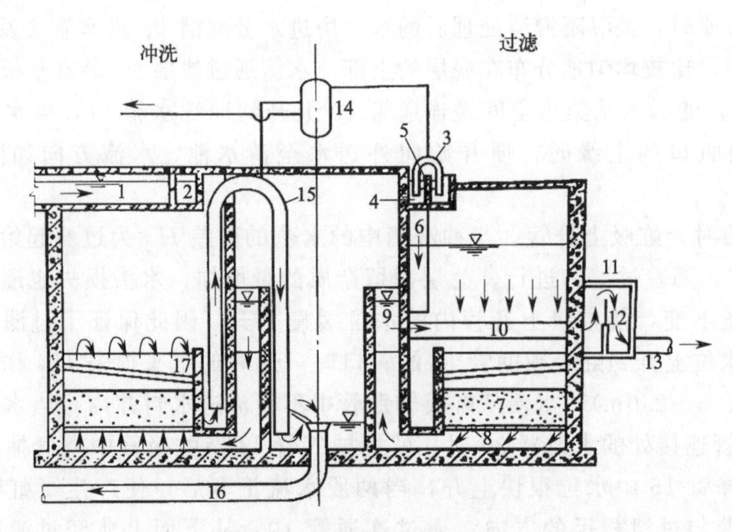

图 3-56 虹吸滤池的构造

1—进水槽；2—配水槽；3—进水虹吸管；4—单元滤池进水槽；5—进水堰；6—布水管；7—滤层；8—配水系统；9—集水槽；10—出水管；11—出水井；12—出水堰；13—清水管；14—真空罐；15—冲洗虹吸管；16—冲洗排水管；17—冲洗排水槽

图 3-56 右半部表示过滤的情况。经过混凝澄清的水，由进水槽 1 流入滤池的环形配水槽 2 进入滤池。进入滤池的水依次通过滤层 7、配水系统 8 进入环形集水槽 9，再由出水管 10 流入出水井 11，最后经过出水堰 12、清水管 13 流入清水池。

随着过滤过程的进行，过滤水头损失不断增加，由于出水堰 12 上的水位不变，因此滤池内的水位会不断上升，当某一单元滤池内水位上升至设定的高度时，即表明水头损失已达到最大允许值（一般采用 1.5～2.0m），这一单元滤池就需要进行冲洗。

图 3-56 左半部表示冲洗的情况。当冲洗某一单元滤池时，首先破坏该单元滤池进水虹吸管的真空，使该单元滤池停止进水，滤池水位迅速下降，到达一定水位时，就可以开始冲洗。反洗是利用真空罐 14 抽出冲洗虹吸管 15 中的空气，使其形成虹吸，并把滤池中的存水通过冲洗虹吸管 15 抽到池中心下部，再由冲洗排水管 16 排走。此时滤池内的水位下降，当集水槽 9 的水位与池内水位形成一定水位差时，反冲洗就开始。此时其他工作着的滤池的全部过滤水量都通过集水槽 9 进入被冲洗的单元滤池的底部集水空间，用于滤层冲洗。当滤层冲洗干净后，破坏冲洗虹吸管 15 的真空，冲洗停止，然后再启动进水虹吸管 3，滤池重新开始过滤。

集水槽 9 与冲洗排水槽 17 的槽顶高差称冲洗水头，冲洗水头一般采用 1.0～1.2m，滤池的平均冲洗强度一般为 10～15L/(m·s)，冲洗历时 5～6min。一个单元滤池在冲洗时，其他滤池会自动调整增加滤速，使总处理水量不变。由于滤池的冲洗水是直接由集水槽 9 供给的，因此一个单元滤池冲洗时，其他单元滤池的总出水量必须满足冲洗水量的要求。

虹吸滤池在过滤时，由于出水堰顶高于滤料层，故过滤时不会出现负水头现象。由于用来冲洗的水头较小，因此虹吸滤池应采用小阻力配水系统。

(6) 重力式空气擦洗滤池

重力式空气擦洗滤池（gravity air-scour filter）的结构与无阀滤池相似，只是在所有管路上增设了控制阀门，将无阀滤池的水力自动反冲洗改为程序控制进行过滤、反洗操作，另外增加了空气擦洗，以保证滤层反洗效果，克服了无阀滤池有时清洗不干净的问题。

123 何为纤维过滤？常用的纤维过滤器形式有哪些？

以合成纤维为滤料的过滤器称为纤维过滤器。目前纤维过滤器主要有纤维球过滤器和纤维束过滤器两种。

（1）纤维球过滤器

1982年日本尤尼奇卡公司首创了用聚酯纤维做成球状（或扁平椭圆体）的纤维球滤料过滤器，随后我国也研制成功了涤纶做成的纤维球过滤器（ball-fiber filter）。纤维球过滤器的结构与普通过滤器相似。

作为滤料的纤维球在滤层上部比较松散，基本呈球状，球间孔隙比较大，越接近滤层下部，纤维球由于自重及水力作用堆积得越密实，纤维相互穿插，形成了一个纤维层整体。于是整个滤层的上部孔隙率较大，下部孔隙率较低，近似理想滤器的孔隙分布。运行实践表明，纤维球过滤器的过滤速度为砂滤池的3～5倍；相同滤速时，纤维球的过滤周期比砂滤料长3倍左右，比煤砂双层滤料长1倍；并能有效去除微米级颗粒。但纤维球过滤器存在失效后反冲洗效果差的问题，使其应用受到限制。

（2）纤维束过滤器

纤维束过滤器（bundle-fiber filter）是在纤维球过滤器基础上发展起来的，它克服了纤维球过滤器的出水水质和反洗效果方面的不足，因此近年来应用较多。

纤维束过滤器目前已得到应用的有胶囊挤压式纤维过滤器[见图3-57(a)]和浮动式纤维水力调节密度过滤器[见图3-57(b)]。它们的本体结构与普通过滤器基本相同，内部滤料是悬挂一定密度的合成纤维，水由下而上流过滤层进行过滤。

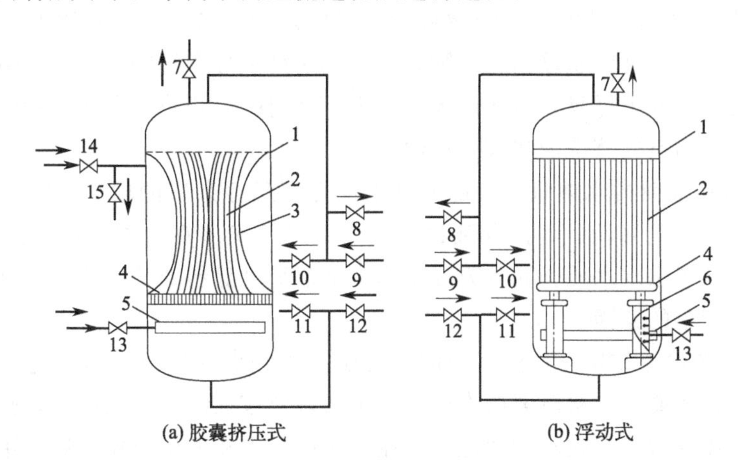

图3-57 纤维束过滤器

1—上孔板；2—纤维束；3—胶囊；4—活动孔板（线坠）；5—配气管；6—控制器；7—排空气门；8—出水门；9—清洗水入口门；10—上向洗排水门；11—下向洗排水门；12—进水门；13—压缩空气进口门；14—胶囊充水进口门；15—胶囊排水门

目前常用丙纶纤维作过滤材料，这是因为丙纶纤维具有高的抗张强度［400kgf/cm^2 左右

(1kgf=9.8N)]、化学稳定性好、吸水率低(0.1%)、比表面积大、水流阻力小等优点。它的结构上无活性基团,因此对水中悬浮杂质的吸附属于物理吸附。

胶囊挤压式纤维过滤器内上部为多孔板,板下悬挂丙纶长丝,在纤维束下悬挂活动孔板(线坠),活动孔板的作用是防止运行或清洗时纤维相互缠绕和乱层,另外也起到均匀布水和配气作用,在纤维的周围或内部装有密封式胶囊,将过滤器分隔为加压室和过滤室。根据过滤器的直径不同,胶囊装置分为外囊式和内囊式两种,图3-57(a)是外囊式过滤器。运行时,首先将一定体积的水充至胶囊内,使纤维形成压实层,该压实层的纤维密度由充水量而定。过滤水自下而上通过纤维滤层,到达过滤终点后,将胶囊中的水排掉,此时过滤室内的纤维又恢复到松散状态,然后在下向清洗的同时通入压缩空气,在水的冲洗和空气擦洗过程中,纤维不断摆动造成相互摩擦,从而将附着悬浮杂质的纤维表面清洗干净。

浮动纤维水力调节密度过滤器的内部结构与胶囊挤压式纤维过滤器的不同点在于没有胶囊加压装置,而设有控制下孔板的控制装置。下孔板与控制器相连,其作用是控制下孔板移动时的水平度和垂直度,并限制孔板的移动速度和上、下限。该过滤器是利用纤维的柔性及常温下纤维密度与水的密度基本相等、能稳定地悬浮在水中的特点运行的。在上升水流的驱动下,纤维层随之向上移动,由于上孔板的阻隔,纤维弯曲亦被压缩,形成过水断面密度均匀的压实层,由于滤层纵向各点的水头损失逐渐变化,致使滤层的孔隙率由下而上呈递减状态,这就形成了理想的"反粒度过滤"装置。清洗时,清洗水由上而下流经滤层,将纤维拉直,再由下部通入压缩空气,利用气、水联合清洗,将纤维洗净。

运行实践证明,纤维束过滤器的出水水质浊度通常可小于1~2NTU。水头损失小,最大水头损失不超过2m,运行滤速可达30m/h以上,截污容量为普通砂滤器的3~5倍,对水中胶体、大分子有机物、细菌等微小杂质也有显著的去除。

纤维束过滤器的过滤特点如下:

① 纤维吸附悬浮物的性能　纤维滤料的直径仅几十微米左右,其比表面积比石英砂等粒状介质滤料大得多,这对悬浮物在纤维表面的吸附是十分有利的,另外,由于选用的是不带任何功能基团的高分子材料,以物理吸附为主,吸附的结合势能较弱,所以纤维表面吸附的污物可用水和压缩空气擦洗的物理方法清除。

② 过滤过程中胶囊内水体状态　随着纤维层截留悬浮杂质的增加,胶囊受压情况发生变化,其中的水体向上移动。因此导致过滤室内纤维压实层在过滤过程中逐渐由下向上移动,这样不仅提高了出水水质,而且充分发挥了全部纤维滤料的截污能力,这也是这种过滤器具有高的截污容量的原因。

③ 纤维滤层的过滤作用　过滤器内的纤维层由于胶囊的加压作用,使其形成不同密度区域。在松散区,主要发生接触凝聚作用,该区域截留较大的颗粒物;在紧密区,主要发生吸附架桥作用,该区域截留较小的颗粒物;在压实区,主要发生机械筛滤作用,相当于精密过滤。因此,该过滤器对微小杂质有较高的去除率。

124 何为精密过滤?常用的精密过滤器形式有哪些?

精密过滤(polishing filtration)是指利用过滤材料上的微孔截留残留在水中的微细颗粒杂

质，通常能将水中颗粒状物质去除到微米级。目前已得到广泛应用的主要有两类精密过滤，一类称微孔介质过滤器（micro-porous filter），另一类称预涂层过滤器（precoat filter）。

（1）微孔介质过滤器

图 3-58 为微孔介质过滤器的结构示意图，在微孔介质过滤器中，一般将过滤材料做成管状，每一个过滤管为一个过滤单元，称其为滤元或滤芯，滤元通常有蜡烛式和悬挂式两种放置方式。过滤时水从滤元的外侧通过滤元上的微孔，进入滤元中空管内，汇集后引出过滤器体外。当过滤器运行一段时间后，滤元上的微孔严重堵塞，运行压降增加到最大允许值时，对滤元进行反冲洗，然后重新投运。由于微孔介质过滤器通常设在普通过滤器之后，其进水杂质含量较低，运行周期较长，所以在生产实践中，经常采用更换滤元的方式来恢复过滤器的正常运行。

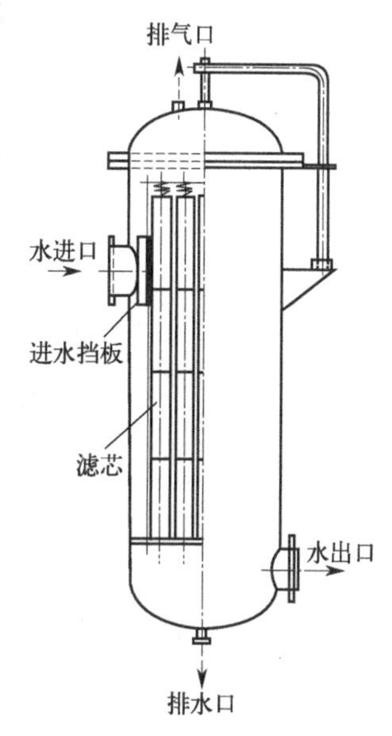

图 3-58 微孔介质过滤器

目前微孔介质过滤器中使用的滤元种类很多，常用的有以下三种：滤布滤元、烧结滤元和绕线滤元。

① 滤布滤元　滤布滤元通常是用尼龙网或过氯乙烯超细纤维滤布包扎在多孔管上。

② 烧结滤元　这一类常见的有高分子材料烧结滤元和金属烧结滤元，该过滤材料的烧结制备方法是将一定粒度的金属、无机物或高分子原料调匀后，加热至再结晶或软化温度，这可使原料颗粒表面的分子发生扩散和相互作用，以至造成颗粒接触表面之间的局部黏结，从而形成一定强度、一定孔隙率的连续整体，常用的高分子材料有尼龙、聚乙烯、聚丙烯等。这种烧结滤元通常能截留几微米到几十微米的悬浮颗粒。

③ 绕线滤元　绕线滤元是将聚丙烯纤维或脱脂棉纤维缠绕在多孔不锈钢管或多孔工程塑料管外而成的。控制滤元的缠绕密度就能制得不同规格的滤元，例如 20μm、50μm、80μm 等滤元就是指能滤去 20μm、50μm、80μm 以上的颗粒物。

（2）预涂层过滤器

用纤维或粉末材料能形成孔隙很小的滤层，起滤除水中微小悬浮颗粒物的作用。这个滤料层很薄，一般都是覆盖在一种刚性的整体元件上，该元件也称为滤元或滤芯，用这种滤元组成的过滤器称为预涂层过滤器。预涂层材料包括硅藻土、纤维粉、纸浆粉以及塑料等其他粉状合成材料。

预涂层过滤器一般做成如图 3-59 所示的结构。核心部件是滤元，滤元构造和微孔介质滤元类似，如可用多孔管做骨架，外面缠绕纤维丝线，在缠丝间隙让粉状滤料形成预涂层，滤元固定在封头底的隔板上，隔板把过滤器隔断成两部分，上部为清水室，下部为原水室。

预涂层过滤器的运行分为预涂膜、过滤以及冲洗三个阶段。冲洗好后，重新预涂膜，再投运过滤，如此循环反复操作。

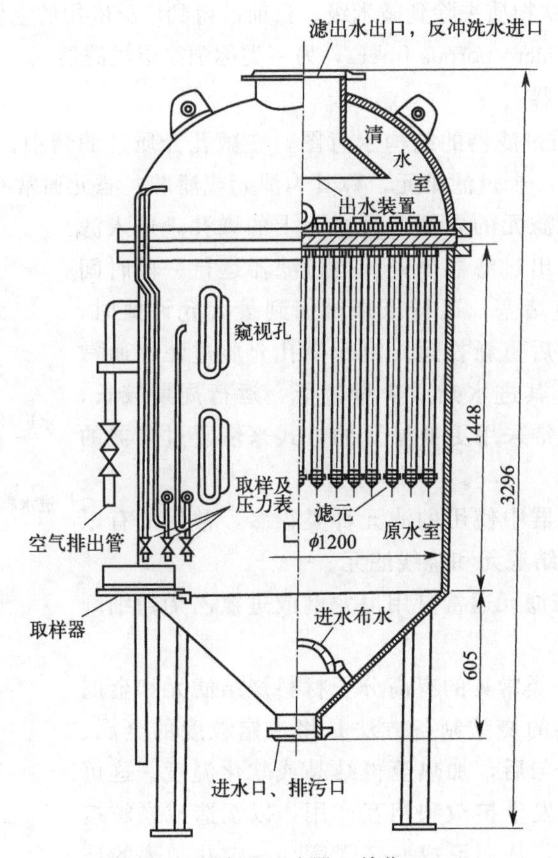

图 3-59 预涂层过滤器（单位：mm）

125 何为直接过滤？常用的过滤器形式有哪些？

在水处理系统中，为了去除天然水中的悬浮杂质，通常在澄清池或沉淀池系统内进行混凝处理，然后用过滤设备进行过滤。但是，当原水浊度较低时采用上面的典型处理系统并不很经济，此时，可以不设澄清池或沉淀设备，也即在原水中加入混凝剂，进行混凝反应后，直接引入过滤设备进行过滤，这种工艺称为直接过滤或混凝过滤、直流混凝。其工艺流程如图 3-60 所示。

混凝剂 → 助凝剂 →
原水 → 混合 → 过滤装置 → 清水箱 → 后续水处理

图 3-60 直接过滤工艺流程

直接过滤机理是在粒状滤料表面进行接触混凝作用，再依靠深层（滤层）过滤滤除悬浮杂质，机械筛滤及沉淀作用不是主要作用。根据进入过滤装置前混凝程度不同，通常可分为两类：一是接触过滤，二是微絮凝直接过滤。

① 接触过滤　指在混凝剂加入水中混合后，将水引入到过滤设备中，即把混凝过程全部引入到滤层中进行的一种过滤方法。正因为混凝过程在滤层中进行，所以加药量较少。

② 微絮凝直接过滤　指在过滤装置前设一简易的微絮凝池或在一定距离的进水管上设

置一静态混合器，原水加药混合后先经微絮凝池形成微絮粒（粒径大致在40μm左右），再引入过滤设备进行过滤。形成的微絮凝体，容易渗入滤层，再在滤层中与滤料间进一步发生接触凝聚，获得良好的过滤效果。

（五）吸附

126 吸附的原理是什么？其常见类型有哪些？

吸附是一种界面现象。它是具有很大比表面积的多孔的固相物质与气体或液体接触时，气体或液体中一种或几种组分会转移到固体表面上，形成多孔的固相物质对气体或液体中某些组分的吸附。多孔的具有吸附功能的固体物质称为吸附剂，气相或液相中被吸附物质称为吸附质（adsorbate）。在水处理中，活性炭是吸附剂，水中有机物质或余氯就是吸附质，当活性炭用于防毒面具中时，空气中被吸附的有害气体就是吸附质。

吸附之所以产生，是因为固体表面上的分子受力不平衡，固体内部的分子四面均受到力的作用，而固体表面分子则三面受力，这种力的不平衡，就促使固体表面有吸附外界分子到其表面的能力，这就是表面能。

吸附剂对吸附质的吸附，根据吸附力的不同，可以分为三种类型：物理吸附、化学吸附和离子交换吸附。

① 物理吸附是指吸附剂和吸附质之间的吸附力是分子引力（范德华力）所产生的，所以物理吸附也称范德华吸附。它的特征是：吸附过程伴随表面能和表面张力的降低，是一个放热过程（吸附热一般<41.8kJ/mol），而解吸则是一个吸热过程，所以吸附可以在低温下进行。物理吸附可以是单分子层吸附，也可以是多分子层吸附。

② 所谓化学吸附是指吸附剂和吸附质之间发生化学反应，吸附力是由化学键产生，吸附质化学性质发生变化。

③ 离子交换吸附是吸附质的离子依靠静电引力吸附到吸附剂的带电荷质点上，然后再放出一个带电荷的离子。

活性炭吸附水中有机物主要是物理吸附，活性炭去除水中余氯还伴有化学吸附产生。

127 什么是吸附容量？如何确定吸附容量？

吸附容量（adsorptive capacity）是指单位吸附剂所吸附的吸附质的量，单位是mg/g或其他。

对于以物理吸附为主的吸附过程（比如活性炭吸附），吸附质和吸附剂之间不存在简单的化学剂量关系。影响吸附容量的因素很多，除了吸附剂和吸附质本身性质外，还与温度和平衡浓度有关。例如利用活性炭来吸附水中有机物，当活性炭和水中有机物种类确定时，该活性炭吸附容量（q）仅与温度（t）和吸附平衡时水中有机物浓度（即平衡浓度 C_e）有关，可以写作

$$q=f(t,C_e)$$

128 什么是吸附等温线？如何绘制吸附等温线？

当温度固定时，吸附容量仅随平衡浓度变化而变化，它们之间的关系称为吸附等温线(adsorption isotherm)。根据吸附等温线可以判断不同活性炭的吸附性能差异，也可以对吸附过程进行分析。

吸附等温线绘制是指逐点测得不同平衡浓度时的吸附容量，然后绘制在吸附容量-平衡浓度坐标体系中。以活性炭为例，其测定方法为：先将试验的活性炭洗涤干燥，研磨至200目以下，在一系列磨口三角瓶中放入同体积同浓度的吸附质（如有机物）溶液，然后加入不同数量的活性炭样品，在恒温情况下振荡，达到吸附平衡后，测定吸附后溶液中残余吸附质浓度，按下式计算吸附容量：

$$q_e=\frac{V(C_0-C_e)}{m}$$

式中，q_e 为在平衡浓度为 C_e 时的吸附容量，mg/g；V 为吸附质溶液体积，L；C_0 为溶液中吸附质的初始质量浓度，mg/L；C_e 为活性炭吸附平衡时吸附质剩余质量浓度，mg/L；m 为活性炭样品质量，g。

将测得的一系列吸附容量值与其对应的平衡浓度在坐标系中作图，即得本温度下该活性炭对该有机物的吸附等温线。比较不同活性炭对同一种有机物的吸附等温线可以评估活性炭对该有机物吸附性能的好坏，可用于活性炭筛选及性能评定。

129 常见的吸附等温线类型有哪些？有何特点？

归纳起来，吸附等温线有三种类型，分别为朗格缪尔（Langmuir）型、BET型和弗兰德里希（Freundlich）型。

(1) 朗格缪尔（Langmuir）型

这是朗格缪尔于1918年提出的。该种吸附等温线的基本特征是：随平衡浓度上升，吸附容量增大，但当平衡浓度达到某一数值之后，吸附容量也趋向一稳定值，达到它的最大吸附极限。朗格缪尔型吸附等温线可用以下数学式表示：

$$q_e=\frac{bq_0}{1+bC_e}$$

式中，q_0 为吸附剂的最大吸附容量，mg/g；b 为常数项，L/mg。

朗格缪尔吸附等温线的图示形式如图3-61所示。当 C_e 趋向无穷大时，q_e 则趋向于 q_0，若作$\frac{1}{C_e}$-$\frac{1}{q_e}$图，该等温线在纵坐标上的截距便为$\frac{1}{q_0}$，斜率则为$\frac{1}{bq_0}$（图3-62）。

对于朗格缪尔吸附等温线，由于存在最大的吸附极限，所以通常认为它的吸附层只有一个分子层厚，即为单分子层吸附。这种吸附模型只考虑吸附质和吸附剂之间的作用，忽略了吸附质分子间的相互作用，这是它的不足之处。

(2) BET型

BET型的吸附特征是：随平衡浓度增大，吸附容量也随之增大，但当平衡浓度增大到某值时（有人称为饱和浓度），吸附容量直线上升，它不存在吸附容量极限值，却存在平衡浓度的最大值（图 3-63）。该种吸附型式是 1938 年由 Brunauer、Emmett 和 Teller 等人提出的，所以称为 BET 型。

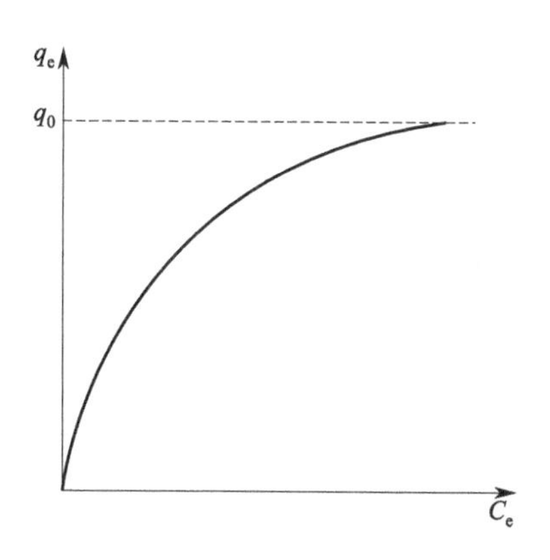

图 3-61 朗格缪尔吸附等温线

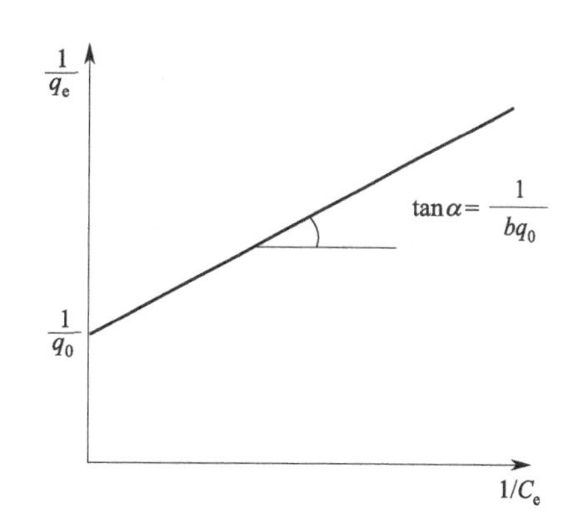

图 3-62 $\frac{1}{C_e}$-$\frac{1}{q_e}$的朗格缪尔吸附等温线

BET 型吸附等温线可用以下数学式表示：

$$q_e=\frac{BC_eq_0}{(C_s-C_e)\left[1+(B-1)\frac{C_e}{C_s}\right]}$$

式中，B 为常数项；C_s 为吸附质平衡浓度的最大值（饱和浓度），mg/L。

如果变换 BET 型吸附等温线的坐标，也可以得到直线关系，见图 3-64。

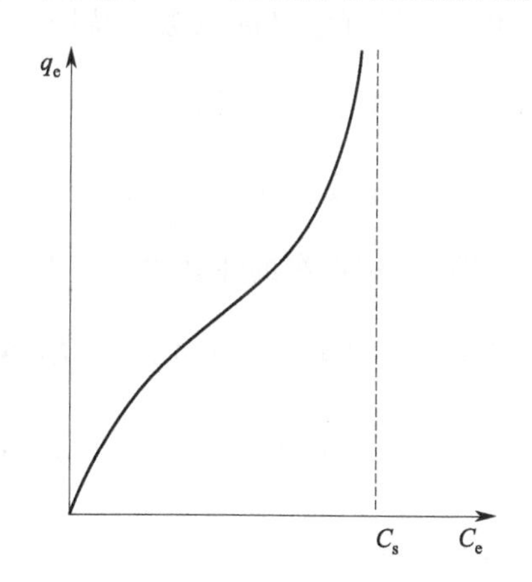

图 3-63 BET 型吸附等温线

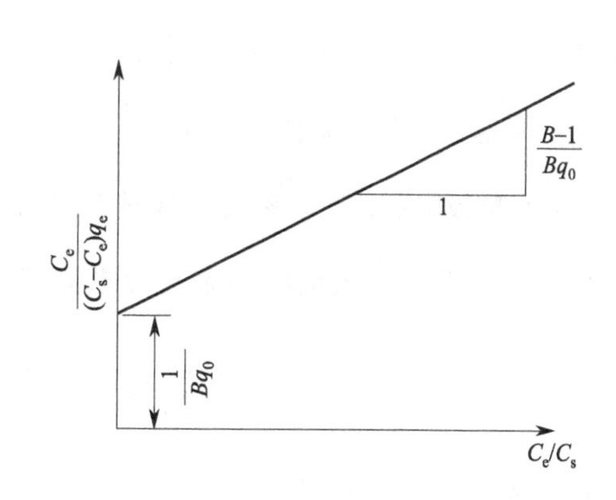

图 3-64 直线型 BET 型吸附等温线表示方式

BET 型吸附等温线属于典型的多层吸附，当平衡浓度达到某一浓度时吸附容量急剧放大，可以看作是吸附质在吸附剂上多层堆积，不断重叠，而造成吸附容量不断上升。BET 型吸附对大多数中孔吸附剂是适合的，但对活性炭则有较大偏差，事实上，BET 型吸附建立在吸附剂吸附表面均一性的基础上，而忽略了吸附剂吸附表面不均一的事实。

(3) 弗兰德里希（Freundlich）型

这种吸附型式的特征是：随吸附质平衡浓度增大吸附容量也不断增大，既不像朗格缪尔型吸附容量存在极限值，也不像 BET 型吸附容量无限上升，而是随平衡浓度上升，吸附容量也上升，但上升速度在逐渐减缓（图 3-65）。

费兰德里希型吸附等温线的数学表达式为

$$q_e=kC_e^{\frac{1}{n}}$$

式中，k 为吸附常数；n 为吸附指数。

该式在双对数坐标系中则为一直线（图 3-66），直线的截距为 $\lg k$，斜率为$\frac{1}{n}$。因此可以将试验测得的数值在双对数坐标体系中绘制吸附等温线来求得系数 k 和 n。

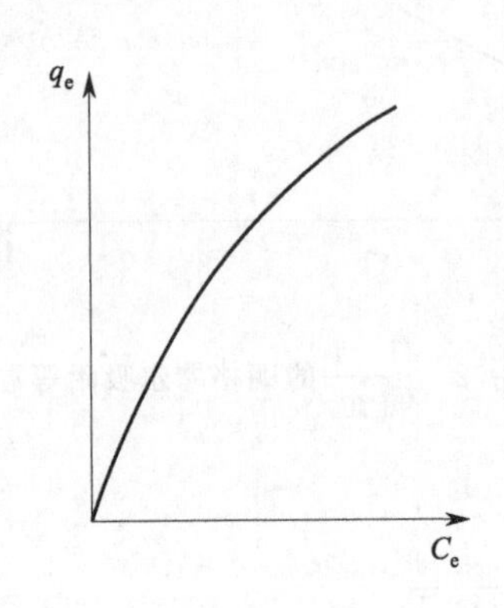

图 3-65 弗兰德里希吸附等温线

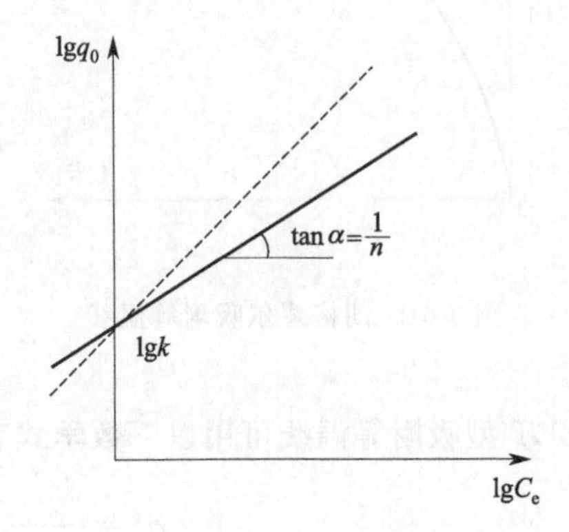

图 3-66 双对数坐标系中的弗兰德里希吸附等温线

由于弗兰德里希型吸附等温线表示公式简单，便于数学处理，所以水处理中常使用该种型式来表达吸附过程。弗兰德里希吸附等温线中，k 和$\frac{1}{n}$是很有意义的系数，从图 3-66 中可看出，k 为 $C_e=1$ 时的吸附容量。对同一种吸附质进行吸附时，不同吸附剂 n 值不同，吸附剂 k 值越大，则吸附性能越好。$\frac{1}{n}$为直线的斜率，即随 C_e 浓度变化，吸附容量的变化速率，也反映吸附剂的吸附深度。对图 3-66 分析可知，在吸附质浓度高的体系中（如 $\lg C_e>0$，即 $C_e>1$），选用$\frac{1}{n}$大的吸附剂可以获得较高的吸附容量；在吸附质浓度低的吸附体系中（如 $C_e<1$，即 $\lg C_e<0$），选用$\frac{1}{n}$小的吸附剂可获得较高的吸附容量。对活性炭吸附体系，$\frac{1}{n}$值一般在 0.1～2 之间。

130 什么是吸附速度？其影响因素有哪些？

吸附速度（adsorbing velocity）是指单位质量吸附剂在单位时间内吸附的吸附质的量，单位为 mg/(g·min)，是衡量吸附处理过程中吸附效果的主要指标之一。吸附速度越快，则达到吸附平衡的时间越短，吸附设备越小。吸附速度主要由吸附质颗粒的外部扩散（膜扩散）速度和内部扩散速度来控制，与吸附剂和吸附质的颗粒大小、表面积、结构有关，也与溶液的搅动程度、温度等因素有关。

131 常用的吸附剂有哪些？吸附剂需要具备哪些性质？

常用的吸附剂有以碳质为原料的各种活性炭吸附剂和金属、非金属氧化物类吸附剂（如硅胶、氧化铝、分子筛、天然黏土等）。最具代表性的吸附剂是活性炭，吸附性能好，但是成本比较高。其次还有分子筛、硅胶、活性铝、聚合物吸附剂和生物吸附剂等。

吸附剂一般有以下特点：

① 大的比表面积、适宜的孔结构及表面结构；

② 对吸附质有强烈的吸附能力；一般不与吸附质和介质发生化学反应；

③ 制造方便、容易再生；

④ 有极好的吸附性和机械性特性。

132 吸附剂性质对吸附过程有何影响？

由于吸附剂的吸附主要在孔的内表面进行，所以影响吸附性能的主要是吸附剂的比表面积和孔径分布。同一类吸附剂比表面积越大，吸附性能越好。孔径分布主要指孔径与吸附质分子尺寸间的相对关系，吸附质分子尺寸很小时（如气体），可以进入吸附剂所有的孔隙，很容易被吸附，吸附量也大；当吸附质分子较大时，在吸附剂孔中扩散阻力增大，甚至无法进入孔径很小的微孔，吸附量也大大下降。目前一般认为，当吸附质的分子直径约为吸附剂孔径的1/3～1/6以下时，可以很快进入孔中被吸附，吸附质分子直径大于此值时，扩散速度减慢，吸附速度下降，吸附容量也降低。

因此，对吸附剂不应单纯追求比表面积大小，应结合被吸附的物质性质与吸附剂比表面积和孔径分布进行综合考虑。最典型的例子是对某湖水进行脱色试验时，吸附剂比表面积大的脱色能力反而最差（表3-8）。这说明当吸附质是大分子时，应选用孔径较大（中孔较多）的吸附剂，而不应单纯追求比表面积较大的吸附剂。

表3-8 几种吸附剂对某湖水脱色能力的比较

吸附剂	吸附剂材质	比表面积/(m^2/g)	相对脱色能力
Unchar GEE	石炭	740	1
Duolites-30	酚醛缩合物	128	1.3
ES-140	强碱阴离子交换树脂	110	2.4
DuoliteA-7D	苯酚-甲醛-胺缩合物	24	3.4
DuoliteA-30B	双氧-胺缩合物	1.4	5.0
ES-111	强碱阴离子交换树脂	1.0	2.8

133 温度、pH和共存离子对吸附过程有何影响？

温度、pH和共存离子对吸附过程的影响如下。

（1）温度

吸附是一个放热过程，提高温度不利于吸附，相反降低温度可以促进吸附进行。例如，活性炭对氯仿的吸附容量，4℃时比21℃时提高70%。加热可以促进被吸附的物质发生解吸，即吸附的反方向，比如加热可用于活性炭的再生。

(2) pH

pH 对吸附剂的影响主要是不同 pH 时吸附质形态、大小会发生变化，有时 pH 变化也会影响吸附剂形态及孔结构情况，当然也对吸附产生影响。例如，对含有酸性基团的有机物，最典型的是水中腐殖质类物质，pH 降低，活性炭对它的吸附容量上升（图 3-67），与中性 pH 下吸附容量相比，在酸性条件下（pH＝2～3）活性炭对腐殖质类物质的吸附容量要上升 2～4 倍。这一性质在工业上已成功用于延长活性炭使用寿命，减少更换次数，节约费用。具体方法是将活性炭吸附处理放在阳离子交换器后，借助阳离子交换出水的低 pH 来提高活性炭吸附容量。

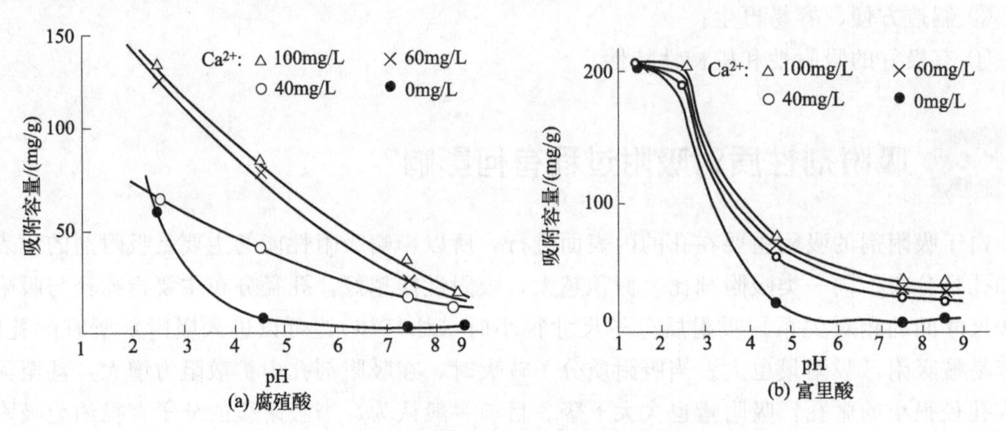

图 3-67 活性炭对腐殖质类物质吸附能力与 pH 关系

降低 pH 可以提高活性炭对含酸性基团有机物吸附能力的原因，一般解释为高 pH 时有机物酸性基团多解离为盐型化合物，溶解度大，分子体积大，不易被吸附，而低 pH 时，它多为弱酸性化合物，解离很小，溶解度也下降。对有机胺类化合物，降低 pH 则易形成盐型化合物，溶解度上升，活性炭对它的吸附容量下降。

(3) 共存离子含量

吸附质介质中，某些离子会对吸附过程产生影响，比如 Ca^{2+} 能提高活性炭对腐殖质类化合物的吸附容量，Mg^{2+} 也能提高活性炭对腐殖质类化合物的吸附容量，但提高程度仅为 Ca^{2+} 的 1/5。Na^{+} 对活性炭吸附能力基本无影响。

134 什么是活性炭？如何制备活性炭？

活性炭是由含碳的材料制成的，比如木材、煤炭、石油、果壳、塑料、旧轮胎、废纸、稻壳、秸秆等。首先对其去除矿物质并干燥脱水，在 500～600℃下隔绝空气进行炭化，炭化之后根据粒度要求进行粉碎和筛选，再进行活化，活化方法有两种。

① 物理活化（气体活化） 这是用水蒸气在 900℃左右进行活化，水蒸气中掺和一部分 CO_2（或空气），用 CO_2 与水蒸气的比例及活化时间来调节活化程度，即控制活性炭孔结构。颗粒状活性炭物理活化法流程示于图 3-68 中。

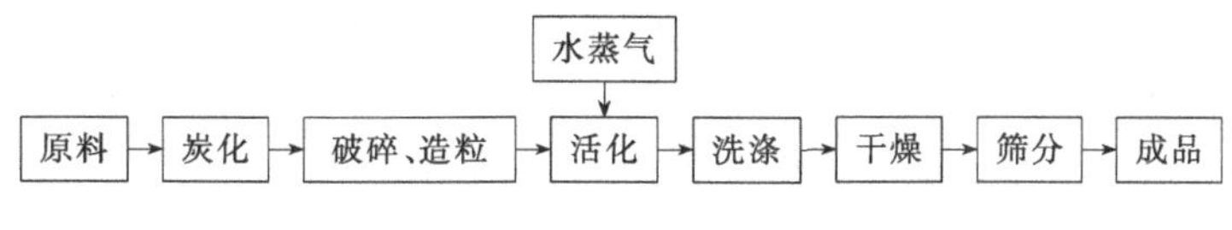

图 3-68 颗粒状活性炭物理活化法流程

② 化学活化　它是用药品同时进行炭化和活化。常用的药品有 $ZnCl_2$、$CaCl_2$、H_3PO_4、KOH、HCl、K_2CO_3 等，以前工业中常用的药品为 $ZnCl_2$。将原材料在 $ZnCl_2$ 溶液中浸泡，待将 $ZnCl_2$，吸收并干燥后，在 600～700℃氮气气氛中处理。目前由于环保问题，$ZnCl_2$ 的使用量已逐渐减少。

活化的目的是把活性炭内部的孔打通和扩大，增加活性炭比表面积，比如，活化前的活性炭比表面积仅有 200～400m^2/g，而通过活化后比表面积可能达到 1000m^2/g。炭化就是将原料加热，预先除去其中的挥发成分，原料中有机物发生热分解，释放出水蒸气、CO、CO_2、H_2 等气体，而留下大量残余炭化物，炭化物的吸附能力低，这是由于炭中含有一部分烃类化合物、细孔容积小以及细孔被堵塞等原因所致。炭化过程分为 400℃以下的一次分解反应，400～700℃的氧键断裂反应，700～1000℃的脱氧反应三个反应阶段，原料无论是链状分子物质还是芳香族分子物质，经过上述三个反应阶段获得类似缩合苯环平面状分子而形成三维网状结构的炭化物。

这时炭是无定型的，在高温下会重新集合为微晶型结构，微晶型结构的多少与原材料及炭化温度有关。物理活化阶段通常包括三个阶段：在大约 900℃下，把炭暴露在氧化性气体介质中，进行处理而构成活化的第一阶段，除去被吸附质并使被堵塞的细孔开放；进一步活化，使原来的细孔和通路扩大；随后，在碳质结构中反应性能高的部分发生选择性氧化而形成了微孔组织。这样活性炭比表面积增加，成为一种良好的多孔物质。水蒸气和 CO_2（有时还有氧）在活化时均能与炭进行反应，水蒸气的反应能力比 CO_2 高得多（约 8 倍），可以调节二者比例来调节活性炭孔结构。化学活化是利用 $ZnCl_2$ 的脱水作用使原料中的氢和氧以水蒸气形式放出，形成多孔的活性炭，近年来有人使用化学活化制得比表面积达 2000～3000m^2/g 的活性炭。

最终制成的活性炭按形状分为粉状和颗粒状两种，颗粒状活性炭（granular activated carbon，GAC）又有不定形及柱形（或球形）两种。一般水处理用果壳炭是不定形活性炭，而柱形炭多以粉状煤粉、木屑为活性炭原料，经加入黏结剂（焦油）黏结成型所得。粉状活性炭（powdered activated carbon，PAC）是由煤粉、木屑等粉状原料制得。近年来，随着需要增加，又有超细活性炭粉末（粒径为 0.01～10μm）、蜂窝状活性炭、活性炭丸、活性炭纤维等产品出现。

135 活性炭有怎样的结构特点？

活性炭通常被认为是无定形碳。X 射线衍射分析表明，它的结构中含有 1～3nm 的石墨微晶，所以又有人认为它属于微晶类碳。除了碳之外，活性炭中还含有一些杂原子，形成含氧基团，对活性炭性质起了很重要作用。活性炭的氧化物成分也影响活性炭在高温有氧条件下活化，在其表面会形成一些含氧基团，这些基团可分为酸性基团和碱性基团两大类。高温活化（800～900℃）容易形成碱性基团，低温活化（300～500℃下）容易形成酸性基团。常见的酸性基团以羟基、内脂基为主，常见的碱性基团是含有氧萘结构的基团，基团的数量大约为0.1～0.5mmol/g。

活性炭表面含氧官能团对其吸附性能有影响。由于酸性官能团多具有极性，因此易对水中极性较强的化合物进行吸附，并妨碍对非极性物质的吸收，如芳香化合物、非极性烷链等。因为水中天然有机物多含有芳香环，所以不宜使用低温活化的活性炭进行吸附操作。活性炭使用失效后的再生也要注意不要形成酸性基团，长期储存的活性炭由于空气缓慢氧化而产生酸性基团，这也会降低其对水中天然有机物的吸附能力。

活性炭最主要的结构特征是它的孔结构，描述孔结构的指标是比表面积（specific surface area）、孔径（pore size）、孔径分布（pore size distribution）和孔容（pore volume）。

活性炭吸附所依赖的巨大比表面积主要是内部孔洞的表面。如果对孔的大小进行区分，则可以分为微孔、过渡孔（中孔）和大孔三种。按国际纯粹化学和应用化学联合会（IUPAC）的规定，微孔是指孔直径小于2nm的孔，中孔是指孔直径为2～50nm的孔，大孔是指直径大于50nm的孔。活性炭的孔径结构好比一个城市内四通八达的交通网，大孔在活性炭结构中好比城市的主要干道，中孔好比区域性通道，而微孔则是城市的弄堂、巷道。因此，微孔结构是活性炭孔面积的主要来源。有人曾对活性炭不同尺寸孔的面积及孔容进行测定，认为微孔面积要占活性炭比表面积的95%以上（见表3-9），所以活性炭的吸附能力主要是由微孔引起的。

表3-9 活性炭不同尺寸孔的孔容和孔面积

孔类型	孔直径/nm	孔容/(mL/g)	孔面积/(m^2/g)	孔隙数/(个/g)
大孔	>50	0.2～0.5	0.5～2	10^{20}
过渡孔(中孔)	2～50	0.02～0.2	1～200	
微孔	<2	0.25～0.9	500～1500	

136 如何确定活性炭的比表面积和孔道分布?

活性炭比表面积一般在800～1000m^2/g左右，目前比表面积最高的活性炭可达3000m^2/g。比表面积测定方法很多，常用的是BET法，除此之外还有液相色谱法，X射线小角度散射法等。BET法是将经真空脱气处理后的活性炭试样，在－196℃下吸附氮气，这时在活性炭样品表面上吸附一单分子层氮，根据单分子层吸附量及每一氮气分子占据的表面积，利用BET公式计算活性炭比表面积，公式如下：

$$S=4.353\frac{V_m}{m}$$

式中，S为比表面积，m^2/g；V_m为在标准温度和压力下，表面为单分子层时吸附的氮气体积，cm^3；m为活性炭质量，g；4.353为换算系数，m^2/cm^3。

V_m可以通过下式计算：

$$\frac{P}{V_a(P_0-P)}=\frac{1}{V_mC}+\frac{C-1}{V_mC}\times\frac{P}{P_0}$$

式中，P为吸附平衡时氮气压力；P_0为液氮温度下，被吸附氮气的饱和压力；C为与吸附热有关的常数；V_a为平衡压力下试样所吸附的氮气体积。

孔径分布是了解活性炭孔结构和吸附性能的最主要指标。孔径分布测定方法有电子显微镜法、分子筛法、压汞法、X射线小角度散射等，常用的是压汞法，该法是利用汞不润湿活性炭细孔壁，要让汞进入细孔中就需要压力这一原理，通过下式进行计算：

$$rP=-2\upsilon\cos\theta$$

式中，r 为圆筒形细孔的孔半径；P 为汞的压力；υ 为汞的表面张力；θ 为汞的接触角。

在压力 P 下，汞应该进入半径 r 以上的所有细孔中，所以测定由于压力的变化而引起进入汞量的变化，就可以知道孔径大小，进而确定孔径分布。例如某活性炭测得的孔径分布数据示于表3-10。

表3-10 某活性炭测得的孔径分布

孔径/nm	平均孔径/nm	孔容/(cm^3/g)	孔面积/(cm^2/g)	孔径/nm	平均孔径/nm	孔容/(cm^3/g)	孔面积/(cm^2/g)
1.73～1.87	1.79	0.013275	29.658	5.88～6.84	6.28	0.006725	4.284
1.87～2	1.93	0.009788	20.327	6.84～8.37	7.43	0.008120	4.370
2～2.13	2.06	0.007614	14.795	8.37～10.09	9.05	0.006447	2.849
2.13～2.23	2.18	0.005137	9.432	10.09～11.46	10.68	0.003825	1.433
2.23～2.32	2.28	0.003948	6.936	11.46～13.33	12.23	0.004123	1.348
2.32～2.47	2.39	0.005477	9.164	13.33～16.03	14.41	0.004188	1.163
2.47～2.71	2.57	0.007675	11.930	16.03～19.58	17.42	0.003860	0.886
2.71～2.99	2.83	0.007435	10.511	19.58～25.1	21.62	0.004026	0.745
2.99～3.26	3.11	0.006172	7.941	25.1～36.05	28.57	0.004416	0.618
3.26～3.63	3.42	0.006570	7.682	36.05～60.23	42.20	0.004228	0.401
3.63～4.04	3.81	0.006161	6.475	60.23～93.59	69.79	0.002434	0.140
4.04～4.53	4.25	0.006150	5.784	93.59～142.17	108.06	0.001580	0.058
4.53～5.13	4.79	0.006208	5.186	142.17～305.46	170.62	0.001687	0.040
5.13～5.88	5.45	0.006607	4.853				

活性炭的孔容一般不超过0.7mL/g，中孔孔容一般约0.1～0.3mL/g，孔容和孔容分布可以在用液氮测比表面积时通过计算求得。比表面积、孔容和孔的平均半径之间存在如下关系：

$$r=\frac{2V}{S}$$

式中，r 为假定孔为圆筒状孔时，孔的平均直径；V 为孔容；S 为比表面积。

137 如何对活性炭进行命名？各符号有何含义？

对于活性炭，已于2016年实施了国家标准《活性炭分类和命名》(GB/T 32560—2016)，相关分类和命名方式如下。

(1) 分类

活性炭按制造使用的主要原材料分为四类，按制造用主要原材料及产品形状分为16种类型，见表3-11。

表3-11 活性炭分类表

制造原材料分类	产品形状分类
煤质活性炭	柱状煤质颗粒活性炭
	破碎煤质颗粒活性炭
	粉状煤质活性炭
	球形煤质颗粒活性炭

续表

制造原材料分类	产品形状分类
木质活性炭	柱状木质颗粒活性炭
	破碎状木质颗粒活性炭
	粉状木质活性炭
	球形木质颗粒活性炭
合成材料活性炭	柱状合成材料颗粒活性炭
	破碎状合成材料颗粒活性炭
	粉状合成材料活性炭
	成形活性炭
	球形合成材料颗粒活性炭
	布类合成材料活性炭(炭纤维布)
	毡类合成材料活性炭(炭纤维毡)
其他类活性炭①	沥青基微球活性炭

① 除上述三种类型活性炭外，由其他原材料（如煤沥青、石油焦等）制备的活性炭。

(2) 命名

活性炭命名由制造主要原材料和活性炭形状命名。第一层表示活性炭制造主要原材料，用主要原材料英文单词的首字母大写表示；第二层表示活性炭的形状，用形状英文单词的首字母大写表示；第三层为名称，由汉字组成。活性炭命名表示方法见图 3-69。

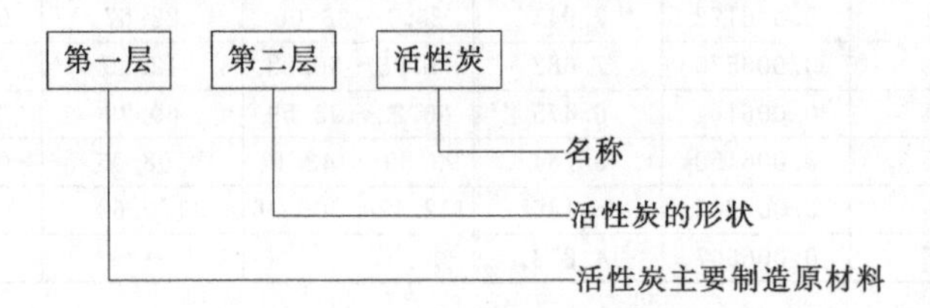

图 3-69　活性炭命名表示方法

① 材料　活性炭制造材料的分类符号以材料名称英文单词的首字母大写表示，若名称首字母重复，则在英文单词首字母后缀一个小写英文字母，该字母来源于材料名称的英文单词（辅音优先）；对木质炭，用原材料分类符号（W）和其下脚标标注（具体木质原料英文单词的首字母大写）共同表示，制造材料分类符号见表 3-12。

表 3-12　活性炭制造材料分类符号

活性炭制造材料类别		分类符号
煤质活性炭		C
木质活性炭	木屑类活性炭	W_S
	果壳类活性炭	W_P
	椰壳类活性炭	W_C
	生物质类活性炭	W_B
合成材料活性炭		M_S
其他类活性炭		O

② 形状　活性炭形状的分类符号以形状名称英文单词的首字母大写表示，若形状名称首字母重复，在英文单词首字母后缀一个小写英文字母，该字母来源于该形状的英文单词（辅音优先）；将破碎炭的形状分类符号（G）和其下脚标标注的原料名称英文单词的首字母大写共同表示，若名称首字母有重复，在英文单词首字母后缀一个英文单词辅音小写字母，该字母来源于形状名称的英文单词（辅音优先）。形状分类符号见表 3-13。

表 3-13 活性炭形状分类符号

活性炭形状类别		分类符号
柱状活性炭		E
破碎状活性炭	木质破碎活性炭	G_W
	原煤破碎活性炭	G_R
	压块破碎活性炭(煤质)	G_B
	柱状破碎活性炭(煤质)	G_E
粉状活性炭		P
球形活性炭		S
布类浸粉活性炭(炭纤维布)		W
毡类浸粉活性炭(炭纤维毡)		F
成形活性炭①		M

① 由活性炭和其他材料加工而成的滤芯、滤棒、蜂窝活性炭和炭雕等活性炭的再加工产品。

138 评价活性炭品质的性能指标有哪些?

对吸附用活性炭，常用下列一些技术指标对其性能进行描述。

① 外观 活性炭外观呈黑色，可分为粉末状、不定型或柱形颗粒。

② 粒度（particle size）和粒径分布 不定型活性炭粒度范围一般为 0.63～2.75mm，粉末状活性炭颗粒小于 0.18mm（一般在 80 目以上），柱形活性炭直径一般为 3～4mm，长 2.5～5.1mm。颗粒状活性炭的颗粒尺寸可以根据需要确定。

③ 水分（moisture content） 又称干燥减量，它是将活性炭在（150±5)℃恒温条件下干燥 3h 后测得的数据。

④ 表观密度（apparent density） 即充填密度，指单位体积活性炭具有的质量。对不定型活性炭，该值约为 0.4～0.5g/cm^3。

⑤ 强度（abrasion resistance） 对木质活性炭，是将活性炭放在一圆筒形球磨机中，在(50±2)r/min 的转速下研磨，根据破碎情况计算其强度，一般要求其强度值不小于 90%。对煤质活性炭是将活性炭放在盛有不锈钢球的专用盘中，在振筛机上进行旋转和击打组合，经一定时间后测定活性炭破碎后的粒度变化，计算活性炭强度。

⑥ 灰分（ash content） 活性炭在（650±20)℃下灰化［指木质炭，煤质炭为（800±25)℃］所得灰分的质量占原试样质量的百分数。

⑦ 漂浮率（floatation ratio） 干燥的活性炭试样在水中浸渍，搅拌静置后，漂浮在水面的活性炭质量占试样质量的百分数。

⑧ pH 将活性炭试样在不含 CO_2 的纯水中煮沸，过滤后水的 pH 即为活性炭 pH。

⑨ 亚甲基蓝吸附值（methylene blue adsorption） 在浓度 1.5mg/mL 的亚甲基蓝溶液中加入活性炭，振荡 20min，吸附后根据剩余亚甲基蓝浓度计算单位活性炭吸附的亚甲基蓝毫克数，单位为 mg/g。

⑩ 碘吸附值（iodine number） 和亚甲基蓝吸附值的测定相同，它是用每克活性炭能吸附多少毫克碘来表示，试验时取浓度（0.1±0.002)mol/L 的碘溶液（内含 26g/L 的 KI）50mL，加入活性炭试样 0.5g，经 5min 振荡，根据残余碘浓度计算每克活性炭吸附碘的量，单位为 mg/g。

⑪ 苯酚吸附值（phenol adsorption） 取 0.1%苯酚溶液 50mL，加入 0.2g 活性炭试样，

经 2h 振荡并静置 22h 后，根据吸附后剩余的苯酚浓度计算苯酚吸附值，其单位为 mg/g。

⑫ 四氯化碳吸附率（carbon tetrachloride absorption activity） 用载有四氯化碳的空气流通过活性炭试样，活性炭吸附四氯化碳后质量增加，吸附平衡后活性炭试样质量不再上升，计算平衡时活性炭吸附的四氯化碳量即为四氯化碳吸附率，单位为%。

⑬ ABS 值 在含有 ABS（烷基苯磺酸）5mg/L 的溶液中，加入粉末状活性炭，经 1d 吸附之后，依残余浓度计算将 ABS 降至 0.5mg/L 所需的活性炭量。

139 活性炭在工业水处理中有哪些应用？

工业水处理中使用活性炭主要包括以下方面：

① 在工业用水处理中，将活性炭用来降低水中有机物和去除水中余氯，有的场合以降低水中有机物为主，有的场合以去除水中余氯为主，但在实际应用中，往往是对二者均起作用；

② 在生活饮用水处理中，活性炭主要用来降低水中有机物，以降低水氯化消毒时产生的消毒副产物前体物；

③ 在废水处理中，使用活性炭是用来吸附水中的重金属、油、有机污染物等。

140 如何选用活性炭去除工业用水中的有机物？

正确选择水处理中吸附水中有机物性能好的活性炭，可以采用如下几个方法：

① 将不同活性炭装入吸附柱（直径为 30～50mm，装入量为 300～500g），在实际使用水质下进行柱式吸附试验，周期制水量（在一定时间内，系统能够处理的水的体积大小）大的活性炭对水中有机物吸附性能好；

② 将实际使用水中的有机物进行浓缩，测不同活性炭对它的吸附等温线和吸附速度，吸附容量高、吸附速度快的活性炭对水中有机物的吸附性能好；

③ 测不同活性炭对腐殖酸、富里酸、木质素、丹宁的吸附等温线和吸附速度，吸附容量高、吸附速度快的活性炭对天然水中有机物吸附性能好。

141 采用粉状活性炭去除水中有机物时该如何投加？活性炭投加量如何计算？

粉状活性炭可以用于经常性连续处理，也可以用于应急的水质改善处理。粉状活性炭吸附处理时是直接向水处理流程中（如澄清池前）投加粉末活性炭，粉末活性炭多使用 100～200 目木质炭（或煤质碳及其他种类活性炭），配成 5%～10%炭浆（要防止结团现象，保证与水充分混合），向水中投加以后经沉淀（或过滤）再将粉末活性炭从水中分离出来（图 3-70）。

在水处理流程中粉末活性炭投加点有多处，可以在原水中投加，也可以在混凝澄清过程中（起点或中段）投加，或在滤池前投加。不同投加点，对水中有机物的去除情况也会不

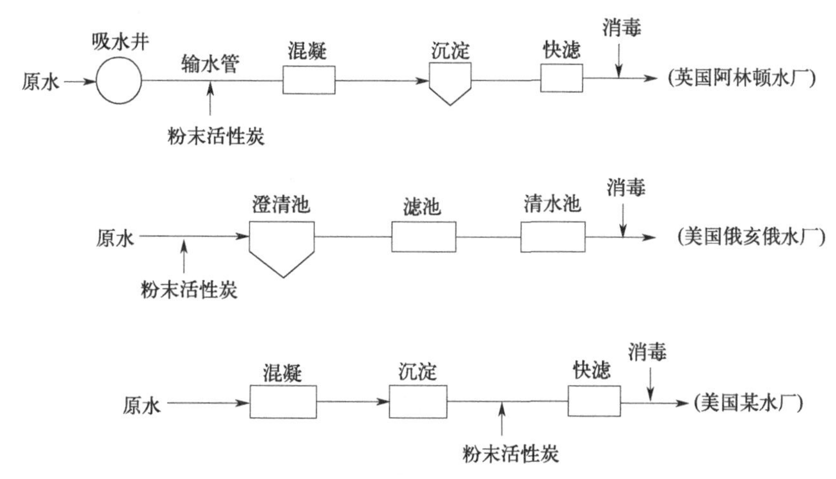

图 3-70 使用粉末活性炭的处理系统举例

同。应当根据水质情况通过试验确定最佳投加点。例如某水厂粉末活性炭在不同地点投加时水中有机物去除情况列于表 3-14，从中可以看出，在混凝中段投加效果最好，与混凝剂一起投加时有机物去除率会下降。产生这一现象的原因在于粉末活性炭吸附与混凝的竞争以及粉末活性炭被絮凝体包裹的程度。研究发现，在混凝初期絮凝体正处于长大阶段，如投放粉末活性炭，粉末活性炭会被长大的絮凝体网捕、包裹起来，这就使活性炭发挥不了吸附作用，从而使有机物去除率下降。在混凝过程中，当絮凝体尺寸长大到与分散的粉末活性炭大小尺寸（约 0.1mm）相近时投放粉末活性炭，这样既可避免吸附竞争，又因絮凝体已完成对水中胶体的脱稳、凝聚，减少了粉末活性炭被包裹的程度，粉末活性炭颗粒多处于絮凝体表面，可以充分发挥粉末活性炭吸附能力，有效去除水中有机物。

表 3-14 某水厂粉末活性炭不同投加点的处理效果

活性炭投加量	有机物去除率/%		
	吸水井处	与混凝剂一起投加	与混凝剂一起投加(中段)
15mg/L	13	11	22
20mg/L	26	20	33

粉末活性炭也不宜在滤池前加入，因为发现滤池前投加时会有细小颗粒活性炭穿透滤层进入清水中，并且易造成滤料堵塞。在澄清池内投加时，由于活性炭会随泥渣循环积累，形成高浓度含活性炭泥渣，停留时间长，所以效果好。

粉末活性炭对水中有机物的去除率可达到 40%左右，目前限制粉末活性炭大范围使用的主要问题是劳动条件差，粉状活性炭储存、配制、投加及自动控制设备等问题尚未很好解决。

粉末活性炭的种类选择可以参照吸附水中有机物的粒状活性炭选择方法。

粉末活性炭的投加量可以通过试验确定，也可以通过吸附等温线来求。例如某厂通过试验求得的粉末活性炭投加量与出水有机物去除率的关系示于图 3-71 中。

通过吸附等温线来求投加量的方法如下。

首先按前述方法测绘欲投加的活性炭对水中吸附质的吸附等温线，一般假设为弗兰德里希型，在双对数坐标体系中作 $\lg q$-$\lg C_e$ 关系直线，并求直线的斜率 $1/n$ 和截距 $\lg k$，即可获得下式：

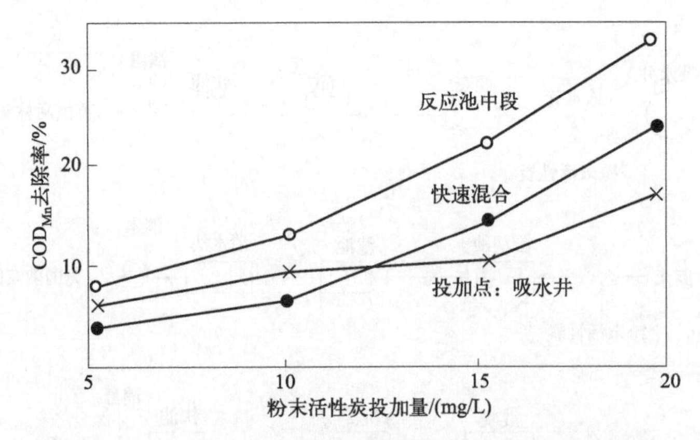

图 3-71 某厂粉末活性炭投加量与出水有机物去除率关系

$$q=kC_e^{\frac{1}{n}}$$

式中，C_e 为欲获得的处理后水中残余吸附质的浓度，mg/L。

进而计算出代表该处理过程中单位质量活性炭所吸附的吸附质质量 q（mg/g），再按下式计算粉末活性炭的投加量 q_m（kg/h）：

$$q_m=\frac{Q(C-C_e)}{q}$$

式中，Q 为处理水流量，m^3/h；C 为处理水中吸附质浓度，mg/L。

吸附处理池容积按下式计算：

$$V=Qt$$

式中，t 为欲达到出水残余吸附质为 C_e 时所需的时间，h，该值可通过吸附平衡试验求得。

142 采用活性炭脱除水中余氯的原理是什么？脱氯过程受哪些因素影响？

一般认为，活性炭脱氯过程是吸附、催化和氯与炭反应的一个综合过程。吸附与前面讲述过的活性炭对水中有机物吸附相同，只是吸附质分子比有机物分子小，此处不再重述。氯与炭反应，是指余氯在水中以次氯酸形式存在，它在炭表面进行化学反应，活性炭作为还原剂把次氯酸还原为氯离子：

$$Cl_2+H_2O \longrightarrow HOCl+HCl$$

在酸性或中性条件下，余氯主要是以 HOCl 形式存在。HOCl 遇到活性炭会氧化活性炭，在活性炭表面生成氧化物（或 CO、CO_2），HOCl 被还原成 H^+ 和 Cl^-。水通过活性炭滤床后，水中余氯可以彻底去除，出水余氯可以接近零。

脱氯过程主要受以下因素的影响。

（1）活性炭颗粒大小

虽然粒径变小，对活性炭比表面积影响不大（大约为 0.02%），但粒径变小使内部更多孔隙向液相敞开，便于对余氯的吸附与反应。某活性炭粒径对脱除余氯的影响示于图 3-72。从图上看出，活性炭颗粒越小，脱除余氯越快，效果较好。所以工业上脱除余氯的活性炭颗粒应当尽量选择小的。

（2）pH 值

由于水 pH 值影响水中余氯形态，所以也影响活性炭脱除余氯的效果（图 3-73）。水中余氯主要是指 Cl_2、HOCl、OCl^-，三者相互比例随 pH 值变动而变动（表 3-15），活性炭对分子态 HOCl 脱除速度比离子态 OCl^- 要快，所以低 pH 值对活性炭脱除水中余氯有利。

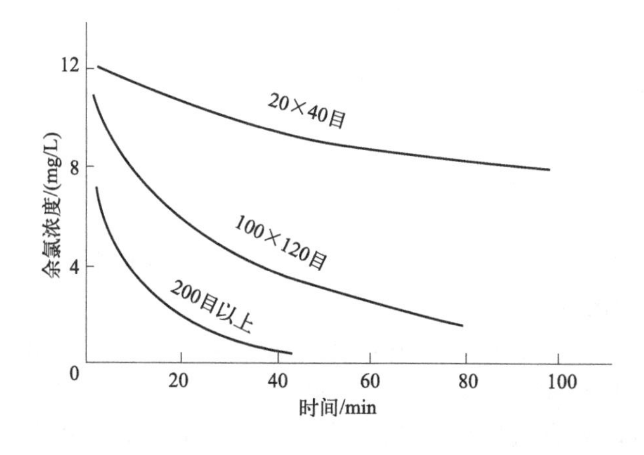

图 3-72　某活性炭粒径对脱除余氯速度的影响

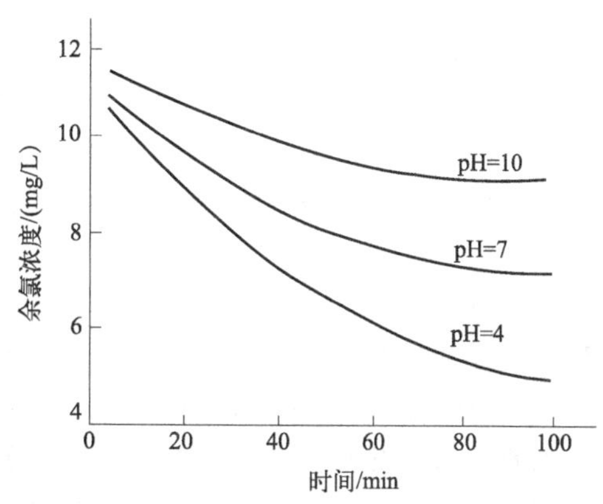

图 3-73　pH 值对某活性炭脱除余氯速度的影响

表 3-15　水中余氯形态与 pH 值关系

pH 值	Cl_2	HOCl	OCl^-
4	1%	99%	0
7	0	80%	20%
10	0	0	100%

（3）温度

试验表明，温度升高有利于活性炭脱氯（图 3-74），这种规律与活性炭物理吸附规律不同，这也说明不能将活性炭脱氯过程看成单纯的物理吸附过程。

（4）水浊度的影响

水浊度高，有可能会堵塞一部分活性炭孔，从而阻碍余氯分子向活性表面的扩散，因而使脱氯速度下降（图 3-75）。

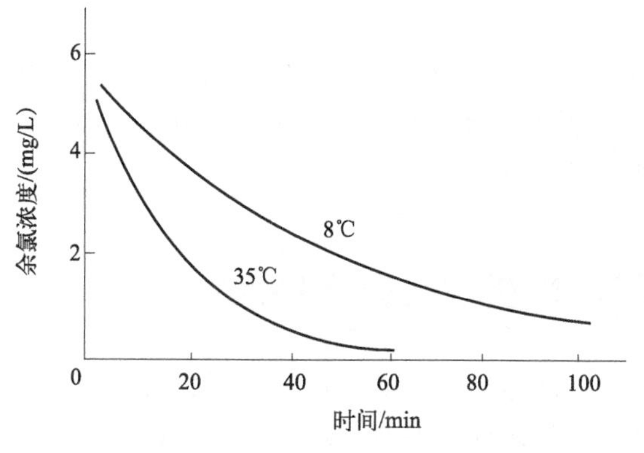

图 3-74　温度对某活性炭脱氯速度的影响

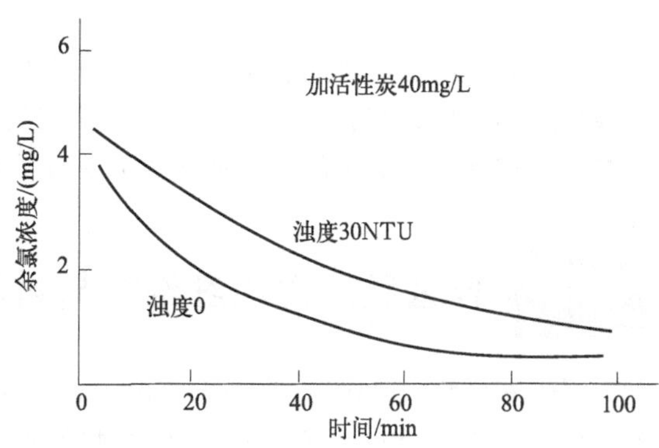

图 3-75　浊度对某活性炭脱氯速度的影响

143 脱除水中余氯时如何选用活性炭?

脱除水中余氯的活性炭可以用粒状活性炭，也可以用粉状活性炭，但目前用得多的还是粒状活性炭过滤处理。脱除水中余氯的粒状活性炭滤床的流速可以设计为20m/h，这主要因为活性炭对余氯去除速度较快。关于脱除余氯的活性炭选择，其物理性能同吸附有机物的活性炭选择，对其吸附性能选择有三种方法：

① 按活性炭比表面积、碘值、四氯化碳吸附值等一般吸附性能指标进行选择，这主要因为活性炭吸附的氯分子较小，与碘的分子大小相近，它可以进入活性炭微孔中，充分发挥活性炭所有表面参与吸附的作用。因此选择比表面积和碘值高的活性炭，对余氯的吸附性能较好。

② 测定活性炭对余氯的吸附等温线，选择吸附容量高的活性炭。吸附等温线的测定方法同前述活性炭对水中有机物的吸附等温线测定。

③ 测定活性炭去除水中余氯的半脱氯值，半脱氯值（half-dechlorine′s value）是指含余氯的水通过一活性炭吸附柱，确定当出水中余氯浓度刚好等于进水中余氯浓度一半所需要的炭层高度（cm），即为半脱氯值。按规定，半脱氯值小于6cm的活性炭用于脱氯时效果较好。

144 何为树脂吸附剂？有何特点?

树脂吸附剂指的是一类高分子聚合物，可用于除去废水中的有机物，糖液脱色，天然产物和生物化学制品的分离与精制等。吸附树脂品种很多，单体的变化和单体上官能团的变化可赋予树脂各种特殊的性能。常用的有聚苯乙烯树脂和聚丙烯酸酯树脂等高分子聚合物。吸附树脂是以吸附为特点，具有多孔立体结构的树脂吸附剂。它是最近几年高分子领域里新发展起来的一种多孔性树脂，由苯乙烯和二乙烯苯等单体，在甲苯等有机溶剂存在下，通过悬浮共聚法制得的鱼籽样的小圆球。

145 什么是沸石分子筛？有何特点?

沸石分子筛是一类具有均匀微孔，主要由硅、铝、氧及其他一些金属阳离子构成的吸附剂或薄膜类物质，其孔径与一般分子大小相当，据其有效孔径来筛分各种流体分子。沸石分子筛是指那些具有分子筛作用的天然及人工合成的晶态硅铝酸盐。

146 什么是活性炭纤维？与粒状活性炭相比有何特点?

活性炭纤维（activated carbon fiber，ACF）是20世纪60年代开始研制的新型高效吸附材料，以1962年W. F. Abbott研制黏胶基活性炭纤维作为始点，随后各国迅速推出许多活性炭纤维产品，目前活性炭纤维是活性炭吸附领域的一项新技术和新材料，已在环境保护、水处理、催化、医药、电子等行业得到广泛应用。活性炭纤维的前驱体是一些有机纤维材料，如沥青基纤维、特殊苯酚树脂基纤维、聚丙烯腈基纤维、人造丝纤维、聚乙烯醇基纤维等，将其在一定温度下炭化，再进行活化，就可以制得直径约 5～30μm 的活性炭纤维。由于它是纤维状，因此可以进一步制成毡状、蜂窝状、纤维束状、布状、纸状活性炭，以适应不同需求。

与粒状活性炭（GAC）相比，活性炭纤维具有下列特点：

① 比表面积大，多为微孔，孔径分布密，孔直接开口于炭纤维表面。活性炭纤维比表面积可达 1000～2500m^2/g，比粒状活性炭高，孔径分布多为微孔，微孔占 95%上，除微孔外还有少量中孔，但基本上无大孔，孔的开口多在炭纤维的表面（图 3-76），所以有利于吸附质的进出。活性炭纤维的孔径多在 2nm 以下，孔径分布很窄（图 3-77）。

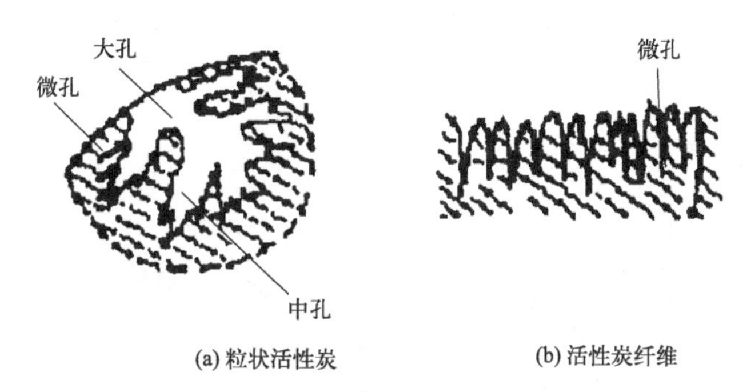

图 3-76 粒状活性炭与活性炭纤维孔结构示意图

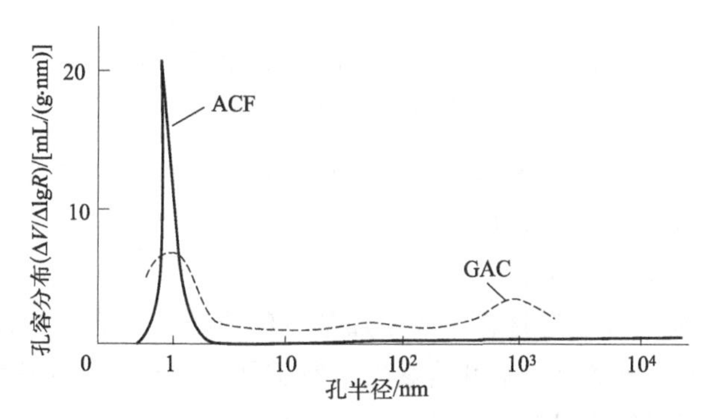

图 3-77 活性炭纤维与粒状活性炭孔径分布比较

② 适用于对气体及溶液中小分子进行吸附，吸附容量大，吸附速度快，对微量吸附质吸附效果比粒状活性炭好。这主要与其孔结构有关，由于活性炭纤维多为微孔，易于吸附气体及小分子物质（相对分子质量小于 300），不利于吸附大分子物质。比表面积大，使它吸附容量大（图 3-78），孔结构简单，扩散通道少，所以吸附速度快。有人测定，活性炭纤维吸附容量约为粒状活性炭的 1.5～10 倍，吸附速度约为粒状活性炭的 5～10 倍以上。与粒状活性炭相比，活性炭纤维对去除水中余氯特别有效。

③ 与粒状活性炭相比，活性炭纤维的吸附工作曲线（图 3-79）表明，它有利于提高吸附材料利用率及降低出水中吸附质残余浓度。

④ 对金属离子吸附性能好，有很好的氧化还原功能。活性炭纤维对金、银、铅、镉、铂、汞、铁等金属离子吸附性能好，吸附后还能将其还原为低价离子甚至金属单质，得到的金属单质呈纳米尺寸附载于活性炭纤维上。所以在重金属离子的去除、回收、利用方面有广泛的用途。

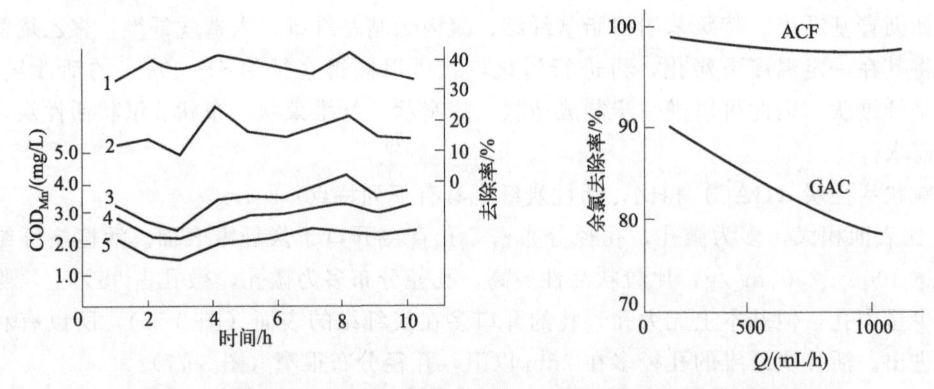

图 3-78　活性炭纤维与粒状活性炭对水中有机物及余氯吸附情况对比

1—ACF 出水去除率；2—GAC 出水去除率；3—原水 COD；4—GAC 出水 COD；5—ACF 出水 COD

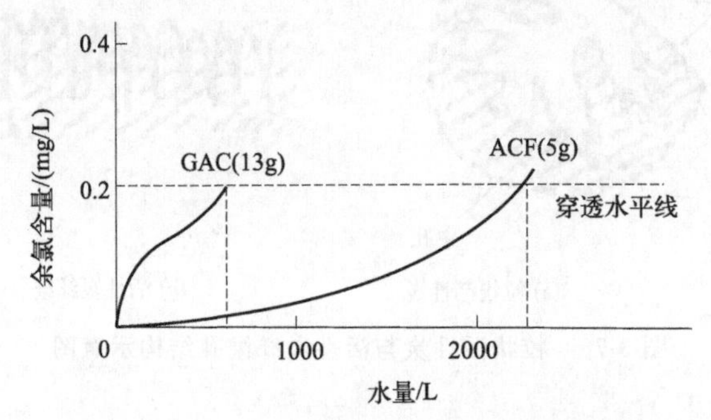

图 3-79　活性炭纤维和活性炭吸附工作曲线

（比较条件：进水余氯含量为 2mg/L，流速为 25L/min）

⑤ 脱附速度快，比活性炭易于再生。这与它的孔径结构特性有关。常用的再生方法有高压水蒸气处理及热的空气或氮气处理。

⑥ 强度好，生成的炭粉尘少。

⑦ 可以与其他材料形成复合材料，或添加某些物质改变其孔结构及吸附特性，即进行功能化处理及表面改性。如添加金属化合物等进行扩孔，用氧化剂处理增加表面的官能团含量，提高对极性物质吸附能力等。

⑧ 当前国内使用活性炭纤维尚不广泛的原因主要是价格原因及产品质量不稳定。

147 进行活性炭再生应考虑哪些因素?

活性炭再生（regeneration of activated carbon）就是将失去吸附能力的失效活性炭经过特殊处理，使其重具活性，恢复大部分吸附能力，以利于重新使用。

活性炭再生前，除了选择再生方法外，还应考虑下列问题：

① 再生前要了解活性炭所吸附的吸附质性质，对于含有挥发性可燃物质的吸附，不宜用热再生法，给水处理用活性炭失效时吸附大量水中天然有机物，在进行热再生的受热分解时会释放出有异味的气体，应有相应的对策。

② 要考虑再生后活性炭吸附能力的恢复程度，这应当通过试验确认。对被浊度严重污染的活性炭，由于孔多被污泥堵塞，为提高再生效果，再生前还应进行预处理（如酸洗）。

③ 要考虑活性炭再生后机械强度降低程度及再生时损耗。

④ 要估计再生经济费用，并与新活性炭进行比较。

148 常用的活性炭再生方法有哪些？有何特点？

活性炭再生方法很多，如干式加热再生、蒸气吹洗再生、微波再生、化学药剂再生、强制放电再生、电化学再生、生物再生等。虽然方法很多，但能将活性炭吸附能力完全恢复的方法并不多。下面对几种常见的再生方法作简单介绍。

(1) 干式加热再生

由于活性炭对水中有机物的吸附是物理吸附，是放热反应，因此利用升高温度的方法，可以将活性炭上已吸附的吸附质解吸，以及让吸附的有机物在高温下氧化、分解、逸出，这就是高温再生法的原理，也是所有加热再生的原理。这种方法的再生炉有立式再生炉（图3-80）、回转再生炉（图3-81）、流化床再生炉、移动床式再生炉等。

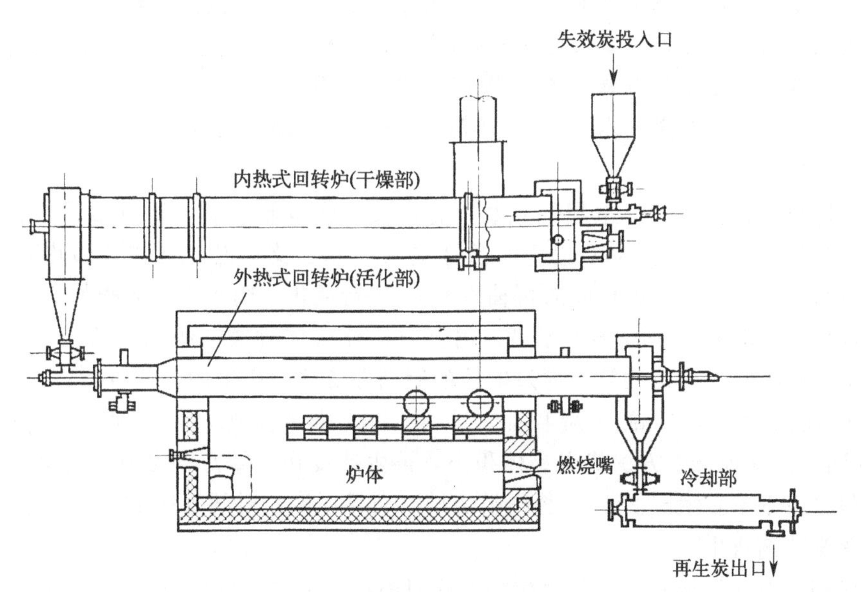

图3-80 活性炭立式再生炉

失效的活性炭加热再生过程一般分为五步：

① 脱水：颗粒状活性炭一般与水接触，因活性炭含水较多，在此步骤中将活性炭与水分离。

② 干燥：在100～150℃下将活性炭中的水分蒸发掉，此时还会将活性炭中吸附的低沸点有机物质挥发掉。

③ 炭化：在300～700℃下将活性炭吸附的有机物质分解，分解出的低分子物质在此温度下挥发，当然也有一部分有机物质分解为碳，堵塞在活性炭孔内。

④ 活化：在700～1000℃下，利用水蒸气、CO_2 等气体进行活化，将活性炭孔进行疏通及扩孔。这些气体在850℃时与碳发生的反应如下：

$$C+O_2 \longrightarrow CO_2-24283.44J/mol$$

$$C+H_2O \longrightarrow CO+H_2-118067.76J/mol$$

$$C+CO_2 \longrightarrow 2CO-162447.84J/mol$$

⑤ 冷却：为防止氧化，在水中急冷。

通常，在炭化阶段，其吸附性能恢复率可达60%～80%，再用氧化性气体活化时吸附性能会进一步提高。氧对活性炭基质影响很大，过量氧将会使活性炭烧损灰化，使活性炭损失率上升，强度下降，因此应严格控制气体中氧含量。

干式加热再生的优点是：由于活化温度高，几乎能去除所有的吸附有机物，再生恢复率高，再生时间短，不产生有机废液，但是活性炭损失大（损失率为3%～10%），再生时有废气排出，设备费用大，再生成本高。

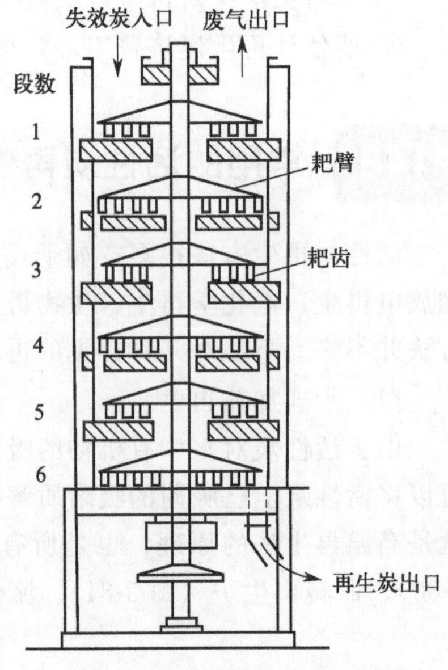

图 3-81 活性炭回转再生炉

(2) 蒸汽吹洗再生

它是采用压力为0.105MPa、温度为122℃左右的水蒸气对失效活性炭进行吹洗，在受热时，活性炭中一部分挥发性有机物逸出，一部分有机物分解，随冷凝水排出，由于蒸汽不高，吹洗时间要长达8～10h以上。这种方法再生效率低，但是活性炭损失少，操作方便，不需要专用设备，可以在活性炭床内再生，不需进行活性炭装卸、运输。

(3) 微波再生

由于活性炭具有较高的介电损耗系数，为微波的强吸收物质，所以活性炭在微波辐射1～2min后温度会迅速升至650℃以上，活性炭中水分子及其他有机物被加热而急剧挥发，产生蒸汽压力，向外压出，如果此时再辅以CO_2进行活化，则再生效果很好。

微波再生的影响条件是：再生温度、时间、活化气体种类、组成、流速、废炭含水率等。微波是由磁控管（或速调管）通过电压的周期性变动而产生的，使吸收体内部极性分子高速反复运动产生热能。活性炭再生炉炉体为微波谐振腔，微波频率有970MHz和2450MHz两种。这种再生方法优点是体积小，再生速度快，缺点是微波屏蔽困难，对人体有害，进料含水率不宜大于25%，否则易烧结，而且不能长时间连续运转。

(4) 化学药剂再生

用化学药剂对失效活性炭进行再生的方法目前尚不成熟，再生率也不高，有的还处于研究开发阶段。这一类方法所用药剂可分为三种：碱、氧化剂及有机溶剂。

由于很多有机物，特别是天然水中的天然有机物在碱溶液中是溶解的，当活性炭吸附这些有机物后，用稀碱溶液进行清洗，可以洗脱部分吸附的有机物。若对碱液进行加热，则洗脱效果可以提高。

用于再生失效活性炭的氧化剂有氯、溴、高锰酸钾、重铬酸钾、双氧水等。原理是用氧化剂将吸附的有机物氧化降解而脱附。用于再生失效活性炭的有机溶剂有苯、丙醛及甲醇等。用药剂法再生，药剂的选择和再生效果主要取决于活性炭吸附的吸附质性质，特别是溶剂再生，只有当吸附质在该溶剂中溶解度高时，再生才有效果。

(5) 强制放电再生

近年来，国内发展了一种强制放电活性炭再生技术。该技术是利用炭自身的导电性和电阻控制能量，使其形成电弧，对被再生的活性炭进行放电。

当具有一定能量的电流在活性炭炭粒的许多接触点上通过，由于接触点处电流密度很大

（可达 $10^3 \sim 10^8 A/cm^2$），产生高温及电弧，使炭粒温度迅速达到再生温度（800～900℃）。在高温放电过程中会发生下述作用：

① 高温使吸附的有机物迅速气化、炭化；

② 放电电弧隙中气体热游离和电锤效应，使活性炭吸附物在瞬间被电离分解；

③ 放电形成的紫外线使炭粒间空气中的氧部分变成臭氧，对吸附物起氧化作用；

④ 吸附的水在瞬间变为过热水蒸气，与炭化物进行氧化反应。

因此，强制放电再生技术虽然加热时间短，但其再生效果良好。某水厂处理饮用水的失效活性炭经强制放电再生后的性能恢复情况见表 3-16。

表 3-16 某饮用水厂失效活性炭强制放电再生效果

项目	碘		苯酚		亚甲基蓝		堆积密度/(g/cm³)
	含量/(mg/g)	再生恢复率/%	含量/(mg/g)	再生恢复率/%	含量/(mg/g)	再生恢复率/%	
新活性炭	656.5	—	110.1	—	165.0	—	0.501
再生活性炭	638.8	97.3	115.9	105.3	152.9	92.7	0.468
失效活性炭	459.3	—	74	—	123.6	—	0.537

强制放电再生可以是间隙式操作，也可以是连续式操作。再生全过程约 5～10min，再生损耗低于 2%，吸附性能可以恢复 95%以上（以碘值计）。原始强度 90%以上的活性炭可以再生 15 次以上（图 3-82）。

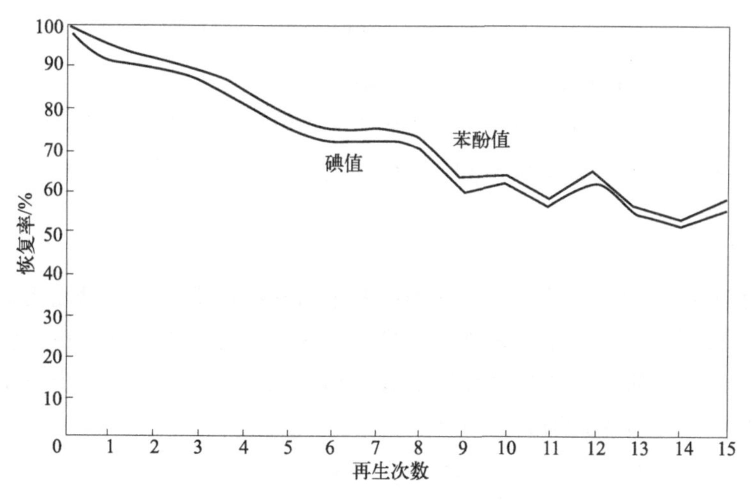

图 3-82 某活性炭重复强制放电再生 15 次的性能变化

强制放电再生和其他几种活性炭再生方法的性能参数比较列于表 3-17。

表 3-17 强制放电再生装置与其他再生方法性能参数比较

项目	燃气加热				电能加热			
	多层式	回转式	移动床式	流化床式	直接电加热再生炉	C-400 型直接接通电两段式再生炉	直接通电三段式再生炉	强制放电再生炉
要求进炉湿炭含水率/%				<6(干基)			85	86
炭在炉内停留时间/h	0.5	2～3	2～6	0.5～10	(沸腾干燥)0.23	6	约 1.42	0.166

续表

项目		燃气加热				电能加热			
		多层式	回转式	移动床式	流化床式	直接电加热再生炉	C-400型直接接通电两段式再生炉	直接通电三段式再生炉	强制放电再生炉
再生后碘值恢复率/%		86.8~95.5				95~98	94~96	96~99	96~100
再生损失率/%		7~15	5~7	3~4	7~15	3	1~3	2	<2
能耗指标	热耗/(kcal/kg)	4925	7899	3360~6950	3326~11341	1500	1291	1475	688
	能耗/(kW·h/kg)	5.72	9.18	3.9~8.07	3.87~13.18	1.77	1.5	1.71	<0.9

(6) 电化学再生

该方法是将失效的活性炭放在电极中间，加入一定的电解质（通常为2% NaCl），进行通电后，在阳极上析出氧气和氯气：

$$2Cl^- - 2e = Cl_2$$

$$4OH^- - 4e = 2H_2O + O_2$$

在阴极上有OH^-生成：

$$2H_2O + 2e = H_2 + 2OH^-$$

由于再生电解槽无隔膜，发生下列反应：

$$Cl_2 + 2OH^- = ClO^- + Cl^- + H_2O$$

ClO^-又可在阳极氧化生成氯酸和初生态氧：

$$6ClO^- + 3H_2O - 6e = 2ClO_3^- + 6H^+ + 4Cl^- + 3[O]$$

这样，由于新生态氧、氯以及ClO^-、$HClO_3$具有强氧化性，可使活性炭中吸附的有机物分解，起到再生的作用。

(7) 生物再生

活性炭床长期运行中，在活性炭颗粒表面有生物黏液产生，会将活性炭颗粒黏结，如果对活性炭床出水进行检验，也会发现细菌数增多。这些都是由于活性炭在长期运行中富集了大量有机物质，为微生物提供了极为良好的食源和繁殖场所。从另外一个角度来说，微生物的存在有利于活性炭上吸附的有机物分解。

生物再生法就是在运行的活性炭上培养和驯化菌种，在微生物的作用下，消耗其吸附的有机物质（它可以将其氧化成CO_2及水），恢复活性炭的吸附能力。

对失效的活性炭使用厌氧方法进行再生，试验表明再生后活性炭吸附能力有一定提高（图3-83）。还有对运行中的活性炭床每隔一段时间进行一次生物再生，再生时补充一定的氮、磷等营养元素，并加大供氧，促进好气菌的繁殖，可使运行的活性炭恢复一定的吸附能力，延长活性炭使用寿命。

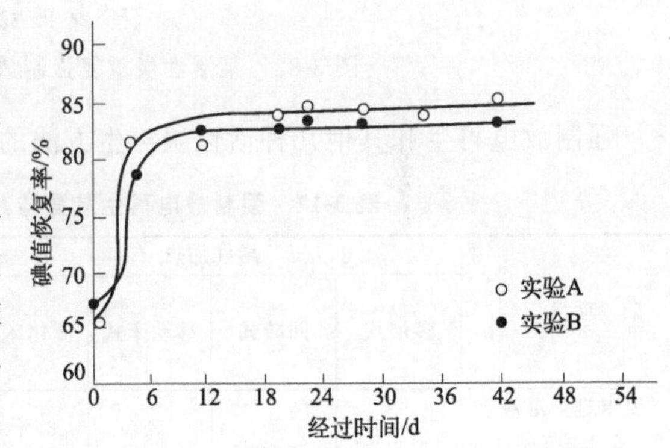

图3-83 失效活性炭厌氧生物处理的效果

生物活性炭的臭氧-活性炭处理工艺更是生物再生的典型例子。还有人将失效活性炭加到有活性污泥的曝气池中，利用活性污泥进行生物再生。

149 什么是固定床吸附器?

固定床吸附器是指吸附剂被固定在吸附器的某些部位，气流通过吸附剂床层时，吸附剂保持静止不动的吸附装置。

固定床吸附器结构简单，造价低，吸附剂磨损小，操作易掌握，操作弹性大，可用于气相吸附，分离效果好，是最常用的吸附分离设备。

按布置形式，可分为立式、卧式、圆柱形、方形、圆环形、圆锥形和屋脊形等；按床层厚度，可分为厚床和薄床。一般情况下多采用立式厚床，当气流量大，需要较大的过气床面积或允许压力损失较小时，则采用圆环形、圆锥形或其他薄床。卧式床因在装填吸附剂和工作过程中容易产生吸附剂分布不均，引起沟流和短路，降低净化效率，一般较少采用。

吸附器指装有多孔结构的吸附剂，用以将气体或液体溶液中某些性质相近似的组分分离，或除去其中有害的或不需要的组分的设备。

根据吸附器内吸附剂颗粒的运动状态不同，其中的床层可以是固定床、移动床或流化床。此外，还有在吸附器上下两端连接对称移动的往复泵，使固定床内流过的溶液发生周期性的脉动，配合着加热、冷却温度场和浓度的变化的参数泵分离装置。

150 何为固定床穿透曲线？影响穿透过程的因素有哪些?

穿透曲线（breakthrough curve）是指多组分混合气体/蒸汽流经固定床穿透柱时，各个流出组分的浓度随时间变化的曲线。图的横坐标通常为时间 t 或时间与吸附质量 g 的比值 t/g，纵坐标为 t 时刻的出口浓度 C_t 或 C_t/C_0（出口浓度 C_t 与入口浓度 C_0 的比值，即相对浓度)。当吸附质从穿透柱内的吸附剂流出时，流出浓度 C_t 达到初始浓度 C_0 的 5%时对应的穿透曲线的相应点则称为穿透点。穿透曲线反映了流动相吸附质和固定相吸附剂的吸附平衡关系、吸附动力学和传质机理。

多组分吸附穿透曲线（multi-component adsorption breakthrough curve，简称 MAB）分析方法，由于切近实际应用工况，是该领域研究的经典方法。通过该研究方法，可以对如吸附剂用量、吸附容量、吸附速率、选择性竞争吸附效果、净化效果、活化条件、滤芯寿命等给出准确的信息。

151 什么是移动床吸附器？有何特点?

移动床吸附器是吸附器的一种类型。在这类吸附器中，新鲜吸附剂由塔顶加进，添加速度的大小以保持气、固相有一定的接触高度为原则；塔底有一装置连续地排除已饱和的吸附剂，送到另一容器再生，再生后回到塔顶。

移动床吸附器被处理的气体从塔底进入，向上通过吸附床流向塔顶。塔底设有支承格栅。有下流式移动填料塔和板式塔两种型式。适用于要求吸附剂气体比率高的场合，较少用于控制污染。优点是处理气体量大，吸附剂可循环使用。吸附剂的磨损和消耗是一个很大的管理问题，要求有耐磨能力强的吸附剂。

移动床吸附器中吸附剂在床层中不断移动，一般吸附剂由上向下移动，气体由下向上流动，形成逆流操作。被分离气体从吸附器中段引入，与从吸附器顶端下降的吸附剂逆流相遇。吸附剂在下降的过程中，经历了冷却、降温、吸附、增浓、汽提、再生等阶段，在同一装置内完成了吸附、脱附（再生）过程。吸附过程实现连续化，克服了固定床间歇操作带来的弊病，对于稳定、连续、大量的废气净化，其优越性比较明显。

当吸附剂不需要脱附再生时，可采用气固并流的移动吸附床，当吸附剂需要再生时，则一般采用气固逆流的移动吸附床。气固逆流移动吸附床的特点是处理气量可以很大，吸附剂可循环使用，但动力和热量消耗大，吸附剂的机械强度要求高。

152 什么是流化床吸附器？有何特点？

流化床吸附器是近年来发展的一种吸附器型式。在流化床吸附器中，分置在筛孔板上的吸附剂颗粒，在高速气流的作用下，强烈搅动，上下浮沉。吸附剂内传质传热速率快，床层温度均匀，操作稳定。缺点是吸附剂磨损严重。另外，气流与床层颗粒返混，所有吸附剂颗粒都与出口气保持平衡，无“吸附波”存在，因此，所有吸附剂都保持在相对低的饱和度下，否则出口气体中污染物浓度不易达到排放标准，因而较少用于废气净化。

（六）软化

153 何为硬水？进行硬水软化的目的是什么？

硬水（hard water）是指含有较多可溶性钙镁化合物的水。水的软、硬取决于其钙、镁矿物质的含量，我国测定饮水硬度是将水中溶解的钙、镁换算成碳酸钙，以每升水中碳酸钙含量为计量单位，当水中碳酸钙的含量低于150mg/L时称为软水，达到150～450mg/L时为硬水，450～714mg/L时为高硬水，高于714mg/L时为特硬水。

硬水并不对健康造成直接危害。实际上，根据英国国家研究院（National Research Council）的研究，硬水质的饮用水富含人体所需矿物质成分，是人们补充钙、镁等成分的一种重要渠道。进一步的研究指出：当某一地区水中的矿物质含量很高的时候，饮用水将成为人们吸收钙等成分的主要来源。溶于水中的钙是最易为人体吸收的。

软水因为硬度低，对婴儿身体负担较轻，常作为冲泡奶粉的用水。奶粉因为本身含有蛋白质和矿物等营养成分，加上高硬度水的冲泡会加重对宝宝身体的负担。婴儿的内脏还未发育完全，矿物成分过量摄入可能会引起消化不良，所以矿物成分含量较低的软水更适合冲泡奶粉。

硬水有许多缺点：

① 和肥皂反应时产生不溶性的沉淀，降低洗涤效果（利用这点也可以区分硬水和软水）。

② 工业上，钙盐镁盐的沉淀会造成锅垢，妨碍热传导，严重时还会导致锅炉爆炸。由于硬水问题，工业上每年因设备、管线的维修和更换要耗资数千万元。

③ 硬水的饮用还会对人体健康与日常生活造成一定的影响。没有经常饮硬水的人偶尔饮硬水，会造成肠胃功能紊乱，即所谓的“水土不服”；用硬水烹调鱼肉、蔬菜，会因不易煮熟而破坏或降低食物的营养价值；用硬水泡茶会改变茶的色香味而降低其饮用价值；用硬水做豆腐不仅会使产量降低，而且影响豆腐的营养成分。另外，硬水在加热的情况下会沉淀出碳酸钙和碳酸镁，由于碳酸钙、碳酸镁不溶于水，所以会产生大量水渍，影响生活。

所谓软化，是指把水中所含的钙、镁等硬度成分除去的操作。

154 水的化学软化方法有哪些？软化机理是什么？

化学软化是指在水中加入化学试剂（如石灰 CaO、纯碱 Na_2CO_3 等），以使水中溶解的钙、镁盐变成溶解度极低的化合物（沉淀物）从水中析出，从而达到除去钙、镁等成分的目的。

(1) 石灰软化法

此法适用于碳酸盐硬度较高，非碳酸盐硬度较低且不要求高度软化的水；也可用于离子交换水处理的预处理（处理后必须经过过滤净化）。

其原理是：将生石灰 CaO 调制成石灰乳。

$$CaO + H_2O \longrightarrow Ca(OH)_2$$

而后加入原水中，即可消除水中暂时硬度。

$$Ca(HCO_3)_2 + Ca(OH)_2 \longrightarrow 2CaCO_3\downarrow + 2H_2O$$

$$Mg(HCO_3)_2 + 2Ca(OH)_2 \longrightarrow Mg(OH)_2\downarrow + 2CaCO_3\downarrow + 2H_2O$$

同时可使水中的 CO_2 形成 $CaCO_3$ 沉淀。

$$CO_2 + Ca(OH)_2 \longrightarrow CaCO_3\downarrow + H_2O$$

也可使镁盐硬度转变成钙盐硬度（永久硬度不变）

$$MgCl_2 + Ca(OH)_2 \longrightarrow Mg(OH)_2\downarrow + CaCl_2$$

$$MgSO_4 + Ca(OH)_2 \longrightarrow Mg(OH)_2\downarrow + CaSO_4$$

(2) 石灰-纯碱软化处理

除加石灰外，还加入纯碱 Na_2CO_3，它的作用是去除永久硬度。反应式如下：

$$CaSO_4 + Na_2CO_3 \longrightarrow CaCO_3\downarrow + Na_2SO_4$$

$$CaCl_2 + Na_2CO_3 \longrightarrow CaCO_3\downarrow + 2NaCl$$

$$MgSO_4 + Na_2CO_3 \longrightarrow MgCO_3 + Na_2SO_4$$

$$MgCl_2 + Na_2CO_3 \longrightarrow MgCO_3 + 2NaCl$$

生成的碳酸镁可与熟石灰作用而被除去。

$$MgCO_3 + Ca(OH)_2 \longrightarrow CaCO_3\downarrow + Mg(OH)_2\downarrow$$

(3) 化学-热能综合软水法

此法是在水中加入石灰和纯碱作为基本软化剂，以少量磷酸三钠为辅助软化剂，同时通入蒸汽加热，并加入凝聚剂（白矾）。它使水中的硬度盐一部分在炉外沉淀，一部分在炉内沉淀后随排污排出。其中石灰主要是消除暂时硬度，纯碱主要消除永久硬度，而磷酸三钠可进一步在炉内消除残留硬度。

$$3Ca(HCO_3)_2+2Na_3PO_4 \longrightarrow Ca_3(PO_4)_2\downarrow+6NaHCO_3$$

$$3Mg(HCO_3)_2+2Na_3PO_4 \longrightarrow Mg_3(PO_4)_2\downarrow+6NaHCO_3$$

$$3CaSO_4+2Na_3PO_4 \longrightarrow Ca_3(PO_4)_2\downarrow+3Na_2SO_4$$

$$3MgSO_4+2Na_3PO_4 \longrightarrow Mg_3(PO_4)_2\downarrow+3Na_2SO_4$$

（4）石灰、凝聚、镁剂除硅联合处理

石灰、凝聚、镁剂除硅可同时在一个澄清池中进行，这不仅能充分利用设备，而且三个过程还能相互提供有利条件，提高处理效果。当 pH=8 时，凝聚剂 $FeSO_4 \cdot 7H_2O$ 水解速度最快，且 Fe^{2+} 能更有效地被溶于水中的氧所氧化为 Fe^{3+}。石灰处理可为凝聚过程提供最适宜的 pH 值，同时也给镁剂 MgO 水解提供了有利条件，可以较快地形成氢氧化镁。氢氧化镁与加入的凝聚剂水解生成的絮状物都具有较大的活性表面，能吸附水中的有机物、色素、硅酸及胶体状的二氧化硅等，也能黏附水中悬浮物，形成较大的沉渣。因而此法处理效果较好，适用于电厂中、高压锅炉给水的预处理。

155 石灰软化法中所需石灰量如何计算?

石灰软化法中软化时所需的石灰消耗量按下式计算：

$$G=\frac{28D(H_{暂}+H_{Mg}+C+0.35)}{10^3K}$$

式中，G 为石灰消耗量，kg/h；D 为软化水量，t/h；$H_{暂}$ 为原水的暂时硬度（以 $CaCO_3$ 计），mg/L；H_{Mg} 为原水的镁硬度，mg/L；C 为原水中游离的 CO_2 量，mg/L；0.35 为石灰过剩量，mg/L；K 为工业用石灰的纯度，一般为 60%～85%。

石灰处理常和凝聚处理同时进行。此法不能使水彻底软化，即使在有足够的石灰过剩量和水中主要是暂时硬度的条件下，处理后水的硬度（以 $CaCO_3$ 计）仍有约 50mg/L。

156 如何计算石灰-纯碱软化法中所消耗的药剂量?

石灰-纯碱软化法中碱耗量 G（mg/L）为：

$$G=\frac{53(H_{永}+a)}{E}$$

式中，53 为 $1/2Na_2CO_3$ 的摩尔质量，mg/mmol；$H_{永}$ 为原水的永久硬度（以 $1/2Ca^{2+}+1/2Mg^{2+}$ 计），mmol/L；a 为纯碱过剩量（以 $1/2Na_2CO_3$ 计），mmol/L，一般取 1.0～1.4mmol/L；E 为工业用纯碱的纯度。

157 如何采用化学-热能综合软化法确定药剂的投加量?

化学-热能综合软化法中药剂用量见表 3-18。

表 3-18 化学-热能综合软化法中药剂用量

硬度(以 $CaCO_3$ 计)/(mg/L)		<89	89～125	142.5～178.5	196.5～231.5	250～285.5	357～397.5	463～500
每吨水用药量/g	石灰	46	56	65	75	85	105	125
	纯碱	15	18	24	32	40	56	72
	白矾	8	10	12	14	16	20	24
	磷酸三钠	12	15	20	25	30	40	45

① 如 $H_{Mg}/H_{总}$（镁硬度与总硬度的比值）>0.15，每超过 1°，G 需按表中数量再增加石灰 6g；

② 如 $H_{永}/H_{总}$>0.20，每超过 1°，G 需按表中数量再增加纯碱 12g，或增加磷酸三钠 5g；

③ 如水中含铁盐较多使水呈红色，或含其他杂质使水浑浊，则按表中数量再增加白矾 1/3～1/2。

158 地下水和地表水中铁和锰的存在形态有哪些？

地表水或地下水中常含有铁。铁存在的形态有很多种，可分类如下：

(1) 离子状和分子状的铁

这种形态在地下水中最为常见，一般都认为是碳酸亚铁等。把地下水刚打上来的时候，乍一看是无色透明的清水，但一倒入茶水就呈丹宁酸铁的青色，逐渐受空气氧化而变白浊，并生成淡黄褐色的铁的沉淀。在矿山排水中，偶尔也有以硫酸亚铁的形式存在的。

(2) 微晶状的铁

① 是铁的氢氧化物之类的东西，是由上述形态转变而来的；地下水中游离 CO_2 少的时候，抽水时也可以发现这种形态的铁。

② 是铁的硅酸盐、花岗岩之类含铁多的岩石、土壤中含有的铁。这种铁一部分溶解在酸性水中，成为离子状的铁。

(3) 吸附状态的铁

是吸附在共存的微晶状的铁和微生物等上面的形态，特别是被腐殖酸吸附或与之结合的铁。

天然水中所含的铁，有还原性时是作为 Fe^{2+} 溶解的，在地下水中主要是以重碳酸亚铁 [$Fe(HCO_3)_2$] 的形式存在。把它暴露在空气中就成为氢氧化铁 [$Fe(OH)_3 \cdot nH_2O$] 而析出：

$$2Fe(HCO_3)_2 + H_2O + \frac{1}{2}O_2 \longrightarrow 2Fe(OH)_3\downarrow + 4CO_2\uparrow$$

根据这一原理，就可用曝气法来去除水中的铁。下面这种现象是很容易看到的；井水刚打上来的时候是透明的，过了一些时间就会变白浊，最后可以看到淡红褐色的沉淀。

因为加酸可以使这些沉淀物溶解，所以立刻就可以判断出来。这样经放置而变浑浊的水，铁的含量大约在 0.5～1.0mg/L 以上。

另外，由于混入了温泉、矿山、工厂等的废水而使酸度提高了的时候，就肯定会有 $FeSO_4$ 存在。在与空气长时间接触后将被氧化，成为红褐色氢氧化铁的胶体状沉淀物：

$$2FeSO_4+\frac{1}{2}O_2+5H_2O \longrightarrow 2Fe(OH)_3\downarrow+2H_2SO_4$$

铁与腐殖酸结合可成为有机铁的形式而存在，这在北海道地区的泥炭水和东京横滨一带的深井中可以看到。这种形态的铁非常难于氧化，因而也难于去除。

含铁量即使只有0.1～0.5mg/L左右也往往会发生铁细菌［铁细菌属（*Crenothrix*）、纤毛菌属（*Leptothrix*）、嘉氏铁柄杆菌属（*Gallionela*）、鞘铁细菌属（*Siderocapsa*）等］的繁殖，生成红褐色的软泥，附着在给水系统或冷却水系统中，在生产过程中引起危害。

饮用水中的铁含量规定在0.3mg/L以下。铁的本身虽然对人体无害，但会使水产生涩味或金属性的嗅味，使用这种水时可使食品的味道变坏，所以不宜用来制造罐头、清凉饮料和啤酒等食品。

一般的工业用水，铁的含量（以Fe计）必须在0.1mg/L以下，对制造高级产品用水的铁的含量则更为严格，要求在0.05mg/L以下。

另外，即使是经过处理的优质水，在铁管内的输送过程中，也可能由于铁腐蚀溶解而使水中含铁量增加。固形物的含量较小、甲基橙碱度（以$CaCO_3$计）在20mg/L而溶解氧含量在5mg/L以上的水，很容易引起铁的腐蚀，所以必须注意。

用水中的铁一经沉淀或附着在物体上，就会产生褐色的斑点。特别是纤维、织物洗涤、染色、加工以及造纸工业中，这种斑点可能使产品降等，应予警惕；多数化学药剂和化学反应生成物与铁反应都会产生有色的沉淀，因而在人造丝、胶卷、染料、钡地纸及其他化学药剂的制造中也不宜使用。另外，使用丹宁的制革工业如果使用含有铁的水，生成的丹宁酸铁也可以使产品染上墨汁似的黑色。

锰的原子价有从2价到7价的，故有很多存在形态。一般在水中是以重碳酸锰［$Mn(HCO_3)_2$］、硫酸锰（$MnSO_4$）和呈悬浊状或胶体状的物质存在。锰与重碳酸铁共存时就可能形成锰的重碳酸盐。硫酸锰与铁一样，存在于特殊的硫酸酸性水中。呈悬浊状的氢氧化锰因为在一般的pH值条件下不容易被氧化，所以只偶尔存在于地表水中。有机胶体状的锰则存在于和铁一样的场合中。

工业用水中所含的锰大多是与铁共存的。纤维、染色生产用水中即使只存在微量的锰，对漂白、染色加工等都会有影响。一般说，锰与铁相比，含量较少。但是，因为它只要含量在0.1mg/L左右就会引起问题，所以现在认为锰的含量必须在0.05mg/L以下。有时可以看到由于锰的沉淀物使输水管内出现黑色沉淀物，这往往是由于铁细菌的发生引起的。这些沉淀物主要是MnO_2和MnO的混合物。水中存在微量的锰也会直接产生影响的工业有纤维、染色、造纸、摄影胶卷、淀粉、酿造等，所以在这些工业部门应予特别注意。

159 去除水中铁和锰的方法有哪些？各方法的原理和适用条件是什么？

在考虑除铁和除锰时，因为它们存在着如上所述的各种不同状态，所以应根据不同的情况采用不同的去除方法，如表3-19所示。

表 3-19　除铁与除锰的方法

序号	原水的水质	处理方法	投药
1	只含有铁，几乎不含有机物	曝气（pH 值在 6.5 以上）、沉淀过滤	不投药
2	铁和锰与含有的有机物结合力弱，且无过量的有机物	曝气（接触法、使用焦炭等）、混凝、沉淀、过滤（pH 值在 6.5 以上）	不投药
3	同上，但与有机物的结合力强	曝气（pH 值在 6.5 以上）或用锰砂和锰沸石进行接触过滤	不投药
4	同第 2 项，只是不含过剩的 CO_2	用锰砂和锰沸石进行接触过滤（pH 值在 6.5 以上）	不投药
5	含有铁和锰，和有机物结合力弱	曝气、加石灰、混合、沉淀、过滤（pH 值为 8.5～9.6）	投入石灰，控制 pH 值
6	含有铁、锰的浑浊的有色地表水，含有机物	曝气、混凝、加石灰、沉淀、过滤（pH 值为 8.5～9.6）	投入石灰和铁盐混凝剂
7	含有 1.5～2mg/L 的铁和锰的井水，不含氧	钠沸石和锰沸石并联运转（pH 值在 6.5 以上）	不投药
8	只含重碳酸亚铁的井水，软水，不含氧	加石灰混合（pH 值为 8.0～8.5）、沉淀、过滤	投石灰

160 常用的离子交换树脂有哪几种？各种离子交换树脂的性质是什么？

在水处理领域中，聚苯乙烯系离子交换树脂使用得最多，对其用法也进行了充分的研究。其中有阳离子交换树脂和阴离子交换树脂。阳离子交换树脂含有磺酸基（$—SO_3H$）、羧基（—COOH）或苯酚基（$—C_6H_4OH$）等酸性基团，在水中易生成 H^+，使得溶液中的阳离子被转移到树脂上，而树脂上的 H^+ 交换到水中，（即为阳离子交换树脂原理）。水溶液中的阴离子（Cl^-、HCO_3^- 等）与阴离子交换树脂｛含有季胺基[$—N(CH_3)_3OH$]、胺基（$—NH_2$）或亚胺基（$—NH_2$）等碱性基团，在水中易生成 OH^-｝上的 OH^- 进行交换，水中阴离子被转移到树脂上，而树脂上的 OH^- 交换到水中，（即为阴离子交换树脂原理）。根据这些交换基的性质可分为如图 3-84 所示的几类。

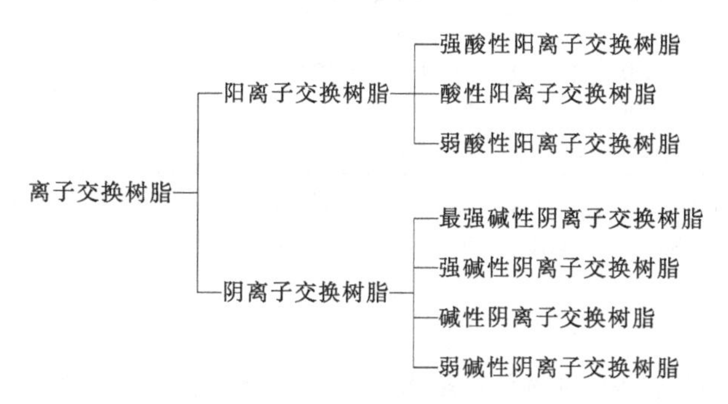

图 3-84　离子交换树脂分类

强碱性阴离子交换树脂中，往往又分为Ⅰ型和Ⅱ型，Ⅰ型指的是含有烷基的，Ⅱ型指的是含有醇基的。

此外，还有用于去除水中溶解氧的氧化还原树脂。主要的离子交换树脂如表 3-20 和表 3-21 所示。

表 3-20 阳离子交换树脂性能一览表

项目	阳离子交换树脂		
类别	强酸性	酸性	弱酸性
母体	苯乙烯·DVB①系	同左	甲基丙烯酸·DVB系
交换基	$—SO_3H$	$—PO_2H_2$	—COOH
商品离子交换树脂的型号	Na型	Na型	H型
形状	球形	球形	球形
表观密度/(g/L)	～800	—	690
有效粒径/mm	0.4～0.6	0.4～0.6	0.4～0.6
总交换容量/(g/L)	1.9～2.1	2.8	3.5
最高操作温度/℃	120	100	120
适用的pH值范围	1～14	醋酸酸性～14	7～14
商品名称	LR-120离子交换树脂② SA离子交换树脂② SK#1甲醛系交换树脂②	C-62离子交换树脂 XP人造沸石	IRC-50离子交换树脂 CS-101离子交换树脂 226磺化煤 H-70人造沸石

① DVB是二乙烯基苯的缩写。由于改变苯乙烯的配比，母体的交联作用即网目结构也将发生变化。2%～4%的称为低交联度（高多孔性），6%～8%的称为标准交联度，10%～16%的称为高交联度（低多孔性）。

② 指日本产品。

表 3-21 阴离子交换树脂性能一览表

项目	阴离子交换树脂			
类别	最强碱性	强碱性	中碱性①	弱碱性①
母体	苯乙烯·DVB系	同左	脂肪族系	同左
交换基	$—N(CH_3)_2(OH)$	$—N(C_2H_4OH)(CH_3)_2(OH)$	第三、四级铵	（聚烷撑·聚胺缩合系） 第二、三级铵
商品离子交换树脂的型号	Cl型	Cl型	Cl型	Cl型、OH型
形状	球形	球形	球形	破碎状
表观密度/(g/L)	600～650	650～700	370	560
有效粒径/mm	0.4～0.6	0.4～0.6	0.4～0.6	0.4～0.6
总交换容量/(g/L)	1.0	1.0～1.3	2.0～2.5	2.2～3.0
最高操作温度/℃	60(OH型)	41(OH型)	80(Cl型)	80(Cl型)
适用的pH值范围	0～12	0～12	0～12	0～7
商品名称	IRA～400离子交换树脂② SBI离子交换树脂② SA#100甲醛系交换树脂②	IRA～410离子交换树脂② SBII离子交换树脂② SA#200甲醛系交换树脂②	A-41,A-43离子交换树脂 (A-30,A-34T③)	IR-4B离子交换树脂 A-4,A-6,A-7,A-2 离子交换树脂

① 碱性和弱碱性阴离子交换树脂一般多使用脂肪族系的，但在特殊用途中也有使用芳香族系的。市场出售的商品中，有IR-45离子交换树脂、磺化苯乙烯树脂-3、A-114A离子交换树脂等。

② 指日本产品。

③ 适用的pH值范围为0～7。

离子交换树脂各有其特殊的颜色：阳离子交换树脂呈红褐色，阴离子交换树脂则多半呈半透明的黄颜色。树脂的粒径多为20～50目左右，在100m/h左右的流速下进行水处理不会有问题。但是，由于长期使用而使树脂胀润或粉末化了的时候，压力损失将会增大。此外，在装置的设计上要考虑树脂的膨胀率。一般说交联度与膨胀率有密切关系，交联度越高，膨胀率就越小；交联度越低，膨胀率就越大。

在离子交换树脂的交换容量中，有总交换容量、中性盐分解交换容量和漏出交换容量。

水处理中，主要是重视漏出交换容量。在一般的水处理情况下，漏出交换容量以中性盐分解容量的50%～60%来计算。另外，树脂对氧化剂的耐久性最差，常常出问题。关于耐热性，因为阳离子交换树脂能耐受100℃的高温，所以没有问题，而阴离子交换树脂只能耐受40～60℃左右的温度，因此，必须注意再生温度。

最近出现了一种使凝胶状树脂具有多孔物理性能的多孔型树脂。

这种树脂具有耐有机物污染和离子交换性能良好的性质。凝胶状树脂具有的特性离不开交联度，与此相反，多孔型树脂除交联度以外，孔隙率、孔径大小、比表面积等有关的物理因素很多，这些因素与树脂交换特性的关系很复杂。

多孔型离子交换树脂在概念上可分为特性不同的两类。一类是使交联度高的树脂多孔化了的，是一种孔隙率和比表面积都比较大的树脂，称为MR树脂（长网树脂）。因为孔隙率大，所以吸附无极性溶剂的性能就好。然而，由于在水溶液中交联度高，故有微孔很小、反应速度低、再生效率低等交换性能差的缺点。另一类多孔型树脂是使交联度不太高的树脂多孔化了的，孔隙率和比表面积都不太大的树脂。这一类树脂，对无极性溶剂的亲和性不良，但对水的亲和性较好，用作水处理是很有效的。由于这种树脂交联度低，微孔大，反应速度和再生效率等离子交换性能良好，因而能提高脱色能力和耐有机物污染的能力。

161 离子交换树脂的物理性能指标有哪些?

离子交换树脂的物理性能指标如下。

（1）外观

离子交换树脂一般制成小球状，球状颗粒的树脂占树脂总量的百分数称为圆球率，离子交换树脂产品的圆球率应在90%以上。圆球率越高，越有利于树脂层中水流分布均匀和减小水流阻力。在一些特殊应用中，也有将离子交换树脂制成粉末状、纤维状等。

离子交换树脂呈透明、半透明和不透明，这主要与树脂结构中孔隙大小有关，通常，凝胶型树脂是透明或半透明的，大孔型树脂是不透明的。离子交换树脂的颜色有白色、黄色、棕褐色及黑色等，颜色主要与树脂的组成及其杂质种类有关。通常，凝胶型苯乙烯系树脂大都呈淡黄色；大孔型苯乙烯阳树脂一般呈淡灰褐色，大孔型苯乙烯系阴树脂呈白色或淡黄褐色；丙烯酸系树脂呈白色或乳白色。此外也可应用户要求制成某种特定颜色的树脂或变色树脂。树脂在使用过程中，由于转型或受到杂质污染时，其颜色也会发生相应变化。

（2）水溶性溶出物

将新树脂样品浸泡在水中，经过一定时间以后，浸泡树脂的水就呈黄色，浸泡时间越长颜色越深。水的颜色常由树脂中的水溶性溶出物形成，其来源主要有三方面：①残留在树脂内的化工原料；②树脂结构中的低分子聚合物；③树脂分解产物。显然，树脂溶出物会直接影响到出水水质，随着对水处理要求的提高，将会对树脂产品的溶出物（leachables）允许量有所要求。

（3）粒度

离子交换树脂粒度分布应均匀。若树脂颗粒太大，则交换速度慢；若树脂颗粒太小，则水流阻力大。如果树脂颗粒大小不均匀时，一方面由于小颗粒树脂夹在大颗粒树脂之间，使水流阻力增加，另一方面会使反洗时反洗强度难以控制，因为反洗强度过小，不能松动大颗粒树脂，反洗强度大时，则会冲走小颗粒树脂。

离子交换树脂的颗粒大小不可能完全一样，所以不能简单地用一个粒径指标来表示，而是用树脂的粒度分布来表示。树脂的粒度分布是通过对树脂进行筛分来测定的。表示树脂粒度的指标包括有效粒径、均一系数和粒径范围。有效粒径指的是有 90％树脂体积未能通过的筛孔孔径（用 d_{90} 表示）。均一系数指的是有 40％树脂体积未能通过的筛孔孔径（用 d_{40} 表示）与 d_{90} 之比值，用 k_{40} 表示。水处理用离子交换树脂的粒径范围通常为 0.315～1.250mm，均一系数≤1.4～1.6。

树脂的筛分试验与滤料的筛分试验相似，不同的主要是：由于树脂在湿状态下有一定的溶胀，所以，进行树脂粒度筛分试验时，应在水中进行湿树脂筛分测试。

(4) 孔分布

离子交换树脂的活性基团，少量存在于树脂颗粒表面，而大量存在于树脂颗粒内部，因此，树脂颗粒中的网孔分布直接影响到活性基团与水中离子的交换作用。

树脂孔径分布通常从孔径、孔度、孔容及比表面积等角度来描述。孔径是用来表示树脂中微孔的大小。孔度是指单位体积树脂内部孔的容积，孔容是指单位质量树脂内部孔的容积，单位分别为 mL/mL 和 mL/g。比表面积是指单位质量的树脂具有的表面积，其单位为 mL/g，凝胶型树脂的比表面积不到 $1m^2/g$，而大孔型树脂的比表面积则可达几到几百 m^2/g。在树脂制造过程中，控制调节树脂的孔分布可获得高交换能力的树脂。

(5) 密度

离子交换树脂的密度是指单位体积树脂所具有的质量，常用 g/mL 表示。因为离子交换树脂是粒状材料，所以有真密度和视密度之分，所谓真密度是相对树脂的真体积而言的，视密度是相对树脂的堆积体积而言的。由于树脂常在湿状态下使用，又有“干”“湿”之分。所以，树脂的密度有干真密度、湿真密度和湿视密度等多种表示方法。

① 干真密度　表示树脂在干燥状态下的质量和它的真体积之比：

$$\text{干真密度}=\frac{\text{干树脂的质量}}{\text{树脂的真体积}}$$

所谓真体积是指树脂的排液体积，它不包括树脂颗粒内的孔隙和树脂颗粒间的空隙。求取树脂真体积，不能用水作排液介质，而应用不会使树脂溶胀的溶剂作排液介质，如甲苯。

离子交换树脂的干真密度一般为 $1.6g/cm^3$ 左右，这一指标常用于研究树脂的结构与性能的关系。

② 湿真密度　表示树脂在水中经充分溶胀后的真密度：

$$\text{湿真密度}=\frac{\text{湿树脂的质量}}{\text{湿树脂的真体积}}$$

湿树脂的真体积是指树脂在湿状态下的颗粒体积，此体积包括颗粒内孔孔隙体积，但颗粒间的空隙不计入，用去除外部水分的湿树脂在水中的排液体积来求取湿树脂的真体积。树脂的湿真密度与其在水中所表现的水力学特性有密切关系，它直接影响到树脂在水中的沉降速度和反洗膨胀率，所以是一种重要的实用性能，其值一般在 $1.04\sim1.30g/cm^3$ 之间。通常，阳树脂的湿真密度比阴树脂的大。

③ 湿视密度　表示树脂在水中经充分溶胀后的堆积密度：

$$\text{湿视密度}=\frac{\text{湿树脂的质量}}{\text{湿树脂的堆积体积}}$$

离子交换树脂的湿视密度不仅与其离子形态有关，还与树脂的堆积状态有关，即与大小颗粒混合程度以及堆积密实程度有关，其值一般在 0.60～0.85g/cm^3 之间。湿视密度可用来计算交换器中装载的湿树脂质量。

（6）含水率

离子交换树脂在保存和使用中都应含有水分，失水的树脂强度会降低，遇水易破裂，因此树脂都是湿态保存。离子交换树脂中的水分，一部分是与活性基团相结合的化合水，另一部分是吸附在树脂外表面或滞留在孔隙中的游离水。

树脂含水率（moisture content）常用单位质量去除外表面水分的湿树脂所含水量的百分率来表示，一般在 50%左右。对于含有一定数量活性基团的离子交换树脂，由于它们的化合水大致相同，因此含水率可以反映树脂的交联度和孔隙率的大小，树脂含水率大，通常表示它交联度小，而孔隙率大。树脂含水率还与树脂降解程度有关，通常情况下，树脂发生降解，其含水率上升。测定树脂含水率时，常用吸干法、抽滤法或离心法除去树脂外表面的水分。

（7）溶胀性和转型体积改变率

当干的离子交换树脂浸入水中时，其体积会膨胀，这种现象称溶胀。溶胀是高分子材料在某些溶剂中常表现出的现象。离子交换树脂有两种不同的溶胀现象，一种是不可逆的，即新树脂经溶胀后，如重新干燥，它不再恢复到原来的大小；另一种是可逆的，即当树脂浸入水中时会溶胀，干燥时又会复原，如此反复地溶胀和收缩。

离子交换树脂的溶胀现象的基本原因是活性基团的溶剂化倾向。离子交换树脂颗粒内部相当于一个高浓度的溶液，在树脂外部溶液之间，由于浓度的差别而产生渗透压差，这种渗透压可使树脂颗粒内有从外部溶液中吸取水分来降低其离子浓度的倾向。因为树脂颗粒是不溶性材料，因此这种渗透压差被树脂骨架弹性张力抵消而达到平衡，表现出溶胀现象。树脂溶胀程度主要取决于以下因素：①树脂的交联度，交联度越大，溶胀性越小；②活性基团，树脂上活性基团越易电离，树脂溶胀性越强；③交换容量，树脂的交换容量越大，溶脂性越强；④溶液浓度，溶液中离子浓度越大，树脂溶胀性越小；⑤可交换离子，可交换离子价数越高，溶胀性越小，对于同价离子，水合能力越强，溶胀性越强。

强酸阳树脂和强碱阴树脂在不同离子形态时溶胀率大小的顺序为：①强酸阳树脂，$H^+>Na^+>NH_4^+>K^+>Ag^+$。②强碱阴树脂，$OH^->HCO_3^-\approx CO_3^{2-}>SO_4^{2-}>Cl^-$。

很显然，当树脂由一种离子形态转为另一种离子形态时，其体积会发生改变，此时树脂体积改变的百分数称为树脂转型体积改变率。

（8）机械强度

树脂在使用过程中，由于相互摩擦、挤压及周期性的转型使其体积胀缩等，都可能导致树脂颗粒的破裂，影响树脂的正常使用。因此，离子交换树脂必须具有良好的机械强度。

目前，我国主要采用国家标准方法（磨后圆球率和渗磨圆球率）来评价树脂的机械强度。此方法是按规定称取一定量的干树脂，放入装有瓷球的滚筒中滚磨，磨后的树脂圆球颗粒占样品总量的质量百分数即为树脂磨后圆球率。若将树脂用酸、碱反复交替转型，然后用前述方法测得树脂的磨后圆球率，称为树脂的渗磨圆球率，该指标表示树脂的耐渗透压能力，一般用此来评价大孔型树脂的机械强度。此外用来表示机械强度的方法还有压脂法及循环法，压脂法是取两颗直径相似的树脂颗粒放在一块玻璃下面，成三点支撑，然后在玻璃上加砝码，至树脂颗粒被压碎时的砝码质量即压脂强度；循环法是将树脂经多次酸、碱反复交替转型处理后，检查树脂破碎程度。一般树脂因机械强度而发生的年损耗率不应大于3%～7%。

(9) 耐热性

离子交换树脂的耐热性表示树脂在受热时保持其理化性能的能力。各种树脂都有其允许使用的温度极限，超过此极限温度，树脂的热分解就很严重，其理化性能迅速变差。常见树脂的热稳定性一般规律是：阳树脂比阴树脂耐热性强，盐型树脂要比游离酸或碱型树脂耐热性强，Ⅰ型强碱树脂比Ⅱ型耐热性强，弱碱基团比强碱基团耐热性强，苯乙烯系强碱树脂比丙烯酸系强碱树脂耐热性强。

通常情况下，阳树脂可耐100℃或更高的温度，如Na型苯乙烯系磺酸型阳树脂最高使用温度为150℃，而H型最高使用温度为100～120℃。对苯乙烯阴树脂，强碱性的使用温度不应超过40℃，弱碱性的使用温度不能超过80℃；丙烯酸系强碱阴树脂最高使用温度不应超过38℃。

(10) 导电性

干燥的离子交换树脂不导电，湿树脂因有解离的离子可以导电，阳树脂的导电率比阴树脂大，这一点可用在混合树脂分离的监测上。树脂的导电性在离子交换膜的应用上也很重要。

162 离子交换树脂的化学性能指标有哪些？

(1) 交换反应的可逆性

离子交换反应是可逆的，但这种可逆反应并不是在均相溶液中进行的，而是在非均相的固-液相中进行的。例如用含有Ca^{2+}的水通过Na型阳树脂，其交换反应为：

$$2RNa+Ca^{2+} \longrightarrow R_2Ca+2Na^+$$

当反应进行到离子交换树脂大都转为Ca型，以致不能再继续将水中Ca^{2+}交换成Na^+时，可以用NaCl溶液通过此Ca型树脂，利用上式的逆反应，使树脂重新恢复成Na型。其交换反应为：

$$R_2Ca+2Na^+ \longrightarrow 2RNa+Ca^{2+}$$

上述两个反应实质上就是下面的可逆离子交换反应式的平衡移动，即

$$2RNa+Ca^{2+} \rightleftharpoons R_2Ca+2Na^+$$

离子交换反应的可逆性是离子交换树脂可以反复使用的重要性质。

(2) 酸、碱性和中性盐分解能力

H型阳树脂和OH型阴树脂，类似于相应的酸和碱，在水中可以电离出H^+和OH^-，这种性能被称为树脂的酸碱性。水处理中常用的树脂有：①磺酸型强酸性阳离子交换树脂$R-SO_3H$；②羧酸型弱酸性阳离子交换树脂R—COOH；③季铵型强碱性阴离子交换树脂$R\equiv NOH$；④叔、仲、伯型弱碱性阴离子交换树脂$R\equiv NHOH$、$R=NH_2OH$、$R-NH_3OH$。

离子交换树脂酸性或碱性的强弱直接影响到离子交换反应的难易程度。强酸H型阳树脂或强碱OH型阴树脂在水中电离出H^+或OH^-的能力较大，因此，它们能很容易和水中的阳离子或阴离子进行交换反应，pH影响小，强酸H型阳树脂在pH=1～14范围内都可以交换，强碱OH型阴树脂在pH=1～12范围内也都可以交换。而弱酸H型阳树脂或弱碱OH型阴树脂在水中电离出H^+或OH^-的能力较小，或者说它们对H^+或OH^-的结合力较

强，所以当水中存在一定量的 H^+ 或 OH^- 时，交换反应就难以进行下去。弱酸 H 型阳树脂在酸性介质中不能交换，只能在中性或碱性（pH=5～14）介质中才可以交换。弱碱 OH 型阴树脂在碱性介质中不能交换，只能在酸性和中性（pH=0～7）介质中才可以交换。

现以中性盐 NaCl 为例，讨论各种类型树脂与中性盐 NaCl 的交换反应。反应式如下：

$$R—SO_3H+NaCl \rightleftharpoons R—SO_3Na+HCl$$

$$R\equiv NOH+NaCl \rightleftharpoons R\equiv NCl+NaOH$$

$$R—COOH+NaCl \rightleftharpoons R—COONa+HCl$$

$$R—NH_3OH+NaCl \rightleftharpoons R—NH_3Cl+NaOH$$

上述各种离子交换树脂与中性盐进行离子交换反应的能力，也即在溶液中生成游离酸或游离碱的能力，通常称为树脂的中性盐分解能力。显然，强酸性阳树脂和强碱性阴树脂由于在酸性和碱性介质中都可以进行交换，所以具有较高的中性盐分解能力（或中性盐分解容量大），而弱酸性阳树脂和弱碱性阴树脂与中性盐反应生成相应的酸和碱，使交换反应无法进行下去，所以这类树脂基本无中性盐分解能力（或中性盐分解容量小）。因此，可用树脂中性盐分解容量的大小来判断树脂酸碱性强弱。

（3）中和与水解

在离子交换过程中可以发生类似于电解质水溶液中的中和反应，例如：

$$R—SO_3H+NaOH \longrightarrow R—SO_3Na+H_2O$$

$$R—COOH+NaOH \longrightarrow R—COONa+H_2O$$

$$R\equiv NOH+HCl \longrightarrow R\equiv NCl+H_2O$$

$$R\equiv NOH+H_2CO_3 \longrightarrow R\equiv NHCO_3+H_2O$$

$$R\equiv NOH+H_2SiO_3 \longrightarrow R\equiv NHSiO_3+H_2O$$

$$R—NH_3OH+HCl \longrightarrow R—NH_3Cl+H_2O$$

对 H 型阳树脂，除可以和强碱进行中和反应外，在水处理中，还常遇到下述与弱酸强碱盐的中和反应：

$$R—SO_3H+NaHCO_3 \longrightarrow R—SO_3Na+CO_2+H_2O$$

$$2R—SO_3H+Ca(HCO_3)_2 \longrightarrow 2(R—SO_3)_2Ca+2CO_2+2H_2O$$

$$2R—COOH+Ca(HCO_3)_2 \longrightarrow (R—COO)_2Ca+2CO_2+2H_2O$$

具有弱酸性基团和弱碱性基团的离子交换树脂盐型容易发生水解反应：

$$R—COONa+H_2O \longrightarrow R—COOH+NaOH$$

$$R—NH_3Cl+H_2O \longrightarrow R—NH_3OH+HCl$$

结合有弱酸阴离子，如 HCO_3^-、$HSiO_3^-$ 等的盐型强碱性阴树脂也可发生水解反应：

$$R\equiv NHCO_3+H_2O \longrightarrow R\equiv NOH+H_2CO_3$$

$$R\equiv NHSiO_3+H_2O \longrightarrow R\equiv NOH+H_2SiO_3$$

（4）离子交换树脂的选择性

离子交换树脂吸附各种离子的能力不一，有些离子易被树脂吸附，但吸附后将它置换下来较困难；而另一些离子较难被树脂吸附，但却比较容易被置换下来，这种性能就是离子交换树脂的选择性。在离子交换水处理中，离子交换的选择性对树脂的交换和再生过程有着重大影响。

离子交换树脂的选择性主要取决于被交换离子的结构。一是离子带的电荷数，离子带电荷数越多，则越易被吸附，这是因为离子电荷数越多，与活性基团固定离子间的静电引力越大，因而亲和力也越大；二是对于带有相同电荷的离子，原子序数大者较易被吸附，这是因为原子序数大者，形成的水合离子半径小，因此与活性基团固定离子间的静电引力大。此外，离子交换树脂的选择性还与树脂的交联度、活性基团、可交换离子的性质、水中离子浓度等因素有关。

树脂在常温、稀溶液中对常见离子的选择性顺序如下：

① 强酸性阳离子交换树脂，$Fe^{3+} > Al^{3+} > Ca^{2+} > Mg^{2+} > K^{+} \approx NH_4^{+} > Na^{+} > H^{+}$；

② 弱酸性阳离子交换树脂，$H^{+} > Fe^{3+} > Al^{3+} > Ca^{2+} > Mg^{2+} > K^{+} \approx NH_4^{+} > Na^{+}$；

③ 强碱性阴离子交换树脂，$SO_4^{2-} > NO_3^{-} > Cl^{-} > OH^{-} > HCO_3^{-} > HSiO_3^{-}$；

④ 弱碱性阴离子交换树脂，$OH^{-} > SO_4^{2-} > NO_3^{-} > Cl^{-} > HCO_3^{-}$（对 $HSiO_3^{-}$ 几乎不交换）。

在浓溶液中，由于离子间的干扰较大，且水合离子半径的大小顺序与在稀溶液中有些差别，其结果使得在浓溶液中各离子间的选择性差别较小，有时甚至会出现相反的顺序。

(5) 交换容量

交换容量（exchange capacity）是表示离子交换树脂交换能力大小的一项性能指标，指的是单位质量或体积的离子交换树脂所具有的（或发挥作用的）离子交换基团数量。其单位有两种表示方法：一种是质量表示法，通常用 mmol/g 表示；另一种是体积表示法，通常用 mmol/L 或 mol/m^3 表示，这里的体积指湿状态下树脂的堆积体积。

(6) 化学稳定性

树脂的活性基团、交联度以及可交换离子的种类都会影响到树脂的稳定性。在使用过程中，影响树脂稳定性的因素也很多，如高温、氧化剂、重金属离子的吸附与催化、有机物污染和微生物的作用等。

在通常情况下，阳树脂的化学稳定性要好于阴树脂，强酸性树脂比弱酸性树脂稳定，强碱Ⅰ型比强碱Ⅱ型稳定性好，H 型和 OH 型比盐型易氧化。

树脂化学稳定性不好，在某些因素影响下发生降解，往往表现为交换基团脱落；交联的键断裂，低聚合度的水溶性成分溶出增多，树脂溶胀、破碎；强碱基团降解为弱碱基团，树脂碱性变弱，甚至还会有出现弱酸交换基团的可能。

(7) 耐辐射性

在核电站水处理系统中，要求离子交换树脂有良好的耐辐射稳定性。树脂受辐射后，多项理化性能会发生变化，如交换基团脱落、降解、结构松弛（强度下降），出现低分子物质和气体等。离子交换树脂耐辐射的一般规律是：阳树脂优于阴树脂，高交联度树脂优于低交联度树脂，交联均匀的树脂优于均匀性差的树脂。

树脂中的杂质，特别是重金属（如 Fe、Cu、Ni、Pb 等）都会加速它的辐射破坏。目前市场上有适用于核电站水处理的耐辐射树脂，被称为核级树脂。核级树脂交联度较高，且对树脂中的重金属含量有严格的要求。

163 什么是离子交换速度控制步骤？

(1) 离子交换过程

离子交换过程不单是离子间交换位置，还包括离子在水溶液和树脂颗粒内部的扩散过程。以水溶液中 A 离子与树脂中 B 离子的交换反应过程为例，实际包括 7 个步骤，如图 3-85 所示，具体步骤如下：

① 主体水溶液中 A 离子向树脂表面扩散；

② A 离子扩散通过树脂表面边界水膜；

③ A 离子在树脂颗粒网孔中扩散到达有效位置；

④ 在交换位置上 A 离子与 B 离子进行交换反应；

⑤ 被交换下来的 B 离子在树脂颗粒网孔中向颗粒表面扩散；

⑥ B 离子扩散通过树脂表面边界水膜；

⑦ B 离子从树脂表面扩散进入主体溶液中。

①～⑦均是离子的扩散过程，其中②、⑥是离子在边界水膜中的扩散，称为膜扩散(film diffusion)；③、⑤是离子在树脂颗粒内网孔中的扩散，称为颗粒内扩散或内扩散(pore diffusion)。

(2) 速度控制步骤

上述步骤实际上是同时进行的，即水溶液中有一个朝着树脂颗粒内部运动的 A 离子群，而树脂颗粒内部有一个朝着树脂外面运动的 B 离子群，直到 A 离子与 B 离子的运动速度达到平衡。由于水不断在树脂颗粒间流动，起到了一种混合或搅拌的作用，这就使上述①和⑦两个过程很快地完成而不致影响交换速度。第④步属于离子间的化学反应，通常是很快完成的。所以，控制离子交换速度的步骤通常是膜扩散或颗粒内扩散过程。当然，也有可能是两种过程都影响交换速度的中间状态。

速度控制步骤的不同，对体系中离子浓度分布有较大的影响。如果膜扩散是控制步骤，那么离子的浓度梯度集中在树脂颗粒表面的边界水膜中，而在树脂颗粒内基本无浓度梯度。如图 3-86(a) 所示；反之，如果颗粒内扩散是控制步骤，那么离子的浓度梯度集中在树脂颗粒内部，而边界水膜中基本无浓度梯度，如图 3-86(b) 所示。

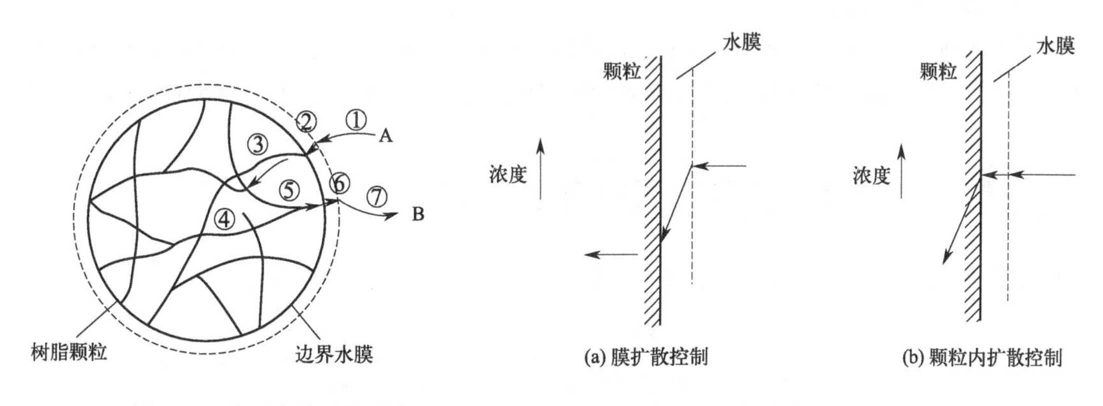

图 3-85 离子交换过程示意　　图 3-86 离子交换过程中的浓度梯度

164 影响离子交换速度的工艺条件有哪些?

离子交换速度受许多工艺条件的影响，如果速度控制步骤不同，则各种工艺条件对离子交换速度影响的差别也是很明显的。下面讨论离子交换柱运行工况对离子交换速度的影响。

（1）溶液浓度

浓度梯度是离子扩散的推动力，因此溶液浓度是影响扩散过程的重要因素。当水中离子浓度在0.1mol/L以上时，离子的膜扩散速度很快，此时颗粒内扩散过程成为控制步骤，通常树脂再生过程属于这种情况。当水中离子浓度在0.003mol/L以下时，离子的膜扩散速度变得相当慢，在此情况下，离子交换速度受膜扩散过程所控制，这相当于离子交换除盐时的情况。

（2）流速和搅拌速率

膜扩散过程与流速或搅拌速率有关，这是由于边界水膜的厚度反比于流速或搅拌速率的缘故。而颗粒内扩散过程基本上不受流速或搅拌速率变化的影响。在离子交换设备运行中，提高水的流速不仅可以提高设备出力，还可以加快离子交换速度，当然，水流速度也不是越高越好，流速太大时，水流阻力也会迅速增加，出水水质可能恶化。

通常情况下，再生过程受颗粒内扩散控制，因此，再生液流速的提高并不能加快交换速度，却减少了再生液与树脂的接触时间，会影响再生效果，所以再生过程通常在较低流速下进行。

（3）水温

提高水温能同时提高膜扩散和颗粒内扩散速度，所以，提高水温对提高离子交换速度是有利的。但水温不宜过高，过高的水温会影响树脂的热稳定性，当然还会增加能耗。

（4）树脂颗粒大小

由于膜扩散过程中，离子交换速度与树脂颗粒粒径成反比，而颗粒内扩散过程中，离子交换速度则与树脂颗粒粒径的二次方成反比，所以膜扩散速度和颗粒扩散速度都受树脂颗粒大小的影响，颗粒内扩散速度受颗粒大小的影响更大，减小树脂颗粒粒径可加快离子交换速度。但树脂颗粒粒径不宜太小，否则会增大水流过树脂层的阻力。

（5）树脂的交联度

交联度越大，树脂网孔越小，交换速度越慢。交联度对颗粒内扩散的影响比对膜扩散的影响更为显著。对膜扩散，只是因为交联度影响到树脂的溶胀性，而使树脂颗粒外表面有所改变。

165 常见的离子交换装置有哪些类型？

在给水处理工艺中应用的离子交换装置很多，一般有如图3-87的分类。

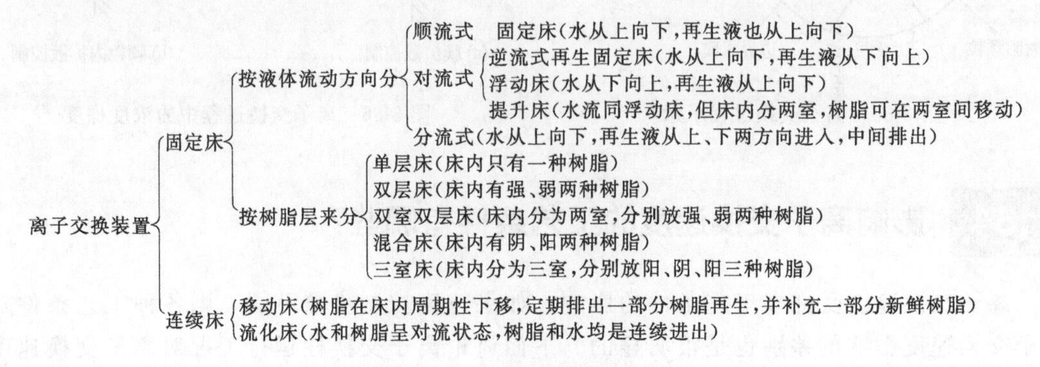

图3-87 离子交换装置的种类

固定床是指树脂层不动，水流动，树脂运行分为制水、再生等步骤，不是连续制水。连续床是指树脂和水均在流动，连续制水，连续再生。由于固定床运行可靠，目前工业上用得很普遍。

166 采用离子交换装置进行水质软化工作有哪些步骤?

一般原则上分为四个步骤；反洗、再生、正洗、运行制水。

(1) 反洗

交换器运行至出水超出标准，即失效。失效后树脂应进行再生，在再生之前对树脂层要进行反洗。反洗就是利用一股自下而上的水流，对树脂进行反冲洗，达到一定的膨胀率，维持一定时间，至反洗排水清澈为止。

所谓反洗膨胀率为树脂层在反冲洗时由于膨胀所增加的高度与树脂层原厚度的百分比。对不同树脂，由于密度不同，反洗膨胀率不同，一般密度大，反洗膨胀率低；密度小，反洗膨胀率高。温度对膨胀率也有影响，一般温度低，膨胀率高；温度高，膨胀率低。反洗膨胀率主要决定于反洗水流速，反洗时允许反洗流速[称反洗强度，单位 L/(m · s)]要通过树脂的水力学试验求得，它既要保证树脂有一定的膨胀高度，冲走碎树脂，又不把完整颗粒树脂带走。

反洗的目的主要有两个：①松动树脂层，即将运行中压实的树脂层松动，便于再生剂均匀分布；②清除树脂层（主要是上部）中悬浮物、碎粒、气泡，松动结块树脂，改善树脂层水力学性质，防止树脂结块、偏流。

根据此目的，反洗水应是清晰的水，不致对树脂带来悬浮物或生成沉淀物的水，一般来说，都是用系统中前级的出水（自身进水），如阳床可用澄清水，阴床可用脱碳器出水，但也可集中使用除盐水。

(2) 再生

按 169 问题所述各种再生条件（再生剂浓度等）进行再生。

(3) 正洗

再生后，为了清除树脂中剩余再生剂及再生产物，应用正洗水对树脂层进行正洗，正洗至出水水质符合投运标准为止。

正洗操作有时还分成几个阶段，如先用小流量，后用大流量正洗等。后期正洗水由于水质较好，可以回收利用。

(4) 运行制水

即水通过树脂层，产生质量合格的水。描述运行过程的参数是运行流速、出水水质、工作交换容量、运行周期等。

运行中水流速的表示方法有两种：①线速度（LV），又称空塔速度，它是假设床内没有树脂时水通过的速度，单位为 m/h，如一般固定床为 20～30m/h；②空间流速（SV），它是指单位时间内单位体积树脂处理的水量，单位为 $m^3/(m^2 \cdot h)$。线速度和空间流速的关系为：

$$SV=\frac{LV}{树脂层高(m)}$$

167 离子交换树脂的再生方式有哪些?

在离子交换水处理系统中，交换器的再生方式可以分为顺流、对流、分流和串联四种。这四种再生方式如图 3-88 所示。

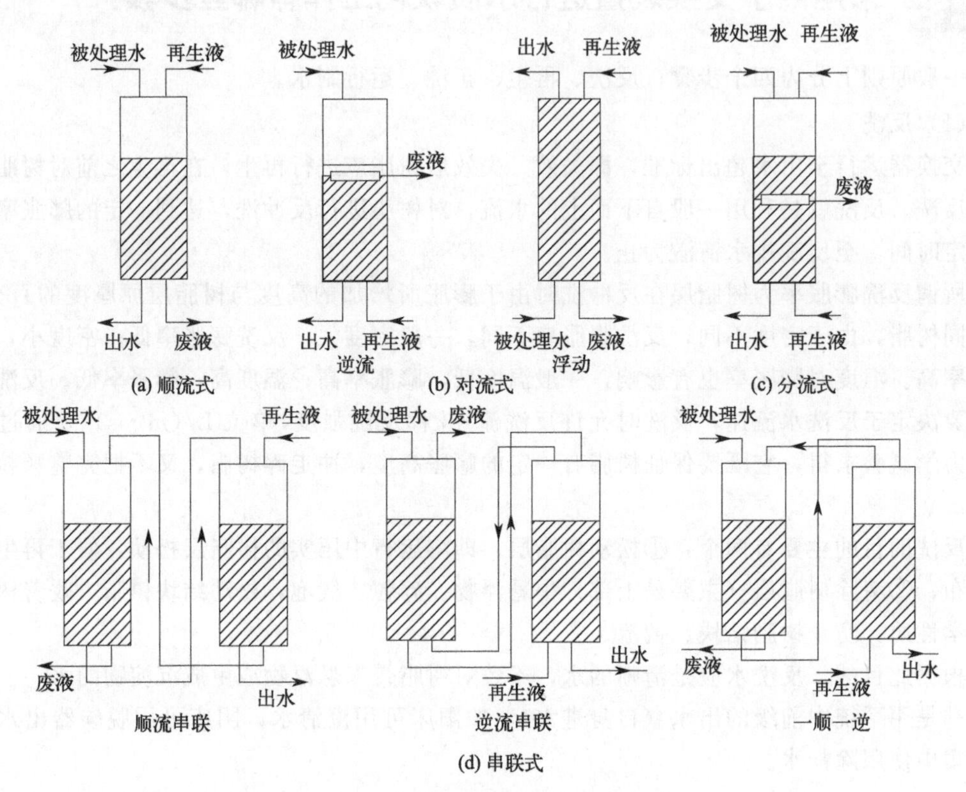

图 3-88 离子交换器再生方式示意图

顺流再生是指制水时水流的方向和再生时再生液流动的方向是一致的，通常都是由上向下流动。因为采用这种方法的设备和运行都比较简单，所以在进水水质比较好时使用比较多。但是顺流再生的缺点是再生效果不理想，再生剂耗量大，出水品质差。

目前对流再生用的较多，主要包括逆流再生和浮动床两种。习惯上将制水时水流向下，再生时再生液向上的水处理工艺称固定床逆流再生；将制水时水流向上流动（此时床层呈密实浮动状态），再生时再生液向下流动的水处理工艺称浮动床。由于是对流再生，所以出水端树脂再生程度高，出水水质好，再生剂耗量低，可适用于进水水质较差的场合。

分流再生时下部床层为对流再生，上部床层为顺流再生，如图 3-88(c)。混合床属于典型的分流再生。另外，用硫酸再生的阳离子交换器，采用分流再生可以减少硫酸钙沉积的危险。

串联再生适用于弱酸阳床和强酸阳床或弱碱阴床和强碱阴床串联运行的场合，一般均为顺流串联，有时也有逆流串联，甚至可以一个顺流一个逆流串联。它利用废再生液进行弱型床的再生，所以经济性好。也有采用两个强型阳床串联再生，回收废酸，提高经济性，此时前一个阳床称为前置阳离子交换器。

168 离子交换树脂再生剂有哪些种类?

对于阳离子交换树脂，常用的再生剂是盐酸和硫酸，盐酸的再生效果优于硫酸，但盐酸的比价高于硫酸。如能妥善掌握硫酸再生时的操作条件（浓度、流速），防止硫酸钙沉积，也可使用硫酸再生。目前国外使用硫酸再生较多。盐酸与硫酸作为再生剂的比较见表 3-22。

表 3-22 盐酸与硫酸作再生剂的比较

盐酸	硫酸
价格高	价格便宜
再生效果好	再生效果差,有生成 $CaSO_4$ 沉淀的可能,用于对流再生较为困难
腐蚀性强,对防腐要求高	较易于采取防腐蚀措施
具有挥发性,运输和储存比较困难	不能清除树脂的铁污染,需定期用盐酸清洗树脂
浓度高,体积小,储存设备小	浓度高,体积小,储存设备小

对于阴离子交换树脂，目前都使用氢氧化钠作为再生剂，以前也有采用碳酸钠及氨水进行再生。对于钠离子交换树脂，多用食盐再生。

169 离子交换树脂的再生条件有哪些?

(1) 再生液浓度

一般来说，再生液浓度高，再生效果好，但在再生剂用量固定的情况下，提高浓度，势必减少再生液体积，这样就会减少再生液与树脂接触的时间，反而降低再生效果，所以要选用适当的再生液浓度。

再生液浓度还与再生方式有关。一般顺流再生固定床和混合床所用的再生液浓度高于对流再生固定床的再生液浓度。推荐的再生液浓度见表 3-23。

表 3-23 推荐的再生液浓度

再生方式	强酸阳离子交换树脂		强碱阴离子交换树脂	混合床	
	钠型	氢型		强酸树脂	强碱树脂
再生剂品种	食盐	盐酸	氢氧化钠	盐酸	氢氧化钠
顺流再生液浓度/%	5～10	3～4	2～3	5	4
对流再生液浓度/%	3～5	1.5～3	1～3		

当采用硫酸再生时，如交换器失效后树脂层中 Ca^{2+} 的相对含量大，采用浓度高的硫酸再生这种交换器，就容易在树脂层中产生 $CaSO_4$ 沉淀，故必须对硫酸的浓度加以限制。

为了防止用硫酸再生时在树脂层中产生 $CaSO_4$ 沉淀，可采用变浓度再生，先用低浓高流速硫酸再生液进行再生，将再生初期再生出的大量钙排走，然后逐步增加浓度，提高树脂再生度，可取得较好的再生效果。表 3-24 是推荐的用硫酸再生强酸阳树脂的三步再生法。也可设计成硫酸浓度是连续缓慢增大的再生方式。

表 3-24 硫酸三步再生法

再生步骤	再生剂用量占总量的比例	浓度/%	流速/(m/h)
1	1/3	1.0	8～10
2	1/3	2.0～4.0	5～7
3	1/3	4.0～6.0	4～6

在再生阴离子双层床（或其他阴离子交换器）时，为了防止树脂层内形成二氧化硅胶体，导致无法再生和清洗的恶果，也宜采用变浓度的再生法。

(2) 再生液流速

再生液流速主要影响再生液与树脂接触时间，所以一般流速越低越好，但流速太低，再生产物不易排走，反离子浓度大，再生效果也不好，所以应控制一适当值，一般再生流速为4～8m/h。

特殊情况下，对再生液流速要求可另作考虑。比如，阴树脂交换速度较慢，再生流速可低一些；逆流再生流速不能高于搅乱树脂层为限等。

(3) 再生液温度

提高再生液温度可以加快扩散速度和反应速度，所以提高再生液温度可提高再生效率，但应以树脂的最高允许使用温度为限。

温度对于阳树脂再生液影响不大，一般可不进行加热，但当需要清除树脂中的铁离子及其氧化物时，可将盐酸的温度提高到40℃。

对于强碱阴树脂，当用氢氧化钠作再生剂时，再生液的温度对树脂再生度有影响，但它对树脂交换氯离子、硫酸根、碳酸氢根影响较小，但对交换硅酸根及再生后制水过程中硅酸的泄漏量有较大的影响，所以再生液应加热。强碱Ⅰ型阴树脂适宜的再生液温度为40℃，强碱Ⅱ型阴树脂适宜的再生液温度为(35±3)℃。

170 钠离子交换树脂水质软化工艺有何特点?

如果离子交换水处理的目的只是为了除去水中的Ca^{2+}、Mg^{2+}，就称为离子交换软化处理，这可以采用图3-89的Na^+交换系统。

水通过Na^+交换后，水中的Ca^{2+}和Mg^{2+}被置换成Na^+，从而除去了水中的硬度，而碱度不变，水中的溶解固形物稍有增加，因为Na^+的摩尔质量比$1/2Ca^{2+}$或$1/2Mg^{2+}$的摩质量值稍大一些。

正常运行时树脂中离子分布规律如图3-89所示，从上到下依次为Ca^{2+}、Mg^{2+}、Na^+。

Na^+交换失效后，常用食盐溶液进行再生，但也可用其他钠盐，如沿海地区可用海水等。以出水硬度升高为Na^+交换的运行终点。水经过一级Na^+交换后，硬度可降至30mg/L以下，能满足低压锅炉对补给水的要求。

如水质要求更高，比如为了使水的硬度降至0.3mg/L以下，可以将两个Na^+交换器串联运行，这种处理方式称为二级Na^+交换系统，如图3-90所示。二级Na^+交换中的第二级Na^+交换器，由于进水水质较好，床层树脂高度可适当降低（比如1.5m），运行流速也可适当提高（比如50m/h），但必须再生彻底。二级Na^+交换系统中的一级Na^+交换器的失效终点可放至20mg/L。

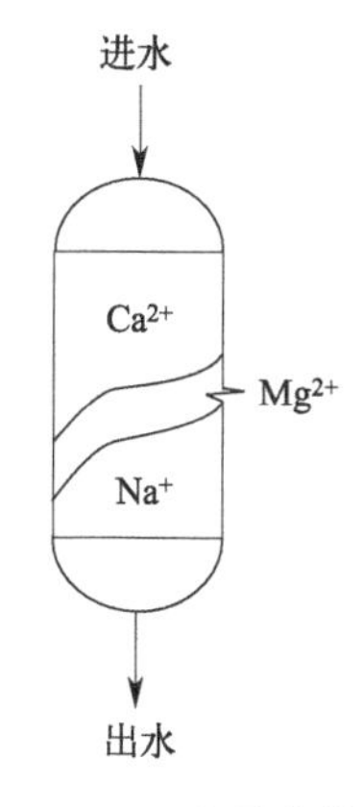

图 3-89 Na 离子交换系统

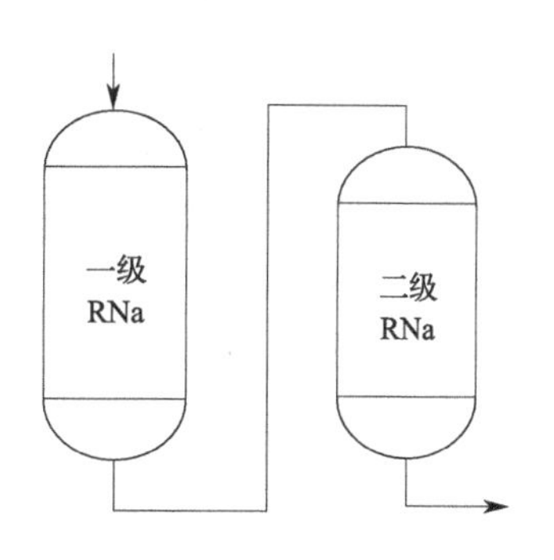

图 3-90 二级 Na^+ 交换系统

用 Na^+ 交换进行水处理的缺点是不能除去水的碱度。进水中的重碳酸盐碱度，不论是以何种形式存在，经 Na^+ 交换后，均转变为 $NaHCO_3$。若作为锅炉补给水，$NaHCO_3$ 会在锅炉中受热分解产生 NaOH 和 CO_2，其结果是炉水碱性过强，为苛性脆化提供了条件，CO_2 还会使凝结水管道发生酸性腐蚀。

171 强酸性氢型阳树脂离子交换工艺有何特点?

当用强酸性氢型阳树脂处理水时，由于它的—SO_3H 基团酸性很强，所以对水中所有阳离子均有较强的交换能力，与水中主要阳离子 Ca^{2+}、Mg^{2+}、Na^+ 的交换反应如下。

对水中钙、镁的重碳酸盐：

$$2RH+\left.\begin{matrix}Ca\\Mg\end{matrix}\right\}(HCO_3)_2 \longrightarrow R_2\left\{\begin{matrix}Ca\\Mg\end{matrix}\right. + 2H_2CO_3$$
$$H_2CO_3 \longrightarrow 2H_2O+CO_2$$

对水中非碳酸盐硬度：

$$2RH+\left.\begin{matrix}Ca\\Mg\end{matrix}\right\}SO_4 \longrightarrow R_2\left\{\begin{matrix}Ca\\Mg\end{matrix}\right. +H_2SO_4$$

当水中有过剩碱度时，其交换反应如下：

$$RH + NaHCO_3 \longrightarrow RNa + H_2CO_3$$
$$H_2CO_3 \longrightarrow 2H_2O + CO_2$$

与水中中性盐的交换反应：

$$RH+NaCl \longrightarrow RNa+HCl$$

对水中硅酸盐的交换反应：

$$RH+NaHSiO_3 \longrightarrow RNa+H_2SiO_3$$

将从以上反应可看出，经氢离子交换后，水中各种溶解盐类都转变成相应的酸，包括强酸（HCl、H_2SO_4 等）和弱酸（H_2CO_3、H_2SiO_3 等），出水呈强酸性。酸性大小通常用强酸酸度来表示，又简称酸度。

在一个运行周期中，强酸性氢离子交换器出水的酸度和其他离子变化情况示于图 3-91。从图上可见，正常运行时，氢离子交换器的出水酸度等于进水中强酸阴离子（Cl^-、SO_4^{2-}、

NO_3^- 等）浓度之和；当出水开始漏 Na^+ 时，酸度开始下降；当出水中 Na^+ 浓度等于进水中强酸阴离子浓度时，出水酸度降为零，并开始出现碱度；当出水中 Na^+ 浓度等于进水中总阳离子浓度时，出水碱度与进水碱度相等。

从图中还可以看出，强酸性氢离子交换器的运行终点有两个：①漏 Na^+；②漏硬度。在 Na^+ 交换中，使用漏硬度作为运行终点，此时，一个运行周期中，出水中 Na^+ 和酸度均是变化的；在离子交换除盐系统中，以漏 Na^+ 为运行终点，在此运行周期中，出水 Na^+、硬度接近零，出水酸度稳定不变。

在离子交换除盐系统中，也可以用氢离子交换器出水酸度下降（例如下降 0.1mmol/L）来判断氢离子交换器漏钠失效。强酸性氢离子交换器正常运行时树脂中离子分布规律示于图 3-92。

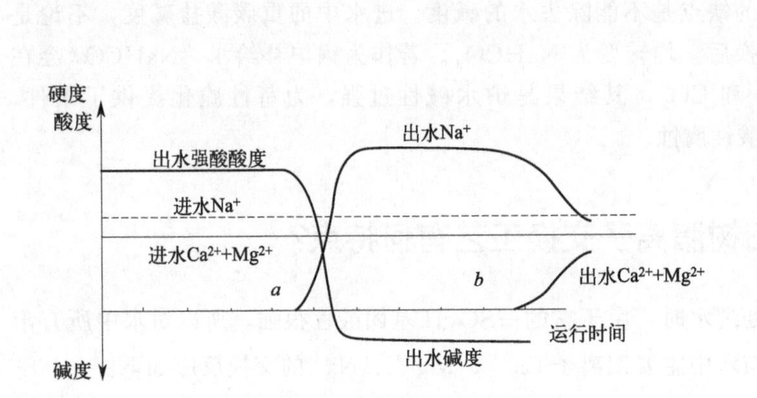

图 3-91 强酸性复离子交换器运行曲线

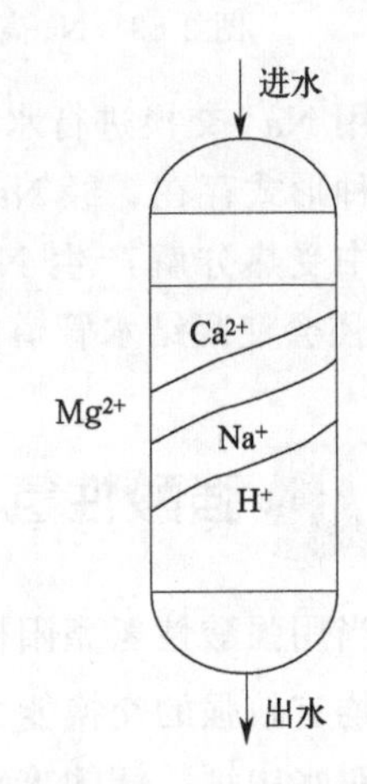

图 3-92 运行中强酸性氢离子交换器树脂中离子分布规律

172 弱酸性阳树脂离子交换工艺有何特点？

弱酸性阳树脂含有羧酸基团（—COOH），有时还含有酚基（—OH），它们对水中碳酸盐硬度有较强的交换能力，其交换反应如下：

$$2RCOOH+\left.\begin{matrix}Ca\\Mg\end{matrix}\right\}(HCO_3)_2 \longrightarrow (RCOO)_2\left\{\begin{matrix}Ca\\Mg\end{matrix}\right.+2H_2O+2CO_2$$

反应中产生了 H_2O 并伴有 CO_2 逸出，从而促使树脂上可交换的 H^+ 继续解离，并和水中的 Ca^{2+}、Mg^{2+} 进行交换反应。

但弱酸性阳树脂对水中 $NaHCO_3$ 的交换能力较差，表现为工作层厚度较大，出水中残留碱度较高。弱酸性阳树脂对水中的中性盐基本上无交换能力，这是因为交换反应产生的强酸抑制了弱酸性树脂上可交换离子的电离。但某些酸性稍强一些的弱酸性阳树脂，例如 D113 丙烯酸系弱酸性阳树脂也具有少量中性盐分解能力。因此，当水通过氢型 D113 树脂时，除了与 $Ca(HCO_3)_2$、$Mg(HCO_3)_2$ 和 $NaHCO_3$ 起交换反应外，还与中性盐发生微弱的交换反应，使出水有微量酸性。

目前工业上广泛使用的是丙烯酸系弱酸性阳树脂，它具有如下交换特征：

① 丙烯酸系弱酸性阳树脂对水中物质的交换顺序为：$Ca(HCO_3)_2$、$Mg(HCO_3)_2$ > $NaHCO_3$ > CaCl、$MgCl_2$ > NaCl、Na_2SO_4，对这些物质交换能力之比大约为 45∶15∶2.5∶1。所以它在交换水中碳酸盐硬度的同时，降低了水的碱度，还使出水带有少量酸度。既能对水进行软化，又能对水进行除碱。

② 丙烯酸系弱酸性阳树脂的运行特性与进水水质组成关系很大，主要是指水的硬度与碱度之比。当进水硬度与碱度之比大于 1，即水中有非碳酸盐硬度时，出水中酸度较高，且出现时间较长，大约运行 2/3 周期后，出水酸度才消失，出现碱度，它是以出水碱度达到进水碱度的 1/10 作为失效点。运行曲线如图 3-93 所示。

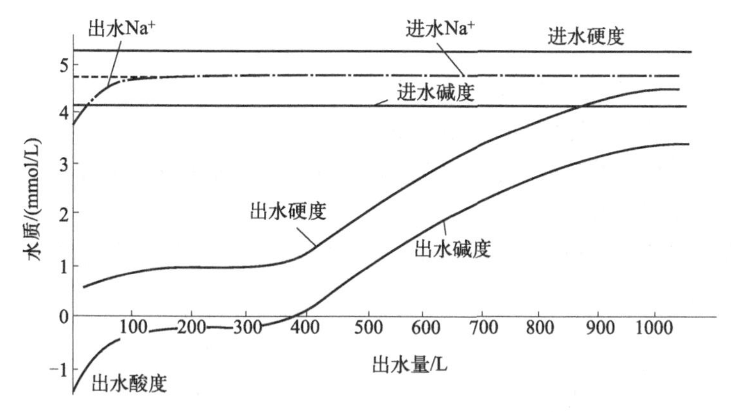

图 3-93　进水硬度与碱度之比大于 1 时，弱酸性阳树脂运行曲线

当进水硬度与碱度之比小于 1，即水中有过剩碱度时，出水中的酸度较低，时间也短，如果仍用出水碱度达到进水碱度的 1/10 作为失效点（图 3-94 中 *a* 点），则运行时间短，工作交换容量低，但可同时起到软化与除碱作用；如果运行至出水硬度占原水硬度 1/10 时作为失效点（图 3-94 中 *b* 点），则运行周期大大延长，工作交换容量高，但此时出水碱度也高，除碱作用不彻底，仅起软化作用。

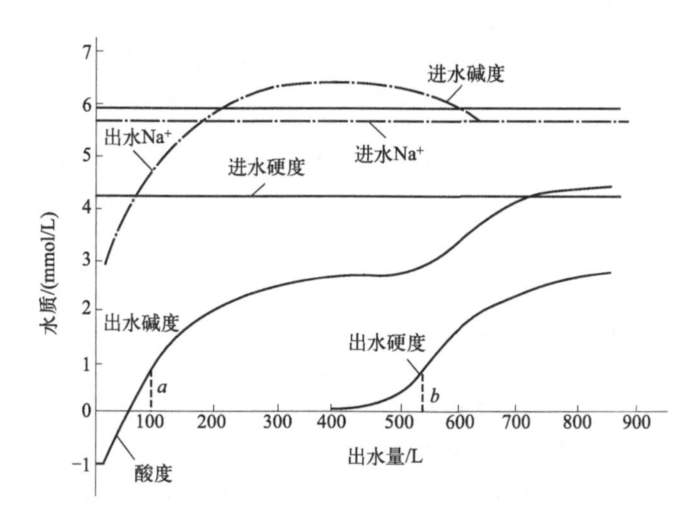

图 3-94　进水硬度与碱度之比小于 1 时，弱酸性阳树脂运行曲线

③ 工作交换容量远高于强酸性阳树脂，可达 1500～1800mol/m^3 以上，但影响工作交

换容量的因素也比强酸性阳树脂显著，除了前述的原水水质及失效控制点外，运行流速、水温、树脂层高都会对工作交换容量产生显著影响。比如某丙烯酸系弱酸性阳树脂在 40m/h 流速、树脂层 1.92m 时的工作交换容量才与 20m/h 流速、0.85m 树脂层高时一样。

④ 弱酸性阳树脂对 H^+ 的选择性最强，因而很容易再生，可用废酸进行再生，再生比耗低，且不论采用何种方式再生，都能取得比较好的再生效果。

173 氢-钠离子交换软化除碱工艺类型有哪些?

氢-钠离子交换软化除碱工艺类型主要包括采用强酸性和弱酸性 H 型离子交换树脂的 H-Na 离子交换工艺。

(1) 采用强酸性 H 型离子交换树脂的 H-Na 离子交换

由于强酸性 H 型离子交换器出水中有酸度，故它的出水是显强酸性的，可以利用它的出水来中和另一部分水中的碱度，由于它不是外加药剂（如加酸）到水中，所以不会增加出水的含盐量，而是有所降低。

这种方法的处理系统可以是 H 型离子交换器和 Na 型离子交换器组成的并联或串联系统，如图 3-95 所示。

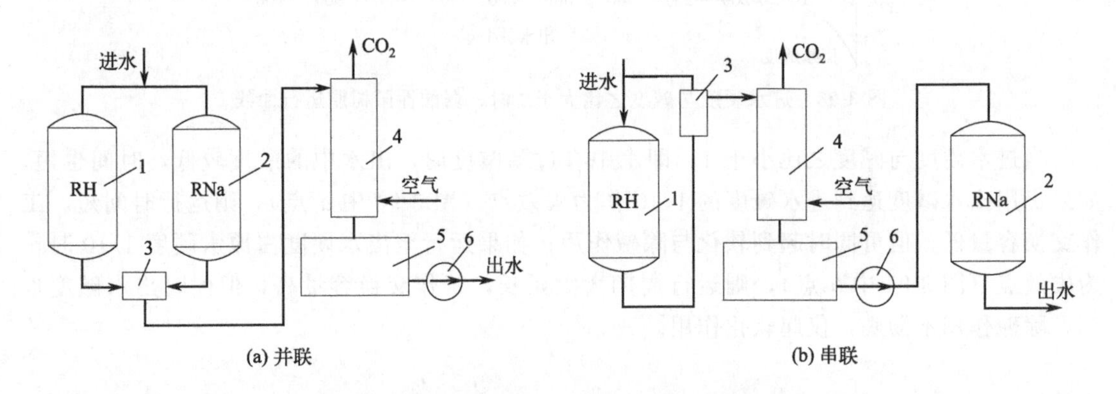

图 3-95 强酸性阳树脂的 H-Na 软化除碱系统

1—H 型离子交换器；2—Na 型离子交换器；3—混合器；4—除碳器；5—水箱；6—水泵

在图 3-95(a) 所示的并联系统中，进水分成两路，分别通过 H 型和 Na 型两个离子交换器，使水软化，然后在两个交换器的出口混合，这样就利用了 H 型离子交换器出水中的酸度（HCl、H_2SO_4 等）来中和 Na 型离子交换器出水中的 HCO_3^-，以降低出水的碱度，其反应式为

$$2NaHCO_3 + H_2SO_4 \longrightarrow Na_2SO_4 + 2CO_2 + 2H_2O$$

$$NaHCO_3 + HCl \longrightarrow NaCl + CO_2 + H_2O$$

中和反应生成的 CO_2，经 H 型离子交换器产生的 CO_2 以及进水中原有的 CO_2 通过后面的除碳器脱除，从而达到软化除碱的目的。

在图 3-95(b) 所示的串联系统中，也是将进水分成两部分，一部分送到 H 型离子交换器中，其酸性出水在与另一部分未经 H 型离子交换器的原水相混合时，中和了水中的 HCO_3^-，达到了降低水的碱度的目的。反应产生的 CO_2 由除碳器除去，除碳器后的水经过水箱由泵送入 Na 型离子交换器进行软化处理。

为了将碱度降至预定值，并保证中和后不产生酸性水，应合理分配流经 H 型离子交换器的水量。设 X 为未经 H 型离子交换器的水量占总水量的百分数（%），A 为进水碱度（mmol/L），C 为进水中强酸阴离子的总浓度（mmol/L），A_c 为中和后水的残留碱度（mmol/L），则 X 的估算方法如下。

① 当 H 型离子交换器运行到有 Na 穿透现象为终点时，则 X 可按下式估算：

$$X=\frac{C+A_c}{C+A}\times 100\%$$

② 当 H 型离子交换器运行到有硬度穿透现象为终点时，则 X(平均值）可按下式估算：

$$X=\frac{H_F+A_c}{H}\times 100\%$$

式中，H_F 为进水中非碳酸盐硬度，mmol/L；H 为进水中的总硬度，mmol/L。

为了保证出水水质，不论是采用并联或串联方式，在系统的最后还可再增添一个二级 Na 型离子交换器，以确保处理水的硬度符合要求。增添二级 Na 型离子交换器后，还可以改进 H 型离子交换器的运行条件，即允许它的出水中有少量阳离子漏过，从而提高其工作交换容量，降低酸耗。

经 H-Na 并联系统处理后水的碱度可降至 0.35～0.5mmol/L，经 H-Na 串联系统处理后水的碱度可降至 0.5～0.7mmol/L。

(2) 采用弱酸性 H 型离子交换树脂的 H-Na 离子交换

此工艺只能按串联方式组成系统，如图 3-96 所示。

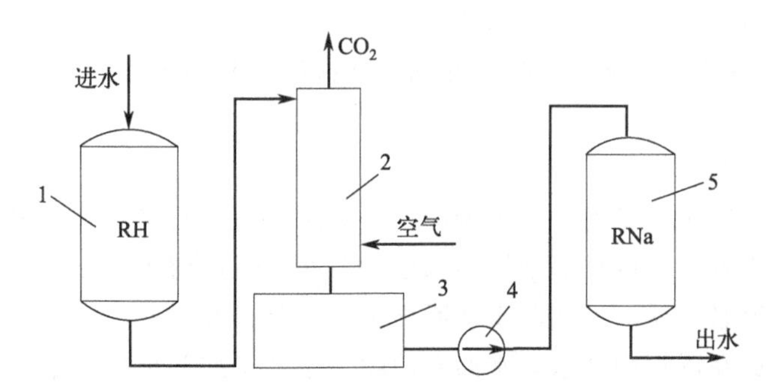

图 3-96 采用弱酸性 H 型离子交换树脂的 H-Na 软化除碱系统

1—弱酸性 H 型离子交换器；2—除碳器；3—水箱；4—水泵；5—Na 交换器

在此系统中，采用丙烯酸系弱酸性阳树脂（如 D113），因为弱酸性阳树脂仍有少量分解中性盐的能力，出水呈酸性，原水中碳酸盐（碱度）被去除变为 CO_2，与碳酸盐对应硬度被交换，交换产生的 CO_2 在除碳器中脱除。水中的非碳酸盐硬度和少量残留的碳酸盐硬度，在水流经后面 Na 型离子交换器时，被交换除去，从而达到软化除碱的目的。

弱酸性 H 型离子交换树脂失效后，很容易再生，酸耗低，因此比较经济。Na 型离子交换器失效后用食盐溶液再生。除了采用弱酸性阳离子交换树脂外，还可以采用磺化煤，它是一种碳质离子交换材料，含有强酸性交换基团（$—SO_3H$）及弱酸性交换基团（—COOH、—OH)，当它采用不足酸量（理论酸量，比耗约为 1）再生时，交换特性类似于弱酸性阳离子交换树脂。这种工艺称为“贫再生”。

174 阳离子交换树脂工艺运行中的常见问题与对策有哪些？

阳离子交换树脂工艺运行中的常见问题及相应对策如下。

（1）金属离子污染

水中铁、铝等金属离子会对树脂产生污染，但目前最常见的是铁污染。

阳树脂遭到铁污染时，被污染树脂的外观变为深棕色，严重时可以变为黑色。一般情况下，每100g树脂中的含铁量超过150mg时，就应进行处理。

阳树脂使用中，原水带入的铁离子大部分以Fe^{2+}存在，它们被树脂吸收以后，部分被氧化为Fe^{3+}，再生时不能完全被H^{+}交换出来，因而滞留于树脂中造成铁的污染。使用铁盐作为混凝剂时，部分矾花被带入阳床，过滤作用使之积聚在树脂层内，阳交换产生的酸性水溶解了矾花，使之成为Fe^{3+}，被阳树脂吸收，造成铁的污染。工业盐酸中的大量Fe^{3+}，也会对树脂造成一定的铁污染。

防止树脂铁污染的措施有：

① 减少阳床进水的含铁量。对含铁量高的地下水应先经过曝气处理及锰砂过滤除铁。对地表水在使用铁盐作为混凝剂时，采用改善混凝条件、降低澄清及过滤设备出水浊度、选用Fe^{2+}含量低的混凝剂等措施，防止铁离子带入阳床。

② 对输水的管道、储存槽及酸系统应考虑采取必要的防腐措施，以减少铁腐蚀产物对阳树脂的污染。

③ 选用含铁量低的工业盐酸再生阳树脂。

④ 当树脂被铁污染时，应进行酸洗除铁。酸洗时可用浓盐酸（10%～15%）长时间浸泡，也可适当加热。

（2）油脂类对树脂的污染

常见的阳树脂油脂污染是由于水中带油及酸系统的液体石蜡进入阳树脂。矿物油对树脂的污染主要是吸附于骨架上或被覆于树脂颗粒的表面，造成树脂微孔的污染，严重时会使树脂结块，树脂交换容量降低，周期制水量明显减少，树脂密度变小，反洗时跑树脂等现象。被油脂污染的树脂放在试管内加水，水面有油膜，呈“彩虹”现象。

离子交换设备进水中含油量为0.5mg/L时，几个月内即可出现树脂被油污染的现象。

处理油污染树脂的方法：①首先应迅速查明油的来源，排除故障，防止油的继续漏入；②必要时，应清理设备内积存的油污；③污染的树脂，应通过小型试验，选择适当的除油处理方法，一般可采用NaOH溶液循环清洗、表面活性剂清洗方法等。

（3）阳树脂氧化降解

树脂的化学稳定性可以用其耐受氧化剂作用的能力来表示。阳树脂处于离子交换除盐系统的前部，首先接触水中的游离氯，极易被氧化。

① 阳树脂的氧化　阳树脂被氧化后主要表现为骨架断链，生成低分子的磺酸化合物，有时还会产生羧酸基团，其反应如下：

$$-CH-CH_2-\ (C_6H_4SO_3H) + [O] \longrightarrow -CH-CH_2-\ (C_6H_5) + RSO_3H$$

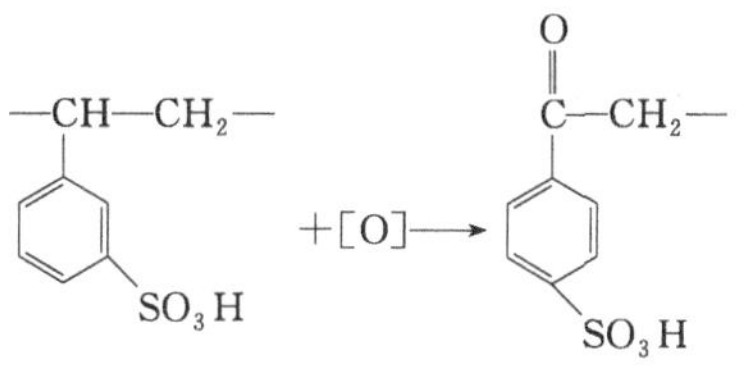

$$-CH-CH_2- \;(C_6H_4SO_3H) + [O] \longrightarrow -C(=O)-CH_2- \;(C_6H_4SO_3H)$$

阳树脂遇到的氧化剂主要是游离氯与水反应生成的氧，其反应如下：

$$Cl_2 + H_2O \longrightarrow HOCl + HCl$$

$$HOCl \longrightarrow HCl + [O]$$

原水中的游离氯主要来自水的消毒。近年来，由于天然水中有机物含量和细菌的增多，工业用水在混凝、澄清之前需要加氯，以达到灭菌和降低 COD 的作用，这样，过剩的氯（游离氯）就会对阳树脂造成损害。在再生过程中，如果使用含有游离氯的工业盐酸或有氧化性的副产品盐酸，其中含有的氧化剂也会对阳树脂造成损害。一般要求进入化学除盐设备的水中，游离氯的含量应小于 0.1mg/L。

阳树脂被氧化后，由于发生断链，使树脂膨胀，含水率增大，树脂颗粒变大或破碎，树脂颜色变浅，对钠交换能力下降，出水 Na 含量上升，正洗时间延长，运行周期缩短，周期制水量下降，出水（或正洗排水）有泡沫（由于断链产物 RSO_3H 有表面活性）。

② 防止阳树脂氧化的方法　由于阳树脂氧化断链是不可逆的过程，已被氧化的阳树脂的性能无法恢复，所以对阳树脂氧化降解是重在预防，其方法有：

a. 在阳树脂床前设置活性炭过滤器，它可以有效去除水中的游离氯；

b. 严格监督工业盐酸的氧化性，选用不含游离氯的工业盐酸，也可添加还原剂亚硫酸氢钠；

c. 选用高交联度的阳树脂，随着树脂交联度的增大，其抗氧化性能增强。

（4）树脂的破碎

在树脂的储存、运输和使用中都可能造成树脂颗粒的破碎。常见的原因有：

① 制造质量差　树脂在制造过程中，由于工艺参数维持不当，会造成部分或大量树脂颗粒发生裂纹或破碎现象，表现为树脂颗粒的压碎强度低和磨后圆球率低。

② 冰冻　树脂颗粒内部含有大量的水分，在零度以下温度储存或运输时，这些水分会结冰，体积膨胀，造成树脂颗粒的崩裂。冰冻过的树脂在显微镜下可见大量裂纹，使用后短期内就会出现严重的破碎现象。为了防止树脂受冻，树脂应在室温（5～40℃）下保存及运输。

③ 干燥　树脂颗粒暴露在空气中，会逐渐失去其内部水分，树脂颗粒收缩变小。干树脂浸在水中，会迅速吸收水分，粒径胀大，从而造成树脂的裂纹和破碎。为此，在储存和运输过程中树脂要保持密封，防止干燥，对已经干燥的树脂，应先将它浸入饱和食盐水中，利用溶液中高浓度的离子，抑制树脂颗粒的膨胀，再逐渐用水稀释，以减少树脂的裂纹和破碎。

④ 渗透压的影响　正常运行状态下的树脂，在运行过程中，树脂颗粒会产生膨胀或收缩的内应力。树脂在长期的使用中多次反复膨胀和收缩，是造成树脂颗粒发生裂纹和破碎的主要原因。树脂膨胀与收缩的速度决定于树脂转型的速度，而转型的速度又取决于进水盐类的浓度和流速。反复转型是树脂破碎的主要原因。树脂在再生过程中，因溶液浓度较高，离子的压力使树脂颗粒的体积变化减小，渗透压的影响降低，因此一般不会造成树脂颗粒的破碎。

175 强碱性阴离子交换树脂有何工艺特征?

强碱性阴离子交换树脂的交换特性，主要是看其除硅特性，强碱性阴离子交换树脂的除硅特性有以下几个方面。

① 强碱阴树脂必须在酸性水中才能彻底除硅，也就是说，强碱性阴离子交换必须在强酸性阳离子交换之后。这是因为，强碱阴树脂如果和水中硅酸盐 $NaHSiO_3$ 反应，则如下式所表示的生成物中有碱 NaOH：

$$ROH + NaHSiO_3 \longrightarrow RHSiO_3 + NaOH \quad (3\text{-}1)$$

此时，由于出水中有大量反离子 OH^-，交换反应就不可能彻底进行，所以除硅的作用往往不完全。在水处理工艺中，必须设法排除 OH^- 的干扰，创造有利于交换 $HSiO_3^-$ 的条件。为此，现在普遍采用的方法是先将水通过强酸性 H 型离子交换树脂使水中各种盐类都转变为相应的酸，也就是降低水的 pH 值。这样，在用强碱性 OH 型离子交换树脂处理时，由于交换产物中生成电离度非常小的 H_2O，就可防止水中 OH^- 的干扰，如下式反应：

$$ROH + H_2SiO_3 \longrightarrow RHSiO_3 + H_2O \quad (3\text{-}2)$$

该反应与上式反应相比可知，由于式(3-2) 消除了式(3-1) 中强碱 NaOH 所产生的反离子 OH^-，使反应趋向于右边，即除硅彻底。

② 强碱阴树脂进水中 Na^+ 含量必须很小。虽然工业除盐系统中的阴离子交换器大都设在 H 型离子交换器之后，但当 H^+ 交换进行得不彻底，以至于有漏 Na^+ 现象时，则由于水通过阴离子交换器后显碱性，仍有除硅效果恶化的可能。

图 3-97 所示为 H 型离子交换器的漏 Na^+ 量对强碱性阴离子交换树脂除硅的影响。从图中可以看出，H 型离子交换器漏 Na^+ 量上升，出水硅酸化合物含量也上升，这就是由于反离子影响所致。这种影响对Ⅱ型树脂除硅尤为显著，因为Ⅱ型树脂比Ⅰ型树脂碱性弱，在 H 型离子交换器漏 Na^+ 时，反离子（OH^-）影响大。

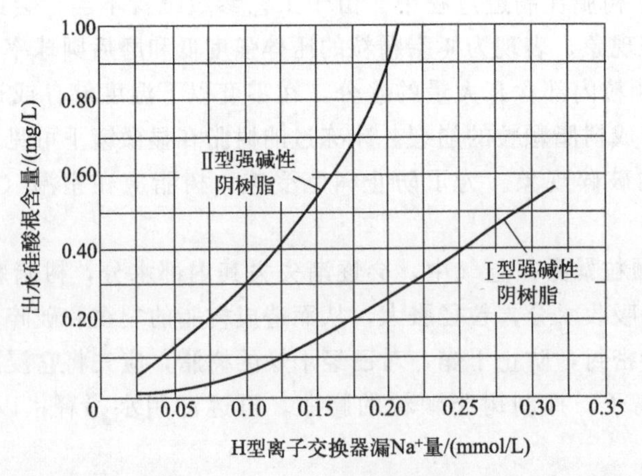

图 3-97 H 型离子交换器的漏 Na^+ 量对强碱性阴离子交换树脂除硅的影响

在运行中，为使阴离子交换器除硅彻底，必须尽量减少 H 型离子交换器的漏 Na^+ 量，运行终点为漏钠控制。

③ 强碱阴树脂必须彻底再生，有足够的再生度。这主要是因为 ROH 型阴树脂与水中

H_2SiO_3 交换较为彻底，而失效态 RCl 型阴树脂对水中 H_2SiO_3，交换能力很弱，会造成大量 H_2SiO_3 穿透树脂层，引起出水含硅量上升。

176 弱碱性阴离子交换树脂有何工艺特征?

单从工艺上来看，弱碱性阴离子树脂的工艺特性可以总结出如下几点。

① 弱碱阴树脂只能交换水中 SO_4^{2-}、Cl^-、NO_3^- 等强酸阴离子，对弱酸阴离子 HCO_3^- 的交换能力很弱，对更弱的弱酸阴离子 $HSiO_3^-$ 不能交换。

② 弱碱性 OH 型阴离子交换树脂对于这些阴离子的交换是有条件的。那就是交换过程只能在酸性溶液中进行，或者说只有当这些阴离子呈酸的形态时才能被交换。如以下反应式：

$$2RNH_3OH + H_2SO_4 \longrightarrow (RNH_3)_2SO_4 + 2H_2O$$

$$RNH_3OH + HCl \longrightarrow RNH_3Cl + H_2O$$

至于在中性盐溶液中，由于交换反应产生 OH^-，而弱碱阴树脂对 OH 选择性特别强，所以实际上弱碱性 OH 型阴离子交换树脂就不能和它们进行交换，也即弱碱阴树脂中性盐分解能力很弱。

③ 弱碱阴树脂极易用碱再生，因为它对 OH^- 选择性最强，所以即使用废碱（如强碱阴树脂的再生废液）再生都可以，而且不需要过量的药剂。用顺流式再生时，一般再生剂的比耗仅为 1.2～1.5。这对于降低离子交换除盐系统运行中的碱耗，特别是当原水中含有强酸阴离子的量较多时，具有很大意义。

④ 弱碱阴树脂的工作交换容量大，目前一般可达 800～1000mol/m^3，明显大于强碱阴树脂的 250～300mol/m^3。

⑤ 弱碱阴树脂对有机物的吸附可逆性比强碱阴树脂好，可以在再生时被洗脱出来。这主要是因为弱碱阴树脂的交联度低，孔隙大，而一般凝胶型强碱阴树脂交联度高，孔隙小。利用这一点，可以用弱碱阴树脂来保护强碱阴树脂不受有机物的污染。在系统中，将弱碱阴树脂放在强碱阴树脂前面，在运行时，要保证弱碱阴树脂在失效前即停运再生。这是因为弱碱阴树脂吸收的有机物在失效时会放出。

现以目前工业上常用的弱碱阴树脂 D301 为例，对它的工艺特性进一步说明。D301 是大孔型弱碱性苯乙烯系阴离子交换树脂，带有叔胺基交换基团，其游离胺型结构式及交换反应如下：

$$\begin{matrix} CH_3 \\ | \\ R—N: \\ | \\ CH_3 \end{matrix} + H_2O + HCl \longrightarrow \begin{matrix} CH_3 \\ | \\ R—N: \\ | \\ CH_3 \end{matrix} H\cdots OH + H^+ + Cl^- \longrightarrow \begin{matrix} CH_3 \\ | \\ R—N: \\ | \\ CH_3 \end{matrix} H—Cl + H_2O$$

该树脂中除了叔胺基团外，还含有约 20% 的强碱性季胺基团，在用于水处理时，初期呈现一定的强碱性，出水电导率不高，pH 呈弱碱性，可以去除水中部分 CO_2 和 H_2SiO_3，但对硅的交换容量很低，在对硅的交换失效时，由于此时树脂对 SO_4^{2-}、Cl^- 的交换尚未失效，所以进一步运行，被交换的硅也被置换出来。它的运行工作曲线如图 3-98 所示。

对有机物的吸附，在运行初期去除率较高，但当出水 pH 下降，对有机物的吸附明显下

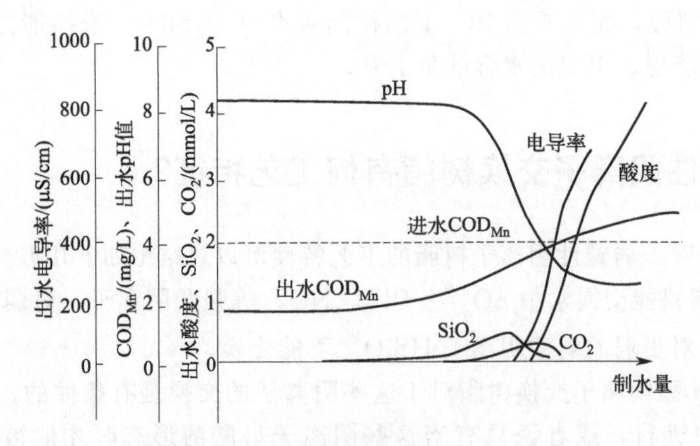

图 3-98 弱碱性阴树脂的运行工作曲线

（试验条件：水温 22～26℃，进水酸度 7.1mmol/L，运行流速 20m/h）

降，去除率降低，至出水呈酸性时已吸附的有机物开始析出。所以为保护强碱阴树脂不被有机物污染，在出水 pH 下降、酸度穿透时就应考虑停止运行，进行再生。

工业上，弱碱阴树脂通常与强碱阴树脂串联再生，即碱先通过强碱阴树脂，排出的废液再生弱碱阴树脂。此时要防止弱碱阴树脂被强碱阴树脂再生出的硅污染（胶态硅污染），其方法为：强碱阴树脂早期再生废液要排放，待排放液变为碱性后，再引入弱碱阴树脂进行再生。

177 阴离子交换树脂工艺运行中的常见问题与对策有哪些?

阴离子交换树脂工艺运行中的常见问题与对策如下：

（1）金属离子及硬度盐类的污染

阴树脂在运行中经常受到带入的金属离子，如铁、铜离子的污染，其中最重要的污染是铁离子，它主要来自再生碱液，中间水箱、除碳器等与酸性水接触的管道，以及设备的腐蚀产物。这些金属离子一旦遇到碱性介质，就会产生沉淀，沉积在树脂上，降低了树脂的交换容量。

阴树脂一般不会接触有硬度的水，但若阳床失效控制不当，或因其他原因带入一些有硬度的水，甚至包括大气式除碳器鼓风机引入灰尘硬度，它们在与碱性的阴树脂接触后，就会生成氢氧化钙、氢氧化镁沉淀，包围在阴树脂上，使其交换容量降低。

阴树脂受到重金属及硬度盐类的污染后的处理方法是用 5%～15% 的 HCl 对树脂进行长时间浸泡（12h 以上）；也可以在用酸浸泡之前将树脂充分反洗，先洗去树脂表面一些污染物，然后再用酸处理，以便提高盐酸处理的效果。

由于用盐酸处理时，树脂充分失效，所以阴树脂再生时，第一次应加大再生用碱量，得较高的再生度。

（2）有机物污染

① 污染原因 天然水中存在许多有机物，遇到阴树脂时，会被树脂吸附。对某些种类的有机物，特别是水中高分子的腐殖酸和富里酸，这种吸附具有明显的不可逆性，使得运行之后的树脂中，充满了被吸附的高分子有机物，再生时不容易清除下来，树脂的孔隙被堵，

工作交换容量等一系列工艺特性都会发生变化。

水中有机物大部分由原水带入，也有少量是水处理过程中采用的水处理药剂（如 PAM 等）和各种泵使用的油脂、有机材料溶解等带入；水及树脂体内微生物生长，也会排泄出有机物质；阳树脂的降解产物（有些是含磺酸基的苯乙烯聚合物），也会污染阴树脂。水中存在的各种有机物都会给阴树脂的运行带来各种各样的影响。

② 污染特征　阴树脂受到有机物污染后，其表现特征是：树脂的全交换容量或工作交换量下降，树脂颜色常常变深；除盐系统的出水水质变坏，出水的电导率上升，pH 值下降；出水带色（黄），特别是在正洗时，正洗排水色泽很深，正洗时间延长。

这是因为凝胶型强碱阴树脂的高分子骨架是苯乙烯系的，呈憎水性，而水中高分子的有机物如腐殖酸和富里酸，也呈憎水性，因此两者之间的分子吸引力很强。所以腐殖酸和富里酸一旦被阴树脂吸附，就很难用碱液再生将其解吸出来。由于腐殖酸和富里酸的分子很大，移动比较缓慢，一旦进入阴树脂中，很容易被卡在里面出不来。随着时间的延长，在阴树脂中积累的有机物会越来越多，这些有机物一方面占据了阴树脂的交换位置，使得阴树脂的工作交换容量降低；另一方面，有机物分子上的弱酸基团—COOH 又起到了阳树脂的作用，即在用碱再生阴树脂时，会发生以下交换反应：

$$R'COOH + NaOH \longrightarrow R'COONa + H_2O$$

但在正洗的过程中，又会发生以下的水解反应：

$$R'COONa + H_2O \longrightarrow R'COOH + NaOH$$

这样会造成正洗时间的延长，同样也会使阴树脂的工作交换容量降低。

阴树脂受有机物污染的程度，还可采用下列方法来判断：取 50mL 运行中的树脂，用纯水洗涤 3～4 次，以去除树脂表面的污物，接着再加入 10% NaCl 溶液，剧烈摇动 5～10min，然后观察水的颜色，根据溶液色泽来判断树脂受到污染的程度。

③ 受污染树脂的复苏　目前常用 NaCl-NaOH 的混合溶液来处理污染树脂，可部分释放吸附的有机物，部分恢复树脂的交换能力，这称为阴树脂的复苏。

混合溶液的浓度大约是 NaCl 为 10%～15%，NaOH 为 1%～4%（具体浓度可先通过小型试验来确定），复苏处理时最好加温，但Ⅱ型阴树脂不宜加热至 35℃以上。将污染树脂浸泡在复苏液中一段时间，然后再用水冲洗至 pH 为 7～8。

有人向混合液内加入氧化剂，如 NaOCl 可将大分子的有机物氧化成为小分子的有机物而容易解吸，所以复苏效果较好，但是会把树脂一同氧化，加速树脂的降解，所以不宜提倡该方法。近年来又出现在复苏液中加入表面活性剂或磷酸盐的办法来提高复苏效果的方法。总的来说，对阴树脂进行复苏处理，可以起到解吸一部分有机物，使工艺性能有一定恢复的作用，但总是恢复不到原来状况，效果不很理想。因此，目前多是定期对阴树脂进行复苏处理，这样比阴树脂受到严重污染后再进行处理效果要好一些。

④ 污染的防止　防止阴树脂受到有机物的污染，主要应从两方面着手：一是减少进水中有机物的含量；二是从树脂本身方面着手，改善树脂对有机物的吸附可逆性。

a. 减少进水中有机物的含量。选用较好的混凝剂对水进行混凝澄清处理。目前澄清阶段去除有机物约 40%，个别达 60%，也有的在 20%左右。在预处理阶段，采用其他方法，如加氯、臭氧氧化、紫外线（$UV + H_2O_2$）等，也能氧化降解一部分高分子有机物，对改善阴树脂污染有好处。在预处理阶段进行石灰处理，对去除有机物也是有利的。对水进行曝气处理，还可去除水中挥发性的有机物。在离子交换器前加装活性炭床，是去除水中有机物的有效措施。采用滤除法，如超滤、反渗透，也可去除水中的有机物。

b. 改善树脂对有机物的吸附可逆性。凝胶型树脂由于内部孔隙较小，有机物一旦进入就不容易排出，相对来讲，大孔型树脂的内部孔隙较大，这样在对树脂进行再生时，排出的有机物就要多一些，所以大孔型树脂抗有机物污染的能力要强一些，因此可以选用大孔型树脂替代凝胶型树脂。

弱碱阴树脂，特别是大孔弱碱阴树脂，对有机物的吸附可逆性好，因此在强碱阴床前加弱碱阴床，对减少强碱阴树脂的污染有好处。还有的采用吸附树脂，专门处理有机物，一般放在阴床前面。采用丙烯酸系树脂（如213树脂），因为丙烯酸系树脂对有机物的吸附可逆性比苯乙烯系树脂要好，因而抗有机物污染的能力强。这主要是因为丙烯酸类是亲水的，而苯乙烯类与腐殖酸类一样，都是憎水的，所以丙烯酸系树脂对腐殖酸的吸附力弱，容易可逆解析。

(3) 胶体硅污染

当天然水通过强碱阴树脂后，水中胶体硅的含量会明显减少，这可能是树脂的一种过滤或阻留作用。但当树脂每次再生不彻底时，都会使得树脂中硅含量升高，积累的硅量逐渐增多，例如，某厂的强碱阴树脂中硅酸达68mg/g干树脂，而新树脂中硅酸只有0.304mg/g干树脂。强碱阴树脂失效后如不立即再生，以失效形态备用，交换的硅会在低pH条件下转变为胶体硅，使硅在以后的再生中不易置换出来，即留在树脂上的胶体硅含量增加，树脂含硅量较高。

上面三种情况说明阴树脂中有硅的积累，采用一般的再生工艺无法将其去除，这样就会使得强碱阴树脂对硅酸的交换容量下降，出水 SiO_2 会升高，这就称阴树脂受到胶体硅污染。

为防止阴树脂受到胶体硅污染，阴树脂每次再生用碱量都要足够；阴树脂失效后应立即再生，尽量不要以失效态备用；在水的预处理中采用混凝方法提高胶体硅的去除率。对于已受到胶体硅污染的树脂，可用热的过量 NaOH 进行处理。

(4) 强碱阴树脂降解

强碱阴树脂的稳定性（如热稳定性、抗氧化的化学稳定性等）比阳树脂差，但由于它布置在阳床之后，因此遭受氧化剂氧化的可能性比阳树脂少，一般只是水中的溶解氧或是再生液中的 ClO_3^- 对树脂起破坏作用。

氧化破坏主要发生在活性基团的氮原子上，原来是季铵的，可以被氧化降解至叔胺、仲胺、伯胺，以至非碱性物质，反应如下：

$$R{-}N(CH_3)_3 \xrightarrow{[O]} R{-}N(CH_3)_2 \xrightarrow{[O]} R{=}N{-}CH_3 \xrightarrow{[O]} R{\equiv}N \longrightarrow \text{非碱性物质}$$

运行时水温高，还会加快阴树脂的氧化降解。其中Ⅱ型强碱阴树脂比Ⅰ型强碱阴树脂更易发生氧化降解。强碱阴树脂降解的特征是全交换容量下降，工作交换容量下降，中性盐分解容量下降，强碱基团减少，弱碱基团增多，出水 SiO_2 上升，除硅能力继续下降。

防止强碱阴树脂降解的方法是：使用真空脱碳器，减少阴床进水中的含氧量；采用隔膜法制造的烧碱，降低碱液中的 $NaClO_3$ 含量；控制再生液的温度等。

（七）脱盐

178 脱盐水制造装置主要去除水中的哪些离子？其处理出水主要用于哪些行业？

脱盐水制造装置是去除原水中的大部分盐类、游离酸、盐酸等的处理装置，用于中压锅炉给水、蓄电补充水、冷却水、水电解用水和其他化学工业用水等的处理中。其中阳离子交换树脂和阴离子交换树脂是配合使用的，它的配合方法有两种：强酸性阳离子交换树脂与弱碱性阴离子交换树脂配合，或弱酸性阳离子交换树脂与弱碱性阴离子交换树脂配合。同时，又有两种离子交换树脂分别装塔的复床式和两者装在一个塔中混合使用的混床式两种方式。

179 脱盐水制造和纯水制造有何区别？

（1）脱盐水

脱盐水是将所含的强电解质除去或减少到一定程度的水。脱盐水中的剩余含盐量应在1～5mg/L之间。

制取脱盐水的方法如下。

① 蒸馏法　使含盐的水加热蒸发，将蒸汽冷凝即得脱盐水。蒸馏法多用于实验室，用来洗刷容器或制备溶液，适用于量不多、纯度要求较高的场所。

② 离子交换法　使含盐的水通过装有泡沸石或离子交换剂的交换柱（见离子交换），钙、镁等离子留在交换柱上，滤过的水为脱盐水。

③ 电渗析法　借离子交换膜对离子的选择透过性，在外加电场作用下，使两种离子交换膜之间水中的阳、阴离子，分别通过交换膜向阴、阳两极集中。于是膜间区成为淡水区，膜外区为浓水区。从淡水区引出的水即为脱盐水。离子交换法与电渗析法多用于化工工业（如锅炉用水），可以减少结垢和腐蚀，适用于量大、纯度要求不是很高的场所。

（2）纯水

纯水又称去离子水，是指以符合生活饮用水卫生标准的水为原水，通过电渗析法、离子交换法、反渗透法、蒸馏法及其他适当的加工方法，制得的密封于容器内，且不含任何添加物，无色透明，可直接饮用的水，也可以称为纯净物（在化学上），在试验中使用较多，又因是以蒸馏等方法制作，故又称蒸馏水。

① 纯水设备的原理　用预处理、反渗透技术、混床、EDI装置以及后级处理等方法，将水中的导电介质几乎完全去除，又将水中不离解的胶体物质、气体及有机物均去除至很低程度的水处理设备。

② 纯水设备的特点　包括：a. 透水量大，脱盐率高，正常情况下≥98%；b. 对有机物、胶体、微粒、细菌、病毒、热源等有很高的截留去除作用；c. 能耗小，水利用率高，运行费用低于其他脱盐设备；d. 分离过程没有相变，具有可靠稳定性；e. 设备体积小，操作简单、容易维护，适应性强，使用寿命长。

180 纯水制造装置分为哪几种？各种装置的优缺点和原理是什么？

纯水制造装置有复床式和混床式两种，其中混床式制造装置是最近发展起来的最有效的装置，用于制造高纯度的水。复床式纯水制造装置则是在混床式出现以前专门用来制造纯水的装置。处理水的纯度虽然赶不上混床式，但是由于具有再生费用低廉等经济方面的优点，所以根据某种需要，采用的也较多。另外，要制得纯度极高的水，有必要充分注意纯水制造装置的材料、构造和去除原水浑浊度等预处理。表 3-25 所示为混床式与复床式脱盐装置的比较。

表 3-25　混床式与复床式脱盐装置的比较

项目	混床式脱盐装置	复床式脱盐装置
处理水质	比复床式的效果好约 10 倍	总盐量在 1～3mg/L 以下，电导率在 1～10MΩ/cm 以下
去除硅酸①	可以在 0.01～0.1mg/L SiO_2 以下	可以在 0.05～0.1mg/L SiO_2 以下
碱度高的时候	因为直接通水，树脂量要多，所以应先通过树脂塔去除二氧化碳以后再进行处理	利用 2 床 3 塔式，阴离子交换塔的负荷显著降低
Na^+ 浓度高的时候	用混床式大体上能得到纯度不变的脱盐水	由于 Na^+ 的泄漏，对去除硅酸能力的影响很大
停止操作时的水质	间歇使用对处理水的纯度影响也不大	水质恢复正常需 10～30min
再生后的水洗时间	再生后水洗不完全也可得到纯度高的水	再生后水洗困难，需 60～120min
树脂的混合	因为是用空气、水等混合，颗粒有摩擦而破碎的	因为只有反洗时发生移动，所以损耗小
铁的影响	铁和浑浊度的影响都很大，必须进行充分的预处理	几乎不受铁的影响
树脂的交换效率	树脂的浪费较大，操作费用高	交换机能几乎是完全的，效果良好，只要水质能满足要求，在经济上是有利的
装置与操作的难易	装置的情况与操作条件是相互影响的，处理量大的时候装置很大	处理量大时，利用一个二氧化碳除气塔可将一个系统的 2 床 3 塔式变为 4 床 5 塔式
自动操作	比复床式困难，而且很复杂	构造比混床式简单

① 如果是Ⅰ型强碱性树脂可在 0.02mg/L 以下；用Ⅱ型树脂时，如果预处理方法得当，可在 0.1mg/L 以下。

(1) 复床式纯水制造装置

在混床式出现以前，专门用复床式纯水制造装置来制造纯水。它的用法有将不同性质的离子交换树脂组合起来的，或与二氧化碳除气塔组合起来的等数种。要选择能发挥复床式特点的方法，可以从如下三种方式进行考虑：2 床型、2 床 3 塔型和 4 床 5 塔型。

其中用得最多的是 2 床 3 塔型。2 床 3 塔型纯水制造装置如图 3-99 所示。

原水通过强酸性树脂以后，送入除二氧化碳塔去除二氧化碳，再使它通过强碱性树脂。再生时，强酸性树脂用的是 2%～5%的盐酸（有时也用硫酸），强碱性树脂用的是 2%～10%的苛性钠。其反应式如下。

① 纯水制造

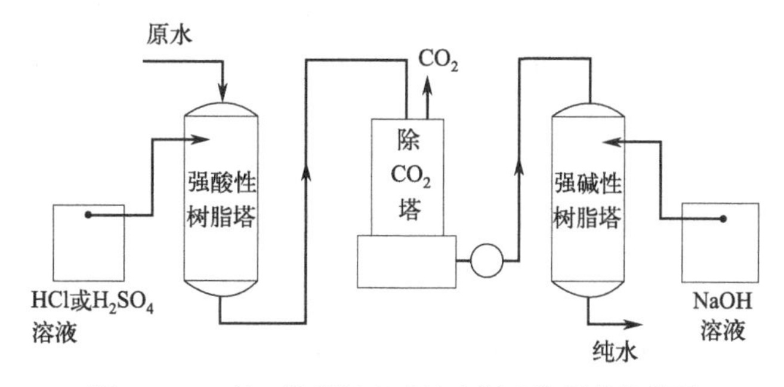

图 3-99 2 床 3 塔型复床式纯水制造装置的流程图

$$\begin{cases} R(SO_3H)_2+Ca(HCO_3)_2 \longrightarrow R(SO_3)_2Ca+2H_2CO_3 \\ R{-}SO_3H+NaCl \longrightarrow R{-}SO_3Na+HCl \\ H_2CO_3 \xrightarrow[\text{除二氧化碳塔}]{CO_2\uparrow} H_2O \end{cases}$$

$$\begin{cases} R{\equiv}NOH+HCl \longrightarrow R{\equiv}NCl+H_2O \\ R{\equiv}NOH+H_2CO_3(\text{残留物}) \longrightarrow R{\equiv}NHCO_3+H_2O \\ R{\equiv}NOH+H_2SiO_3 \longrightarrow R{\equiv}NHSiO_3+H_2O \end{cases}$$

② 再生

$$\begin{cases} (R({-}SO_3)_2Ca+2HCl \longrightarrow R({-}SO_3H)_2+CaCl_2 \\ R{-}SO_3Na+HCl \longrightarrow R{-}SO_3H+NaCl \end{cases}$$

$$\begin{cases} R{\equiv}NCl+NaOH \longrightarrow R{\equiv}NOH+NaCl \\ R{\equiv}NHCO_3+NaOH \longrightarrow R{\equiv}NOH+NaHCO_3 \\ R{\equiv}NHSiO_3+2NaOH \longrightarrow R{\equiv}NOH+Na_2SiO_3+H_2O \end{cases}$$

与单纯的 2 床型比较，这种形式根据物理原理用除二氧化碳塔使二氧化碳逸出，减轻了强碱性树脂的负荷，从而节约了苛性钠的用量。

3 床 4 塔型纯水制造装置流程见图 3-100。

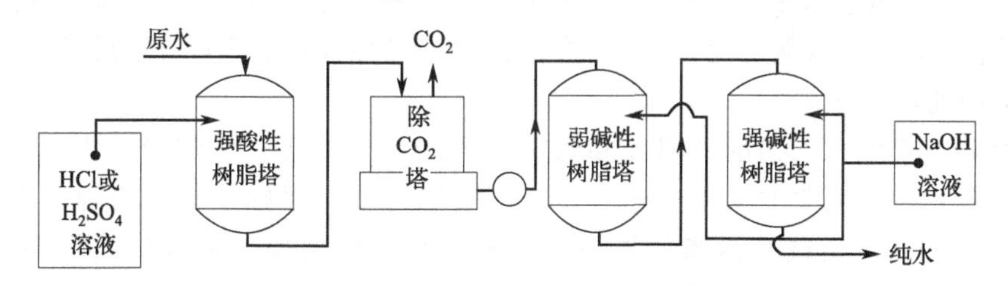

图 3-100 3 床 4 塔型纯水制造装置的流程图

这是将上述复床式脱盐水制造装置和 2 床 3 塔型纯水制造装置的各种特点综合起来设计的装置，具有制造脱盐水的再生费用低和纯水纯度高的优点。

装置的特点是在复床式脱盐水装置的后面串联了一个强碱性树脂塔。理由在于用脱盐水制造装置不能去除的 SiO_2 和剩余的 CO_2，可用强碱性阴离子交换树脂去除。

与强碱性树脂比较，由于利用了弱碱性树脂再生效率高的这一优点，对处理无机酸多的水非常有利，这是一种最近已引起人们注意的装置。

这种复床式装置制造脱盐水与再生的流程示于图 3-101 中。树脂塔的构造与硬水软化装置相同。塔身是用钢板制的，并采用橡胶衬里，全部都是经耐酸处理的。小型装置中还常省去除二氧化碳塔，并采用2组串联的4塔形式。脱盐水纯度的测定、观察和贯通点的判断等，普遍采用测定脱盐水电导率的方法，一般多以比阻抗$10\times10^4\Omega\cdot cm$为贯通点。

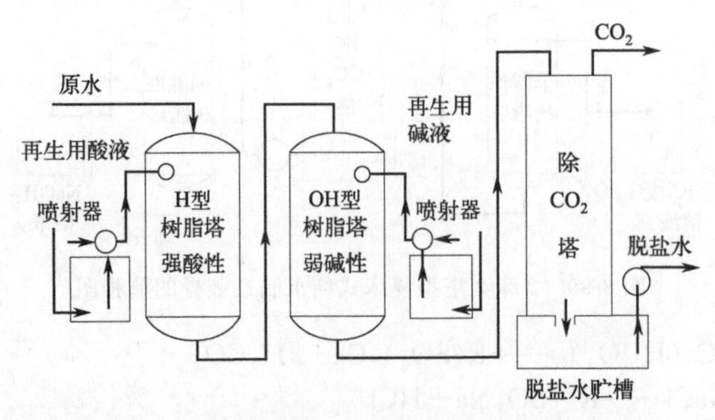

图3-101 复床式装置制造脱盐水与再生的流程图

(2) 混床式纯水制造装置

混床式纯水制造装置是一种在同一个塔中混合充填强酸性阳离子交换树脂（有时也用弱酸性阳离子交换树脂）与强碱性阴离子交换树脂，只要使原水向下通过，就能得到纯度很高的纯水的装置（参看图3-102）。

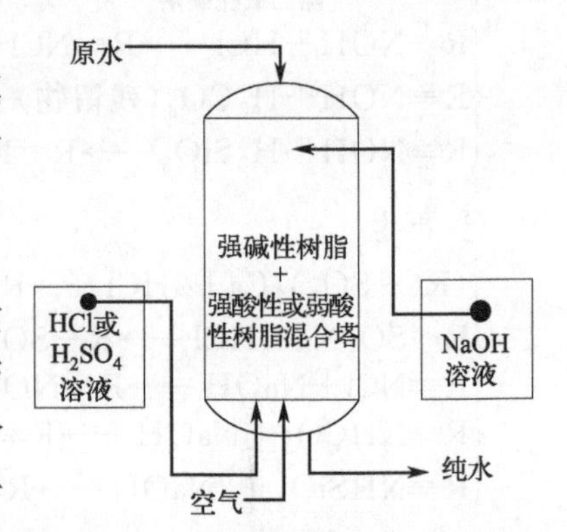

图3-102 单塔混床式纯水制造装置

关于这一方法，早就有过相关试验，但是由于性质不同的两种树脂怎样再生的问题不能解决，因此，在密度相差很大的两种树脂出现以前，一直没有进入实用阶段。现在，密度不同的两种树脂，特别是强碱性阴离子交换树脂能在市场上随便买到，因而混床式装置已被广泛用于工业用水的处理中。

复床式是将两种树脂分为几级，级数越多，得到水的纯度就越高。而混床式是将两种树脂放在一个塔内，叠置起来，结果就和多级的离子交换装置一样，具有相同的效果。例如，在1m的树脂混合层中（混合比2∶1），约有2000个树脂颗粒重叠，等于反复进行700次左右的离子交换处理操作。

关于树脂的搭配，以强酸性树脂和强碱性树脂组合的混合床装置效果最好，而且能得到稳定的纯水，因而主要采用这种形式。弱酸性树脂与强碱性树脂组合的混合床则一般不太使用。另外，强碱性树脂如果是采用碱性最强的树脂，则得到的水的纯度最高，但再生剂的消耗很大。因此，根据用途，如果纯度可以低些，则大多用碱性较低的弱碱性树脂。

此外，在原水中含有很多大的有机物离子、色素、胶态杂质等的情况下，有时也用多孔型的离子交换树脂。阳离子交换树脂则以球状的苯乙烯系树脂最为合适。

阳离子交换树脂的再生是用5%～10%的盐酸（有时也用0.5%～6%的硫酸），强碱性阴离子交换树脂的再生是用2%～10%的苛性钠（温度35～55℃）进行。混床式装置制造纯水与再生的原理可用反应式表示如下。

① 使用强酸性树脂与强碱性树脂进行纯水制造时：

$$\begin{cases}R(-SO_3H)_2+Ca(HCO_3)_2 \longrightarrow R(-SO_3)_2Ca+2H_2CO_3\\ R-SO_3H+NaCl \longrightarrow R-SO_3Na+HCl\\ R\equiv NOH+H_2CO_3 \longrightarrow R\equiv NHCO_3+H_2O\\ R\equiv NOH+HCl \longrightarrow R\equiv NCl+H_2O\\ R\equiv NOH+H_2SiO_3 \longrightarrow R\equiv NHSiO_3+H_2O\end{cases}$$

$$\begin{cases}R\equiv(NOH)_2+Ca(HCO_3)_2 \longrightarrow R\equiv(NHCO_3)_2+Ca(OH)_2\\ R\equiv NOH+NaCl \longrightarrow R\equiv NCl+NaOH\\ R(-SO_3H)_2+Ca(OH)_2 \longrightarrow R(-SO_3H)_2Ca+2H_2O\\ R-SO_3H+NaOH \longrightarrow R-SO_3Na+2H_2O\end{cases}$$

② 再生：

$$\begin{cases}R(-SO_3)_2Na+2HCl \longrightarrow R(-SO_3H)_2+CaCl_2\\ R-SO_3-Na+HCl \longrightarrow R-SO_3H+NaCl\end{cases}$$

$$R\equiv NHCO_3+NaOH \longrightarrow R\equiv NOH+NaHCO_3$$

$$R\equiv NCl+NaOH \longrightarrow R\equiv NOH+NaCl$$

$$R\equiv NHSiO_3+2NaOH \longrightarrow R\equiv NOH+Na_2SiO_3+H_2O$$

181 纯水制造装置一般以解决什么问题为目标？如何解决？

纯水制造装置一般多以解决硅酸的泄漏问题为目标。处理水中硅酸的泄漏，受强碱性树脂的种类（Ⅰ型与Ⅱ型之别）、再生水平、导入阴离子交换树脂中除 H^+ 以外的阳离子数量，亦即 H 型阳离子交换树脂漏出的阳离子等的影响。

有阳离子漏出时，硅酸的泄漏量急剧增加（表 3-26），因此，有的时候就是利用这一情况，充填交换容量比阴离子交换树脂低的阳离子交换树脂，使硅酸的泄漏与阳离子的漏出同时发生，而处理水质则用比阻抗来检验。

表 3-26 从阳离子交换树脂塔漏出的阳离子与 OH 型强碱性阴离子交换树脂处理中硅酸泄漏的数量关系

从阳离子交换树脂塔中漏出的阳离子 $CaCO_3$/(mg/L)	泄漏硅酸的数量		从阳离子交换树脂塔中漏出的阳离子 $CaCO_3$/(mg/L)	泄漏硅酸的数量	
	SiO_2/(mg/L)	$CaCO_3$/(mg/L)		SiO_2/(mg/L)	$CaCO_3$/(mg/L)
1	0.01	0.008	7	0.10	0.083
2	0.02	0.016	8	0.15	0.127
3	0.02	0.016	9	0.20	0.167
4	0.03	0.025	10	0.30	0.250
5	0.04	0.033	11	0.40	0.330
6	0.06	0.050	12	1.00	0.833

182 代表性脱盐水处理工艺有哪些？有何优缺点？

代表性脱盐水处理工艺技术主要有离子交换法、膜分离技术、电吸附法、电渗析法和 EDI 技术。

（1）离子交换法

我国自20世纪50年代就开始使用离子交换树脂的技术进行水的脱盐处理，可以说积累了丰富的经验，经过这些年的不断发展进步，逐步实现了由间歇式工艺、固定床工艺向离子交换工艺的转变。其工艺流程主要是：首先通过过滤系统将废水进行预处理，然后将废水注入过滤水槽，接着让原水与强酸阳树脂发生反应，将原水中的阳离子（如钙离子、钠离子、镁离子等）去除，接着将原水中的碳酸氢根离子分解成二氧化碳和水，以此二氧化碳被排出了，这样阴离子的在后面的去除中就更加便利了。最后将经过一系列处理后的水与强碱阴树脂反应，水中的阴离子被去除了。在整个过程中，离子交换系统可以让阴阳树脂不断再生，从而使周期不断交替进行，直至废水达到排放标准。

优势：①设备初期成本较低，工艺流程比较简单，同时又便于操作；②这种方式通过采用阴、阳树脂与废水中的阴、阳离子发生置换反应达到脱盐的目的，有点类似于化学实验中强酸、强碱与水中的阴阳离子发生的反应；③在进行脱盐处理时，如果废水中盐的含量相对较低的情况下，这种离子交换的方法可以达到非常理想的脱盐效果，有利于水资源的充分利用。

不足：①这种方法在脱盐处理过程中产生的废液含盐量极高，且由于其酸碱值远远超出污水排放的标准，如果随意排放，不但会造成管道的腐蚀，还会造成土壤的污染；②由于废水成分的复杂性，往往会造成树脂被废水中的有机物或者杂质污染的情况，如果出现这种情况，不但处理困难，而且还影响了工作的顺利开展；③在生产过程中，由于各种因素的影响，树脂难免会有损伤、破碎的情况，另外随着阴阳树脂的不断再生，使用年限必将缩短。

（2）膜分离技术

虽然我国很早就对膜分离技术展开研究，但由于成本过高和专业技术不完善，膜分离技术一直没有得到广泛的应用。目前在脱盐水处理中最常见的膜分离技术主要是反渗透法，其工艺流程主要是：首先将原水通过过滤器进行过滤，这样大大降低了浑浊的程度，除去了其中的大量杂质，然后利用活性炭吸附水中的有机高分子、难溶胶体以进一步去除水中的难溶物，以便达到反渗透用水的进水标准。原水经过这些途径的处理后，通过进水口进入反渗透装置进行脱盐处理，经过脱盐处理后的水从渗透膜的净侧排出，而被反渗透膜拦截的有机大分子、胶体杂质则是直接被排放或接着进行后续的处理。温度是造成产水量异常的重要因素，因此一定要根据实际情况合理地监测温度。

优势：①膜分离技术不发生化学反应，所以不会产生污染性物质，不会造成环境污染；②进行膜分离的设备通常体积较小，不会占用过多的场地，同时进行脱盐处理时效率较高；③膜分离设备构造简单，所以维护工作量较小，操作相对简便，不需要去创造条件，一般正常温度下即可以进行操作。

不足：①预处理阶段相对严格，初期需要投入大量的资金；②相对离子交换法而言，除盐率比较低，所以不能用于制造纯水，只能用于含盐量高的水的初步处理或者进行离子交换法的前置处理；③对于工业中含盐量较低的水而言，水的利用率不高，在进行操作时需要排放一部分浓水。

（3）电吸附法

电吸附法是近年才刚刚发展起来的脱盐水处理技术，由于其能耗较低，操作效率高，对环境的污染相对较小，逐渐受到人们的重视，但目前其技术还不够成熟，距大规模工业应用还有很长一段路要走。其工艺流程主要是：首先将正负电极板通入直流电，让其初步形成一个电场，然后将需要进行处理的原水放入电场中，这时候溶液中的阴阳离子会向与其带电性相反的方向移动，这样经过一段时间后，溶液中的带电粒子停止移动，溶液中的离子就完全被去除了。而当电极达到饱和状态时，再撤去直流电，导致电场消失，这时候带电离子又会重新运动，电极就会再生。

优势：①这种技术前处理要求比较低，操作起来方便快捷；②运行环境要求不高，常温常压下均可运行，因此成本比较低；③对于脱盐要求不高的用户，这种方法在预处理环节可以节省大量资金。

不足：①除盐率容易受到水的硬度等多方面的影响，对不同的离子的去除存在差异，因此除盐率往往在75%以下；②一般来说，电极再生需要的时间较长，造成后续的脱盐处理效率降低，且浓水大量排放，造成了水资源浪费；③难以保证原水与电极板的充分接触，会对除盐率造成一定的影响。

（4）电渗析法

电渗析是膜分离技术的一种，是利用离子交换膜对阴阳离子的选择透过性能，在外加直流电场力的作用下，使阴阳离子定向迁移透过选择性离子交换膜，从而使电介质离子自溶液中分离出来的过程。

优势：①能量消耗少，电渗析器在运行中，不发生相的变化，只是用电能来迁移水中已解离的离子，它耗用的电能一般是与水中含盐量成正比的，大多数人认为，对含盐量4000～5000mg/L以下的苦咸水的淡化，电渗析技术是耗能少的较经济的技术；②药剂耗量少，环境污染小，离子交换技术在树脂交换失效后要用大量酸、碱进行再生，水洗时有大量废酸、碱排放，而电渗析系统仅酸洗时需要少量酸；③设备简单，操作方便，电渗析器是用塑料隔板与离子交换膜剂电极板组装而成的，它的主体配套设备都比较简单，而且膜和隔板都是高分子材料制成，因此，抗化学污染和抗腐蚀性能均较好，在运行时通电即可得淡水，不需要用酸碱进行繁复的再生处理；④设备规模和除盐浓度适应性大，电渗析水处理设备可以从每日几十吨的小型生活饮用水淡化水站到几千吨的大、中型淡化水站；⑤用电较易解决、运行成本较低。

不足：①对离解度小的盐类及不离解的物质难以去除，例如，对水中的硅酸和不离解的有机物就不能去除掉，对碳酸根的迁移率就小一些；②电渗析器是由几十到几百张较薄的隔板和膜组成，部件多，组装要求较高，组装不好，会影响配水均匀；③电渗析设备是使水流在电场中流过，当施加一定电压后，靠近膜面的滞留层中电解质的盐类含量较少，此时，水的离解度增大，易产生极化结垢和中性扰乱现象（指由于电渗析极化时产生的H^+和OH^-参与传递电流，从而引起浓、淡水室溶液的pH值产生偏离中性的现象），这是电渗析水处理技术中较难掌握的。

（5）EDI技术

EDI技术是新时期集离子交换技术、膜分离技术、电吸附技术于一体的产物，它巧妙地发挥了各种技术的优势。其工艺流程主要是：首先对原水进行预处理，然后让原水从进水口进入到设备中，原水中的带电离子由于吸附作用向电极两端移动，其中经过离子交换树脂和反渗透膜会进一步提高离子去除的效率。另外，电离水所产生的氢氧根和氢离子又促进了离子交换树脂的再生，因此设备能保持良好的运行状态。

优势：①再生速度快，水质相对稳定，自动化水平高，后期的运行成本不高；②离子交换树脂是利用电能实现再生的，不需要强酸、强碱，有利于环境的保护；③设备单元模块化，可灵活地组合各种流量的净水设施。

不足：①对水质的要求极高，需要严格控制进水的硬度，必须达到软化水的标准；②需要严格控制工作时的电压和电流，促使水电离产生的离子满足树脂再生的要求。

183 Ⅰ型强碱性树脂和Ⅱ型强碱性树脂的特性和区别是什么？

用Ⅰ型强碱性树脂还是用Ⅱ型强碱性树脂一般不太容易选择，它们的区别如表 3-27 所示。

表 3-27 Ⅰ型与Ⅱ型强碱性树脂的比较

项目	Ⅰ型阴离子交换树脂			Ⅱ型阴离子交换树脂		
交换基的化学结构	三甲基・苄胺基			二甲基・醇基・苄胺基		
使用的胺	三甲胺；$(CH_3)_3N$			二甲基・2-羟基乙胺；$(CH_3)_2 \cdot N \cdot C_2H_4OH$		
碱性大小	碱性最强			碱性强		
最高操作温度	OH 型 60℃；Cl 型 80℃			OH 型 40℃；Cl 型 60℃		
耐药性	比Ⅱ型树脂好			—		
弱酸的吸附情况	偏硅酸、硼酸、硫化氢、碳酸等容易被交换、吸附。硅酸的泄漏量在 0.05mg/L 以下			比Ⅰ型树脂的交换吸附能力差些。硅酸的泄漏量为 0.1～0.3mg/L 左右		
再生效率①	4.0～4.3g NaOH/L 树脂			2.0～2.4g NaOH/L 树脂		
再生经费	相当高			低廉		
实际的直流交换能力	20～30g $CaCO_3$/L 树脂			30～40g $CaCO_3$/L 树脂		
全年树脂补充率②	复床式 10%以内；混床式 10%～15%			复床式 10%～15%；混床式 12%～17%		
由于长期使用产生的交换能力的降低	使用年限/年	交换能力降低率/%：总交换能力	交换能力降低率/%：强碱性交换能力	使用年限/年	交换能力降低率/%：总交换能力	交换能力降低率/%：强碱性交换能力
	1	—	—	1	4.5	14.0
	2	0.3	6.0	2	7.5	29.0
	3	1.5	14.0	3	11.0	42.5
	4	4.0	24.5	4	15.0	57.0
用途	广泛用于硅酸难于去除的场合，或是高温水的处理、糖液的脱色、脱盐			在一般的给水处理中，重点不在去除硅酸时使用，因为费用较低，故经常采用		
代表性的商品名称	一般产品	多孔型产品		一般产品	多孔型产品	
	Zeollex SBⅠ-Mx	SBⅠ-LX		Zeollex SBⅠ-Mx	SBⅡ-Lx	
	Diaion SA＃100	SA＃101		Diaion SA＃200	SA＃201	
	Amberlite IRA-400	IRA-401		Ambe T lite IRA-410	IRA-411	
	Permutite S-1	—		Pe T mutite S-2	—	
	(Ionac A-540)	—		(Ionac A-550)	—	
	Duolite A-42	A-101；A-42L		Duolite A-40	A-102；A-40L	
	Dowex 1	1-X4		Dowex 2	2-X4	

① 指树脂交换 1g $CaCO_3$ 所需的再生剂用量（100%）。

② 因原水水质、运转管理的好坏，再生剂的浓度、用量，温度等而异，不能一概而论。

184 何为复床除盐？复床系统的主要类型和特点有哪些？

一级复床除盐是最简单的离子交换除盐系统，它由一个强酸性阳离子交换器、一个除

CO_2 器和一个强碱性阴离子交换器等组成，系统如图 3-103 所示。

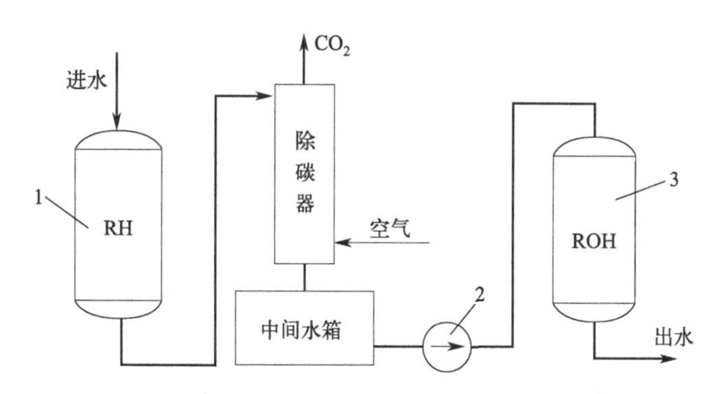

图 3-103　一级复床除盐系统

1—强酸 H 型离子交换器；2—中间水泵；3—强碱 OH 型离子交换器

在该系统中，原水在强酸 H 型离子交换器中经 H^+ 交换后，除去了水中所有的阳离子，被交换下来的 H^+ 与水中的阴离子结合成相应的酸，其中与 HCO_3^- 结合生成的 CO_2 连同水中原有的 CO_2 在除碳器中被脱除，水进入强碱 OH 型离子交换器后，以酸形式存在的阴离子与强碱阴树脂进行交换反应，除去水中所有的阴离子。所以，水通过一级复床除盐系统后，水中各种阴、阳离子已全部去除，获得了除盐水。

这种阴、阳离子交换树脂分别装在不同的交换器中的系统称为复床。水一次性通过阴、阳交换器称为一级除盐，其出水水质硬度为 0mg/L，电导率小于 5μS/cm，SiO_2 浓度小于 100μg/L。

对一个企业的水处理系统来讲，由于其阴、阳离子交换器不止一台，那么它们之间的连接方式就成了值得研究的问题，这时既要考虑运行调度方便，又要考虑提高设备的利用率及便于自动控制。目前，复床除盐系统组合方式一般分为单元制系统（串联系统）和母管制系统（并联系统）。

（1）单元制系统

单元制系统是指一台 H 型阳离子交换器、一台除碳器、一台 OH 型阴离子交换器所构成的系统，如图 3-104 所示，图中 D 表示除碳器。该系统一起投运、一起失效、一起再生。所以这种系统的设计要求是阳离子交换器和阴离子交换器的运行周期基本相同（一般设计阴离子交换器的运行周期比阳离子交换器的运行周期大 10%～20%）。单元制系统的优点是调度方便；控制仪表简单，只需在阴离子交换器的出口设一只电导率表（辅以 SiO_2 表）即可；便于实现自动化控制。其缺点是设备不能充分利用，阴树脂交换容量有一定浪费；并且要求进水水质稳定，当进水水质有较大波动时，会导致运行偏离设计状况。因此，单元制系统适用于原水水质变化不大，交换器台数较少的情况。

（2）母管制系统

母管制系统中，不是整套系统失效及投运，而是各个交换器独立运行、独立失效、独立再生，系统如图 3-105 所示。该系统对阴、阳离子交换器运行周期无要求。母管制系统的优点是设备利用率高，运行调度比较灵活。其缺点是监测仪表多，每一个阳、阴离子交换器的出口都必须设监测仪表，操作调度复杂，实现自动化控制比较难。因此母管制系统适用于原水水质变化大，交换器台数较多的情况。

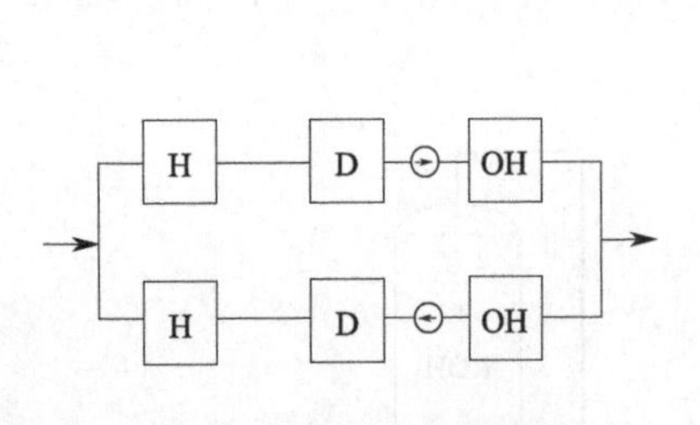

图 3-104 单元制串联系统

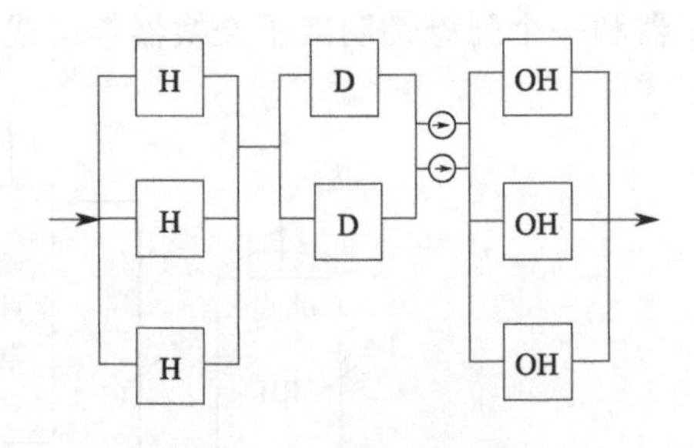

图 3-105 母管制并联系统

185 何为混合床除盐？混合床系统的结构和工作原理是怎样的？

（1）混合床除盐的定义和工作原理

混合床离子交换除盐，就是把 H 型阳离子交换树脂和 OH 型阴离子交换树脂放入同一个交换器内，混合均匀，这样就相当于组成了无数级的复床除盐。

在混合床中，由于运行时阴、阳树脂是相互混匀的，所以其阴、阳离子的交换反应是交叉进行的，因此经 H 型离子交换所产生的 H^+ 和经 OH 型离子交换所产生的 OH^- 都不会累积起来，而是马上互相中和生成 H_2O，所以反离子浓度影响小，交换反应进行得十分彻底，出水水质好。其交换反应可用下式表示。

$$2RH+2R'OH+\left.\begin{matrix}Ca\\Mg\\2Na\end{matrix}\right\}\left\{\begin{matrix}SO_4\\Cl_2\\(HCO_3)_2\\(HSiO_3)_2\end{matrix}\right. \longrightarrow \left\{\begin{matrix}R_2Ca\\R_2Mg\\2RNa\end{matrix}\right.+\left\{\begin{matrix}R'_2SO_4\\2R'Cl\\2R'HCO_3\\2R'HSiO_3\end{matrix}\right.+H_2O$$

为了区分阳树脂和阴树脂的骨架，式中将阴树脂的骨架用 R 表示。混合床中所用树脂都必须是强酸性阳树脂和强碱性阴树脂，这样才能制得高质量的除盐水，个别情况也可用弱型混合床，但出水水质变差。

对处理水量较大和原水含盐量较高的场合，如单独使用混合床，再生将过于频繁，所以混合床都是串联在一级复床除盐系统之后使用的。只有在处理含盐量很少的蒸汽凝结水时，由于被处理水的离子浓度低，才单独使用混合床。此外，在半导体、集成电路、医药等工业部门，由于处理的制水量较小，也有在反渗透后面再加混合床制取除盐水的。

混合床按再生方式分体内再生和体外再生两种。本题介绍的混合床是指体内再生的由强酸性阳树脂和强碱性阴树脂组成的混合床。混合床中树脂失效后，应先将阴、阳两种树脂分开后，再分别进行再生和清洗。再生清洗后，还要将这两种树脂混合均匀后才投入运行。

（2）混合床系统的结构

混合床离子交换器的本体是个圆柱形压力容器，有内部装置和外部管路系统。混合床内主要装置有上部进水、下部配水、进碱、进酸以及进压缩空气装置，在体内再生混合床中部阴、阳离子交换树脂分界处设有中间排液装置。混合床结构如图 3-106 所示，管路系统如图 3-107 所示。

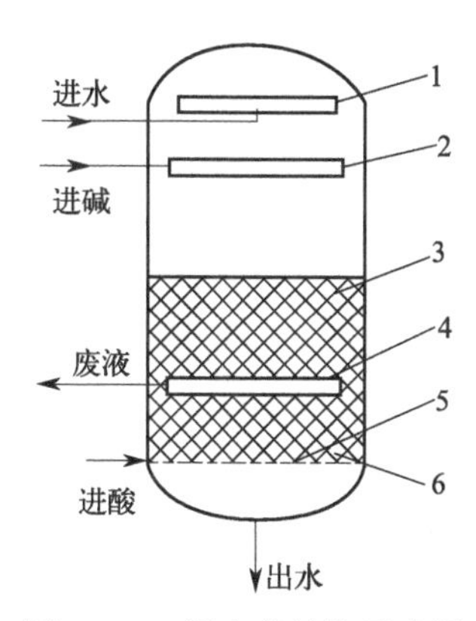

图 3-106 混合床结构示意图
1—进水装置；2—进碱装置；3—树脂层；
4—中间排液装置；5—下部配水装置；6—进酸装置

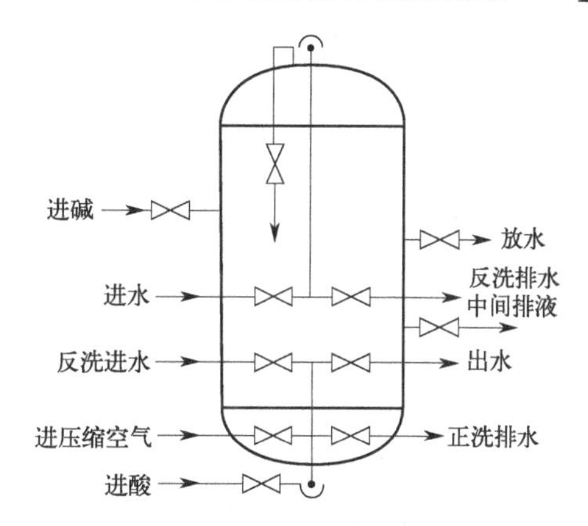

图 3-107 混合床管路系统示意图

186 混合床除盐系统对树脂有何要求?

为了便于混合床中阴、阳树脂分离，两种树脂的湿真密度差应大于 0.15g/cm^3，为了适应高流速运行的需要，混合床使用的阴、阳树脂应该机械强度高且颗粒大小均匀。

确定混合床中阴、阳树脂比例的原则是根据进水水质条件、对出水水质要求的差异及树脂的工作交换容量来决定的，让两种树脂同时失效，以获得树脂交换容量的最大利用率。

一般来讲，混合床中阳树脂的工作交换容量为阴树脂的 2～3 倍。因此，如果单独采用混合床除盐，则阴、阳树脂的体积比应为 (2～3)∶1；若用于一级复床除盐之后，因其进水 pH 为 7～8，所以阳树脂的比例应比单独混床时高些，目前国内采用的强碱阴树脂与强酸阳树脂的体积比通常为 2∶1。

187 混合床与复合床除盐系统相比有何优点和不足?

混合床和复合床相比的优点和不足如下。

(1) 优点

① 出水水质优良　用强酸性 H 型阳树脂和强碱性 OH 型阴树脂组成的混合床，其出水残留的含盐量在 1.0mg/L 以下，电导率在 0.2μS/cm 以下，残留的 SiO_2 在 20μg/L 以下，pH 值接近中性。

② 出水水质稳定　混合床经再生清洗后开始制水时，出水电导率下降极快，这是由于在树脂中残留的再生剂和再生产物，可立即被混合后的树脂交换。混合床的工作条件发生变化一般对其出水水质影响不大。

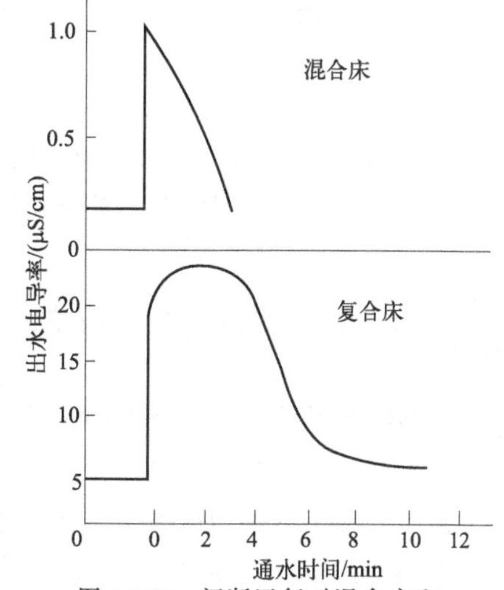

图 3-108 间断运行对混合床和复合床出水水质的影响

③ 间断运行对出水水质影响较小　无论是混合床还是复合床，当停止制水后再投入运行时，开始的出水水质都会下降，要经短时间后才能恢复到原来的水

平。但恢复到正常所需的时间，混合床只要3～5min，而复合床则需要10min以上，如图3-108所示。

④ 交换终点明显　混合床在运行末期失效前，出水电导率上升很快，这有利于运行监督。

⑤ 混合床设备较少　混合床设备比复床少，且布置集中。

(2) 主要缺点

① 树脂交换容量的利用率低；

② 树脂损耗率大；

③ 再生操作复杂，需要的时间长；

④ 为保证出水水质，常需要较多的再生剂对阴、阳树脂进行再生；

⑤ 只适用于进水水质较好的场合。

188 离子交换除盐工艺设计与选用原则有哪些?

根据被处理水质、水量及对出水水质要求的不同，可采用多种离子交换除盐系统。这些系统组成的一些基本原则如下：

① 对于树脂床，都是阳树脂在前，阴树脂在后；弱型树脂在前，强型树脂在后；再生顺序是先强型树脂后弱型树脂。

② 要除硅必须用强碱性OH型阴树脂。

③ 原水硬度含量高时，宜采用弱酸性阳树脂；当原水强酸阴离子浓度高或有机物含量高时，宜采用弱碱性阴树脂；当采用Ⅰ型强碱性阴树脂时，一般不再采用弱碱性阴树脂。

④ 当考虑降低废液排放量时，还可放宽采用弱酸性、弱碱性树脂的条件。

⑤ 当对水质要求很高时，应设混合床。

⑥ 除碳器应置于强碱性阴离子交换器前，但弱碱性阴离子交换器无妨，如放置在除碳器前，还有利于其工作交换容量的提高。

⑦ 水量小的场合，尽量采用比较简单的系统。

⑧ 如阳床出水CO_2小于15～20mg/L（如经石灰处理或原水碱度小于0.5mmol/L），可考虑不设除碳器。

⑨ 各步交换采用何种设备（顺流、逆流、浮床）应根据各步情况决定，不必要求一致。

⑩ 弱型和强型树脂联合应用，视情况可采用双层床、双室双层床、双室双层浮动床或复床串联。采用复床串联时，弱型树脂床没有必要采用对流再生。

189 提高离子交换除盐系统运行经济性的途径有哪些?

提高除盐系统运行经济性的途径有以下六种。

(1) 增设弱型树脂交换器

由于弱酸阳树脂和弱碱阴树脂工作交换容量大，再生比耗低（仅略高于理论值），又可以利用强型树脂再生排放的废酸废碱再生，所以经济性好。在系统中设置弱型树脂交换器可以大大提高系统运行经济性。

（2）采用对流式交换器

对流式交换器比顺流式交换器再生剂耗量低，出水水质好，因而可以节省再生剂，经济性好。

（3）采用前置式交换器

所谓前置式交换器是指在顺流式强酸或强碱交换器前再加一个同类型的强酸或强碱交换器，二者串联运行、串联再生，如图3-109所示。主交换器的再生废液进入前置式交换器，对树脂进行不足量再生。运行时水先通过前置式交换器，进行部分交换，再进入主交换器进行彻底交换。实际上就是借前置式交换器来回收废再生液，所以再生剂耗量低，再生剂利用率高，经济性好。

前置式交换器再生剂耗量可以达到对流式交换器水平，又因为本身是顺流式运行，操作简单，可靠性好。

（4）对阴离子交换器再生用碱液进行加热

碱液加热有利于阴树脂再生，提高 SiO_2 洗脱率，增大树脂 SiO_2 吸收容量，降低出水 SiO_2 浓度，延长运行周期，降低再生剂耗量。

（5）回收部分再生废液及正洗水

交换器再生时再生废液中各种成分变化状况示于图3-110。从图上可看出，再生初期排出的再生废液中各种置换出来的离子浓度最高，再生剂浓度很低，但置换出的离子排放接近尾声时，再生剂浓度开始上升，并达到一最高值。因此，可在再生时杂质浓度下降至一定值后，回收一部分再生废液，此时废液中再生剂浓度较高，而杂质相对较少。这些回收的再生废液可在下次再生时作初步再生用。

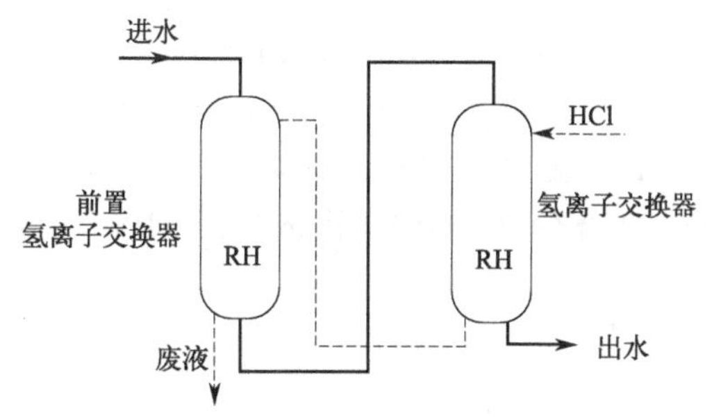

图3-109 带前置式交换器的系统

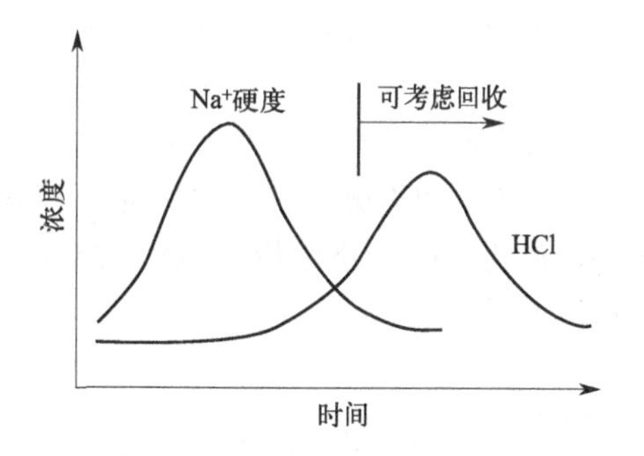

图3-110 交换器再生时再生废液浓度变化情况

回收废再生液方法多在顺流再生交换器上使用。对流式交换器由于本身再生比耗已接近理论值，废液中再生剂浓度不高，一般不再回收。交换器正洗水量一般也很大，正洗初期水中杂质浓度高，但正洗后期水质很好，基本上接近出水水质，比交换器进水水质好多了，而且这部分水量很大，如图3-111所示，因此，可以对正洗后期质量较好的正洗排水进行回收，作系统运行进水或作下次反洗水，这样就可降低正洗水率及自用水率。

（6）降低除盐系统进水含盐量

在除盐系统进水水质较差时，可以在除盐系统前增设反渗透、电渗析等预脱盐装置，来降低除盐系统进水含盐量，延长交换器运行周期，降低运行酸碱消耗量，降低制水成本。

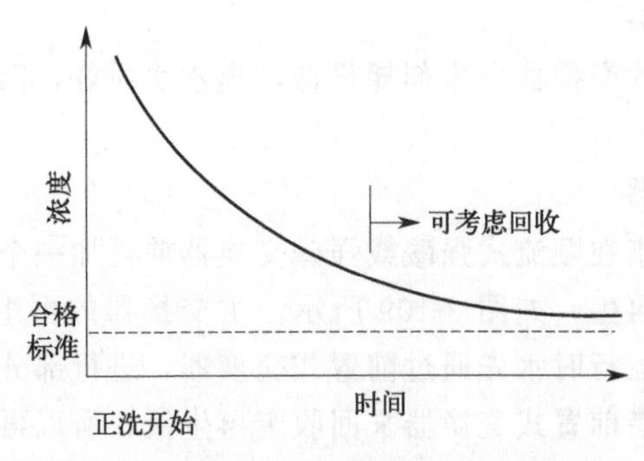

图 3-111 交换器正洗排水水质变化情况

190 膜分离技术的特点与主要类型有哪些?

与传统的分离技术（蒸馏、吸附、萃取、深冷分离等）相比，膜分离技术有如下特点：

① 膜分离通常是一个高效分离过程。在按物质颗粒大小分离的领域，以重力为基础的分离技术的最小极限是微米，而膜分离却可以做到将相对分子质量为几百甚至几十的物质进行分离，相应的颗粒大小为纳米及以下。

② 膜分离过程不发生相变，与其他方法比，能耗低。

③ 膜分离过程是在常温下进行的，特别适用于热敏感物质的处理。

④ 膜分离法分离装置简单，操作容易且易自动控制。

膜分离技术的分类方法一般有如下几种：

① 按分离机理分，主要有反应膜、离子交换膜、渗透膜等。

② 按膜材料性质分，主要有天然膜（生物膜）和合成膜（有机膜和无机膜）。

③ 按膜的形状分，主要有平板式（框板式与圆管式、螺旋卷式）、中空纤维式等。

④ 按膜的用途分，目前常见的几种是微滤（MF）、超滤（UF）、纳滤（NF）、反渗透（RO）、渗析（D）、电渗析（ED）、电除盐（EDI）、气体分离（GS）、渗透蒸发（PV）及液膜（LM）等。

191 反渗透脱盐技术的发展历程是怎样的?

1748 年法国学者阿贝·诺伦特（Abble Nellet）发现水能自然地扩散到装有酒精溶液的猪膀胱内，首次揭示了膜分离现象，证实了膜的渗透过程。

而真正的膜分离技术的工程应用是从 20 世纪 60 年代开始的。1960 年洛布（Loeb）和索里拉金（Sourirajian）共同研制出第一张高通量和高脱盐率的醋酸纤维素非对称结构膜（CA 膜），与以往的对称膜相比，水的透量增加了将近 10 倍。这是膜分离技术发展的里程碑，从此开始了反渗透的工业应用。其后各种新型膜陆续问世，1961 年美国 Hevens 公司首先提出管式膜组件的制造方法；1964 年美国通用原子公司研制出螺旋式反渗透组件；1965 年美国加利福尼亚大学制造出用于苦咸水淡化的管式反渗透组件装置，生产能力为 $19m^3/d$；1967 年美国杜邦（DuPont）公司首先研制出以尼龙-66 为膜材料的中空纤维膜组件；1970 年又研制出以芳香聚酰胺为膜材料的“PermasepB-9”中空纤维膜组件，并获得

1971 年美国柯克帕里克（Kirkpatrick）化学工程最高奖。从此反渗透技术迅速发展。

我国的反渗透研究始于 1965 年，与国外的时间基本一致。但由于原材料、基础工业条件的限制以及生产规模小等原因，生产的膜组件性能不稳定、成本高。这期间微滤和超滤技术也得到相应的发展。

192 反渗透膜是如何实现盐水分离的?

若在浓溶液一边加上比自然渗透压更高的压力时，可扭转自然渗透方向，将浓溶液中的溶剂（水）压到半透膜的另一边稀溶液中，这是和自然渗透过程相反的过程，称为反渗透(RO)。这种现象表明，当对盐水一侧施加的压力超过该盐水的渗透压时，可以利用半透膜装置从盐水中获得淡水，渗透和反渗透的原理如图 3-112 所示。

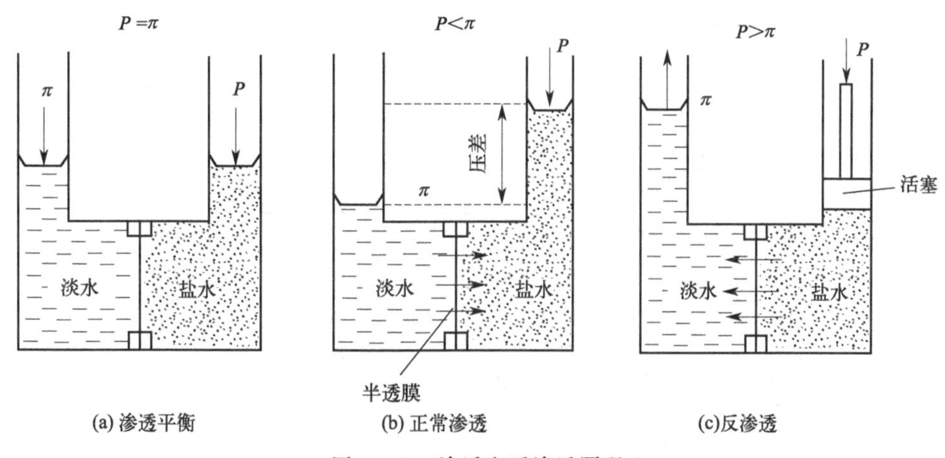

图 3-112　渗透和反渗透原理

因此，反渗透过程必须具备两个条件：①必须有一种高选择性和高渗透性（一般指透水性）的选择性半透膜；②操作压力必须高于溶液的渗透压。

关于反渗透膜的透过机理，自 20 世纪 50 年代末以来，许多学者先后提出了各种压力推动的不对称反渗透膜透过机理和模型，目前尚无统一的看法。但一般认为，溶解扩散理论能较好地说明膜透过现象，氢键理论、优先吸附-毛细孔流理论也能够对渗透膜的透过机理进行解释。此外，还有学者提出扩散-细孔流理论、结合水-空穴有序理论以及自由体积理论等。还有人将反渗透现象看作是一种膜透过现象，把它当作非可逆热力学现象来对待。总之，反渗透膜透过机理还在发展和继续完善中。现有几种理论简介如下。

(1) 氢键理论

里德（Reid）等人提出了氢键理论，用醋酸纤维素膜加以解释。该理论认为离子和分子是通过与膜中氢键的结合而发生线形排列型的扩散来进行传递的。在压力作用下，溶液中的水分子与醋酸纤维素的活化点——羰基上氧原子形成氢键，而原来水分子之间形成的氢键被断开，水分子解离出来并随之转移到下一个活化点，并形成新的氢键，通过这一系列的氢键传递，使水分子通过膜表面的致密活性层，而进入膜的多孔层，由于多孔层内含有大量的毛细管，水分子能畅通流出膜外。

(2) 优先吸附-毛细孔流理论

索里拉金等人提出了优先吸附-毛细孔流理论。以氯化钠水溶液为例，溶质是氯化钠，溶剂是水，当盐溶液与半透膜表面接触时，在膜的溶液侧界面上选择吸附一层水分子，而排斥盐类溶质分子，化合价越高的离子排斥越大。在压力作用下，优先吸附的水通过膜的毛细管作用流出，达到除盐的目的。该机理表明，在半透膜的表面必须有相应大小的毛细孔，仅使水分子在压力的作用下通过。这种模型同时给出了混合物分离和渗透的一种临界孔径的概念，当反渗透膜孔径大于临界孔径时，盐的水溶液就会泄漏，泄漏的顺序与价数成反比。根据这种理论，索里拉金等研制出具有高脱盐率、高透水性的实用反渗透膜，奠定了实用反渗透膜的发展基础。图 3-113 表示优先吸附-毛细孔流机理模型。

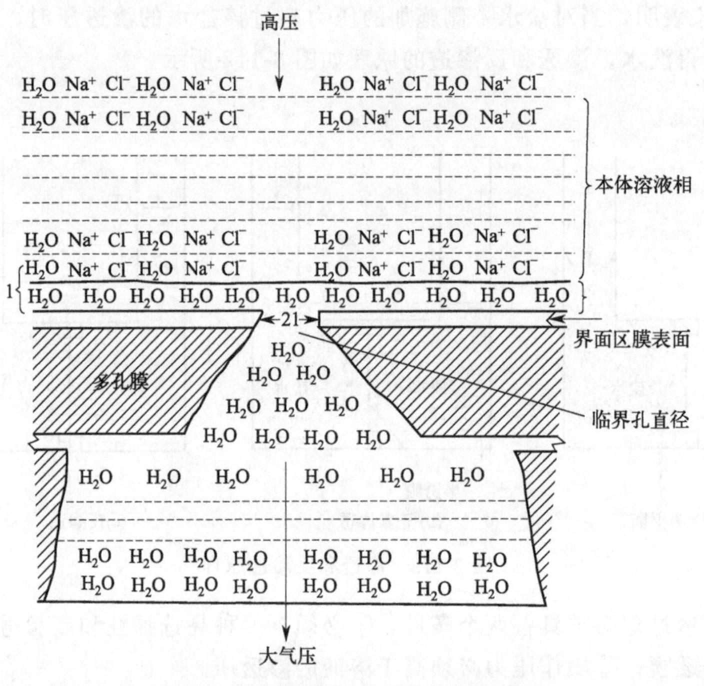

图 3-113 优先吸附-毛细孔流机理模型

(3) 溶解扩散理论

朗斯代尔（Lonsdale）和赖利（Riley）等人提出溶解扩散理论。该理论假设反渗透膜是无缺陷的“完整的膜”。溶剂与溶质都可以在膜中溶解，然后在化学位差（常用浓度差或压力差来表示）的推动下，从膜的一侧向另一侧面进行扩散，直至透过膜。溶质和溶剂在膜中的扩散服从菲克（Fick）定律，这种模型认为溶质和溶剂都可能以化学位差为推动力，溶于均质或非多孔型膜表面，通过分子扩散使它们从膜中传递到膜另一面。通过分析发现，溶剂（水）主要受压力差影响透过膜，而盐（溶质）主要受浓度差影响透过膜，反渗透推动力是压力，随着压力的升高，透水量增大；随着进水侧盐浓度升高，透盐率也上升，使纯水侧盐浓度上升。

根据该理论可认为，膜的厚度与膜对水中盐的脱除能力无关，超薄膜的开发和应用就是以此为依据的。目前一般认为，溶解扩散理论较好地说明了膜透过现象。

(4) 对有机物和颗粒状物去除机理

对水中有机物的去除和颗粒状物的去除，一般属于筛分机理。因此，膜去除的能力与这些有机物的分子质量和颗粒物的粒径大小、形状有关，如图 3-114 所示。孔径较大的膜只能去除较大分子质量的有机物和较大的颗粒物。

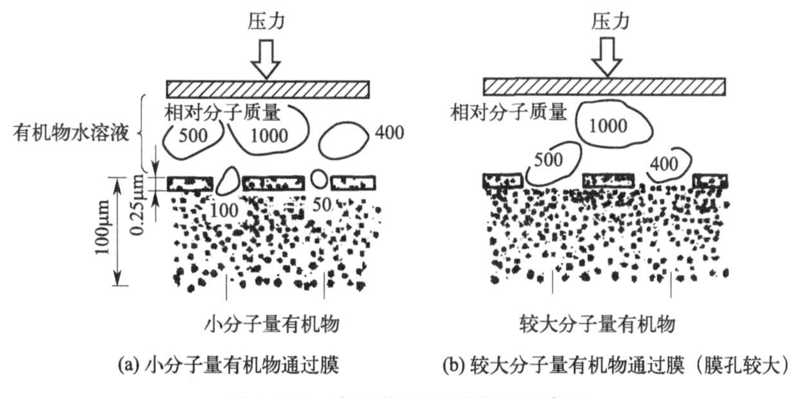

(a) 小分子量有机物通过膜　(b) 较大分子量有机物通过膜（膜孔较大）

图 3-114　有机物通过膜孔的示意图

193 反渗透膜的主要类型有哪些?

反渗透膜主要有以下几种类型。

① 醋酸纤维素（cellulose acetate 膜，CA 膜）　又称乙酰纤维素或纤维素醋酸酯，常以含纤维素的棉花、木材等为原料，经过酯化和水解反应制成醋酸纤维素，再加工成反渗透膜。

② 聚酰胺膜（PA 膜）　聚酰胺包括脂肪族聚酰胺和芳香族聚酰胺两大类。20 世纪 70 年代应用的主要是脂肪族聚酰胺，如尼龙-4、尼龙-6 和尼龙-66 膜；目前使用最多的是芳香族聚酰胺膜。膜材料为芳香族聚酰胺、芳香族聚酰胺——酰肼以及一些含氮芳香聚合物。芳香族聚酰胺膜适应的 pH 范围可以宽到 2～11，但对水中的游离氯很敏感。

③ 复合膜（composite membrane）　复合膜的特征是主要由以上两种材料制成，它是以很薄的致密层和多孔支撑层复合而成。多孔支撑层又称基膜，起增强机械强度的作用；致密层也称表皮层，起脱盐作用，故又称脱盐层。脱盐层厚度一般为 50nm，最薄的为 30nm。

④ 无机膜　无机膜的应用是当前膜技术领域的一个研究开发热点。无机膜是指以金属、金属氧化物、陶瓷、碳、多孔玻璃等无机材料制成的膜。

194 如何评价反渗透膜的理化性能?

一般从以下 9 个方面评价反渗透膜的理化性能。

(1) 透水率（或水通量，flux flow）

透水率是指单位时间、单位膜面积上纯水的透过量，表示反渗透膜的透量大小，用 J_w 表示。影响透水率的因素除膜本身性质外，还有压力、进水含盐量、水温等。不仅对 CA、PA，复合膜也一样，一般水温每上升 1℃，透水率上升 2%～3%，所以透水率（J_w）通常要注明温度，但一般常用 25℃作为标准。试验装置见图 3-115。

$$J_w = A(\Delta P - \Delta\pi) = V/(St)$$

式中，A 为膜的水渗透系数，cm/(cm·s·MPa)；ΔP 为膜两侧压力差，MPa；$\Delta\pi$ 为膜两侧液体渗透压差，MPa，当用纯水进行试验时，$\Delta\pi=0$；V 为试验装置透过液体积，cm^3；S 为膜面积，cm^2；t 为试验所用时间，s。

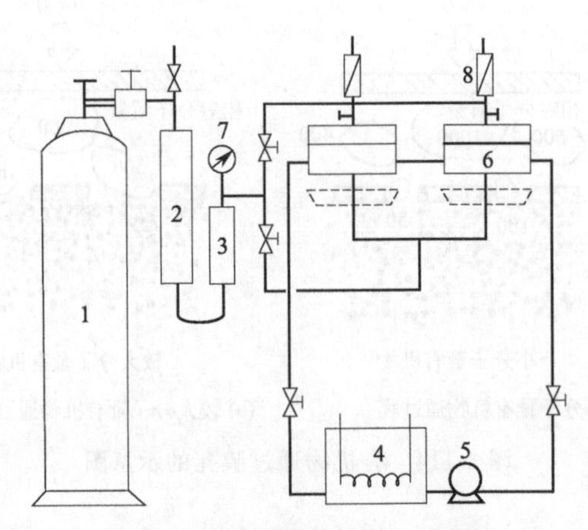

图 3-115　膜参数测试仪示意图

1—氮气瓶；2—缓冲瓶；3—过滤瓶；4—恒温槽；5—泵；6—测试池；7—压力表；8—测试仪

(2) 透盐率（或盐通量，salt passage）和脱盐率（salt rejection ratio）

反渗透膜主要用于水脱盐，透盐率指盐通过反渗透膜的速度 J_s，J_s 值越小，说明膜的脱盐率越高。

$$J_s=B(C_1-C_2)$$

而脱盐率 R 为

$$R=(1-C_1/C_2)\times100\%$$

式中，B 为膜的盐透过系数；C_1 为膜高压侧膜面处水中盐的浓度，由于测试困难，一般都以高压侧水中平均盐浓度来代替，g/L；C_2 为膜低压侧水中盐的浓度，g/L。

透盐率同样可用图 3-115 所示装置进行测定。式中浓度可用电导率或溶解固体（TDS）代替。

(3) 膜压密系数

反渗透膜长期在高压下工作，由于压力和温度作用，膜会被压缩，还会发生高分子链错位，引发不可逆变形，导致水通量下降。有研究人员曾观察 CA 膜的微观结构，发现膜压密主要发生在脱盐层和支持层之间的过渡区域内，描述膜压密性能的指标——膜压密系数 m 写为

$$J_{w1}=J_{wt}t^m$$

式中，J_{w1} 为运行 1h 膜的透水量；J_{wt} 为运行 t(h) 时间膜的透水量，对新膜来讲，t 通常取 24h；m 为膜压密系数，m 应<0.03。

对目前常用的超薄反渗透复合膜，膜压密系数都很小，抗压密性能强，CA 膜压密系数相对较大，影响膜压密效应的因素除膜本身性质外，主要是压力、水温以及进水水质。

(4) 抗水解性

膜是高分子材料，它在温度和酸碱作用下，会发生水解，温度越高，水解越快，pH 超过某一范围内水解也会加快。水解使膜的结构发生破坏，使膜的透水率和脱盐率下降。比如醋酸纤维膜的水解与 pH 和温度的关系示于图 3-116，从图上可看出，CA 膜应在 pH＝4～6

情况下工作，水解少，使用寿命长（最佳值是 pH=4.8)。芳香聚酰胺膜和复合膜抗水解性能比 CA 膜好，所以适应的 pH 范围广，一般芳香聚酰胺膜的工作 pH 为 3～11，复合膜的工作 pH 可达 2～12。

(5) 抗氧化性

水中常见氧化剂有溶解氧及游离氯（杀菌用)，它会将高分子材料的膜氧化，氧化后膜的结构破坏，性能发生不可逆变化。一般来说，芳香聚酰胺膜和复合膜抗氧化能力比醋酸纤维膜差。醋酸纤维膜要求进水中游离氯小于 0.3mg/L，而芳香聚酰胺膜和复合膜要求小于 0.1mg/L，有时甚至要求为零，需向水中添加还原剂，控制水的氧化还原电位。

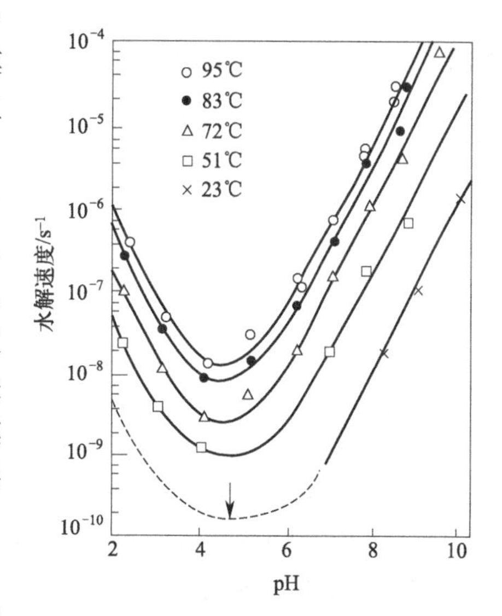

图 3-116 醋酸纤维膜的水解与 pH 和温度关系

(6) 耐温性

耐温性有两重意义：①某些特殊用途的膜，要在高温下消毒杀菌，耐温性决定它的加热温度与时间；②是运行中提高水温的可能性，因为水温提高，水黏度下降，可提高透水率，但水温高，又加速膜的性能变化（主要指水解和结构破坏)，影响膜的使用寿命。水温提高，透盐率也会略有上升。一般水处理中使用的复合膜最高使用温度为 40～45℃。CA 膜和芳香聚酰胺膜为 35℃，特殊的膜最高可达 90℃。

(7) 机械强度

膜机械强度包括膜的爆破强度和抗拉强度，爆破强度是指膜面所能承受的垂直方向的压力（MPa)，抗拉强度是指膜面所能承受的平行方向的拉力（MPa)。

实际使用中工作压力往往比爆破强度小得多，这是因为爆破强度是破坏性指标，工作中膜除了要求它不被破坏外，还要求它在工作压力下变形处于弹性变形范围，即压力消失后膜又能恢复原状。对卷式膜元件，最高使用压力为 4.2MPa。

(8) 抗微生物污染能力

膜是有机材质，会使细菌在膜面滋生和繁殖，其结果是破坏膜的脱盐层，使膜脱盐能力下降。滋生的细菌又使膜面受到污染，细菌及生物黏液会使膜孔堵塞，使水通量下降。

芳香聚酰胺膜和复合膜抗微生物污染能力比 CA 膜强。

(9) 选择透过性

严格讲，反渗透膜的脱盐率对水中不同盐是不同的，对水中不同物质有不同的脱除规律，该规律称为反渗透膜的选择透过性（selective permeability)。

膜对水中溶解物质的脱除主要有如下规律：

① 孔径小的膜对离子脱除率高。

② 降低膜的介电常数或增加溶液的介电常数，可提高脱除率。

③ 水合半径大的离子脱除率高。例如醋酸纤维素反渗透膜对离子分离度由高到低的顺序是：$Li^+ > Na^+ > K^+$，$Cl^- > Br^- > I^-$。

④ 电荷高的离子脱除率高。例如某些离子的脱除率由高到低的顺序是：$PO_4^{3-} > SO_4^{2-} > Cl^-$，$Fe^{3+} > Ca^{2+} > Na^+$。

⑤ 膜对水中有机物的脱除规律：分子量越大，去除效果越好，分子量越小，去除效果越差；解离的比不解离的去除效果好。

⑥ 膜对水中溶解气体的脱除规律：对氨、氯、二氧化碳和硫化氢等气体，去除效果较差。

⑦ 离子浓度越高，脱除率越低。要尽量避免浓差极化导致膜表面浓度增加的现象发生。

⑧ 温度升高，脱除率提高。虽然温度高，离子进入膜孔的量增加，透过膜的速度增加，但是由于溶剂透过的速度更快，故透过液中离子浓度总体下降。

195 常见的膜组件和反渗透器形式有哪些?

反渗透装置由反渗透本体、泵、保安过滤器、清洗设备及相关的阀、仪表及管路等组成。将膜和支撑材料以某种形式组装成的一个基本单元设备称为膜元件，一个或数个膜元件按一定的技术要求连接，装在单只承压膜壳（压力容器）内，可以在外界压力下实现对水中各组分分离的器件称为膜组件（或称反渗透器，membrane modules)。在膜分离的工业应用装置中，一般根据处理水量，可由一个至数百个膜组件组成反渗透装置本体（reverse osmosis unit)。

工业上常用的膜组件型式主要有板框式、管式、螺旋卷式、中空纤维式以及槽条式等类型。

(1) 板框式反渗透器

板框式反渗透器是通用公司艾劳杰（Aerojet）最初设计的一种简单的压力过滤容器。这种装置由几十块承压板组成，外观很像普通的板框式压滤机。承压板两侧覆盖微孔支撑板和反渗透膜。将这些贴有膜的板和压板层层间隔，用长螺栓固定后，一起装在密封的耐压容器中构成板框式反渗透器。当一定压力的盐水通过反渗透膜表面时，产水从承压的多孔板中流出，装置如图 3-117 所示。

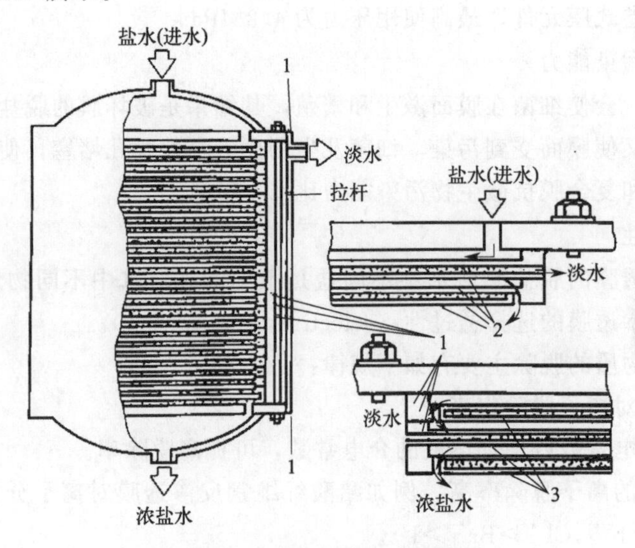

图 3-117 板框式反渗透器

1—O形密封环；2—膜；3—多孔板

(2) 管式反渗透器

管式反渗透器最早应用于 1961 年。由洛布-索里拉金提出了管式醋酸纤维膜的浇铸技术。其结构主要是把膜和支撑体均制成管状，使两者重合在一起或者直接把膜刮在支撑管上。装置分内压式和外压式两种。将制膜液涂在耐压支撑管内，水在外界压力下从管内透过膜并由套管的微孔壁渗出管外的装置称为内压式。而将制膜液涂在耐压支撑管外，水在外界压力推动下从管外透过膜并由套管的微孔壁渗入管内的装置称为外压式。

外压式因流动状态不好，单位体积的透水量小，需要耐高压外壳，故较少应用。

把许多单管膜元件以串联或并联方式连接，然后把管束放置在一个大的收集管内，组装成一个管束式反渗透膜组件。原水由装配端的进口流入，经耐压管内壁的膜，于另一端流出，透过膜后淡水由收集管汇集。目前实际中多使用玻璃纤维管，这种管子本身就具有许多小孔，容易加工且成本低。管式膜可直接在玻璃纤维管上浇铸而不必垫层，这就便于成批生产。为了提高产水量，多做成管束式。一些管式反渗透器（膜组件）如图 3-118 和图 3-119 所示。

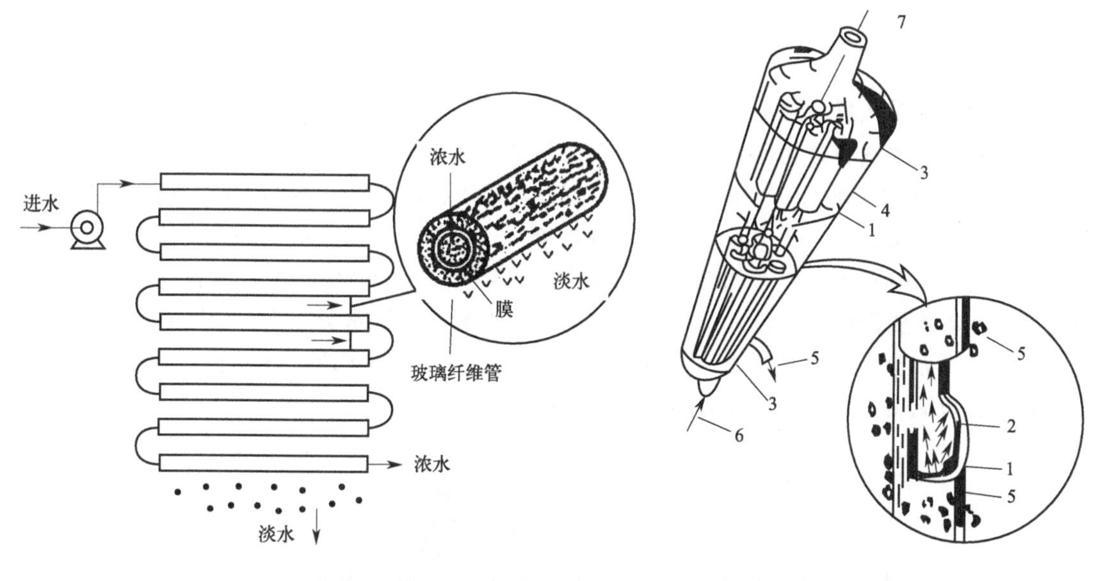

图 3-118 管式反渗透器（串联）

图 3-119 管式反渗透器（并联）
1—玻璃纤维管；2—反渗透膜；3—装配端；
4—聚氯乙烯外管；5—产水；6—进水；7—浓水出口

管式反渗透膜能够处理含悬浮颗粒的水（液体），运行期间系统处处都可以保持良好的排水作用，适当调整水力条件，可以预防水的浓缩及膜堵塞。其主要优点是：进水的流动状态好，水流通畅，易清洗，对进水中悬浮固体的要求宽，操作容易。缺点是：单位面积膜堆体积大，占地面积大，价格比高。

(3) 螺旋卷式反渗透膜组件

螺旋卷式反渗透膜组件是美国通用原子公司发展的。在两层膜中间为多孔支撑材料组成的“双层结构”。双层膜的三个边缘与多孔支撑材料密封形成一个膜袋（收集产水），两个膜袋之间再铺上一层隔网（盐水隔网），然后插入中间冲孔的塑料管（中心管），插入边缘处密封后沿中心管卷绕这种多层材料（膜＋多孔支撑材料＋膜＋进水隔网），就形成一个螺旋卷式反渗透膜元件，如图 3-120 所示。

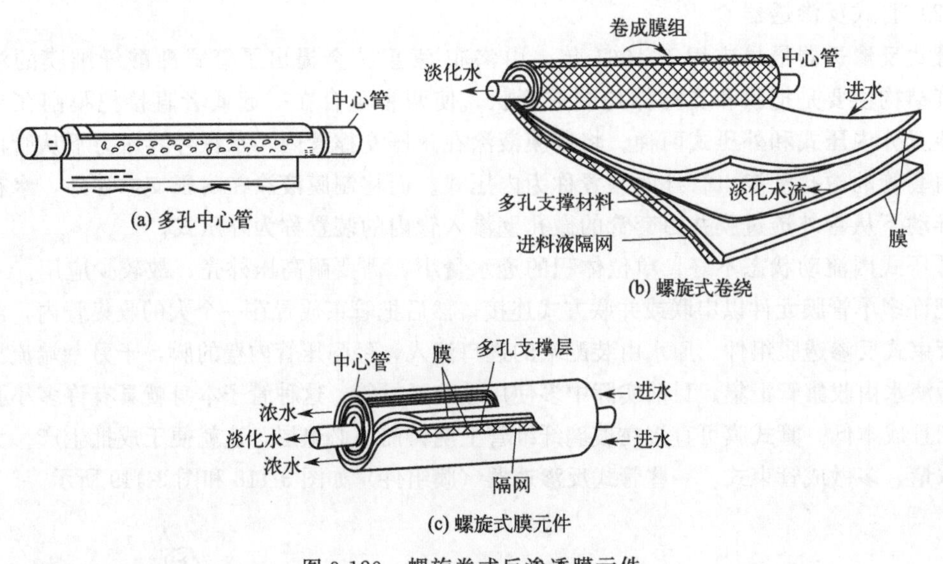

图 3-120　螺旋卷式反渗透膜元件

(4) 中空纤维式反渗透器

中空纤维反渗透膜是美国杜邦公司和陶氏化学公司提出的。中空纤维膜是一种极细的空心膜管（外径为 0～200μm、内径为 25～42μm），其特点是高压下不易变形。这种装置类似于一端封死的热交换器，把大量的中空纤维管束，一端敞开，另一端用环氧树脂封死，放入一种圆筒形耐压容器中，或者如图 3-121 将中空纤维弯曲成 U 形装入耐压容器中，纤维的开口端用环氧树脂浇铸成管板，纤维束的中心部位安装一根进水分布管，使水流均匀。纤维束的外部用网布包裹以固定纤维束并促进进水的湍流状态。淡水透过纤维管壁后在纤维的中空内腔经管板流出；而浓水则在容器的另一端排掉。

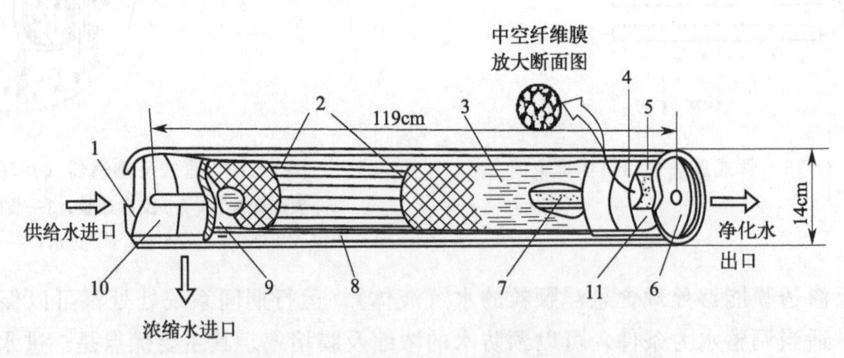

图 3-121　中空纤维式反渗透器结构

1，11—O 型环密封；2—流动网格；3，9—中空纤维膜；4—环氧树脂管板；5—支撑管；6，10—端板；7—供给水分布管；8—壳

(5) 槽条式反渗透器

除上述四种装置外，最近又有一种槽条式反渗透器，如图 3-122 所示。它是用聚丙烯材料在挤压机上挤压成直径 3.2mm 的长条，在其表面纵向开 3～4 条沟槽，沟槽深和宽为 0.5mm。长条表面再纺织上涤纶长丝或其他材料（如玻璃纤维/尼龙等），然后再在涤纶丝上涂刮上铸膜液，形成膜层，再加工成一定长度，用几十或几百根组成束，装入耐压容器，装配成槽条式反渗透器。

这种装置在单位体积内有效膜表面积也很大，能与螺旋式反渗透器相比拟。

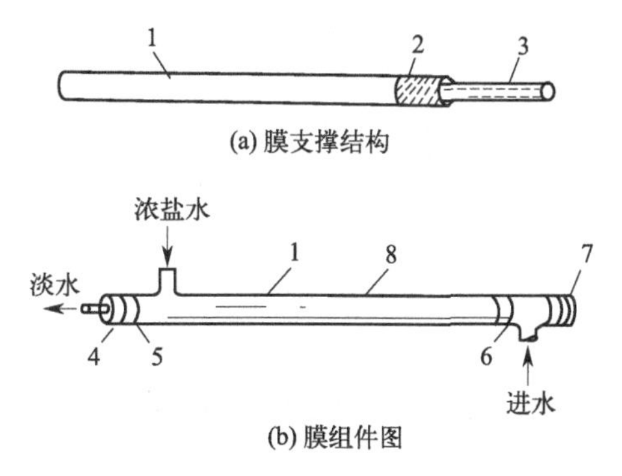

图 3-122 槽条式反渗透器

1—膜；2—涤纶编织层；3—直径 3.2mm 的聚丙烯条；4—多孔支撑体；5—橡胶密封；6—套衬；7—端板；8—耐压管

196 反渗透装置的主要工艺流程有哪些？

如图 3-123 所示，反渗透水处理系统通常由给水前处理、反渗透装置本体及其后处理三部分组成。反渗透装置本体部分包括能去除水中 5～20μm 微粒的保安过滤器、高压泵、反渗透本体、清洗装置和有关仪表控制设备。

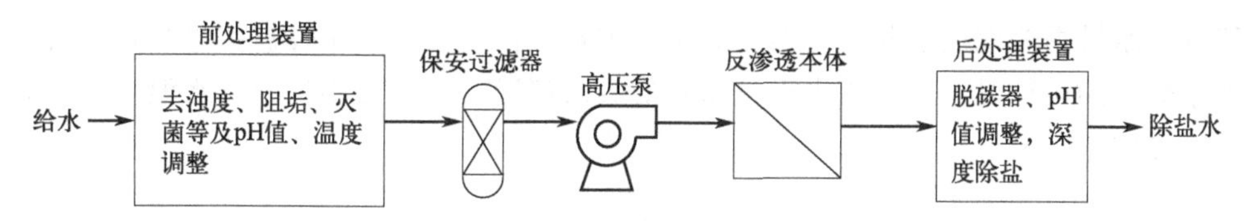

图 3-123 反渗透装置的基本系统

实际使用中反渗透的流程有很多，具体形式要根据不同的进水水质和最终要求的出水水质以及水回收率而决定。常见的形式如图 3-124 所示。

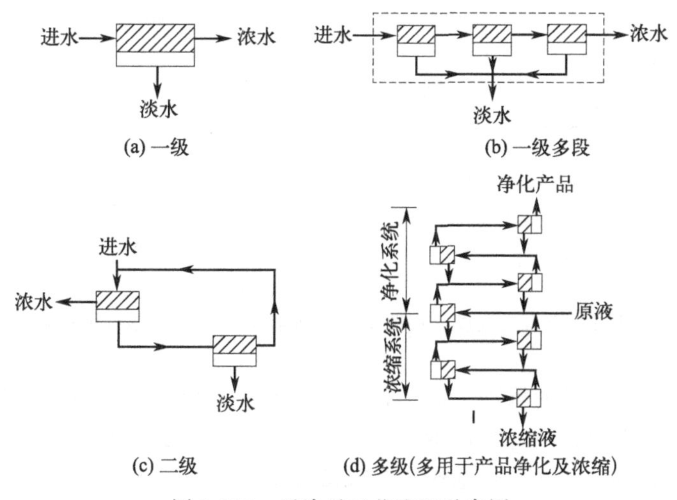

图 3-124 反渗透工艺流程示意图

① 一级流程是指在有效膜面积保持不变时，原水一次通过反渗透器便能达到要求的流程。此流程操作简单、耗能少。

② 一级多段流程反渗透处理水时，如果一次处理水回收率达不到要求，可将第一段浓水作为第二段给水，依此类推。由于有产水流出，第一段、第二段等各段给水量逐级递减，所以此流程中有效膜截面积也逐段递减。

③ 当一级流程出水水质达不到要求时，可采用二级流程的方式。把一级流程得到的产水，作为二级的进水，进行再次淡化。

197 反渗透装置的主要性能参数有哪些?

反渗透装置的主要性能参数有产水量（Q_p）、水回收率（Y）、浓缩倍率（C_F）、脱盐率（R）或盐分透过率（S_p）。

(1) 产水量（Q_p）

产水量是指反渗透装置在单位时间内生产的淡水量（m^3/h）。

$$Q_p=\sum_{i=1}^{n}Q_{pi}=A\sum_{i=1}^{n}S_i(\Delta P_i-\Delta\pi_i)$$

式中，Q_{pi} 为第 i 段膜组件的产水水量，m^3/h；A 为膜的水渗透系数，$m^3/(m^2\cdot h\cdot MPa)$；$S_i$ 为第 i 段膜面积，m^2；ΔP_i 为第 i 段膜两侧的压力差，MPa；$\Delta\pi_i$ 为第 i 段膜两侧水渗透压差，MPa。

膜的产水量主要取决于膜的材质、结构等因素，但也与运行条件有关。影响因素有膜的水渗透系数及随运行时间延长膜水渗透系数的衰减情况、膜面污染情况、水温、压力进水含盐量等，见图 3-125。

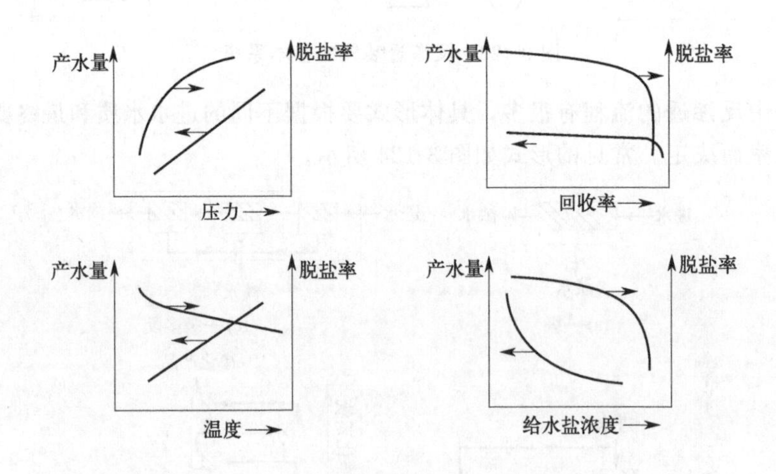

图 3-125 压力、温度、回收率及给水盐浓度对反渗透性能的影响

产水量随运行温度上升而增加；随运行压力上升而增加，当压力下降至接近进水渗透压时，产水量趋于零；产水量随进水浓度增加而下降。产水量随水的回收率增加而下降；产水量随膜面污染增加而下降；产水量随运行时间增加而下降。

（2）水回收率（Y）

$$Y=\frac{Q_p}{Q_f}\times 100\%=\frac{Q_p}{Q_p+Q_m}\times 100\%$$

式中，Q_f 为给水流量，m^3/h；Q_m 为浓水流量，m^3/h。

（3）浓缩倍率（C_F）

$$C_F=\frac{Q_f}{Q_m}=\frac{1}{1-Y}$$

（4）脱盐率（R）或盐分透过率（S_p）

$$S_p=\frac{C_p}{C_f}\times 100\%\text{（中空纤维式）}$$

$$S_p=\frac{C_p}{\frac{C_f+C_m}{2}}\times 100\%\text{（卷式）}$$

$$R=100\%-S_p$$

式中，C_f 为进水含盐量，mg/L；C_p 为产水含盐量，mg/L；C_m 为浓水含盐量，mg/L。

198 微滤预处理的主要去除对象和净化原理是什么?

微滤（MF）是以压力为推动力，利用筛网状过滤介质膜的“筛分”作用进行分离的膜过程，其原理与普通过滤相类似，但过滤的微粒在 0.05～15μm，是目前较为先进的过滤技术。

微孔过滤膜具有比较整齐、均匀的多孔结构，它是深层过滤技术的发展。在压差作用下，小于膜孔的粒子通过膜，比膜孔大的粒子则被截留在膜面上，使大小不同的组分得以分离，操作压力为 0.1MPa。

MF 膜的截留作用机理大体可分为以下几种。

① 机械截留作用　指膜具有截留比它孔径大或与孔径相当的微粒等杂质的作用，即筛分作用。

② 物理作用或吸附截留作用　如果过分强调筛分作用，就会得出不符合实际的结论，因此除了要考虑孔径因素外，还要考虑其他因素的影响，其中包括吸附和电荷性能的影响。

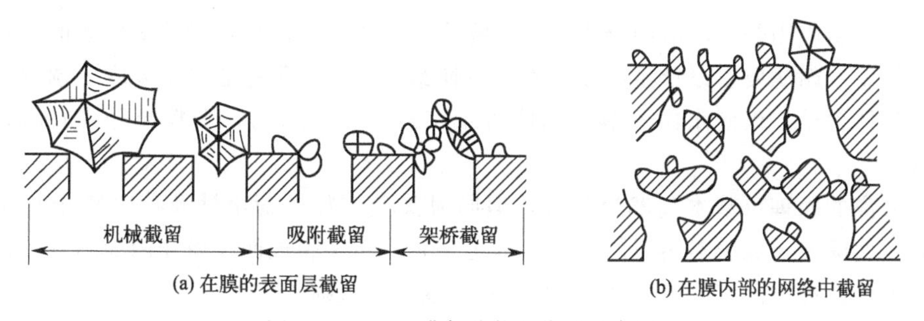

图 3-126　MF 膜各种截留作用示意图

③ 架桥作用　通过电镜可以观察到，在孔的入口处，微粒因为架桥作用也同样可以被截留。

④ 网络型膜的网络内部截留作用　这种截留作用是将微粒截留在膜的内部，并非截留在膜的表面。MF 膜各种截留作用如图 3-126 所示。对 MF 膜的截留作用来说，机械截留作用固然重要，但微粒等杂质与孔壁之间的相互作用有时也显得很重要。

199 微滤膜的主要类型和结构特征是什么?

MF 膜的形态结构可分为三种：

① 通孔型，如核孔膜，它是以聚碳酸酯为基材，膜孔呈圆筒状垂直贯穿于膜面，孔径十分均匀；

② 网络型，其微观结构与泡沫海绵类似，膜结构是对称的；

③ 非对称型，可分为海绵型与指孔型两种，这是应用较多的膜品种之一。

图 3-127 表示三种形态结构的膜断面。

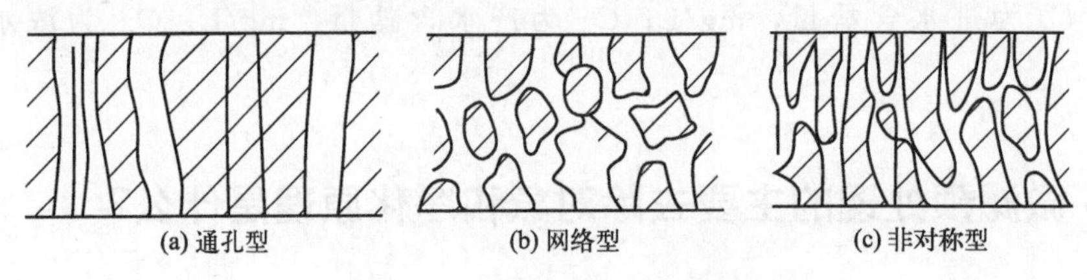

图 3-127　三种形态结构的膜断面

微孔滤膜主要有聚合物膜和无机膜两大类，具体材料有以下三种。

① 有机类聚合物膜　包括聚四氟乙烯（PTFE，特富龙）、聚偏二氟乙烯（PVDF）、聚丙烯（PP）等。

② 亲水聚合物膜　包括纤维素酯、聚碳酸酯（PC）、聚砜/聚醚砜（Ps_r/PES）、聚酰亚胺/聚醚酰亚胺（PI/PEI）、聚酰胺（PA）、聚醚醚酮等。

③ 无机类陶瓷膜　包括氧化铝（Al_2O_3）、氧化锆（ZrO_2）、氧化钛（TiO_2）、碳化硅（SiC）及玻璃（SiO_2）、炭及各种金属（不锈钢、钯、钨、银等）等。

200 超滤预处理的主要去除对象和净化原理是什么?

超滤的典型应用是从溶液中分离大分子物质、胶体、蛋白质，所分离溶质的相对分子质量下限为几千。超滤要求设计足够预处理，以使给水水质满足超滤进水要求。预处理应减少悬浮物和胶体含量，以使水中不溶解固体含量<5%（质量比），颗粒粒径<100μm，浊度<15NTU。

超滤分离的原理可基本理解为筛分，但同时又受到粒子荷电性及荷电膜相互作用的影响。因此，实际上超滤膜对溶质的分离过程主要有：①在膜表面及微孔内吸附（一次吸附）；②在孔中停留而被去除（阻塞）；③在膜面的机械截留（筛分）。

201 超滤膜的主要类型和区别有哪些？

超滤膜组件中常用的有机膜材料有二醋酸纤维素（CA）、三醋酸纤维素（CTA）、氰乙基醋酸纤维素（CNCA）、聚砜（PS）、磺化聚砜（SPS）、聚砜酰胺（PSA）、聚偏氟乙烯（PVDF）、聚丙烯腈（PAN）、聚酰亚胺（PI）、甲基丙烯酸甲酯-丙烯腈共聚物（MMA-AN）、酚酞侧基聚芳砜（PDC）等。

无机膜近年来受到了越来越多的重视，多以金属、金属氧化物、陶瓷、多孔玻璃为材料。它与有机膜相比较，具有下列突出的优点：高的热稳定性，耐化学侵蚀，无老化问题。因而使用寿命长，可反向冲洗，分离极限和选择性是可控制的。当然也有其缺点：易碎，膜组件要求有特殊的构造，投资费用高，膜本身的热稳定性常常由于密封材料的缘故而不能得到充分利用。

202 纳滤预处理的主要去除对象是什么？

目前纳滤膜大致可分为两大类：传统软化纳滤膜和高产水量荷电纳滤膜。前者最初是为了软化，与反渗透膜几乎同时出现，只是其网络结构更疏松，对 Na^{+} 和 Cl^{-} 等单价离子的去除率很低，但对 Ca^{2+} 和 CO_3^{2-} 等二价离子的去除率仍大于 90%。由于此特性，它在饮用水处理方面有其特殊的优势。

因为反渗透在去除有害物质的同时也去除了水中大量有益的无机离子，出水呈酸性，不符合人体的需要。而纳滤膜在有效去除水中有害物质的同时，还能保留一定的人体所需的无机离子，而且出水 pH 值变化不大。此外，此类纳滤膜的截留相对分子质量在 200～300 之上，故其对除草剂、杀虫剂、农药等微污染物及染料、糖等低分子质量有机物组分的截留率也很高，能去除 90%以上的 TOC。高产水量荷电纳滤膜是近年来开发的一种专门去除有机物而非软化的纳滤膜，对无机物的去除率只有 5%～50%，这种膜是由能阻抗有机物的材料制成。膜表面带负电荷，排斥阴离子，能截留相对分子质量 200～500 以上的有机化合物而透过单价离子，同时比传统的纳滤膜的产水量高。因此在某些高有机物水和废水处理中极有价值。

203 纳滤膜的主要类型有哪些？

纳滤膜按材料分有如下几类。

① 芳香聚酰胺类　如 Filmtec 公司的 NF50、NF70，结构如下：

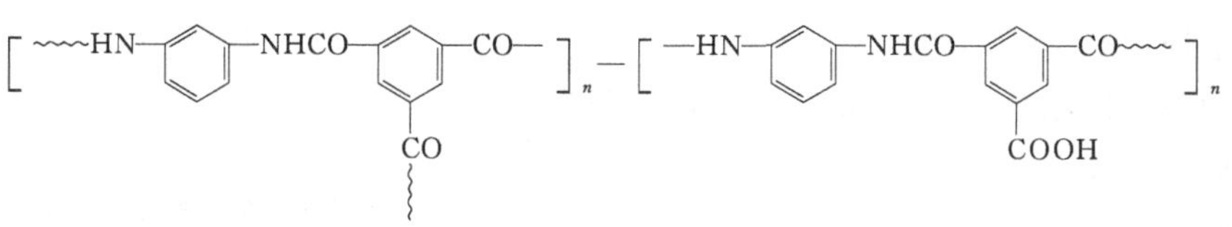

[~~~HN–⟨苯环⟩–NHCO–⟨苯环(–CO~~~)⟩–CO–]$_n$–[–HN–⟨苯环⟩–NHCO–⟨苯环(–COOH)⟩–CO~~~]$_n$

② 聚哌嗪酰胺类　如 Filmtec 公司的 NF40、日本东丽公司 UTC-60 等，结构如下：

③ 磺化聚（醚）砜类 如日本日东电工公司NTR-7400，结构如下：

或

④ 复合型 如聚乙烯醇与聚哌嗪酰胺、磺化聚（醚）砜与聚哌嗪酰胺等组成。

⑤ 其他 其他材料还有磺化聚芳醚砜（SPES—C）、丙烯酸-丙烯腈共聚物、胺与环氧化物缩聚物等。

204 纳滤膜的性能评价指标有哪些？

纳滤膜（装置）性能方面，反渗透膜的性能指标基本上适用于纳滤膜，可以用反渗透膜的性能指标来评价纳滤膜。另外，纳滤膜也有本身特殊的性能指标。纳滤器（装置）也与反渗透相同，目前多采用螺旋卷式。

（1）水通量

纳滤膜的水通量大约2～4L/(m^2·h)(3.5%NaCl、25℃、ΔP为0.098MPa)，这个水通量大约是反渗透膜的数倍，水通量大，也说明纳滤膜比较疏松、孔大。

（2）脱盐率

纳滤膜对水中一价离子脱盐率为40%～80%，远低于反渗透膜，对水中二价离子脱盐率可达95%，略低于反渗透膜，对水中有机物有较好的截留能力。

（3）截留相对分子质量

对于纳滤膜的孔径，有时会套用超滤膜的指标，用截留相对分子质量来表示。所谓截留相对分子质量是用一系列已知相对分子质量的标准物质（如聚乙二醇）配制成一定浓度的测试溶液，测定其在纳滤膜上截留特性来表征膜孔径大小。纳滤膜的截留相对分子质量一般为200～1000。

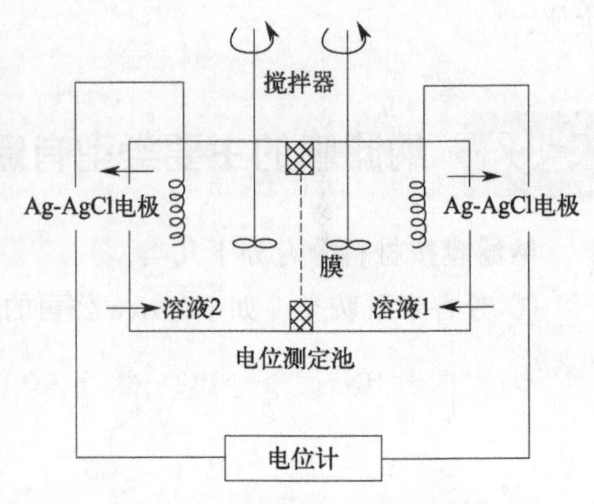

图3-128 纳滤膜电荷测量装置

（4）水回收率

对纳滤膜，设计的单支膜水回收率基本与反渗透膜相同，一般为15%。

（5）荷电性

由于纳滤膜是荷电膜，它脱盐很大程度上依赖其荷电性，因此测量纳滤膜电荷种类、电荷多少直接关系到纳滤膜的性能。测定采用专门的装置，让膜一侧溶液在压力下透过膜，测量膜两侧电位差来判断膜的电性符号、荷电多少（图 3-128）。

205 反渗透除盐对出水有何要求？如何进行后处理？

反渗透产水的后处理方式主要取决于反渗透产水水质及用户对水质的要求。一般来讲反渗透产水的水质，电导率在 10～50μS/cm（指处理自来水或苦咸水，若处理海水，产水溶解固形物达 350～500mg/L），主要成分是 Na^+、Cl^-、HCO_3^- 及 CO_2。在 CO_2 含量高时，由于它 100%透过膜，因此产水 pH 低，呈酸性，有一定的腐蚀倾向。设置二级反渗透，在一级反渗透出水中添加 NaOH，提高 pH，将 CO_2 中和为 $NaHCO_3$，有助于降低二级反渗透出水电导率，提高 pH。

从用户对水质要求来看，若处理的水是用作电子工业清洗水或锅炉的补给水，反渗透的产水水质不能满足要求，必须在反渗透之后，再设置进一步处理装置，比如离子交换或电除盐（EDI）装置。设置离子交换时，可以设置阳床-阴床-混床或者只设置混床，但其中阴树脂比例要适当提高，因为反渗透出水中 CO_2 含量多，相应的阴树脂负担重。

若处理的水是供饮用的，只需将反渗透出水提高 pH 后再经紫外线或臭氧消毒，即可满足要求。若处理的水仅作一般工业纯水使用，可对反渗透出水进行脱气（或加碱）提高 pH，消除其腐蚀倾向。

206 何为膜污染？影响膜污染的因素有哪些？

膜污染是指因处理水中的微粒、胶体粒子或溶质分子与膜发生物理化学作用，或因浓度极化使某些溶质在膜表面浓度超过其溶解度及机械作用而引起的在膜表面或膜孔内吸附、沉积，造成膜孔径变小或堵塞，使膜产生透过流量与分离特性的衰减变化现象。它与浓差极化有内在联系，但是概念上截然不同，很难区别。

影响膜污染的因素如下。

(1) 粒子或溶质尺寸及形态

从理论上讲，在保证能截留所需粒子或大分子溶质前提下，应尽量选择孔径或截留分子质量大的膜，以得到较高透水量。但实验发现，选用较大膜孔径，会有更高污染速率，反而使透水量长时间下降。这是因为当待分离物质的尺寸大小与膜孔相近时，由于压力的作用，水透过膜时把粒子带向膜面，极易产生嵌入作用，而当膜孔径小于待分离的粒子或溶质尺寸，由于横切流作用，它们在膜表面很难停留聚集，因而不易堵孔（图 3-129）。

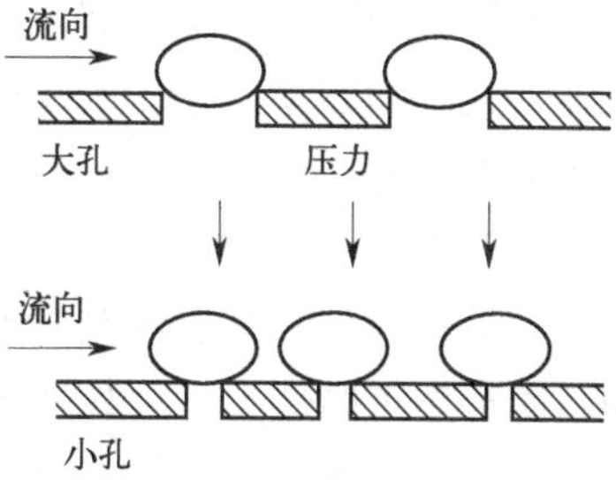

图 3-129 膜孔径与粒子大小对膜污染的影响

(2) 溶质与膜的相互作用

包括膜与溶质、溶质与溶剂、溶剂与膜相互作用的影响，其中以膜与溶质间相互作用影响为主，相互作用力对膜污染的影响有以下几种。

① 静电作用力　有些膜材料带有极性基团或可离解基团，因而在与溶液接触后，由于溶剂化或离解作用使膜表面带电。当它与溶液中带电溶质所带电荷相同时，便相互排斥，膜表面不易被污染；当所带电荷相反时，则相互吸引，膜面易吸附溶质而被污染。

② 范德华力　它是一种分子间的吸引力，常用比例系数 H（Hamaker 常数）表征，与组分的表面张力有关，对于水、溶质和膜三元体系，决定膜和溶质间范德华力的 H 常数如下：

$$H=[H_{11}^{\frac{1}{2}}-(H_{22}H_{33})^{1/4}]^2$$

式中，H_{11}、H_{22}、H_{33} 分别为水、溶质和膜的 Hamaker 常数。

由上式可见，H 始终是正值或零。若溶质（或膜）是亲水的，则 H_{22}（H_{33}）值增高，使 H 值降低，即膜和溶质间吸引力减弱，较耐污染及易清洗。因此膜材料选择极为重要。

③ 溶剂化作用　亲水的膜表面与水形成氢键，这种水处于有序结构，当疏水溶质要接近膜表面，必须破坏有序水，这需要能量，不易进行，因此膜不易污染；而疏水膜表面的水无氢键作用，当疏水溶质靠近膜表面时，挤开水是一个疏水表面脱水过程，是一个熵增大过程，容易进行，因此二者之间有较强的相互作用，膜易污染。

④ 空间立体作用　对于通过接枝聚合反应接在膜面上的长链聚合物分子，在合适的溶剂化条件下，由于它的运动范围很大，所以作用距离的影响将十分显著，因而可以使大分子溶质远离膜面，而溶剂分子畅通无阻地透过膜，阻止膜面被污染。

膜的亲疏水性、荷电性会影响到膜与溶质间的相互作用大小。一般来讲，静电相互作用较易预测。但对膜的亲疏水性测量则较为困难，通常认为亲水性膜及膜电荷与溶质电荷相同的膜较耐污染。

(3) 膜的结构与性质

膜结构对膜性能的影响大。对称结构比不对称结构更易被堵塞，如图 3-130 所示，这是因为对称结构膜，其弯曲孔的表面开口有时比内部孔径大，这样进入表面孔的粒子往往会被截留在膜中间而堵塞膜孔。而对于不对称膜，粒子基本被截留在表面，不易在膜内堵塞，易被横切流带走。即使在膜表面孔上产生聚集、堵塞，反洗也很容易冲走。例如空纤维超滤膜，由于双皮层膜中内外皮层各存在不同孔径分布，因此使用内压时有些分子透过内皮层孔，可能在外皮层更小孔处被截留而产生堵孔。引起透水量不可逆衰减，甚至用反洗也不能恢复其性能。而对于单内皮层中空纤维超滤膜，外表面孔径比内表面孔径大几个数量级（图 3-131），这样透过内表面孔的分子绝不会被外表面孔截留，因此抗污染性能好。

(4) 进水特性的影响

进水特性包括盐的种类与浓度、pH 值、温度和黏度等。通常来讲，多价盐类对反渗透和超滤污染可能性大，尤其是有蛋白质或有机大分子物质存在时，污染性更大。如蛋白质一般在等电点时溶解度最低，膜对其吸附量最高，因此通常以不使蛋白质变性为限，把 pH 调至远离等电点，可以减轻膜污染。

温度与黏度对膜污染的影响，是通过溶质状态和溶剂扩散系数来影响膜的产水率和分离特性。根据一般规律，温度升高，黏度下降，产水率提高，但是水中存在某些蛋白质时，温度升高反而产水率下降，这是由于这些蛋白质的溶解度随温度上升而下降的缘故。

(a) 不对称膜

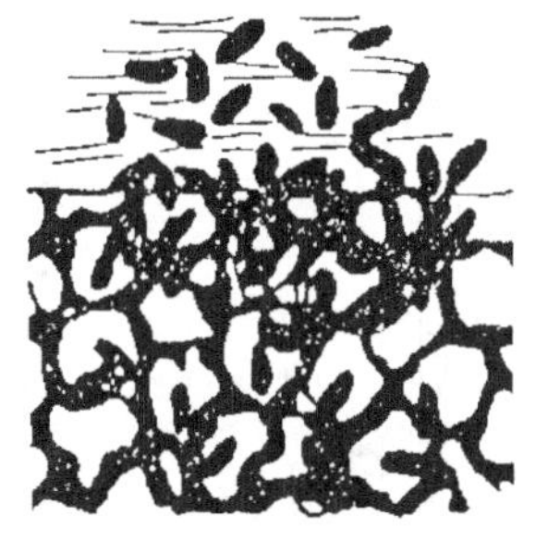
(b) 对称膜

图 3-130 膜结构对膜污染的影响

图 3-131 单内皮层中空纤维超滤膜结构图

（5）膜的物理特性

膜的物理特性包括膜表面粗糙度、孔径分布及孔隙率等。显然膜面光滑，不易被污染；膜面粗糙则容易吸留溶质。孔径分布越窄，越耐污染。

（6）操作参数

操作参数包括水流速、压力和温度等。通常提高水流速可以减小浓差极化或沉积层的形成，提高产水率。提高压力可提高膜产水率，但是会加重浓差极化和膜污染。温度通常通过影响水的黏度来影响透水量。

207 如何进行膜的清洗与再生？

膜的清洗方法可分三类：物理、化学、物理-化学法。

物理清洗用机械方法从膜面上脱除污染物，它们的特点是简单易行，这些方法如下：

① 正方向冲洗（forward flushing） 将 RO 产水用高压泵打入进水侧，将膜面上污染物冲下来。

② 变方向冲洗（reveres flushing） 冲洗水方向是改变的，正方向（进水口→浓水口）冲洗几秒钟再反方向（浓水口→进水口）冲洗几秒钟。

③ 反压冲洗（permeate back pressure）（图 3-132） 将淡水侧水加压，反向压入膜进水侧，同时进水侧继续进水到浓水排放，以带走膜面上脱落下来的污染物。

④ 振动 在膜组件的膜壳上装空气锤，使膜组件振动，同时进行进水→浓水的冲洗，以将膜面上振松的污染物排走。

⑤ 排气充水法 用空气将进水侧水强行吹出，迅速排气并重新充以新鲜水。清洗作用主要是水排出、引入时气水界面上的湍动作用所致。

⑥ 空气喷射 在 RO 产水进入组件进行正方向冲洗前，周期喷射进空气，空气扰动纤维，使纤维壁上污染层变疏松（此法适用于中空纤维膜）。

⑦ CO_2 清洗 CO_2 气体从淡水出口管线进入，透过膜，清洗液将落下的污染物带出膜组件。

⑧ 自动海绵球清洗 把聚氨基甲酸酯或其他材料做成的海绵球送入管式膜组件几秒钟，用它洗去膜表面的污染物。

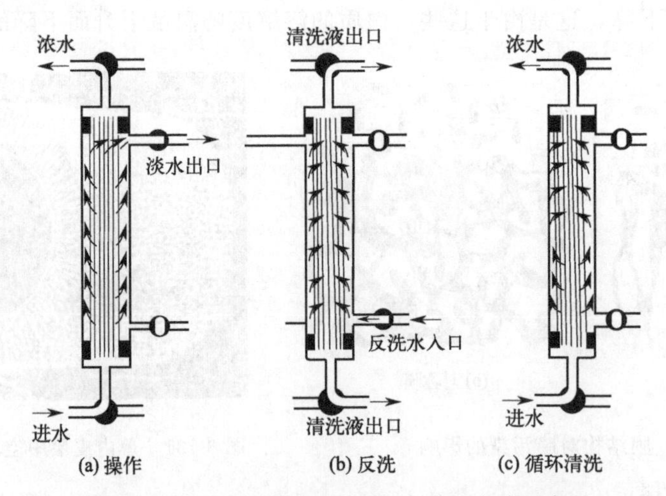

图 3-132 中空纤维膜组件操作与清洗方式示意图

208 用于脱盐的离子交换膜主要有哪些？各种交换膜的性质有何区别？

离子交换膜按其膜结构来分，分为异相膜和均相膜两大类。异相膜是将离子交换树脂磨成细粉，加入黏合材料，经过混炼、热压而成。这种膜的化学结构不是均一的，它是树脂和高分子黏合剂共混的产物。制造过程中又加入了增柔剂等，所以弹性较好，但它的选择透过性较低，渗水、渗盐性较大，电阻也较高。均相膜是由含有活性基团的均一高分子材料制成的薄膜，它的活性基团分布均一，电化学性能较好。为了增加膜的机械强度，均相膜或异相膜在制膜过程中均加入合成纤维丝网布。

离子交换膜也可按膜的活性基团进行分类，分为阳膜、阴膜及特种膜等。

离子交换膜是电渗析器中的关键材料，其性能是否符合使用要求是至关重要的。离子交换膜的一般性能可分为物理、化学、电化学等各方面。物理性能包括外观、爆破强度、厚度、溶胀度和水分等；化学性能包括交换容量；电化学性能包括膜电导（测定电导率和面电阻）和选择透过率等，另外根据需要，可进行耐酸、耐碱、抗氧化、抗污染或水电渗量、水扩散量、盐扩散量等性能测定。

209 离子交换膜的选择原则有哪些？

对膜的一般性能要求，原则如下。

① 膜应平整、均一、无针孔，并具有一定的机械强度和柔韧性；

② 具有较高的离子选择透过性，一般阴、阳膜的选择透过率均应在 90%以上，才能使电渗析除盐时有较高的电流效率；

③ 膜的面电阻要低，也即电导率要高，这样可使电渗析器电阻低，除盐时耗电省；

④ 膜的溶胀或收缩变化小，膜的尺寸稳定性好，由于膜中含有活性基团，遇水它要溶胀，外界水溶液浓度变化或所含盐分离子不同时均会引起收缩或溶胀，从而引起膜的尺寸

变化；

⑤ 膜的化学性能稳定，不易氧化，抗污染力强；

⑥ 膜应有较好的抗水和电解质的扩散透过性，这样才能较好地减少电渗析运行时的电解质扩散、水的渗透性和迁移。

210 电吸附除盐技术的原理是什么?

电吸附技术是利用带电电极表面吸附水中离子及带电离子，使水中物质在电极表面浓缩富集，从而实现高效、节能的低盐或中盐水淡化技术。电吸附过程分为吸附过程和脱附过程两个部分，其原理如图 3-133 所示。处理水通过多孔电极时，会受到系统施加的电场力，当电极上的带电电荷进入溶液中时，溶液中的离子被重新分布与排列；同时，在库仑力作用下，带电电极与溶液界面被反离子占据，界面剩余电荷的变化会引起界面双层电位差的变化，从而在电极和电解质界面形成致密的双电层（electric double layer，EDL）。溶液中阴阳离子逐渐迁移到极性相反的电极板上，离子被吸附在材料表面，达到脱除污染物的目的。随着反应的进行，吸附在电极表面的离子达到饱和，需对吸附材料进行脱附再生。一般采取极性对调或短路的方式进行脱附，使吸附在材料表面的离子通过电场的排斥作用被释放到溶液中，最终生成浓水排出，实现脱附。

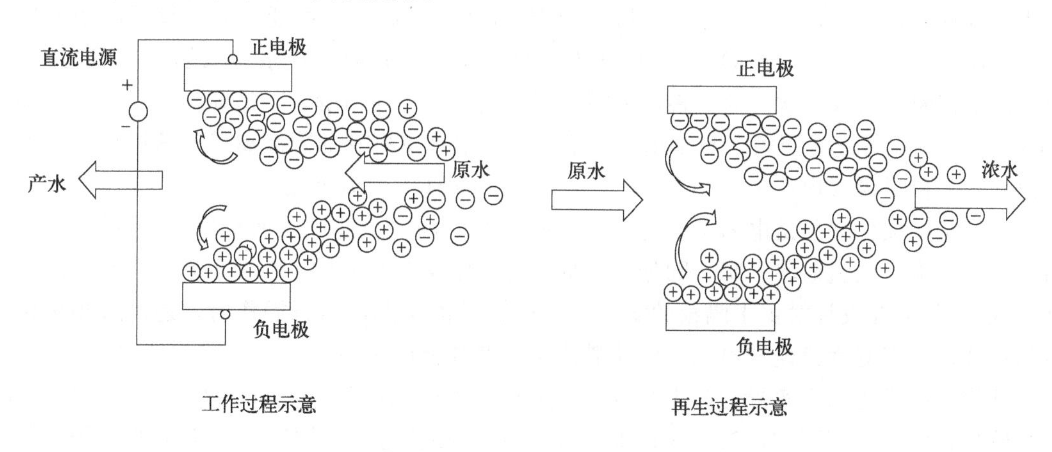

图 3-133 电吸附与脱附示意图

211 电渗析除盐的技术原理是什么?

电渗析可以说是一种除盐技术，因为各种不同的水（包括天然水、自来水、工业废水）中都有一定量的盐分，而组成这些盐的阴、阳离子在直流电场的作用下会分别向相反方向的电极移动。如果在一个电渗析器中插入阴、阳离子交换膜各一个，由于离子交换膜具有选择透过性，即阳离子交换膜只允许阳离子自由通过，阴离子交换膜只允许阴离子自由通过，这样在两个膜的中间隔室中，盐的浓度就会因为离子的定向迁移而降低，而靠近电极的两个隔室则分别为阴、阳离子的浓缩室，最后在中间的淡化室内达到脱盐的目的。

212 电渗析器运行中存在的主要问题有哪些？如何解决？

（1）电渗析运行过程

在电渗析运行中除了反离子迁移的主要过程外，还伴随着一些次要过程，主要如下。

① 反离子迁移　反离子迁移是电渗析器中的主要过程。由于Donnan平衡的关系，与膜上的固定离子所带电荷相同的离子也会穿过膜。例如阴离子会穿过阳膜，这称为同名离子迁移。和反离子迁移比起来，这种迁移的数量是很小的，其迁移速度和数量与离子交换膜的性质和浓水的浓度有关。

② 电解质扩散　由于浓、淡水室的浓度差，电解质由浓水室向淡水室扩散。这种扩散的速度和数量与两室的浓度差大小成正比。

③ 压差渗漏　由于浓、淡水室两侧的压力不同而产生的电解质的渗漏。它的渗漏方向不固定，总是由压力高的一侧向压力低的一侧渗漏。

④ 水的渗透　由于淡水室电解质的浓度低于浓水室，水会由淡水室向浓水室渗透。

（2）极化现象

在电渗析运行过程中，由于离子交换膜内的迁移数比在溶液中的迁移数要大，因而，在一定的水流速度、浓度和温度下，当电流密度上升到某一数值时，即会在膜-溶液界面两边产生浓度梯度，在膜面的滞流层中，除盐侧膜-溶液的界面上，可迁移的电解质离子几乎为零，从而使水解离成 H^+ 及 OH^-，这即为极化现象。极化时，淡水室水解离产生的 OH^- 透过阴膜富集在阴膜浓水一侧，使此处滞流层内溶液的pH值变大，呈碱性。此外，阴离子 HCO_3^-、SO_4^{2-} 等迁过阴膜，也富集在这里，还有浓水室原有的硬度离子，这样就容易在阴膜浓水室一侧滞流层内产生 $Mg(OH)_2$、$CaCO_3$、$CaSO_4$ 等垢沉淀。

电渗析的极化现象是电渗析运行过程中的主要问题，会造成膜面结垢，水流阻力上升；引起电阻增大，电流效率下降，除盐率下降；并使浓水和淡水的pH发生变化（常称之为中性扰乱）。所以在设计时要求隔板的湍流效果好，滞流层薄，运行操作时，还需根据电渗析器的特性，掌握好水流速和电压，勿使滞流层过厚或电流过高。

理论上的极化点和实际运行中的极化点是有区别的。由于电渗析装置的膜对数比较多，流程较长，水流分配不均，所以极化现象的发生在各隔室有所不同，一般流速低的隔室先极化，因此极限电流只能在运行中进行测定。

（3）电极室的腐蚀和结垢

电渗析器通电后，膜堆两端的电极上发生电极反应。阳极处产生的初生态氧和氯是强氧化剂而且水溶液呈酸性，所以电极易腐蚀；阴极处，极水呈碱性，当极水中有 Ca^{2+}、Mg^{2+}、HCO_3 和 SO_4^{2-} 等离子时，则易生成水垢，还有氢气排出。减少腐蚀和结垢的措施是选用适宜的电极、适宜的极框，并使水流通畅，易于排气和排除污垢。

213 电渗析法脱盐装置有哪几种形式？具体处理方式该如何选择？

用电渗析器制取淡水，应根据原水浓度、淡水产量和脱盐指标来选择运行方式，以期收到良好效果。一般电渗析脱盐工艺分为连续式和循环式两种。

(1) 连续式

① 一级一段(或多段)一次脱盐　一级一段是指原水经过膜堆内部的并联隔板之后，直接流出淡水。而一级多段则是水流经过膜堆内部串联各段之后流出淡水。因为从电渗析器流出的水，就是制得的淡水，故称为一次脱盐。

一级多段一次脱盐有两种组装形式：a. 在一对电极之间，利用换向隔板构成多段串联，便可制得高脱盐率的淡水，此种形式适用于小规模；b. 在一对电极之间，串联几个小膜堆。这两种形式虽然脱盐率高，但还存在一些缺点：在电渗析过程中，随着淡水含盐量逐渐下降，将导致各段电流密度分配不均，为此，需要通过实验调节各段的膜对数。随着串联的对数增加，水流阻力也相应地增加，所以不应组装过多的段数，这就限制了淡水的产量。

② 多级多段一次脱盐　多级多段一次脱盐，指原水依次通过多台一级一段的电渗析器，同时进行串联脱盐。也指设有共电极的一台电渗析器，进行多级多段串联。关于串联级数，应根据原水浓度、淡水指标以及电渗析器的工作性能而定。每级脱盐率为25%～60%，串联级数一般为2～6级。该形式的特点是：可以连续制水，不需要进行淡水循环即能达到要求的脱盐率。适用于大型制水部门，工矿企业采用较多。

优点是：耗电量省，各级电压容易调整，可以保证淡水质量。缺点是：当原水浓度和温度变化时，必须相应地调整运行条件；必须严格控制流量；一旦电渗析器的电阻增高，其工作性能迅速恶化。

对于这种装置的浓水系统，浓水可直接排放掉，也可再循环使用。浓水循环不仅可以减少排污量，而且因浓水的浓度提高，从而减低膜堆电阻，降低耗电量。但是浓差扩散速度也随之增大，即降低膜的选择透过性，同时影响电流效率。因此浓水循环到达一定浓度后，还是应该连续排放一些。对于浓水和淡水的浓度比例，可以通过实验来确定。浓水系统的排放，可以通过极水排污来解决。

(2) 循环式

① 分批循环脱盐　是指浓水和淡水分别通过各自的循环槽进行循环，直到达到要求的淡水指标为止，然后再开始另一批处理。

② 连续部分循环脱盐　它是一种以部分循环脱盐，同时连续生产淡水的新形式。在这种系统中，淡水和浓水分别进行循环。当达到淡水的出水指标后，开启淡水排放阀门，便连续送出淡水，同时补充加入等量原水到循环水槽中去。这种使淡水进行部分循环的方式，可以满足广泛的脱盐范围要求。

214 何为电除盐？其工作原理是什么？

电除盐也称连续电去离子(electrodeionization，EDI)，即在电渗析离子交换膜之间填充阴、阳离子交换树脂，在直流电场的作用下，利用离子交换膜对离子的选择透过性，以离子交换树脂作为离子迁移介质，水中的带电离子从淡水室发生定向迁移至浓水室，从而使水得到纯化的分离技术。

215 影响电除盐效果的因素主要有哪些?

影响电除盐效果的因素包括以下几种：

① EDI 进水电导率的影响　EDI 对弱电解质的去除率随着原水电导率的增加而降低，在相同的操作电流下，出水的电导率会增加。

② 工作电压-电流的影响　虽然工作电流增大，产水水质也会随之变好。但如果电流增至最高点后再增加，水电离产生的 H^+ 和 OH^- 就会过多，大量富余的离子充当载流离子导电发生积累和堵塞，甚至发生反扩散，最终导致水质下降。

③ 浊度、污染指数（SDI）的影响　EDI 模块内填充的离子交换树脂浊度及污染指数过高，会引起通道堵塞、系统压差上升，造成产水量下降。

④ 硬度的影响　EDI 中进水的硬度如果太高，会导致浓水流量下降并且膜表面结垢，产水电阻率下降；严重时会导致 EDI 因内部发热而毁坏。

216 电除盐技术的主要应用场景是什么?

纯水的制备，过去的几十年中一直以离子交换法为主。随着膜技术的发展，膜法配合离子交换法制取纯水的应用很广泛。电除盐技术的开发成功，则是纯水制备的又一项变革。它开创了采用三膜处理（UF＋RO＋EDI）来制取纯水的新技术，与传统的离子交换相比，三膜处理不需要大量酸碱，运行费用低，无环境污染问题。

EDI 作为电渗析和离子交换结合而产生的技术，主要用于以下场合：①在膜脱盐之后替代复床或混合床制取纯水；②在离子交换系统中替代混床；③用于半导体等行业冲洗水的回收处理。

EDI 技术与混床、ED、RO 相比，可连续生产，产水品质好，制水成本低，无废水、化学污染物排放，有利于节水和环保，是一项对环境无害的水处理工艺。但 EDI 要求进水水质要好（电导率低，无悬浮物及胶体），最佳的应用方式是与 RO 匹配，对 RO 出水进一步纯化。当 EDI 用于离子交换（或其他类似处理方式）后面，即使进水电导率低，EDI 初期出水水质很好，但由于进水中胶体物质没有彻底除净，EDI 极易受悬浮物及胶体污染，造成水流通道堵塞，产水量减少，出水水质下降。

四、冷却与循环冷却水处理技术

（一）循环冷却水系统类型与组成

217 水冷却的原理、作用和意义是什么？

在工业生产过程中，往往会有大量热量产生，使生产设备或产品的温度升高，必须及时冷却，以免影响生产的安全、正常进行和产品的质量。而水是吸收和传递热量的良好介质，工业上常用来冷却生产设备和产品。

由于大气中总是存在有一定数量的水蒸气，因此大气实际上是由干空气和水蒸气组成的混合气体，也称为湿空气。敞开式循环冷却水系统中循环水的冷却就是以湿空气作为冷却介质达到冷却目的。当在系统中已吸热的循环水在冷却塔中由上而下以小水滴水膜的形式降落时，会与从冷却塔下方（或侧面）由下而上的湿空气接触，依靠传热来降低水的温度，其传热过程实际上包括接触散热、蒸发散热和辐射散热三个过程。

218 哪些行业需要用到循环冷却水？

循环冷却水是工业用水中的用水大项，在石油化工、电力、钢铁、冶金等行业，循环冷却水的用量占企业用水总量的50%～90%。由于原水中有不同的含盐量，循环冷却水浓缩到一定倍数必须排出一定的浓水，并补充新水。一台3×10^5kW的冷凝机组，循环冷却水量要达到3.3×10^4t/h左右，假定原水中含盐量为1000mg/L，浓缩倍数为3，那么循环冷却水的浓水排放约为0.6%～0.8%，即198～264m^3/h，同时需补充的新水等于排水及蒸发损失等，补充水量大约为循环水量的2%～2.6%，将为660～860m^3/h左右，水资源消耗与污水排放的数量是很大的。

循环冷却水由于受浓缩倍数的制约，在运行中必须要排除一定量的浓水和补充一定量的新水。使冷却水中的含盐量、pH值、有机物浓度、悬浮物含量控制在一个合理的允许范围。这对部分浓水排放进行具体处理回用，具有重要的意义。它不但能提高水的重复利用率，节约水资源，而且能极大地改善循环冷却水的整体状况。

219 冷却水系统分为哪几种类型？各有什么特点？

用水来冷却工艺介质的系统称作冷却水系统。冷却水系统分为两大类：直流冷却水系统和循环冷却水系统。循环冷却水系统又可以分为两大类：密闭式循环冷却水系统和敞开式循环冷却水系统。

(1) 直流冷却水系统

直流冷却水系统指冷却水只使用一次即被排放的循环冷却水系统。冷却水仅仅通过换热设备一次，水用过后直接排放，排水温度有所上升，水中各种矿物质和离子含量基本保持不变（图 4-1）。直流冷却水系统的特点是设备简单，不需要冷却构筑物，一次性投资少。但是直流冷却水系统的弊端有很多。

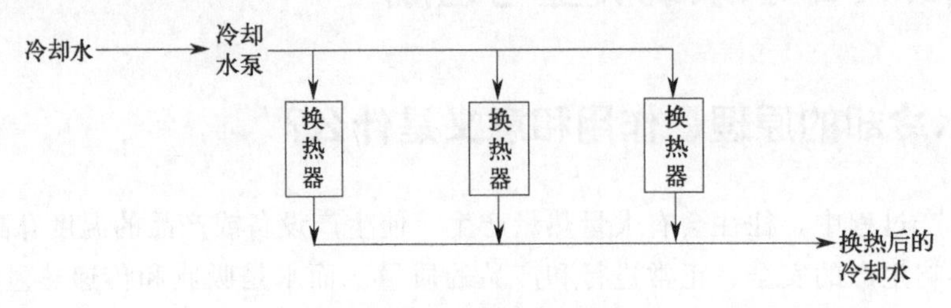

图 4-1 直流冷却水系统

① 由于直流冷却水系统的冷却水是一次性使用之后直接排放掉，所以水量消耗很大，相同的冷却效果，其消耗的水量约为循环冷却水系统的 50 倍。

② 直流冷却水系统排水量大，而且热的冷却水直接排入河流等水体，造成严重的热污染。

③ 直流冷却水系统进水量很大，导致冷却水进水处理水量很大，处理循环水消耗的化学药剂量也就相应增大，水处理费用昂贵，处理药剂造成的水污染也很严重。

因此，目前直流冷却水系统已经逐渐被淘汰，除了用海水的直流冷却水系统外，新建企业基本不采用这种冷却方式。

(2) 密闭式循环冷却水系统

密闭式循环冷却水系统指循环冷却水不与大气直接接触的循环冷却水系统，冷却水通过热交换器来冷却工艺介质，温度升高的冷却水通过与空气接触，用空气冷却后再循环使用，如图 4-2 所示。密闭式循环冷却水系统不经过浓缩，不存在蒸发和风吹飞溅，所以消耗水量和补充水量很小，系统内基本上不存在结垢问题。

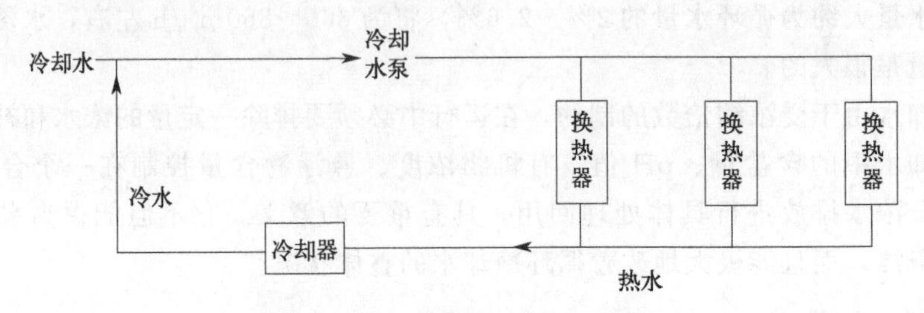

图 4-2 密闭式循环冷却水系统

密闭式循环冷却水系统内的主要问题是腐蚀。

① 氧腐蚀　虽然密闭式循环冷却水系统的重要特点是不与大气接触，但是系统内溶解氧仍然是存在的，一方面是由于阀门、管道接口、水泵等处可能存在漏气，使氧进入系统，另一方面少量补充水中的溶解氧也是冷却水系统中氧的一个来源。因此密闭式循环冷却水系统中会存在氧的腐蚀问题。

② 电偶腐蚀　密闭式循环冷却水系统通常是由不同金属组成的热交换器壳体和热交换管，水泵的叶轮和泵壳、阀门的阀芯和阀体等都可能由不同的材质构成，因此密闭式循环冷却水系统还存在由不同金属材质而导致的电偶腐蚀。

(3) 敞开式循环冷却水系统

敞开式循环冷却水系统指循环冷却水与大气直接接触冷却的循环冷却水系统，是工业生产中最常见的一种冷却水系统。冷却水通过热交换器来冷却工艺介质之后，升温的冷却水在冷却塔中通过与空气接触，被空气冷却，水降温之后再循环使用，如图 4-3 所示。

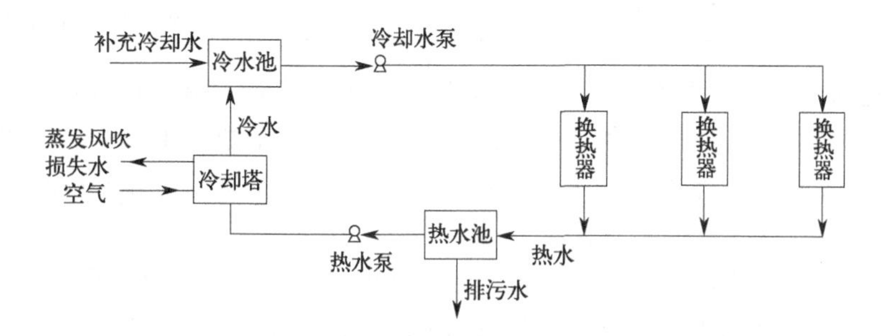

图 4-3　敞开式循环冷却水系统

敞开式循环冷却水系统有以下特点：

① 水在冷却塔冷却的重要方式是蒸发冷却。蒸发的水量是不含盐分的，所以在蒸发过程中循环水中盐的浓度是不断增加的，这就是浓缩现象。浓缩造成两种结果：一是结垢现象加重，某些在直流冷却水系统中不会结垢的盐类也会发生结垢；二是腐蚀现象加重，水源中无害的离子由于浓度增高可能造成腐蚀现象。

② 水在冷却塔中与空气充分接触会造成两个结果：一是二氧化碳逸出，导致碳酸钙结垢加重；二是溶解氧增加，使系统金属的电化学腐蚀加重。

③ 水在冷却塔中与空气充分接触，将空气中的灰尘带入冷却水，使冷却水中悬浮物增加，一方面给成垢盐类提供了晶核，另一方面会产生污垢沉积，导致系统沉积物问题加重。

④ 水在冷却塔中接受日光照射，有利于藻类的繁殖，从而给微生物繁殖提供了良好的条件，会加重微生物黏泥和微生物腐蚀问题。

220 敞开式循环冷却水系统有哪些类型?

敞开式循环冷却水系统按照热水与空气接触的方式不同可以分为两大类：冷却池和冷却塔。

(1) 冷却池

冷却池是比较早期的冷却水系统，它有很多弊端。它需要较大的出水量和占地面积，而且冷却过程中温差小，冷却缓慢、工作效率低。而且，由于水池露天工作，所以冷却水比较容易受到污染。

冷却池分为自然冷却池和喷水冷却池，两种冷却池对比如表 4-1 所示。

表 4-1 两种冷却池对比表

项目	自然冷却池	喷水冷却池
适用条件	① 冷却水量大 ② 所在地区有可利用的河、湖、水库、渣池，且距厂区距离不远 ③ 夏季冷却水温要求不高	① 有足够的开阔场地 ② 冷却水量较小 ③ 有可利用的水池、渣池
优点	① 取水方便、运行简单 ② 可利用已有的河、湖、水库、渣池 ③ 造价低	① 结构简单 ② 就地取材，造价低
缺点	① 受太阳辐射影响，夏季水温高 ② 易淤积，清理困难	① 占地大 ② 风吹损失大 ③ 有水雾，影响周围交通和建筑

① 自然冷却池的散热是通过池面水与空气接触，以接触、辐射和蒸发的形式散热，效率低，一般水力负荷仅为 0.01～0.1$m^3/(m^2 \cdot h)$。自然冷却池要求附近有可以利用的天然湖泊、湿地或者水库。自然冷却池适用于冷却水量大、冷却前后的温差较小的循环冷却水系统。

为充分利用池面，应尽量使水流分布均匀，减少死水区。有时为方便运转管理和节约投资，将热水进口和冷却水吸水口放在冷却池同一地段，设置导流墙，延长路径。冷却池的水深不宜太小，以免滋生水草，水深太小也不利于冷热水间形成异重流。异重流是由于冷水与热水的密度不同而形成的，热水浮于上层，冷水沉于下层，两层间可相对流动。形成异重流有利于热水在水面上的扩散，可更好地散热。水深越深，冷热水分层越好，同时热水排放与水面的衔接情况对分层也有影响。一般最小水深为 1.5m，水深宜在 2.5m 以上。

② 喷水冷却池是利用人工或天然水池，通过池上的水管或喷嘴将高温的水喷出，分散为较小的水滴，这样就增加了冷却水与空气的接触面积，传热效率增加，这样单位面积水池的传热效率就会比自然冷却池的高。喷水冷却池要求附近有比较开阔的场地或者可以利用的湿地。喷水冷却池适用于冷却水量较小、冷幅宽不大的循环水系统。

喷头的形式很多，不同形式的性能也不一样，最好选择喷水量大、喷洒均匀、水滴较小、不易堵塞且加工和更换简单的形式。喷头布置可呈梅花形、方格形、辐射形。为达到较好的冷却效果，喷头前的配水管中应维持 6～7m 左右的水压，使水能向上喷射成均匀散开的小水滴，水滴在空中与周围空气接触，通过蒸发和传导方式散热冷却，然后跌落池中。喷水池四周外侧应设宽度不小于 5m，以 2%～5%底坡倾向喷水池的回水台，可减少冷却水量的风吹损失。喷水池设计深度一般为 1.5～2.0m，超高为 0.3～0.5m，水流负荷为 0.7～1.2$m^3/(m^2 \cdot h)$。喷头一般安装在喷水池正常水位以上 1.2～2.0m 高度处，喷头间距为 1.5～2.2m，喷水管间距为 3～3.5m。

(2) 冷却塔

冷却塔是将生产过程中经热交换升温后的冷却水，通过与空气直接接触，由蒸发、传导方式散热降温，或隔着换热器器壁与空气间接接触的单纯导热方式散热降温的塔型冷却构筑物。冷却塔内装有淋水装置，水和气都经过填料，增大了接触面积，具有占地面积小和冷却效果好等特点。

冷却塔是现在较普遍应用的冷却水系统，不仅在用水量较大的工厂内广泛应用，而且在用水量不大的工厂和宾馆的空调系统已经开始逐渐推广。冷却塔是一个塔形建筑，水从塔顶喷出，向下落入池中，气流向上，水气充分接触。可以通过人工控制空气流量来加强空气与水的混合，提高热传递的效果。冷却塔不仅占地面积小，而且冷却效果更好，水量损失较小，处理水量的冷幅宽较大。目前使用较多的小型玻璃钢冷却塔，安装使用方便，具有良好的推广潜力。

221 什么是换热器和水冷却器?

换热器又称热交换器，是工艺系统中工艺介质通过间壁（管壁或板壁）互相进行换热的设备。换热器中的热介质与冷介质进行热交换，使热介质温度降低、冷介质温度升高。冷介质可以是水，也可以是其他物料。用水作冷介质的换热器称为水冷却器，或称水冷器。在水冷却器中热介质与水进行热交换，使热介质温度降低、水的温度升高。

222 冷却塔有哪些类型？各有什么特点?

冷却塔按照它的构造以及空气流动的控制情况，可以分为自然通风冷却塔和机械通风冷却塔，见图 4-4。

（1）自然通风冷却塔

自然通风冷却塔冷却效果稳定，风吹水量损失小，维护简单、管理费低，受场地建筑面积影响小，但是投资高、施工技术复杂，且冬季维护复杂，适用于冷却水量>$1000m^3/h$ 的场合，高温、高湿、低气压以及水温差要求较高时不宜采用。可以分为开放式冷却塔和风筒式冷却塔。

① 开放式冷却塔　开放式冷却塔的水流在塔内自上而下流动，而空气则是水平方向与水流方向成垂直流动，这种空气与水流成垂直流动的方式又称横流式。开放式冷却塔内没有填料时，称为喷水式，其冷却原理与喷水池类似，其结构示意图如图 4-4(a) 所示。塔内设有填料时，称为开放式点滴冷却塔，其结构示意图如图 4-4(b) 所示。这种填料的作用是使塔顶喷散下来的水滴经过填料时可以分散为更细的水滴，增强冷却效果。开放式冷却塔造价较低，设备简单，但是有很多缺点，受风力、风向影响较大，冷却后的水温不够稳定，同时水的风吹损失较大。

② 风筒式冷却塔　冷却循环水所需要的空气流量是由较高的通风筒所产生的抽力来提供的。通风筒的抽力是由于塔内外空气的温度差而造成的相对密度差形成的，新鲜空气由塔下进入，湿热空气由塔顶排出，冷却效果较为稳定。风筒式冷却塔塔高决定了冷却效果，塔越高则抽力越大，冷却效果越好。风筒式冷却塔不需要风机动力设备，能够节省动力，维护方便。但是基建费用高，而且不适合高温、高湿和低气压的南方地区。风筒式逆流冷却塔、风筒式横流冷却塔结构示意图分别如图 4-4(c)、图 4-4(d) 所示。

（2）机械通风冷却塔

其空气流量是由通风机供给的，更能够保证稳定的冷却效果，冷却效率比较高，布置紧

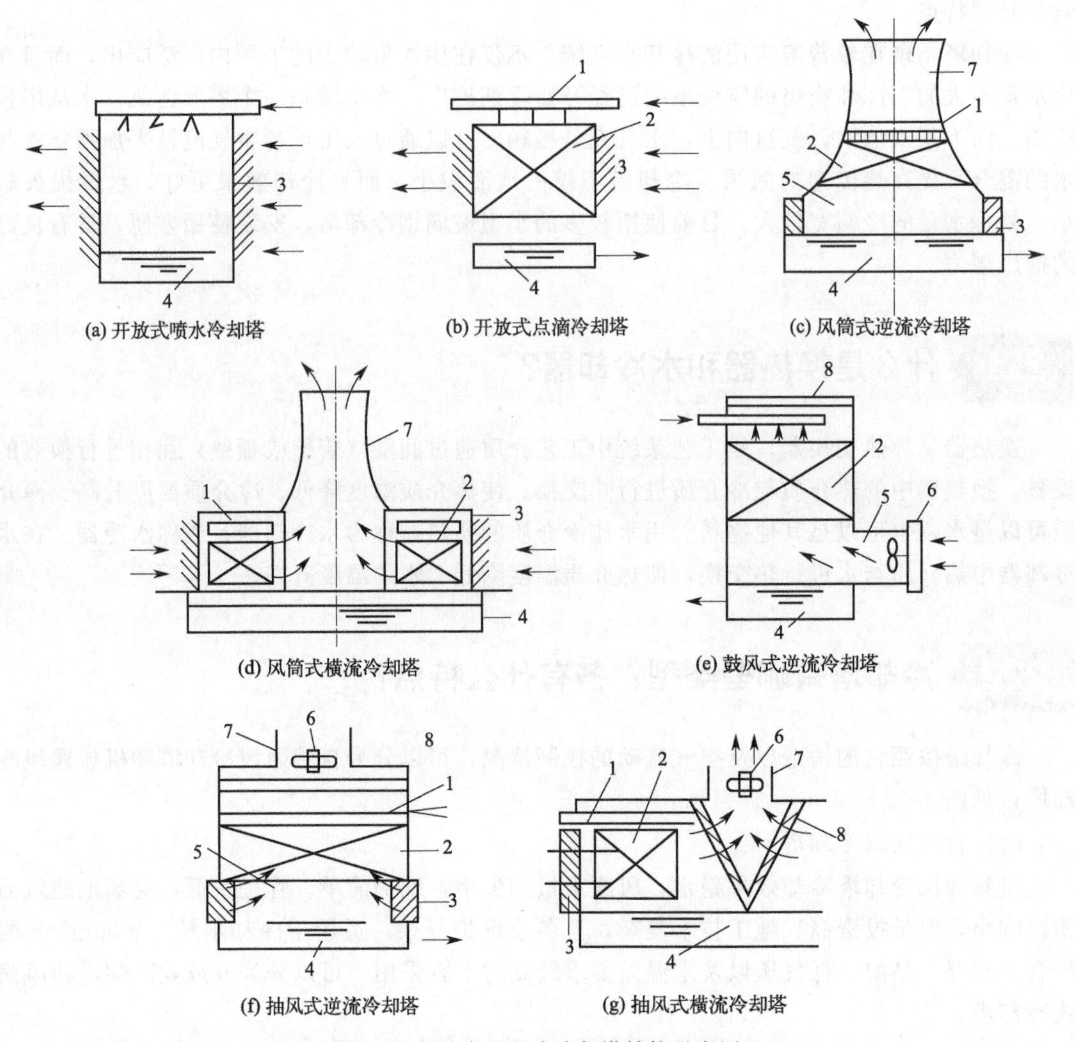

图 4-4 各种类型湿式冷却塔结构示意图

1—配水系统；2—淋水填料；3—百叶窗；4—集水池；5—空气分配区；6—风机；7—风筒；8—除水器

凑、占地面积小，造价较自然通风冷却塔低，但是电耗和维护费用高、有一定的噪声，适用于气温、湿度较高的地区，对冷却水温及稳定性要求严格的工艺，场地狭窄、自然通风条件差的工厂。机械通风冷却塔可以分为鼓风式冷却塔、抽风式逆流冷却塔、抽风式横流冷却塔。

① 鼓风式冷却塔　风机安装在塔的旁侧。优点是塔的结构简单而稳定，维修方便，风机工作条件好，不容易被腐蚀。但是为了避免塔高过高，风机叶轮直径一般控制在 4m 以内，处理水量会受到限制。因此当处理水量较小或者冷却水中含有腐蚀性物质时，宜采用鼓风式冷却塔，其结构示意图如图 4-4(e) 所示。

② 抽风式逆流冷却塔　风机安装在塔顶。新鲜空气从塔底被抽入塔内，与水流成平行方向进行逆流热交换，热空气由塔顶排出。优点是塔内空气分布比较均匀，湿热空气回流小，配水高度较低，冷却效果较好，其结构示意图如图 4-4(f) 所示。

③ 抽风式横流冷却塔　风机也安装在塔顶。区别于逆流冷却塔的是，横流冷却塔的空气流动方向是与水流方向垂直的，而且进口高度等于填料高度，这样有利于改善塔内空气分

布状况，但是对于风机出口湿热空气的回流是不利的，其结构示意图如图 4-4(g) 所示。

223 冷却塔的主要构造是什么?

冷却塔的主要构造包括配水系统、淋水装置、通风系统、收水器、集水池和塔体。

(1) 配水系统

功能是将带冷却的热水均匀地分配到冷却塔的整个淋水面积上。如果水量分配不均，在水流密集的部分，通风阻力大，导致通风量小，冷却效果不好；反之通风量大，不能充分利用通风能力，从而使整体冷却效果不好，而且可能会发生冷却水滴飞溅到塔外造成污染。配水系统还应适应流量在一定范围内变动时的配水均匀，对塔内空气流动阻力影响小，以利于防堵维修。配水系统一般有槽式、管式和池式三种。

① 槽式配水系统　通常由配水槽、管嘴及溅水碟组成，如图 4-5 所示。热水经配水槽、管嘴落下，溅射无数小水滴，射向四周，以达到淋水装置均匀布水的目的。

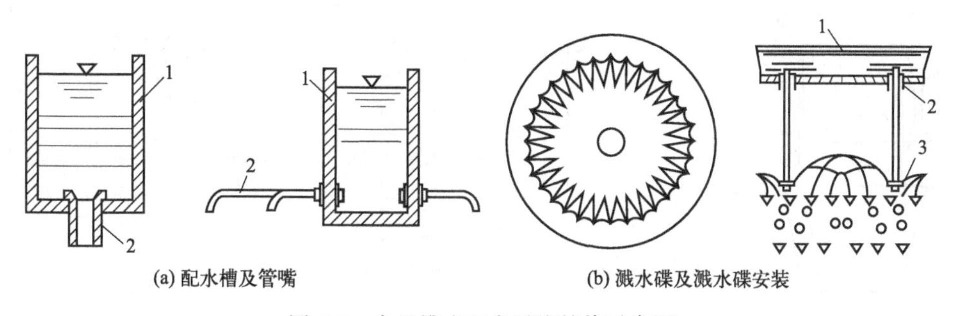

(a) 配水槽及管嘴　(b) 溅水碟及溅水碟安装

图 4-5　常见槽式配水系统结构示意图

1—配水槽；2—管嘴；3—溅水碟

配水槽可做成树枝状、环状，如图 4-6 所示。管嘴安装在槽底或槽侧，间距取决于溅水碟的溅洒半径，而溅洒半径随管嘴水流跌落高度的增大而增大。一般溅水碟在管嘴下方 0.5～0.7m 处，其溅洒半径为 0.5～0.8m，因此管嘴间距常取 0.5～1.0m。主槽流速为 0.8～1.2m/h，支槽流速为 0.5～0.8m/h，槽断面净宽大于 0.12m，配水槽总面积与通风面积之比小于 30%，适宜于大型逆流塔。

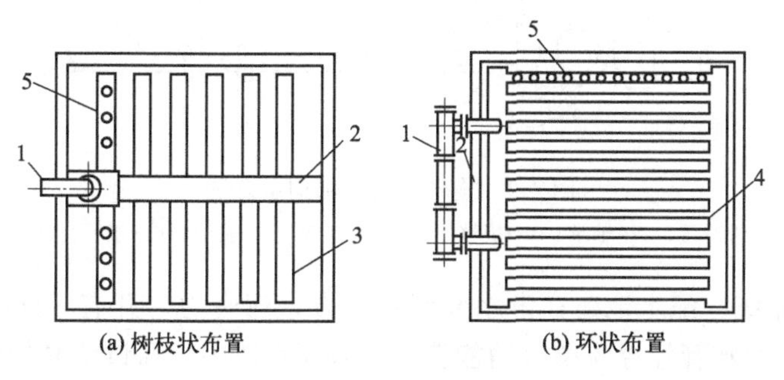

(a) 树枝状布置　(b) 环状布置

图 4-6　配水槽的布置方式

1—进水管；2—配水主槽；3—配水支槽；4—环形槽；5—管嘴

管嘴出流量可采用下式计算：

$$q=\mu f_0\sqrt{2gH}$$

式中，q 为管嘴出流量，m^3/h；f_0 为管嘴出口断面积，m^2；H 为槽内水面至管嘴的高度，m；μ 为流量系数，$\mu=0.82\sim0.98$，由实验确定；g 为重力加速度，$9.81m/s^2$。

② 管式配水系统　管式配水系统分为固定式和旋转式两种。由干管、配水支管及其喷嘴或旋转布水器组成。水通过配水管上的小孔或喷头均匀喷出，分布在整个淋水面积上。固定式布置成环状或枝状，干管流速为 1～1.5m/s，用于大中型逆流塔，管嘴有离心式和冲击式，分别如图 4-7 和图 4-8 所示；小型逆流塔用旋转布水器，如图 4-9 所示，布水由进水管、旋转体、配水嘴（槽）组成，水流通过喷嘴喷出，推动配水管向与出水相反方向旋转，将热水洒在填料上，配水管转速为 6～20r/min。

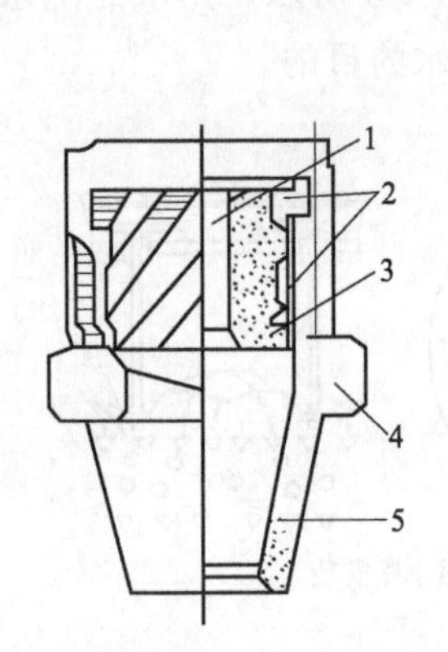

图 4-7　单旋流-直流式喷嘴（离心式）

1—中心孔；2—螺旋槽；
3—芯子；4—壳体；5—导锥

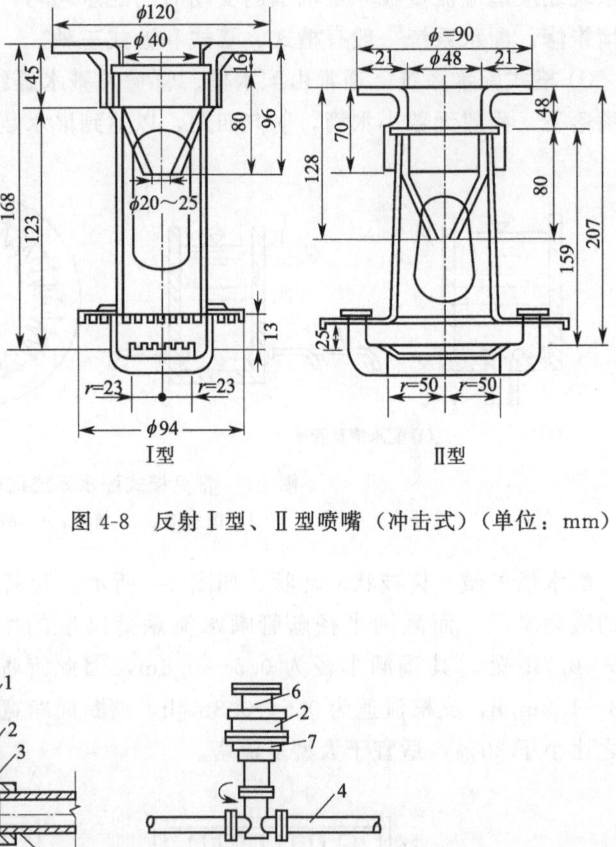

图 4-8　反射Ⅰ型、Ⅱ型喷嘴（冲击式）（单位：mm）

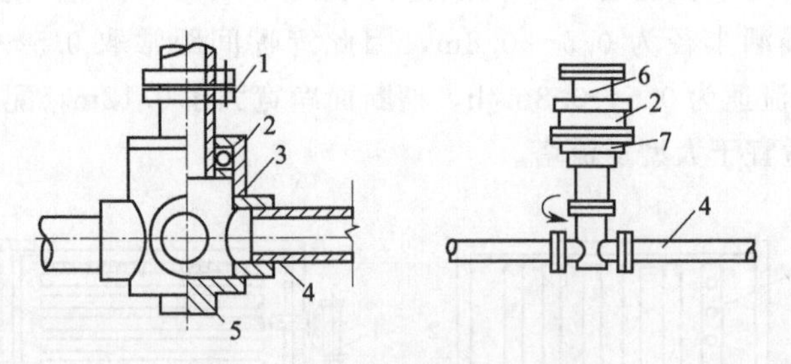

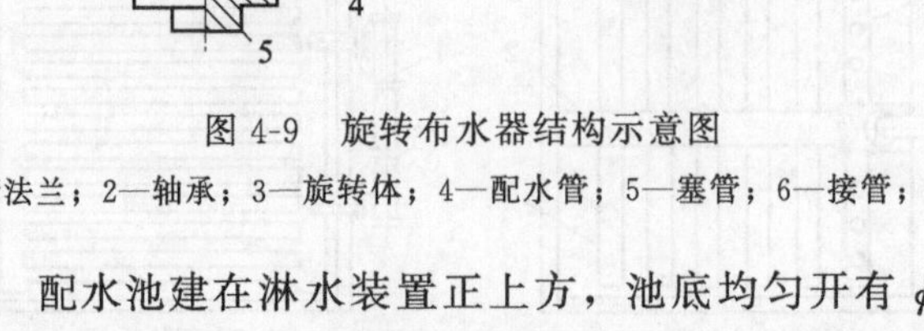

图 4-9　旋转布水器结构示意图

1—进水管法兰；2—轴承；3—旋转体；4—配水管；5—塞管；6—接管；7—密封箱

③ 池式配水系统　配水池建在淋水装置正上方，池底均匀开有 ϕ4mm×10mm 小孔或者装管嘴，热水由配水管经溢流槽（消能箱）落入配水池中，通过池底的孔口或喷嘴洒向淋水装置，适用于横流塔，如图 4-10 所示。为配水均匀，消能箱必须对进水有效消能，且池中水深不小于 150～200mm，以维持池中水位稳定，配水池各配水孔或喷嘴出水均匀。池式配水系统配水均匀，管理维护方便，但易滋生藻类。

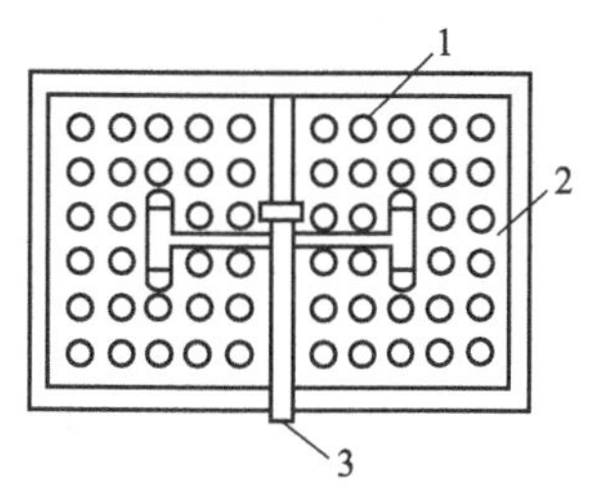

图 4-10　池式配水系统
1—管嘴；2—配水池；3—进水管

(2) 淋水装置

淋水装置是冷却塔内水、气两相进行传热、传质的效能核心，是影响冷却塔热力性能的主要组件，其作用是将配水系统溅落下来的热水形成水膜或细小水滴，以增大水和空气接触表面积并延长水在塔中的流程，创造良好的传热传质条件。淋水密度是衡量填料性能的重要技术指标，逆流冷却塔的淋水密度一般为 13～16$m^3/(m^2 \cdot h)$，有些可以达到 18～23$m^3/(m^2 \cdot h)$。淋水密度增大，填料厚度减小，塔体容积减小，冷却塔造价降低。填料还应具有较大的比表面积、通风阻力小、亲水性强、化学稳定性好、质轻耐久、抗腐蚀、价廉易得、施工维护方便等。

(3) 通风系统

通风系统包括进风口、风机和通风筒。

① 进风口　逆流塔的进风口指填料以下到集水池水面以上的空间，横流塔高度是指整个淋水填料的高度。冷却塔进风口应具备良好的进水条件，减小气流阻力。进风口面积大，进口空气流速小，有利于塔内气流均匀分布和减小气流阻力，但要增加塔身高度和造价；反之，进风口面积太小，则易使塔内气流分布不均匀，阻力大，进风口涡流区大，影响塔的冷却效果。机械通风塔进风口面积与淋水面积比不小于 0.5，小于此值应设置导风装置以减小涡流；自然通风塔进风口面积与淋水面积比小于 0.4。逆流塔单台布置时，进风口四面进风；循环冷却水量大的工业企业，有时采用多台机械通风冷却塔单排并列布置的方式，则各塔均两面进风，进风口应朝当地夏季主导风向。为防止冷却水水滴溅落到塔外和改善进塔气流分布状况，一般在横流塔进风口设置向塔内倾斜成 45°交角的进风百叶窗。

② 风机　机械通风塔一般使用轴流式风机。轴流风机风量大，风压小，可在短时间内反向鼓风（利用热风融化进风口的冰），另外需要改变风量和风压时，只需要调整风叶的角度就可以了。

③ 通风筒　风筒式自然通风塔产生的气流主要通过通风筒产生，由于通风筒上、下部的空气密度不同，产生较稳定的空气对流，所以筒体一般设计得比较高，可达 150m 以上，且多为双曲线型筒壁。机械式通风塔的通风筒主要是进风口和气流的出口的扩散部分，由于靠机械力通风，所以一般风筒比较低，在 10m 左右。外界空气由塔筒下部进风口进入塔内，对于横流塔则从筒侧进入塔内，空气穿过淋水填料时与热水进行热湿交换，然后排出塔外。风筒的外形对气流的影响很大，为使进风平缓，减少风阻和消除风筒出口的涡流区，风筒进水部分宜设计为流线型的喇叭口，除水器到风机进风口间的收缩段高度小于风机半径，风机出口风筒高度为风机半径。风筒扩散段圆锥角为 14°～18°，风筒出口面积与塔的淋水面积比为 0.3～0.6，风筒下口直接大于上口直径。另外，通风筒在结构上还起到支撑塔内淋水填料和配水装置的作用。

(4) 收水器

收水器主要是针对排出的湿热空气设置的。将排出的湿热空气所携带的水滴与空气分离，防止冷却塔中水量飞溅损失，减少逸出水量损失，减少补充水量，同时减轻对环境的影响。

收水器是冷却塔防止飞溅损失，减少补充水量，节约用水的重要组件，其作用是回收利用即将出塔的湿空气中挟带的雾状小水滴。在逆流塔中收水器设置在配水设备之上，在横流塔中斜放在淋水填料的内侧。一般由1～2层曲折排列的板条组成，有时也用3层。有些地方也有用150～250mm厚的一层塑料斜交错填料作收水器的，效果较好。目前我国收水器的飘水率一般为循环水量的0.01%～0.015%。自然通风塔中，由于风速小，塔筒较高，一般水滴散失少，可不装收水器。

(5) 集水池

位于冷却塔底，热水通过淋水装置被冷却后汇流到集水池中。同时，集水池有一定的储备容积，可以起到调节流量的作用。集水池设在冷却塔塔体下方，起储存和调节冷却水水量的作用，其容积约为循环水小时流量的1/5～1/3，深度不小于2m。池底设深度为0.3%～0.5%的坡度，坡向集水坑，以利于排污和排空，循环水泵吸水管有时直接伸入集水池的吸水坑吸水。坑内设排泥、放空管。集水池设溢流管，四周设回水台，宽度为1.5～2.0m，坡度为3%～5%。小型玻璃钢冷却塔下方，设水深不小于0.1m的集水盘集水。

(6) 塔体

塔体在冷却塔功能中有着重要地位，起封闭和围护作用。在大、中型塔中，主体结构和填料支架用钢筋混凝土或防腐钢结构，塔体外围用混凝土大型砌块或玻璃钢装配结构，小塔则用玻璃钢。塔体形状在结构上有方形、矩形、圆形和双曲线形等。

224 冷却塔的工作原理是什么？

闭式冷却塔是传统冷却塔的一种变形和发展。塔底蓄水池内的水由循环泵抽取后，送往管外均匀地喷淋下来，与工艺流体（热水或制冷剂）和管外空气并不接触，成为一种闭式冷却塔，通过喷淋水增强传热传质的效果。逆流闭式冷却塔结构示意图如图4-11所示。循环水在盘管内流动，盘管外壁被喷淋水包裹，循环水的热量通过盘管壁传递给喷淋水，喷淋水再通过填料与进风逆向流动，进行热交换，形成饱和的湿热空气后，通过风机排入大气。

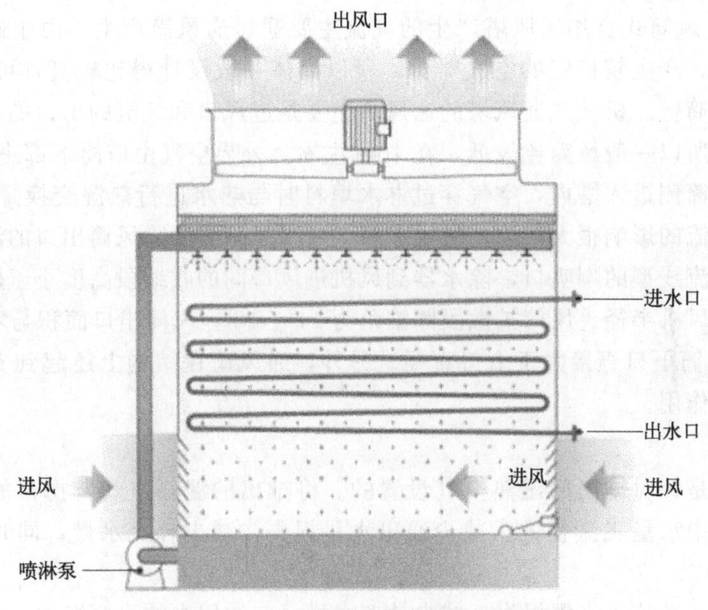

图4-11 逆流闭式冷却塔结构示意图

闭式冷却塔适用于对循环水质要求较高的各种冷却系统，在电力、化工、钢铁、食品和许多工业部门有应用前景。另一方面，与空冷式热交换器相比，蒸发式冷却塔利用盘管下方水的蒸发潜热，使空气侧传热传质显著增强，也具有明显的优点。闭式冷却塔产品的优点如下：

① 提高生产效率，软化水循环、无结垢、无堵塞、无损失。

② 延长设备寿命，保障设备可靠、稳定运行，减少故障，杜绝事故。

③ 全封闭循环、无杂质进入、无介质蒸发、无污染。

④ 提高厂房利用率，无需单独水池，减少占地，节省空间。

⑤ 占用空间小，安装、移动、布置方便，结构紧凑。

⑥ 操作方便，运行稳定，自动化程度高。

⑦ 节约运行成本，多种模式自动切换，智能控制。

⑧ 用途广泛，对换热器无腐蚀的介质，均可直接冷却。

225 淋水填料的主要类型和传热方式有哪些?

根据水被洒成的冷却表面形式，可将淋水填料分为点滴式、薄膜式和点滴薄膜式三种类型。

(1) 点滴式

点滴式淋水填料通常是由在立面上呈水平或倾斜布置的矩形或三角形等板条，按一定间距排列而成。热水通过层层布设的板条，形成大小不同的水滴与空气接触进行热湿交换。水滴表面的散热约占总散热量的 60%～75%，板条形成的水膜散热约占 25%～30%，适用于水质较差的系统。

板条可由塑料、钢丝网水泥、石棉、木材等材料加工制成。常见结构有矩形水泥板条（横剖面按一定间距倾斜排列）、石棉水泥角形、塑料十字型、M 型、T 型和 L 型等，如图 4-12 所示。图 4-12 中的水平间距 S_1 一般为 150mm，层与层间距 S_2 一般为 300mm。减小 S_1、S_2 虽可增大散热面积，但会增加空气阻力。点滴式机械通风冷却塔的风速一般为 1.3～2.0m/s，自然通风塔的风速一般为 0.5～1.5m/s。风速过大或过小，冷却效果都不好。风速过大会使塔中小水滴互相聚结，减小水滴的总表面积，风吹损失也增大。

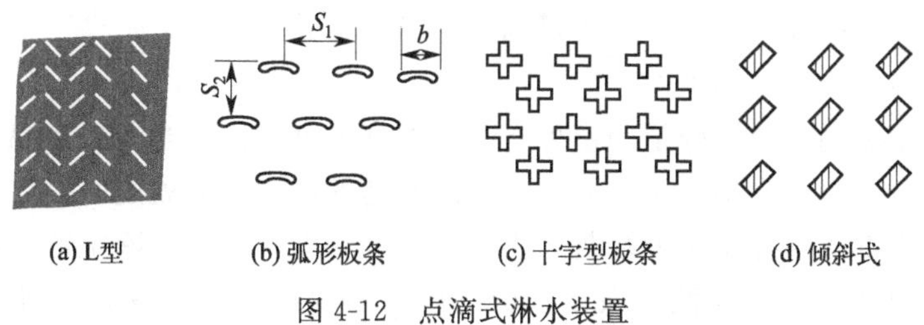

图 4-12 点滴式淋水装置

(2) 薄膜式

薄膜式淋水填料是以膜板按一定间距（20～50mm）排列而成的。热水在淋水填料上形成膜状（厚 0.25～0.5mm）缓慢下流，流速约 0.15～0.3m/s，借此来增大与空气的接触表面和接触时间。这种填料通过水膜的散热量约占总散热量的 70%。膜板材料以塑料板居多，比表面积一般为 125～200m^2/m^3，膜板排列有三种形式：斜波交错、梯形斜波和折波。

(3) 点滴薄膜式

点滴薄膜式淋水填料兼具点滴式和薄膜式填料的特点，既可以加大水气接触面积，又可使配风均匀，通常应用于降温要求较高或冷却水量较大的逆流冷却塔。

钢丝水泥网格板是点滴薄膜式淋水填料的一种（图 4-13）。它是以 16$^{\#}$～18$^{\#}$ 铅丝作筋，制成 50mm×50mm×50mm 方格孔的网板，厚 5mm，每块网板尺寸 1280mm×490mm，上下两块间距 50mm。表示方法为层数×网孔-层距，如 G16×50-50。它的制作取材都比较方便，耐久，但质量较大，该填料也可由塑料制成。

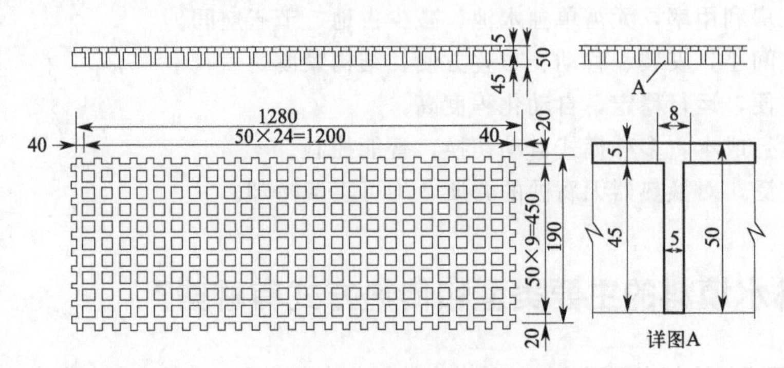

图 4-13 钢丝水泥格网格板淋水填料（单位：mm）

淋水填料应根据热力参数、阻力特性、塔型、负荷、材料性能、水质、造价及施工检修等因素综合评价选择。表 4-2 列出了大、中、小型冷却塔界限。

表 4-2 大、中、小型冷却塔界限

塔型	大	中	小
风筒式	$F_m \geqslant 3500m^2$	$3500m^2 > F_m > 500m^2$	$F_m < 500m^2$
机械通风式	$D > 8m$	$8m \geqslant D \geqslant 4.7m$	$D < 4.7m$

注：F_m 为淋水面积；D 为风机直径。

226 影响冷却塔冷却能力的因素有哪些?

冷却塔的冷却能力是以被冷却过的水的温度与周围空气湿球温度的差来衡量的，影响因素主要有室外空气（湿球）温度、入水口温差、冷却水量。

(1) 室外空气（湿球）温度

冷却塔出口水温的理论极限值为室外空气的湿球温度。因此当入口水温一定时，室外空气的湿球温度越低，与入水口水温之差越大，冷却塔的冷却能力就越强。需要注意的是，如果冷却水的温度太低，制冷机组的冷凝压力会大幅度降低，因为制冷机冷凝器的冷凝压力有一个低限，冷凝温度也有一个低温限制，所以冷凝温度过低将导致制冷机组运行容易出现故障。

湿球温度是用湿的脱脂纱布包在温度计的感温泡上，纱布下端浸入水中，这时所测得的温度为湿球温度，它包含了水分蒸发带走的热量，冷却塔选型时干球温度一般只作为参考，具体都以湿球温度为准。因为冷却塔的降温 80% 是靠冷却水的蒸发来实现的（夏季），冬季降温 90% 是汽水热交换实现的。一般不考虑冬季，以夏季为准。

干球温度就是用温度计测得的室内或大气温度。

(2) 入水口温差

当冷却水量一定，室外空气湿球温度一定时，随着冷却塔入口水温的增加，入口水温及出口水温与空气湿球温度之差都将增加，促进了冷却，因此冷却能力会增加。但是，对于结构形式已经确定的冷却塔而言，由于冷却能力的限制，可能使出口水温上升，导致制冷机组的冷凝压力过高、制冷量不足。

(3) 冷却水量

当冷却水入口水温、空气湿球温度一定时，冷却水量增加，冷却塔的总容积传热系数也会增加，虽然冷却水温降有所减少，但总的效果还会使制冷能力增加。要注意的是，由于水量的增加，将使配管内的腐蚀、管内压力损失增加。因此，必须在检验循环水泵、制冷机组及冷却塔等设备的使用条件后才能确定。

227 冷却塔设计需要哪些基础资料?

冷却塔的工艺设计任务，一般是在已知冷却水量 Q，冷却前、后的水温 t_1、t_2 及当地气象数据（如干球温度 θ、湿球温度 τ、大气压力 P、相对湿度 ϕ 等）条件下，来选择淋水填料，然后再通过热平衡计算、空气动力和水流阻力计算，确定选用何种类型的冷却塔，以及冷却塔的几何尺寸、冷却塔的台数、风机、配水系统和循环水泵等。也可根据已选定的某一定型冷却塔的各项条件（如几何尺寸、淋水填料、风机型号等）、当地的气象参数、汽水比 λ 和冷却水量 Q，来确定冷却塔的个数，然后再校核冷却塔的出水温度是否符合设计要求。

下面以大型工业企业常选用的双曲线型逆流式自然通风冷却塔为例，来说明进行冷却塔工艺设计的基本原则。冷却塔工艺设计所需基础资料如下：

(1) 基本参数

冷却水量以及冷却塔进、出水温度。

(2) 气象数据资料

气象数据资料应由建厂地区的气象站提供。用于热力计算的气象参数是近五年来的日平均大气压力、干球温度和湿球温度。计算最高冷却水温所采用的气象参数，一般可按每年最热时间（以夏季 6、7、8 三个月计）频率为 5%～10%的日平均气象参数进行计算，这样即使在夏季仍保证有 90%～95%的时间能达到设计的冷却效果。

(3) 淋水填料的特性

淋水填料的特性包括热力特性和阻力特性两个，是设计冷却塔所必需的基础资料。淋水填料的热力特性是指填料的散热能力，它与所选填料的类型、几何尺寸、布置方式、淋水密度、通风量及气象参数等有关，常采用容积散质系数 β_{xv} 表示：

$$\beta_{xv}=Bqmv_k^n$$

式中，B、m、n 为试验常数，与填料的类型、体积、水温和气象参数有关；q 为淋水密度，kg/(m^2·h)；v_k 为空气质量风速，kg/(m^2·h)。

淋水填料的阻力特性不仅与风速有关，而且也与淋水密度有关。在不同淋水密度时，淋水填料的阻力特性可用下式表示：

$$\frac{\Delta P}{\rho_1}=Av_F^n$$

式中，ΔP 为淋水填料中的风压损失，Pa；ρ_1 为进塔空气密度，kg/m^3；v_F 为通过淋水填料的平均风速，m/s；A、n 为与淋水密度（q）有关的试验系数。

当需要对几种不同淋水填料进行选择时，宜采用与设计塔类似的相同工业塔的试验资料。当缺乏相似工业塔的试验资料时，应采用同一模拟塔的试验数据，以消除因模拟工业塔不同或试验条件不同而带来的数据差异，同时还要乘以 0.85～1.0 的修正系数。

（4）冷却塔塔体各部位的尺寸资料

进行冷却塔设计就是要确定最合理的塔体各部位的几何尺寸。当设计是选用定型的冷却塔时，应给出冷却塔的尺寸资料。如逆流式自然通风冷却塔的尺寸资料包括淋水填料断面面积、进风口高度、塔筒高度、喉部高度、喉部直径、塔筒出口直径及塔底零米直径等。

（5）冷却塔塔体各部分的阻力试验资料

冷却塔的进风口、淋水填料、淋水水滴及配水系统等都会对进塔气流产生相应的阻力。而进风口高度的不同、配水系统的布置方式不同、配水系统所占面积及淋水密度的大小都会使进塔气流产生的阻力发生相应的改变，这些数据应通过模拟试验取得。

（6）冷却塔的造价指标

冷却塔的造价与处理的冷却水量、冷却塔进出口温差和湿球温度 τ 有关，其中又以冷却塔出口水温 t_2 与湿球温度的差值影响最大。一般来说，$t_2-\tau$ 差值越小，冷却塔的造价越高。而 τ 值是由设计环境所决定的，因此，如何合理选择出水温度 t_2，就直接影响到冷却塔的造价指标。

228 如何进行冷却塔的设计计算？

冷却塔的设计计算分为以下几个部分：

① 工艺参数的确定　在冷却塔设计前必须确定工艺操作参数。主要包括：循环水流量 L、冷却塔进口水温 T_3、冷却塔出口水温 T_2、空气湿球温度、空气干球温度和大气压力。上述条件中，若循环水流量及进出口水温未知，则需提供冷却塔的热负荷，并由此计算出循环水流量 L 和进出口水温。

② 冷却塔热力计算　计算并绘制冷却塔需求曲线 $\int dT/(H_s-H)=K_aV/L$。根据冷却塔类型，对其 K_aV/L 值进行修正。

③ 填料选型　选择合适的填料，然后根据该填料的特性作出 K_aV/L-L/G 的冷却塔特性曲线。

④ 确定设计工作点　求出冷却塔需求曲线与冷却塔特性曲线的交点 e，即为冷却塔的设计工作点，该点的 L/G 即为设计点的水气比。同时，因水流量 L 已由工艺操作条件确定，故空气流量 G 亦可求出。

⑤ 确定冷却塔截面积　根据水流量 L 及填料淋水密度的变动范围，并适当参照比较成功的设计实践，确定一个合适的淋水密度，然后求出该冷却塔的横截面面积。

⑥ 全塔阻力计算　根据所选填料、淋水密度和空气流量，进行全塔阻力计算。

⑦ 风机选型　根据冷却塔横截面面积，选择适当的冷却塔风机。该风机所提供的风量

必须达到设计点的空气流量 G，且必须是考虑了塔内所有阻力后的风量。

⑧ 冷却塔占地面积的确定和各部件设计　将热力计算的结果进行适当的修正后，即可确定出冷却塔的占地面积和尺寸。对塔内的布水系统、除水器、机械设备、风筒和各种附件的结构设计和排布必须进行综合考虑。由于计算机技术的飞速发展，目前上述计算和设计步骤都可采用计算机进行。

229 如何进行冷却塔的选型?

常见冷却塔的技术指标如表 4-3 所示。

表 4-3　常见冷却塔的技术指标

冷却塔类型		水力负荷/[$m^3/(m^2 \cdot h)$]	冷却水温差/℃	冷幅差/℃
开放式冷却塔	喷水式	1.5～3.0	<10～15	—
	点滴式	2.0～4.0		
自然通风冷却塔	喷水式	≤4	>6～7 一般取 6～12	>7～10
	点滴式	≤4～5		
	薄膜式	≤6～7		
机械通风冷却塔	喷水式	4～5	允许很大	<6 可取 2～3
	点滴式	3～8		
	木板	5～10		
	铅丝水泥方格网	6～10		
	蜂窝	10～12		
	点波	>12		
	斜波	>12		

民用建筑冷却塔选型一般选超低噪声逆流冷却塔，逆流塔冷却水与空气逆流接触，热交换效率高；在循环水量容积散质系数 β_{xv} 相同的条件下，所需的填料体积比横流式要节约 20%～30%。对于大流量的循环水系统，可以采用横流塔，横流塔的高度一般比逆流塔低，但是结构稳定性好，有利于布置在建筑物的立面。

冷却塔选型时应考虑一定的余地。在工程设计时，一般按制冷机样本所提供的冷却循环水量的 110%～115%进行选型，其原因主要有以下几个方面。

① 冷却塔设计时，湿球温度为 28℃，冷水温度为 32℃，出水温度为 37℃，冷水温度与湿球温度的差为 4℃，而对于中南地区，湿球温度一般在 27～29℃之间，冷却后水温一般在 31～33℃，不能满足某些制冷机要求进水温度为 30℃的要求。

② 考虑到冷却塔布置时，受周围环境的影响，冷却效果达不到设计要求。例如，多塔布置湿空气回流的影响，建筑物塔壁、广告牌对气流通畅的影响。

③ 冷却塔自身质量会影响其热工性能。目前，国产冷却塔的技术含量不高，市场准入条件较低，厂家生产规模不大，质量难以保证。冷却塔在运转一定时间后出现填料塌陷、配水不均等，都将影响到其冷却效果。在实际工程中，经常出现冷却塔出水温度达不到设计参数要求的现象。

④ 降低冷却塔出水温度，有利于制冷机高效运转。空调制冷机组用电量大，远远高于冷却循环水系统，包括冷却塔风机的用电量。冷却塔选型时适当放大，有助于制冷机高效运转、节约运转费用。

230 冷却塔填料选择需要遵循哪些原则?

由于填料是冷却塔的重要组成部分，因此在多种填料型式下，只有选择得当，才能达到预期的冷却效果。填料型式的选择有以下原则：

① 单位体积填料表面积要大。表面积大，散热性能才好；

② 填料热力特性好，即容积散质系数 β_{xv} 大；

③ 填料的型式应有利于水流速度减缓，通风阻力应小；

④ 填料表面不应太光滑，亲水性要好；

⑤ 应根据循环水水质、循环水处理方式，选择相应的片间距或孔径；

⑥ 填料在65℃下不发生几何变形，在设计最低气温条件下不破碎，不脆裂，强度要大，整体刚性要好；

⑦ 填料的组装容易，便于安装、维修；

⑧ 在正常使用条件下，使用寿命应不少于20年；

⑨ 填料应便于制作，便于工业化生产，而且制取填料的原材料应比较容易获得，经济性要好。

以上因素应在选择填料时进行全面的比较分析，不可能全部条件都满足。但要针对工程的具体情况、冷却效果的具体要求，满足其主要条件。

如大型工业企业的自然通风冷却塔中，经常使用水泥网格填料的趋势就在发生变化。20世纪80年代以前，水泥网格填料的应用占优势，近年来由于造价升高，加工量大，手工操作难以保证质量且自身质量大等因素的影响，水泥网格填料有被塑料填料取代的趋势。目前已应用的塑料填料有斜波、斜折波、梯形斜波等型式，以及不同填料的组合。斜折波与梯形斜波比较，在散热性能、通风阻力、比表面积、强度、整体刚度等方面，后者都优于前者，二者造价也相同。随着技术的发展，今后还会出现新型的填料以及不同填料组合在一块的组合式塑料填料。填料的安装方式也向轻型化发展，安装、维护将更加方便。

（二）循环冷却水系统水-盐平衡

231 循环冷却水对水质有什么要求?

冷却用水的水质虽然没有像锅炉用水那样对各种指标进行严格的限制，但为了保证生产稳定，不损坏设备，能长周期运转，对冷却用水水质的要求还是相当高的，主要有以下几点。

① 水温要尽可能低　在同样设备条件下，水温越低日产量越高。例如，化肥厂生产合成氨时需要将合成塔中的气体进行冷却，冷却水的温度越低，则合成塔的氨产量越高，其相互关系如图4-14所示。

冷却水温度越低，用水量也相应减少。例如，制药厂在生产链霉素时，需要用水去冷却链霉素的浓缩设备和溶剂回收设备。如果水的温度越低，那么用水也就越少，其相互关系如图4-15所示。

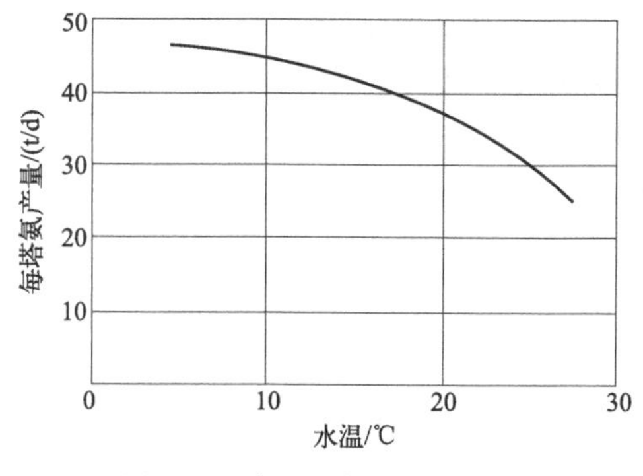

图 4-14 水温对氨产量的影响

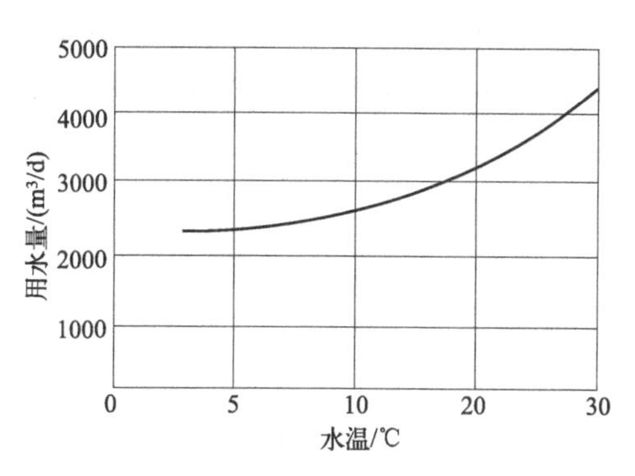

图 4-15 水温对用水量的影响

② 悬浮物浓度要低 水中悬浮物带入冷却水系统，会因流速降低而沉积在换热设备和管道中，影响热交换，严重时会使管道堵塞。此外，悬浮物浓度过高还会加速金属设备的腐蚀。为此，国外一些大型化肥、化纤、化工等生产系统对冷却水的悬浮物浓度要求不得大于2mg/L。

③ 不易结垢 冷却水在使用过程中，要求在换热设备的传热表面上不易结成水垢，以免影响换热效果，这对工厂安全生产是一个关键。

④ 对金属设备不易产生腐蚀 冷却水在使用中，要求对金属设备最好不产生腐蚀，如果腐蚀不可避免，则要求腐蚀性越小越好，以免传热设备因腐蚀太快而迅速减少有效传热面积或过早报废。

⑤ 不易滋生菌藻 冷却水在使用过程中，要求菌藻等微生物不易滋生繁殖，这样可避免或减少因菌藻繁殖而形成大量的黏泥污垢，过多的黏泥污垢会导致管道堵塞和腐蚀。

232 循环水是通过哪些途径实现散热的？

在冷却塔中，从塔顶进入的热水与塔中空气之间存在温度差，而且水相、气相在运动时两相表面存在速度梯度，水体主要通过接触散热以及蒸发散热两种方式散热，另外还存在一定的辐射散热。

① 蒸发散热 水分子在常温下逸出水面，成为自由蒸汽分子的现象称为水的蒸发。水的蒸发是由于分子热运动造成的，不同位置的水分子布朗运动的速率差异很大，水面上分子间相互碰撞，使一部分水分子获得了足以克服水体凝聚力的动能而逸出水面。逸出水面的分子从水体中带走了超出水体分子平均值的动能，这使得水体中余下分子的平均动能减少，表现为水温下降。热水在冷却塔中通过配水系统分散成小水滴或者说水膜，与空气的接触面积很大，接触时间也比较长。由塔外进入的空气湿度比较低，水比较容易汽化成为水蒸气，汽化过程吸收热量使水冷却。

② 接触散热 接触散热是通过空气和水的交界面进行的。接触散热主要包括热传导和对流两种方式。热传导也称导热，它是指分子之间由于碰撞或者扩散作用而引起的分子动能的传递，这种分子动能的传递在宏观上表现为热量的传递。对流传热则是指流体本身由于流动把热量从一个地方带到另一个地方的传热方式。对流传热与导热的区别是前者通过流体的流动与混合来传热，而后者没有这种混合。因此，流体中的导热现象只能发生在层流中。从塔外进入的新鲜空气气温比较低，遇到热水时，热水会将热量通过接触直接传递给气流，水的温度降低，气流的温度升高。水和空气的温差越大，传热效果越好。

③ 辐射散热　辐射散热不需要介质，而是热水以电磁波的形式向外辐射能量。水体温度越高，表面积越大，辐射散热作用效果越好。所以在大面积冷却池中辐射散热效果比较明显，在其他冷却设备中，辐射散热可以忽略。

三种散热方式的效果和进入塔体的空气性质有关，气流湿度越低，蒸发散热的作用越明显；气流的温度越低，接触散热的效果越明显；散热设备水的表面积越大，水的温度越高，辐射散热的效果越明显。

233 如何建立循环冷却水系统水量和盐量平衡?

(1) 水量平衡

开放式循环冷却水系统中，水的损失包括蒸发损失、吹散和泄漏损失、排污损失。要使冷却系统维持正常运行，对这些损失量必须进行补充，水的平衡方程式如下：

$$P_B = P_Z + P_F + P_P$$

式中，P_B 为补充水率，%；P_Z 为蒸发损失率，%；P_F 为风吹损失和泄漏损失率，%；P_P 为排污损失率，%。

$$P_B = \frac{Q_m}{Q_x} \times 100\%$$

式中，Q_m 为补充水水量，m^3/h；Q_x 为循环水水量，m^3/h。

(2) 盐量平衡

由于蒸发损失不带走水中盐分，而吹散、泄漏、排污损失带走水中盐分，假如补充水中的盐分在循环冷却水系统中不析出，则循环冷却水系统将建立盐量平衡：

$$C_{ri}(Q_b + Q_w) = C_{mi}Q_m = C_{mi}(Q_e + Q_w + Q_b)$$

式中，C_{ri} 为循环冷却水的含盐浓度，mg/L；C_{mi} 为补充水的含盐浓度，mg/L；Q_m 为补充水量，m^3/h；Q_b 为排污水量，m^3/h；Q_e 为蒸发水量，m^3/h；Q_w 为风吹损失水量，m^3/h。

如果冷却水系统的运行条件一定，那么蒸发损失量和吹散损失量就是定值，通过调整排污量可以控制循环冷却水系统的浓缩倍数。排污损失率按下式计算。

排污损失率 P_W 计算公式如下：

$$P_W = P_Z/(\Phi - 1) - P_F$$

式中，P_Z 为蒸发损失率；Φ 为循环水浓缩倍率；P_F 为风吹损失和泄漏损失率。

由上述公式计算出的补充水量、排污水量和浓缩倍数的关系，如图 4-16 所示。

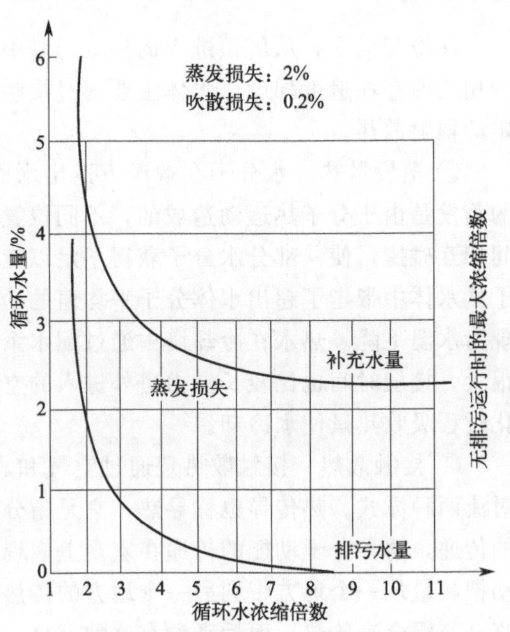

图 4-16　开式循环冷却水系统中浓缩倍数与补充水量和排污水量的关系

从图 4-16 中可看出，提高冷却水的浓缩倍数，可大幅度减少排污量（也意味着减少药剂用量）和补充水量。同时，随着浓缩倍数的提高，补充水量明显降低，但当浓缩倍数超过 5 时，补充水量的减少已不显著。此外，过高的浓缩倍数，严重恶化了循环水质，容易发生各种故障，大大增加了处理费用。一般敞开式循环冷却水系统的浓缩倍数应控制在 5 左右，多采用 4～6。

现举一实例来分析：某火电厂总装机容量为 1000MW，设蒸发损失率 $P_Z=1.4\%$、风吹损失和泄漏损失率 $P_F=0.1\%$、排污损失率 $P_P=0.5\%$，循环水量为 $12.6\times10^4m^3/h$。浓缩倍数与节水量关系的计算结果列于表 4-4 中。从表 4-4 中可看出，浓缩倍数为 5 时比浓缩倍数为 1.5 时节水 $3087m^3/h$，而浓缩倍数为 6 时只比浓缩倍数为 5 时节水 $88m^3/h$。

表 4-4　浓缩倍数与节水量的关系

浓缩倍数 Φ	1.5	2	2.5	3	4	5	6	10
排污率 P_P/%	2.7	1.3	0.83	0.6	0.37	0.25	0.18	0.056
排污量/(m^3/h)	3402	1638	1046	756	466	315	227	71
以 $\Phi=1.5$ 为基数的节水量/(m^3/h)	0	1764	2356	2616	2936	3087	3175	3331

随着浓缩倍数的提高，药剂的耗量也显著降低。浓缩倍数对 P_B、P_F+P_P 和药剂耗量 D 的影响见表 4-5。从表 4-5 中可看出，随着浓缩倍数的提高，药剂的耗量也显著降低。

表 4-5　浓缩倍数（Φ）对 P_B、P_F+P_P、D 的影响

Φ	P_B	P_F+P_P	D
1.1	$11P_Z$	$10P_Z$	$10P_Zd$
1.2	$6P_Z$	$5P_Z$	$5P_Zd$
1.5	$3P_Z$	$2P_Z$	$2P_Zd$
2.0	$2P_Z$	P_Z	P_Zd
2.5	$1.6P_Z$	$0.67P_Z$	$0.67P_Zd$
3.0	$1.5P_Z$	$0.5P_Z$	$0.5P_Zd$
4.0	$1.33P_Z$	$0.33P_Z$	$0.33P_Zd$
5.0	$1.25P_Z$	$0.25P_Z$	$0.25P_Zd$

注：d 为循环水中药剂浓度，mg/L。

（3）盐量变化

循环冷却水系统中的盐量存在以下关系：

循环冷却水中盐的增量＝补充水带进的盐量－吹散泄漏损失和排污损失带走的盐量

在 dt 时间内，由补充水带入循环冷却水系统的盐量为 $q_{v,B}\rho_B dt$。其中，$q_{v,B}$ 为补充水流量，m^3/h；ρ_B 为补充水的含盐量，mg/L。

在 dt 时间内，由吹散泄漏和排污带出的盐量为 $q_{v,S}\rho dt$，其中 $q_{v,S}$ 为吹散泄漏和排污损失水量的总和，m^3/h；ρ 为在时间 t 时循环水中的含盐量，mg/L。

因此，在 dt 时间，循环冷却水中盐类的增量为：

$$V d\rho = q_{v,B}\rho_B dt - q_{v,S}\rho dt \tag{4-1}$$

将式(4-1) 分离变量和积分：

$$\int_{t_0}^{t} dt = \int_{\rho_0}^{\rho} \frac{d\rho}{\rho_0 \dfrac{q_{v,B}\rho_B}{V} - \dfrac{q_{v,S}\rho}{V}} \tag{4-2}$$

$$\rho = \frac{q_{v,B}\rho_B}{q_{v,S}} + \left(\rho_0 - \frac{q_{v,B}\rho_B}{q_{v,S}}\right)\exp\left[-\frac{q_{v,S}\rho}{V}(t-t_0)\right] \tag{4-3}$$

式中，ρ、ρ_0 为在时间 t 和 t_0 时循环冷却水中的含盐量，mg/L。

当 $t=\infty$ 时，式(4-3) 中第二项为零，则

$$\rho=\frac{q_{v,B}\rho_B}{q_{v,S}} \tag{4-4}$$

式(4-4) 表明，在循环冷却水系统开始投运阶段，水中盐类随运行时间的延长而增加，当 t 达到某一时刻，由补充水带进的盐量与由吹散泄漏、排污带出的盐量相等时，循环水系统中的盐量趋向一个稳定值，浓缩倍数也达到一个最大值或预想值。

234 敞开式循环冷却水系统水质有哪些特点?

由于冷却水在敞开式循环系统中长时间反复使用，使水质具有以下特点。

(1) 盐类浓缩

循环水中离子浓度随补充水量和排污水量的变化可如下求出：假设循环冷却水系统为连续补充水和连续排污，其水量基本稳定，且水中溶解离子浓度的变化与大气无关，某些结垢离子也不析出沉积。这样溶解离子只由补充水带入，只从排污水排出。设补充水中某离子的浓度为 c_b，循环水中该离子的浓度 c 随补充水量 B 和排污量 W 而变化，则根据物料衡算，系统中该离子瞬时变化量应等于进入系统的瞬时量和排出系统的瞬时量之差，即：

$$d(Vc)=Bc_b dt-Wc dt$$

式中，V 为循环冷却水系统水的总容积，m^3。

对上式积分，有：

$$\int_{c_0}^{c}\frac{V dc}{Bc_b-Wc}=\int_{t_0}^{t}dt$$

$$c=\frac{Bc_b}{W}+\left(c_0-\frac{Bc_b}{W}\right)\exp\left[-\frac{W}{V}(t-t_0)\right]$$

由上式可知，当系统排污量 W 很大，即系统在低浓缩倍数下运行时，随着运行时间的延长，指数项的值趋于减小，c 由 c_0 逐渐下降，并趋于定值（即 kc_b）。当系统排污量很小，系统在高浓缩倍数下运行时，系统中的 c 由 c_0 逐渐升高，并趋于另一个定值。由此可见，控制好补充水量和排污水量，理论上能使系统中溶解固体量稳定在某个定值。实际上，循环冷却水系统多在浓缩倍数为 2～5 甚至更高状态下运行，故系统中溶解固体的含量、水的 pH、硬度和碱度等都比补充水的高，水的结垢和腐蚀性增强。

(2) 二氧化碳散失

天然水中含有钙、镁的碳酸盐和重碳酸盐两类盐与二氧化碳存在下述平衡关系：

$$Ca(HCO_3)_2 \rightleftharpoons CaCO_3\downarrow+CO_2\uparrow+H_2O$$
$$Mg(HCO_3)_2 \rightleftharpoons MgCO_3\downarrow+CO_2\uparrow+H_2O$$

空气中 CO_2 含量很低，只占 0.03%～0.1%。冷却水在冷却塔中与空气充分接触时，水中的 CO_2 被空气吹脱而逸入空气中。实验表明，无论水中原来所含的 CO_3^{2-} 及 HCO_3^- 量是多少，水滴在空气中降落 1.5～2s 后，水中 CO_2 几乎全部散失，剩余含量只与温度有关。循环水温达 50℃以上，则无 CO_2 存在。

因此，水中钙、镁的重碳酸盐转化为碳酸盐，因碳酸盐的溶解度远小于重碳酸盐，使循环水比补充水更易结垢。由于 CO_2 的散失，水中酸性物质减少，pH 上升。

（3）循环水温度上升

循环冷却水的温度在凝汽器内上升后，一方面降低了钙、镁碳酸盐的溶解度，另一方面使碳酸盐平衡关系向右转移，提高了平衡 CO_2 的需要量，从而加大产生水垢的趋势。相反，循环水在冷却塔内降温后，平衡 CO_2 的需要量也降低，当需要量低于水中实际的 CO_2 含量时，水就具有侵蚀性和腐蚀性。因此，在一些进、出口温差比较大的循环冷却水系统中，有时出现循环冷却水进口端（低温区）产生腐蚀，循环冷却水出口端（高温区）产生结垢的现象。

（4）循环水溶解氧量升高

循环水与空气充分接触，水中溶解氧接近平衡浓度。当含氧量饱和的水通过凝汽器后，由于水温升高，氧溶解度下降，在局部溶解氧达到过饱和。冷却水系统金属的腐蚀与溶解氧的含量有密切关系，如图 4-17 所示。图中将 20℃含氧量饱和水的腐蚀率定为 1。冷却水的相对腐蚀率随温度升高而增大，至 70℃后，因含氧量已相当低，才逐渐减小。

溶解氧对钢铁的腐蚀有两个相反的作用：①参加阴极反应，加速腐蚀；②在金属表面形成氧化物膜，抑制腐蚀。一般规律是在氧低浓度时起到去极化作用，加速腐蚀，随着氧浓度的增加腐蚀速度也增加。但达到一定值后，腐蚀速度开始下降，这时溶解氧浓度称为临界点值。腐蚀速度减小是由于氧使碳钢表面生成氧化膜所致。溶解氧的临界点值与水的 pH 有关，当水的 pH 为 6 时，一般不会形成氧化膜。所以溶解氧越多，腐蚀越快。当水的 pH 为 7 左右时，溶解氧的临界点浓度为 16mg/L。因此，碳钢在中性或微碱性水中时，腐蚀速度先是随溶解氧的浓度增加而增加，但过了临界点，腐蚀速度随溶解氧的浓度升高反而下降。

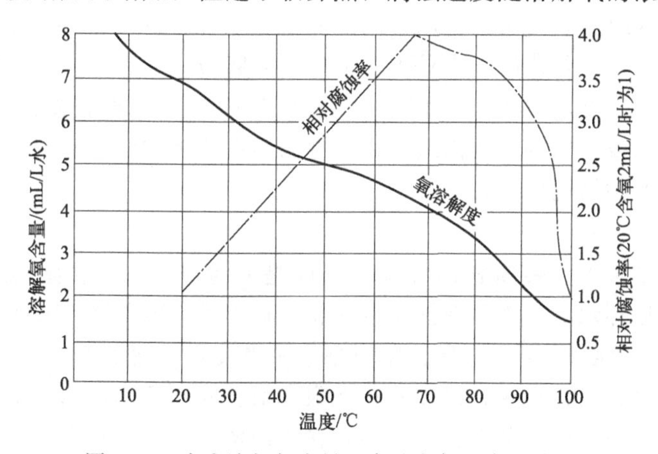

图 4-17　水中溶解氧含量、腐蚀率与温度的关系

循环冷却水的水质在运行过程中会逐渐受到污染。污染因素如下：

① 由补充水带进的悬浮物、溶解性盐类气体和各种微生物物种；

② 由空气带进的尘土、泥沙及可溶性气体等；

③ 由于塔体、水池及填料被侵蚀，剥落下来的杂物；

④ 系统内由于结垢、腐蚀、微生物滋长等产生的各种产物等，都会使水质受到不同程度的污染。

（5）循环水中微生物滋生

循环水中含有的盐类和其他杂质较高，溶解氧充足，常年水温在 10～40℃，而且阳光充足，营养物质丰富，是微生物生长、繁殖的有利环境。许多微生物（细菌、真菌和藻类）在此条件下生长繁殖，在冷却水系统中形成大量黏泥沉淀物，附着在管壁或填料上，影响水气分布，降低传热效率，加速金属设备的腐蚀。微生物也会使冷却塔中的木材腐朽。

235 碱度与 pH 对循环冷却水有什么影响?

(1) pH 对循环冷却水的影响

循环水系统中主要的水垢是碳酸钙，因而钙离子含量及碳酸盐碱度都是影响结垢的重要因素。虽然循环水中钙含量是受补充水水质和浓缩倍数影响的，但 pH 可以改变碳酸盐碱度的形式和数量，因而水的结垢倾向是可以由 pH 调整的。

溶于水中的碳酸氢钙［$Ca(HCO_3)_2$］与碳酸钙（$CaCO_3$）存在以下平衡关系：

$$Ca(HCO_3)_2 \rightleftharpoons 2HCO_3^- + Ca^{2+}$$

$$\begin{array}{c} HCO_3^- \\ \updownarrow \\ 2H^+ + CO_3^{2-} \quad (+\ Ca^{2+}) \\ \updownarrow \\ CaCO_3 \downarrow \end{array}$$

$Ca(HCO_3)_2$ 的溶解度很大，在 20℃时为 16.6g/100g 水，在水中不会沉积。$CaCO_3$ 的溶解度极小，在 25℃时为 1.7mg/L，极易沉积结垢。从以上平衡关系看，H^+ 或 pH 起着两者平衡的作用。如在水中加酸，H^+ 增加（即 pH 降低），反应向左上进行，使 CO_3^{2-} 减少，水中的碳酸钙水垢或保护膜会溶解，水的腐蚀倾向会增加。反之，如在水中加碱，H^+ 减少（即 pH 升高），反应向右下进行，使 CO_3^{2-} 增加，碳酸钙会沉积为水垢。可见 pH 直接影响到碱度的形式（HCO_3^- 或是 CO_3^{2-}）和数量。在水中 CO_3^{2-} 含量和水温一定的条件下，pH 和碱度成为影响腐蚀或结垢的主要因素。在考虑循环水的化学处理时，需要了解水的 pH 和碱度，以判断水的腐蚀结垢倾向。

(2) 浓缩后的 pH

如果在循环冷却水中加酸调节 pH，则其 pH 是人为控制的，和循环水的浓缩倍数没有关系。如果浓缩的循环水的 pH 不进行人为调节，而任其自然变化，则称为自然 pH。

自然 pH 随浓缩倍数增加而升高。原因是水中碱度因浓缩而增加，碱度升高使 pH 升高。在敞开式循环冷却水系统中，碱度不是无限度增长的，只能达到一定的平衡值，而不可能达到浓缩倍数乘补充水碱度的数量。因为，在冷却塔中，空气与水的对流传质是遵循亨利定律的，即水中二氧化碳的溶解度与空气中的二氧化碳分压成正比。空气中的二氧化碳分压是基本固定的，所以浓缩后，水中过饱和的游离二氧化碳会逸出到空气中，保持与空气中二氧化碳的平衡。另外，在换热过程中，水中一部分碳酸氢盐因受热会分解，如以下反应：

$$Ca(HCO_3)_2 = CaCO_3 \downarrow + H_2O + CO_2 \uparrow$$

这部分新转化的二氧化碳也逸出到空气中。浓缩倍数提高后，水中碳酸总量虽成倍增加，但游离二氧化碳的大量逸出又会使碳酸总量有所降低。碳酸重新平衡后，水中的总碱度虽然上升，但达不到浓缩倍数的乘积。浓缩后的 pH 随平衡的碱度变化，但不会无限上升。

236 循环冷却水处理的目的是什么?

在开式循环冷却水系统中，经常容易发生的问题可分为结垢、腐蚀、黏泥三类。因此，冷却水处理的目的，就是防止冷却系统中的重要设备（凝结器、冷却塔）中形成污垢、黏泥和产生腐蚀。当凝结器管和冷却系统附着水垢或黏泥后，会产生下列不良后果。

① 增加了水流阻力，降低了冷却水的流量。

② 由于垢的热导率很低，如表 4-6 所示，因而急剧降低了凝结器的传热系数。

表 4-6　各种物质的热导率

物质	热导率/[W/(m·K)]	物质	热导率/[W/(m·K)]
碳酸盐为主要成分的水垢	0.35～0.52	铜	285
硫酸盐为主要成分的水垢	0.43～1.72	碳钢	34.5
磷酸盐为主要成分的水垢	0.43～0.60	不锈钢	13
黄铜	69		

③ 冷却塔和喷水池喷嘴结垢，特别是冷水塔填料结垢，将造成水流短路，这些均会降低冷却效率，降低凝结器进水的温度。此外，水塔填料结垢后，由于清洗困难，往往只能被迫更换填料，耗资可达几十万元或几百万元人民币，带来大量的经济损失。

④ 由于凝结器结垢，往往要求停机进行清洗，既影响企业生产，还要消耗大量的人力、物力。经常采用化学方法清洗还会造成铜管损伤。

此外，垢的附着，特别是黏泥的附着也会造成不良后果，在附着物下部易发生局部腐蚀。凝结器铜管的腐蚀，会导致管子的破裂和穿孔。凝结器铜管的损坏，如应力腐蚀破裂，会造成凝结器的严重泄漏，情况严重或处理不当时还会造成锅炉水冷壁管的爆破。

237 循环冷却水系统有哪些流程?

循环冷却水系统由 6 个流程组成，包括主流程、加药流程、加氯流程、加酸流程、监测换热流程和旁流流程。

（1）主流程

循环冷却水系统的主流程为：补充水由循环水泵自冷却塔塔下水池吸水加压后进入循环冷却给水管，用于供应工艺装置的冷却用水。循环冷却回水则通过循环冷却回水管返回循环水站，经冷却塔的配水系统均匀分布后，在冷却塔内自上而下进行汽水换热降温，冷却后进入塔下水池，再经循环水泵加压供出。如此循环往复。

（2）加药流程

为控制循环冷却水流经的管道和热交换设备的腐蚀、结垢，必须向循环冷却水投加缓蚀、阻垢等药剂。另外，在系统正常运行之前，必须先投加预膜剂，使金属表面形成一层完好的缓蚀的保护膜。实际操作中，药剂原液通过自吸泵或人工搬运送入储药罐，然后按一定比例加入稀释水（工业水或循环冷却水），或者直接将原液搅拌后自流进入药剂溶液罐，计量泵将药液送入冷却塔塔下水池。

（3）加氯流程

为控制微生物繁殖，必须向循环冷却水投加杀生剂。常用的杀生剂为液氯。氯气从氯瓶中蒸发，依次经过氯气过滤器、真空调节器、加氯控制柜，最终通过水射器送入冷却塔塔下水池。另外，系统还常配备在线余氯分析仪，以便控制余氯为 0.5～1.0mg/L，同时在线余氯分析仪与加氯机连锁，可实现连续自动加氯。

(4) 加酸流程

循环冷却水系统在每次正常运行之前，应对系统进行酸洗；另外，在系统正常运行的过程中，为保证缓蚀阻垢剂处理效果而需降低系统 pH 值时，也进行加酸处理。

(5) 监测换热流程

循环冷却水系统在正常运行的过程中，应采用必要的监测手段，以随时掌握循环冷却水处理的效果，并根据监测所得的数据及时采取相应的措施，以期达到良好的效果。

(6) 旁流流程

旁流的目的是保持循环冷却水水质，使系统在满足浓缩倍数的条件下有效、经济地运行。在高浓缩倍数条件运行时，可减少补充水量和排污水量，减轻对环境的污染。

238 如何选择循环冷却水处理方案?

循环冷却水处理设计方案的选择，应根据换热设备设计对污垢热阻值和腐蚀率的要求，结合下列因素通过技术经济比较确定：①循环冷却水的水质标准；②水源可供的水量及其水质；③设计的浓缩倍数（对敞开式系统）；④循环冷却水处理方法所要求的控制条件；⑤旁流水和补充水的处理方式；⑥药剂对环境的影响。

（三）循环冷却水结垢控制技术

239 循环冷却水系统的沉积物主要分为哪几类?

循环冷却水系统在运行的过程中，会有各种物质沉积在换热器的传热管表面，这些物质统称为沉积物（图 4-18)。这些沉积物的成分主要有以下几种：水垢、淤泥、腐蚀产物以及生物沉积物。淤泥、腐蚀产物和生物沉积物这三种可以统称为污垢。

(a) 水垢　(b) 污垢

图 4-18 循环水沉积物

240 循环冷却水系统中水垢的类型和危害有哪些?

天然水中溶解有重碳酸盐，如 $Ca(HCO_3)_2$、$Mg(HCO_3)_2$，其化学性质很不稳定，容易分解生成碳酸盐。因此，如果使用重碳酸盐含量较多的水作为冷却水，当它通过换热器传热表面时，会受热分解生成碳酸盐，附着在换热器的传热管表面形成坚硬的水垢。冷却水通过冷却塔，相当于一个曝气过程，溶解在水中的 CO_2 就会逸出。因此，水的 pH 值升高。此时，重碳酸盐与 OH^- 作用，也会发生如下的反应：

$$Ca(HCO_3)_2+2OH^-=\!=\!=CaCO_3\downarrow+2H_2O+CO_3^{2-}$$

另外，碳酸钙、磷酸钙等盐并不是完全不溶，而只是溶解度比较低。它们的溶解度与一般的盐类不同，不是随着温度的升高而升高，而是随着温度的升高而降低。因此，在换热器的传热表面上，这些微溶性盐很容易达到过饱和状态，从水中结晶析出。当水流速率比较小或传热面比较粗糙时，这些结晶沉淀物就容易沉积在传热管的传热表面上。

冷却系统的管道中产生污垢后，将使冷却水传热受阻，影响冷却效果；同时，产生腐蚀，影响使用寿命。

(1) 冷却水传热受阻

由于污垢的热阻较大，一般为黄铜的 100～200 倍，因此，冷却管一旦结垢，传热过程受到很大阻碍，热交换率显著降低，影响生产。污垢和一些传热物质的导热系数见表 4-7。

表 4-7 污垢和一些传热物质的导热系数

物质	导热系数/[W/(m·K)]	物质	导热系数/[W/(m·K)]
碳钢	34.9～52.3	氧化铁垢	0.12～0.23
铸铁	29.1～58.2	生物黏泥	0.23～0.47
紫铜	302.4～395.4	硫酸钙垢	0.58～2.91
黄铜	87.2～116.3	碳酸盐垢	0.58～0.70
铅	35	硅酸盐垢	0.058～0.233
铝	204	水	0.6
不锈钢	17	空气	0.02

(2) 加速金属腐蚀，降低设备使用寿命

供水管中污垢的危害主要是加速基体金属的腐蚀和冷却管中污垢的沉积。污垢加速冷却管的腐蚀，一是由于传热受阻，温度升高，金属腐蚀速率加快；二是污垢诱发垢下局部腐蚀，垢下腐蚀介质局部蒸发浓缩，导致危害性严重的点蚀和坑蚀，加速腐蚀穿孔。因此，定期清除冷却管中的污垢，使内表面保持干净，可提高冷却效果，延长设备使用寿命。

241 冷却水系统沉积结垢的主要影响因素有哪些?

污垢的形成过程是在动量、能量和质量传递同时存在的多相流动过程中进行的，因而它的影响因素非常多，主要将这些参数分为运行参数、换热器参数和流体性质参数。

(1) 运行参数

运行参数主要包括流体速率和换热面温度、流体温度、流体-污垢界面温度等。

① 流体速率　流体速率对污垢的影响是由对污垢沉积（输运、附着）的影响和对污垢剥蚀的影响构成的。大多数研究表明，对各类污垢，污垢增长率随流体速率增大而减小。这可解释为，虽然流速增大可以增加污垢沉积率，但与此同时，流速增大，流体表面剪切力所引起的剥蚀率的增大更为显著，因而造成总的增长率减小。

② 温度　对于化学反应污垢和析晶污垢，表面温度对化学反应速率和反向溶解度盐的

晶体化有着重要作用。一般说来，表面温度升高会导致污垢沉积物强度增加，流体温度的增加一般都会导致污垢增长率的增加。

(2) 换热器参数

换热器的一些参数对污垢的形成有着明显影响，这些参数包括换热面材料、换热面状态、换热面的形式以及几何尺寸。

(3) 流体性质参数

流体性质对污垢的影响，实际上包括流体本身的性质和不溶于流体或被流体挟带的各种物质的特性对污垢的影响。实验研究表明，这两者都对换热面上的污垢特性及其形成过程有明显的影响。在冷却水系统和蒸汽发生器的水侧，水质特性对污垢沉积是个关键因素，这里，水质特性一般包括 pH 值、各种盐成分（如钙、镁、硫、碳酸盐、碱度等）和浓度等。

目前，还缺乏这些成分对污垢影响的足够数据。不过，可以肯定的是水质特性对水垢组成及水垢强度有着直接影响。

242 冷却循环水水质稳定性的判断方法有哪些?

(1) 拉森腐蚀指数 *LR* 法

LR 法是 Larson 和 Skold 在分析大量水对碳钢腐蚀时总结出来的，认为水的腐蚀性与 Cl^-、SO_4^{2-} 和 HCO_3^- 密切相关。随后给出了它的经验公式，其定义如下式：

$$LR=\frac{[Cl^-]+[SO_4^{2-}]}{C_M}$$

式中，$[Cl^-]$ 为水中 Cl^- 的浓度，mol/L；$[SO_4^{2-}]$ 为水中 SO_4^{2-} 的浓度，mol/L；C_M 为水中的碱度，mg/L。

水质判断结论如下：*LR* 为 1～5 时，为一般腐蚀；*LR* 为 15～20 时，为较严重腐蚀；*LR* 为 30～40 时，为严重腐蚀。*LR* 主要用于对碳钢的腐蚀判断。

(2) Langelier 饱和指数（*SI*）法

实际应用中把冷却水的实测 pH 值与饱和 pH_s 之差称为饱和指数（*SI*）或 Langelier 指数，即 $SI=pH-pH_s$

根据饱和指数来判断冷却水的结垢或腐蚀倾向，即当 $SI>0$ 时，水中 $CaCO_3$ 过饱和，有结垢倾向。溶液 pH 值越高，$CaCO_3$ 越容易析出；当 $SI<0$ 时，水中 $CaCO_3$ 未饱和，有过量的 CO_2 存在，将会溶解原有水垢，该系统存在腐蚀倾向；当 $SI=0$ 时，水中 $CaCO_3$ 刚好达到饱和，此时系统既不结垢，也不腐蚀，水质是稳定的。

用饱和指数来判断 $CaCO_3$ 结晶或溶解倾向是一种经典方法。但在使用时发现按饱和指数控制偏于保守。有时出现与实际情况不符的情况，可能出现判断应当结垢，实际上没有结垢，甚至出现腐蚀的现象。造成这种差异的原因主要有以下几个方面。

① 饱和指数没有考虑系统中各处的温度差异。冷却水流经换热器进口和出口水温是不同的，对于低温端是稳定的水，在高温端可能有结垢；相反在高温端是稳定的水，在低温端可能是腐蚀型的。只按某一点温度计算其 pH_s 作为控制指标是不全面的。

② 饱和指数只是判断式中各组分达到平衡时的浓度关系，没有考虑结晶过程，所以它不能判断达到或超过饱和浓度时系统是否一定结垢，因为结晶过程还受晶核形成条件、晶粒

分散度、杂质干扰以及动力学的影响。一般晶粒越小，溶解能力越大。对于大颗粒晶体已经饱和的溶液，对于细小晶体而言可能是未饱和的。碳酸钙发生沉淀析出时的 pH 值称为临界 pH 值。实验表明，临界 pH 值比 pH_s 高 1.7～2.0 个单位。

③ 当水中加入阻垢剂时，成垢离子被阻垢剂螯合、分散或吸附而发生晶格畸变，增加了 $CaCO_3$ 的溶解能力，尽管 $SI>0$，也不一定结垢。因为做水质分析时，测定的总 Ca^{2+} 浓度包括游离 Ca^{2+} 和螯合的 Ca^{2+}，而只有游离 Ca^{2+} 才能成垢。

④ 饱和指数只是以单一碳酸钙的溶解平衡作为判断依据，没有考虑水中有机胶体的影响，因为水中有机胶体物质不仅可以阻止碳酸钙结晶体的增加和聚集，而且可以防止已经结晶的碳酸盐晶体在金属表面形成水垢。

在实际应用上，有人建议，SI 控制在 0.75～1.0 的范围内，或者+0.5 的饱和指数是合适的。在采用磷系缓蚀剂碱法运行的循环冷却水系统中，+2.5 的饱和指数，仍能控制 $CaCO_3$ 结垢。

饱和 pH_s 的计算方法有以下 3 种：

① 碱度计算 pH_s

$$pH_s=p[Ca^{2+}]+pM_{碱度}+(pK_2-pK_{sp})$$

Powell 等人根据上式绘制了计算 pH_s 的曲线图（见图 4-19）。

查图方法见下例：水温为 20℃，Ca^{2+} 浓度（以 $CaCO_3$ 计）为 100mg/L，$M_{碱度}$（以 $CaCO_3$ 计）为 200mg/L，总溶解固体为 1200mg/L，计算该水质的 pH_s 值。查图 4-19，在 Ca^{2+} 浓度坐标上找到 40mg/L 点，垂直向上与 $p[Ca^{2+}]$ 线相交，由交点水平向左得纵坐标 $p[Ca^{2+}]=3.0$；同法由碱度坐标上找到 2mmol/L 点，得对应的 $pM_{碱度}=2.54$。在图上方的横坐标上找到总溶解固体浓度 1200mg/L 点，垂直向下与 20℃等温线相交，由交点水平向右得 $(pK_2-pK_{sp})=2.34$。故 $pH_s=3.0+2.54+2.34=7.88$。

② 由电导率、总碱度、钙硬等系数计算　如在生产现场有电导仪能测出来的电导率，则 pH_s 也可用下式计算：

$$pH_s=C_1+C_2+C_3$$

式中，C_1 为水的总碱度系数；C_2 为水的钙硬系数；C_3 为水的电导率系数。

C_1、C_2、C_3 可分别由表 4-8 查出。

表 4-8　用于计算 pH_s 的常数表

总碱度/(mmol[H^+]/L)	C_1	硬度/(mg/L)	C_2	电导率/(μS/cm)	C_3
0.0	1.0	89.3	3.06	300	1.68
0.1	3.8	100.0	3.01	320	1.69
0.2	3.7	121.4	2.94	400	1.70
0.3	3.6	139.3	2.87	520	1.71
0.4	3.4	160.7	2.80	600	1.72
0.5	3.33	178.6	2.76	800	1.73
0.6	3.23	200.0	2.70	900	1.74
0.7	3.15	214.3	2.67	1000	1.75
0.8	3.10	239.3	2.63	1200	1.76
0.9	3.06	257.1	2.60		
1.0	3.00	278.6	2.56		
1.2	2.91	296.4	2.52		
1.4	2.85	321.4	2.49		
1.6	2.80	357.1	2.46		
1.8	2.74	392.9	2.38		

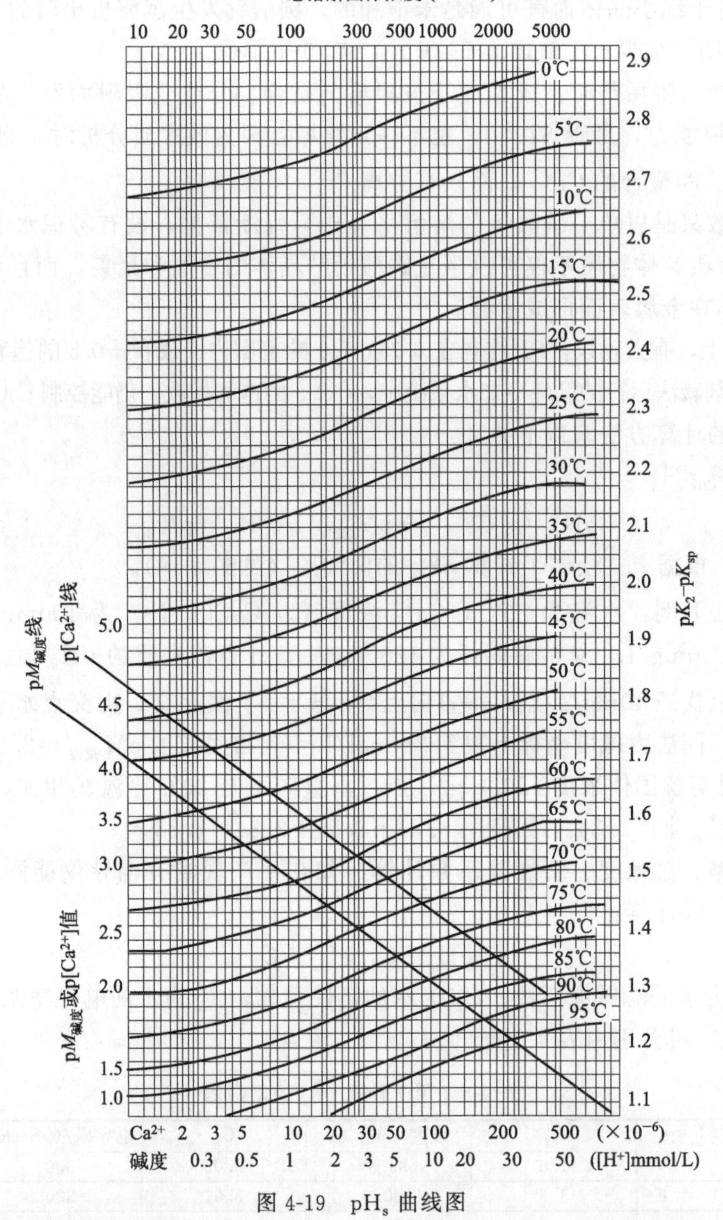

图 4-19 pH_s 曲线图

电导率反映水中含盐量的大小，水越纯净，其电导率越小。电导率值除与离子浓度有关外，还与离子的电荷数以及离子的运动速度有关。

③ 经验公式

$$pH_s = 9.5954 + \lg\left(\frac{0.4TDS^{0.10108}}{C_A T_A}\right) + 1.84\exp(0.547 - 0.00637t + 3.58\times10^{-6}t^2)$$

式中，TDS 为总溶解固体量，mg/L；C_A 为 Ca^{2+} 的含量，mg/L；T_A 为碳酸盐碱度，以 $CaCO_3$ 计，mg/L；t 为水的温度，℉。

(3) Ryznar 稳定指数（I_R）法

针对饱和指数判断法的不足，Ryznar 根据冷却水的实际运行资料提出了稳定指数

I_R，即

$$I_R=2pH_s-pH$$

利用 I_R，可根据表 4-9 对水的特性进行判断。

表 4-9 稳定指数（I_R）与水的特性的关系

I_R	4.5～5.0	5.0～6.0	6.0～7.0	7.0～7.5	7.5～9.0	9.0 以上
水的倾向	严重结垢	轻度结垢	基本稳定	轻微腐蚀	较严重腐蚀	严重腐蚀

由表 4-9 可看出，当 $I_R<6.0$ 时，形成水垢。I_R 越小，结垢倾向越严重；$I_R>7.0$ 时，出现腐蚀，I_R 越大，腐蚀倾向越严重。当冷却水采用聚磷酸盐处理时，$I_R<4.0$，系统结垢；$I_R=4.5\sim5.0$，水质基本稳定。

稳定指数是一个经验指数，在定量上与长期实践结果相一致，因而比碳酸钙饱和指数准，但也有它的局限性：①它只反映了化学作用，没有涉及电化学过程和严密的物理结晶过程；②没有考虑水中表面活性物质或络合离子的影响；③忽略了其他阳离子的平衡关系。

因此，稳定指数也不能作为表示水的结垢或腐蚀的绝对指标，在使用中还要考虑其他因素给予修正。如果将两种指数协同使用，有助于较正确地判断水的结垢或腐蚀倾向。

1979 年帕科拉兹（Fuckorius）认为水的总碱度比水的实际测定 pH 值更能正确地反映冷却水的腐蚀与结垢倾向。他研究了几百个冷却水系统后，认为将稳定指数公式中水的实际测定 pH 值改为平衡 pH（即 pH_{eq}），而判别式不变，能更切合实际生产。pH_{eq} 与总碱度 $M_{碱度}$ 可按下列关系式计算：

$$pH_{eq}=1.465pM_{碱度}+4.54$$

式中，$M_{碱度}$ 为系统中水的总碱度（以 $CaCO_3$ 计），mg/L。

(4) 极限碳酸盐硬度法

极限碳酸盐硬度是指循环冷却水在一定的水质、水温条件下，保持不结垢时水中碳酸盐硬度最高限值，也就是当水中游离 CO_2 很少时，循环冷却水中可能维持的 HCO_3^- 的最高限量。

由于影响水中碳酸钙析出过程的因素很多，有些因素的影响程度又难以估计，如水中有机物会干扰碳酸钙析出，但有机物种类繁多，难以区分它们的影响程度，不同的水质、水温条件下影响程度均不相同，难以理论推导计算，一般宜用半经验法来解决。循环水的极限碳酸盐硬度 H_n，是根据相似条件下的小型模拟实验，或借鉴与其条件类似的运行经验确定的。

实验时，一般每隔 2～4h 取水样分析一次，测定水温、pH 值、碳酸盐硬度和氯离子浓度等。试验装置的总容积为 300～500L，见图 4-20。当达到水的碳酸盐硬度保持稳定不变时，实验即可结束，通常一组实验需 2～3 天。实验过程中，实验水温（水在换热器内加热温度需和实际运行温度相同，喷头喷淋前、后的水温）、实验水质（pH 值，悬浮固体、有机胶体物质、Ca^{2+}、Cl^- 等含量）、水流条件指标（换热器中水流雷诺数等）都应与生产实际相同。

试验结果以运行时间对水的碳酸盐硬度作图。当循环水碳酸盐硬度不再变化时，即为所求 H_n 值。

如无试验条件，对补充水耗氧量 $COD_{Mn}\leqslant25mg/L$，循环水最高水温为 30～65℃的循环冷却水系统，极限碳酸盐硬度值也可按下述经验公式估算：

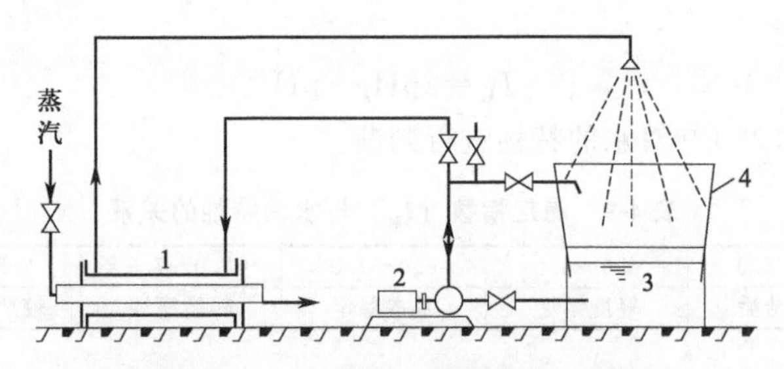

图 4-20 小型循环水实验装置示意图

1—热交换器；2—水泵；3—水箱；4—围挡物

$$H_n=\frac{1}{2.8}\left[8+\frac{COD_{Mn}}{3}-\frac{t-40}{5.5-\frac{COD_{Mn}}{7}}-\frac{2.8H_y}{6-\frac{COD_{Mn}}{7}+\left(\frac{t-40}{7}\right)^3}\right]$$

式中，H_n 为循环水的极限碳酸盐硬度，[H^+] mmol/L；H_y 为补充水的非碳酸盐硬度，[H^+] mmol/L；t 为冷却水温度，℃，如 t<40℃，仍按 40℃计算；COD_{Mn} 为补充水的耗氧量，mg/L。

可按下列条件判别碳酸钙是否沉淀：

$\Phi H_B > H_n$，结垢

$\Phi H_B \leqslant H_n$，稳定，不结垢

式中，H_B 为补充水的碳酸盐硬度，[H^+] mmol/L；Φ 为循环水浓缩倍数。

上式反映了水中有机物对 $CaCO_3$ 结垢的干扰作用。但根据这个公式计算出来的 H_n 值一般都在 2.9 [H^+] mmol/L 左右。由判别式知，为防止结垢只能采用很低的浓缩倍数 Φ，这与目前观点是不符合的。

243 如何鉴别碳酸盐、磷酸盐、硫酸盐和硅酸盐水垢？

判断碳酸盐水垢主要有根据物理化学性状判断和化学成分分析两种方法。

进行化学成分分析可以确认垢种，但是费时较长，费用较高，因此通常根据垢的基本性状并对照各种垢的特点来鉴别垢种。物理性状判断可根据碳酸盐水垢的基本性状进行观察判断。

化学性状判断方法主要有以下两种。

① 碳酸盐水垢是各种水垢中最易溶于稀酸的，常见的无机酸与有机酸均可将其溶解。在用酸溶解碳酸盐水垢时，将产生大量二氧化碳气泡，这是其主要特征。在常温的 5%以下稀盐酸中，碳酸盐水垢可全部溶解。100g 碳酸盐水垢溶于酸中时，可放出超过 20L 的二氧化碳气体。

② 碳酸盐水垢的另一特点是，在 850～900℃下灼烧时，水垢质量损失近 40%，这是由于二氧化碳与化合水分分解的缘故。由于二氧化碳的消失，水垢变得松散，并可溶于水中，使水溶液呈碱性。碳酸钙灼烧变成氧化钙的反应如下：

$$CaCO_3 \xlongequal{\triangle} CaO + CO_2\uparrow$$

同时，观察水垢溶解后的少量残渣及注意水垢灼烧时的气味，可了解垢中所含杂质。溶

解之后的少量残渣如果为白色，是硅酸盐，如果呈黑褐色，则是腐蚀产物。灼烧时如果嗅到焦煳气味是有机碳（碳水化合物），如果嗅到腥臭味是微生物污泥。

磷酸盐水垢的鉴别方法主要为性状判断，也可通过X射线衍射（XRD）和扫描电镜（SEM）等对垢化学成分分析判别。

磷酸盐水垢与碳酸盐水垢物理性状近似，而且其中常含一定量的碳酸盐水垢。两者的区别在于磷酸盐水垢在常温下不能在5%以下稀酸中全部溶解，需要加热助溶，或者用10%以上的酸而且在温热条件下使之全溶。在用酸溶解磷酸盐水垢时，由产生气泡情况可以了解其中碳酸盐水垢所占比例大小。如果基本不冒气泡，则是单纯的磷酸盐水垢。

另外，由水处理工艺也可以判别磷酸盐水垢。天然水中基本不含磷酸盐，除非人工投加磷（膦）酸盐，否则在受热面和传热表面上不会产生磷酸盐水垢。

设备无腐蚀现象时，硅酸盐水垢和硫酸盐水垢的外观与碳酸盐水垢或磷酸盐水垢接近，但是比它们更为坚硬，附着更为牢固。当设备有腐蚀现象时，尤其是产生附着物下的局部腐蚀时，该处的硅酸盐水垢或硫酸盐水垢可被染成灰黑、红褐或赤红色。

如果将垢置于5%的稀盐酸中，不加热即迅速溶解，且伴随有大量气泡产生，则是碳酸盐水垢；如果溶解速率较慢，产生气泡较少，但是加热时溶解迅速，尤其是在10%含量以上、70℃以上的盐酸中快速溶解者，是磷酸盐水垢。将盐酸含量提高到20%以上并加热，如果仍有一定量的白色水垢不能溶解，则可认为剩余物是硅酸盐水垢或硫酸盐水垢。将不溶物用滤纸滤出并清洗，直到滤液中加入1%酸性硝酸银不出现浑浊时，将滤纸连同不溶物置于烧杯中，加入150mL去离子水并搅拌，当以硫酸盐水垢为主时，不溶物将减少。向其中加入1%氯化钡溶液，如果有大量白色沉淀产生，表明硫酸盐含量较高；如果不溶物无溶解减少现象，而且加入氯化钡溶液也不出现浑浊和沉淀，则表明垢中含硅酸盐。

244 控制水垢的方法有哪些?

污垢主要是由尘土、杂物碎屑、菌藻尸体及其分泌物和细微水垢、腐蚀产物等构成。因此，欲控制污垢，必须做到以下几点。

① 降低补充水浊度　天然水中尤其是地面水中总夹杂着许多泥沙、腐殖质以及各种悬浮物和胶体物，它们构成了水的浊度。作为循环水系统的补充水，其浊度越低，带入系统中可形成污垢的杂质就越少。干净的循环水不易形成污垢。当补充水浊度低于5mg/L以下，如城镇自来水、井水等，可以不作预处理直接进入系统。当补充水浊度高时，必须进行预处理，使其浊度降低。为此《工业循环冷却水处理设计规范》（GB/T 50050—2017）中规定循环冷却水中浊度不宜大于20NTU，当换热器的形式为板式、翅片管式和螺旋板式时不宜大于10NTU。

② 做好循环冷却水水质处理　冷却水在循环使用过程中，如不进行水质处理，必然会产生水垢或腐蚀设备，生成腐蚀产物，同时必然会有大量菌藻滋生，从而形成污垢。如果循环水进行了水质处理，但处理得不太好时，就会使原来形成的水垢因阻垢剂的加入而变得松软，再加上腐蚀产物和菌藻繁殖分泌的黏性物，它们就会黏合在一起，形成污垢。因此，做好水质处理，是减少系统产生污垢的好方法。

③ 投加分散剂　在进行阻垢、防腐和杀生水质处理时，投加一定量的分散剂，也是控

制污垢的好方法。分散剂能将黏合在一起的泥团杂质等分散成微段悬浮于水中，随着水流流动而不沉积在传热表面上，从而减少污垢对传热的影响，同时部分悬浮物还可随排污水排出循环水系统。

④ 增加旁滤设备　即使在水质处理较好、补充水浊度也较低的情况下，循环水系统中的浊度仍会不断升高，从而加重污垢的形成。循环冷却水系统在稳定操作情况下浊度会升高的原因是冷却水经过冷却塔与空气接触时，空气中的灰尘会被洗入水中，特别是工厂所在地环境干燥、灰尘飞扬时更是明显。

245 如何清除供水管和冷却管中的污垢?

供水管由于管径粗，容量大，并需全部机组停产，因而供水管的清洗难度较大。一般选择在机组大修时进行清洗，并适当延长清洗周期。

清洗工艺：剥离生物黏泥→排污→水冲洗→酸洗→水洗中和→预膜。

供水管中微生物黏泥较多，必须使用高效杀生剂并辅以渗透剂将其清除彻底，至出水清澈透明为止，否则酸洗阶段对锈垢难以清除干净，达不到应用的效果。由于供水管多为碳钢管，且容量较大，可采用盐酸进行清洗，酸洗和预膜阶段均需加入铜缓蚀剂，保护相关的闸阀。

冷却管清洗工艺：杀菌剥离生物黏泥→水冲洗→酸洗→水洗中和→预膜。

冷却管一般为紫铜管和黄铜管，盐酸对其腐蚀性较大。特别是运行年限较长（8 年以上），盐酸很易引起危害性很大的脱锌腐蚀。因此，冷却管宜采用有机酸清洗，并适当提高铜缓蚀剂浓度。由于清洗后铜管内表面处于活性状态，易产生二次锈蚀，因此清洗后的预膜非常重要，一般采用硫酸亚铁成膜法或自然氧化成膜法。

清洗剂、缓蚀剂的选择和用量必须通过小型试验进行确定。先对污垢进行定性分析，有条件的可进行定量分析，根据污垢的种类选择清洗剂，然后选择型号和材质相同、使用年限相当的带垢冷却铜管进行小型试验，观察污垢的溶解情况，测定铜管的腐蚀速率，筛选合适的缓蚀剂，估算清洗剂用量。

根据污垢的沉积情况，定期清除水轮机冷却管中的污垢，并使内表面形成良好的钝化保护膜，可减缓污垢的沉积速率，提高生产效率，延长使用寿命。

246 什么是阻垢剂？阻垢机理有哪些?

在循环冷却水处理中，将防止水垢和污垢产生或抑制其沉积生长的化学药剂统称为阻垢剂，阻垢剂常用的形式主要有阻垢缓蚀剂和阻垢分散剂两种。目前，对于阻垢剂作用机理的看法尚不统一，归纳起来主要有以下几种观点。

(1) 晶格畸变理论

晶格畸变理论认为，阻垢剂干扰了成垢物质的结晶过程，抑制了水垢的形成。以成垢物质 $CaCO_3$ 为例说明，当 $CaCO_3$ 在溶液中形成微晶时，表面会吸取水中阻垢剂，吸取动力主要是阻垢剂与 Ca^{2+} 之间的螯合反应。这样，因微晶的表面状态有所改变，$CaCO_3$ 不再增长，而是稳定在溶液中。微晶吸取阻垢剂的反应主要发生在其成长的活性点上。只要这些活性点被覆盖，结晶过程便被抑制，所以阻垢剂的加药量不需很多。当溶液中 $CaCO_3$ 的过饱和度很大时，由于结晶的倾向加大，微晶可以在那些没有吸取阻垢剂的慢发育表面上成长，从而把活性点上的阻垢剂分子覆盖起来，于是晶体又会增长。但此时生成的晶体受阻垢剂的干扰，会发生空位、错位或镶嵌构造等畸变。

膦酸在水中能离解出 H^+，本身成带负电荷的阴离子，如：

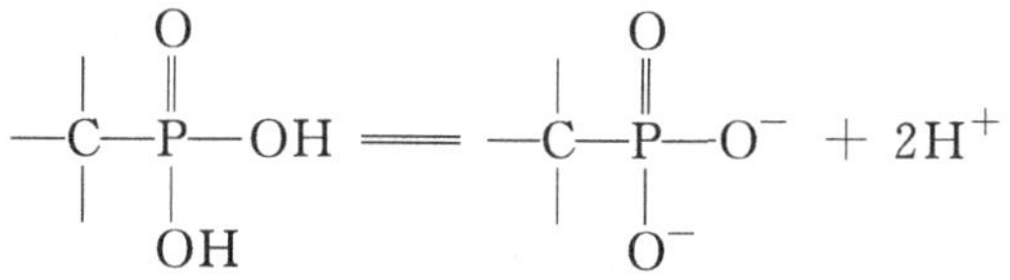

$$-\overset{|}{\underset{|}{C}}-\overset{O}{\overset{\|}{\underset{\underset{OH}{|}}{P}}}-OH \rightleftharpoons -\overset{|}{\underset{|}{C}}-\overset{O}{\overset{\|}{\underset{\underset{O^-}{|}}{P}}}-O^- + 2H^+$$

这些负离子能与 Ca^{2+}、Mg^{2+} 等金属离子形成稳定络合物，从而提高 $CaCO_3$ 晶粒析出时的过饱和度，也就是增加了 $CaCO_3$ 在水中的溶解度。有人通过实验测出，水中加入 1～2mg/L 的羟基亚乙基二膦酸（HEDP）后，可使 $CaCO_3$ 析出的临界 pH 提高 1.1 左右。另外，由于膦酸能吸附在 $CaCO_3$ 晶粒活性增长点上，使其畸变，即相对于不加药剂来说，形成的晶粒要细小很多。从颗粒分散度对溶解度影响的角度看，晶粒细小也就意味着 $CaCO_3$ 溶解度变大，因此提高了 $CaCO_3$ 析出时的过饱和度。

（2）分散理论

有些阻垢剂在水中会电离，吸附在某些小晶体的表面形成双电层，使小晶体稳定地分散在水体中，这种阻垢剂可称为分散剂。

例如，聚羧酸在水中电离成阴离子后有强烈的吸附性，它会吸附到悬浮在水中的一些泥沙、粉尘等杂质的粒子上，使其表面带有相同的负电荷，因而使粒子间相互排斥，呈分散状态悬浮于水中，如图 4-21 所示。

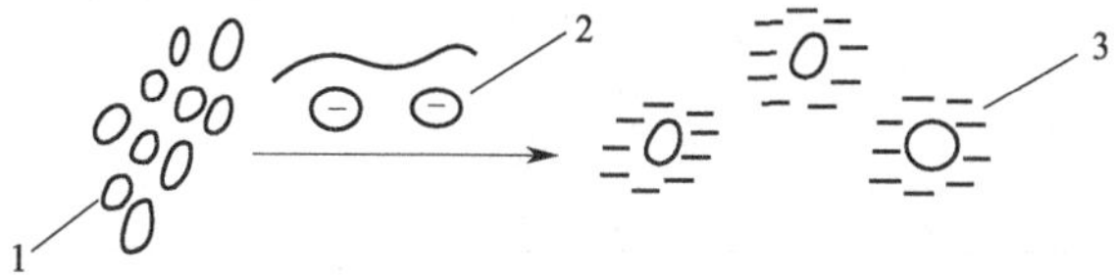

图 4-21　阴离子型分散剂分散作用示意图

1—泥沙粉尘等杂质；2—阴离子型分散剂；3—被分散在水中的泥沙、粉尘等杂质

分散剂不仅能吸附于颗粒上，而且也能吸附于凝汽器的壁面上，阻止了颗粒在壁面上沉积；即使发生了沉积现象，沉积物与接触面也不能紧密相黏，只能形成疏松的沉积层。

有些阻垢剂为链状高分子物质，它们与水中胶体或其他污物形成絮凝。絮凝的密度较小，易被水流带走，阻止了它们在冷却水系统中沉积。用作絮凝剂的高分子一般为分子量 10^6～10^7 的链状聚合物，长链上有许多具有吸附能力的基团。

（3）络合理论

有些阻垢剂如膦酸在水中电离出 H^+，本身成为带负电荷的阴离子。这种阴离子能与水中的金属阳离子 Ca^{2+}、Mg^{2+} 等形成稳定的络合物，使它们不能结垢。

（4）再生-自然脱膜假说

Herbert 等认为聚丙烯酸类阻垢剂能在金属传热面上形成一种与无机晶体颗粒共同沉淀的膜，当这种膜增加到一定厚度时，会在传热面上破裂并脱离传热面。由于这种膜的不断形成和破裂，使垢层生长受到限制，此即“再生-自然脱膜假说”。此假说在实质上反映了阻垢剂的“消垢”机制。然而，关于这一假说尚有异议。

247 常用的阻垢剂有哪些？

常用的阻垢剂主要有阻垢缓蚀剂和阻垢分散剂两种。

阻垢缓蚀剂主要有以下类型：无机聚合磷酸盐、有机多元膦酸、葡萄糖酸和单宁酸等。目前，循环水处理多采用磷系配方，应用最多的是有机多元膦酸。

阻垢分散剂是中、低分子量的水溶性聚合物，包括均聚物和共聚物两大类，其中均聚物有聚丙烯酸及其钠盐、水解聚马来酸酐等，共聚物的品种较多，以丙烯酸系和马来酸系的两元或三元共聚物为主，如表 4-10 所示。

表 4-10　部分常用阻垢缓蚀剂和阻垢分散剂

类别	名称	工业产品含量/%
聚合磷酸盐	三聚磷酸钠(NaTPP)	固体含三聚磷酸钠 85%
	六偏磷酸钠$(NaPO_3)_6$	—
膦酸盐	氨基三亚甲基膦酸(ATMP)	固体 85%～90%，液体 50%
	羟基亚乙基二膦酸(HEDP)	液体≥50%
	乙二胺四亚甲基膦酸(EDTMP)	液体 18%～20%
	膦羧酸(PBTCA)	液体≥40%
水溶性有机聚合物	聚丙烯酸(PAA)	液体 20%～25%
	聚丙烯酸钠(PAAS)	液体 25%～30%
	聚马来酸(PMA)	液体 50%
	水解聚马来酸酐(HPMA)	液体 50%
	马来酸-丙烯酸类共聚物(MA-AA)	液体 48%
	丙烯酸-丙烯酸酯共聚物(AA-AE)	液体≥25%
	丙烯酸-丙烯酸羟丙酯共聚物(AA-HPA)	液体 30%
	聚环氧琥珀酸(PESA)	液体
	聚天冬氨酸(PASP)	液体
	2-丙烯酰胺-2-甲基丙基磺酸(AMPS)	液体

（四）循环冷却水腐蚀控制技术

248 什么是腐蚀速率？如何确定腐蚀速率？

腐蚀速率又称为腐蚀率。有各种表示腐蚀速率的方法和单位，具体情况如下所示。

(1) 质量变化表示法

用单位时间单位面积上腐蚀前后试样质量的变化来表示腐蚀速度，也称失重法。

$$v_{重}=\frac{\Delta m}{St}$$

式中，$v_{重}$ 为腐蚀速度；Δm 为腐蚀前后试样的质量差，当腐蚀后试样质量减少时，称为失重，当腐蚀后试样质量增加称为超重；S 为试样表面积。

常用的腐蚀速度的单位是 $mg/(dm^2 \cdot d)$，简写 mdd；有时也有 $g/(m^2 \cdot h)$ 或 $g/(m^2 \cdot d)$。

(2) 深度法

用单位时间内的腐蚀深度来表示腐蚀速度。在工程上，腐蚀深度或构件腐蚀变薄的寿命直接影响该部件的寿命，更具有实际意义。在衡量不同密度的金属的腐蚀程度时，更适合用这种方法。

将金属失重腐蚀速度换算为腐蚀深度的公式为：

$$v_{深}=8.76v_{重}/\rho$$

式中，$v_{深}$ 为以腐蚀深度表示的腐蚀速度，mm/a；$v_{重}$ 为失重腐蚀速度，$g/(m^2 \cdot h)$；ρ 为金属的密度，g/cm^3；8.76 为单位换算系数。

在欧美，也常用密耳/年（mpy）即毫英寸/年为单位，1mil（密耳）$=10^{-3}$in（英寸），1mpy=0.0254mm/a。

（3）机械强度表示法

适用于表示某些特殊类型的腐蚀，用前两种表示法都不能确切地反映其腐蚀速度，如应力腐蚀开裂、气蚀等。这类腐蚀往往伴随着机械强度的降低，因而可测试腐蚀前后强度的变化，如张力、压力、弯曲或冲击等极限值的降低率来表示。

（4）腐蚀电流密度表示法

采用腐蚀电流密度表示腐蚀速度是电化学测试方法的具体应用。电化学腐蚀中，阳极溶解导致金属腐蚀。根据法拉第定律，阳极每溶解 1mol 金属，通过的电量为 1F，即 96500C，则阳极溶解的金属量 Δm 应为：

$$\Delta m=\frac{AIt}{nF}$$

式中，A 为金属的原子量；I 为电流强度；t 为通电时间；n 为价数，即金属阳极反应方程式中的电子数；F 为法拉第常数，即 $F=96500$C/mol 电子。

对于均匀腐蚀来说，整个金属表面积可看成阳极面积，故腐蚀电流密度为 I/S。因此可求出腐蚀速度 $v_{重}$ 与腐蚀电流密度 i_{corr} 之间的关系：

$$v_{重}=\frac{\Delta m}{\Delta t}=\frac{A}{nF}i_{corr}$$

可见，腐蚀速度与腐蚀电流密度成正比。因此，可用腐蚀电流密度 i_{corr} 表示金属的电化学腐蚀速度。

以腐蚀深度表示的腐蚀速度与腐蚀电流密度的关系为：

$$v_{深}=\frac{\Delta m}{\rho st}=\frac{A}{nF\rho}i_{corr}$$

若 i_{corr} 的单位为 $\mu A/cm^2$，ρ 的单位为 g/cm^3，则

$$v_{深}=3.27\times 10^3\times\frac{A}{n\rho}\times i_{corr}\quad (mm/a)$$

对于一些常用的工程金属材料，$A/n\rho$ 的数值约为 $3.29\sim5.32cm^3/mol$，在近似估计时，可取平均值 $3.5cm^3/mol$，带入式，取 i_{corr} 的单位为 A/cm^2 时，则有

$$v_{深}=1.1i_{corr}$$

可见，对于常用的金属材料，当平均腐蚀电流密度以国际单位 A/cm^2 表示时，数值上几乎与以 mm/a 为单位表示的腐蚀速度相等。

上述四种方法中，现场一般采用前两种方法，后两种较少使用。局部腐蚀速度及其耐蚀性的评价比较复杂，一般不能用上述方法表示腐蚀速度。

《工业循环冷却水处理设计规范》（GB/T 50050—2017）中规定：碳钢换热器管壁的腐蚀速率应小于 0.075mm/a（3mpy）；铜、铜合金和不锈钢换热器管壁的腐蚀速率应小于 0.005mm/a（0.2mpy），其中对碳钢的腐蚀速率控制指标与目前国际上公认的要求相同。

249 金属腐蚀的控制方法主要有哪些？

冷却水系统中控制金属腐蚀的主要方法有：①添加缓蚀剂；②提高冷却水的 pH 值；③用防腐阻垢涂料涂覆换热器；④使用耐蚀金属材料换热器；⑤进行阴极保护；⑥采用渗铝防腐；⑦使用塑料换热器；⑧控制有害细菌的生长。

250 常见的防腐涂料有哪些？防腐涂料如何起防腐作用？

防腐涂料的主要成分有树脂基料、防腐颜料、溶剂、杀生剂和填料。其防腐作用机理有屏蔽作用、缓蚀作用、阴极保护作用和 pH 缓冲作用。

常用的 CH-784 涂料底漆和面漆所使用的树脂基料是环氧树脂和丁醇醚化三聚氰胺甲醛树脂。此外底漆中还含有云母氧化铁或铁红、水合磷酸锌、四碱式铬酸锌、滑石粉、铝粉、氧化锌以及混合溶剂。而面漆中还含有云母氧化铁或铁红、三氧化二铬、偏硼酸钡、硅油以及混合溶剂。

河北省某化肥厂曾对无防腐涂层和有 CH-784 防腐涂层的换热器进行了 2 年的现场对比试验。结果表明：无防腐涂层时，入口气与出口气的温差 1 年后由 108.5℃降低到 102.0℃，换热器的冷却效果（以入口气与出口气的温差表示）下降了 6.5℃；有防腐涂层时，入口气与出口气的温差由 110.0℃降到 108.0℃，换热器的冷却效果（以入口气与出口气的温差表示）仅下降了 2℃。由此可见，有防腐涂层时换热器的冷却效果有明显改善。

除了 CH-784 涂料外，人们还开发了环氧酚醛防腐阻垢涂料、环氧糠酮树脂改性防腐阻垢涂料和环氧漆酚钛防腐阻垢涂料等。

251 什么是阴极保护和牺牲阳极防腐法？

（1）阴极保护

阴极保护是一种用于防止金属在电介质（海水、淡水及土壤等介质）中腐蚀的电化学保护技术。该技术的基本原理是使金属构件作为阴极，对其施加一定的直流电流，使其产生阴极极化，当金属的电位低于某一电位值时，该金属表面的电化学不均匀性得到消除，腐蚀的阴极溶解过程得到有效抑制，达到保护的目的。

在金属表面上的阳极反应和阴极反应都有自己的平衡点，为了达到完全的阴极保护，必须使整个金属的电位降低到最活泼点的平衡电位。设金属表面阳极电位和阴极电位分别为 E_a 和 E_c，如果进行阴极极化，电位将向更负的方向移动，如果使金属阴极极化到更负的电位，例如达到 E_a，这时由于金属表面各个区域的电位都等于 E_a，腐蚀电流为零，金属达到了完全保护，此时外加电流 I 即为完全保护所需电流。

根据提供阴极极化电流的方式不同，阴极保护又分为牺牲阳极阴极保护法和外加电流阴极保护法两种。现在，阴极保护在海水或入海口的河水作冷却介质的冷却水系统中得到了广泛的应用，在淡水冷却水中的应用性开发也在不断取得进展。

在冷却水系统中，阴极保护主要用于：

① 减轻由铁质水室、铜合金管板和铜合金管三者或由铁质水室、铜合金管板或碳钢管板和钛管或不锈钢管三者组装而成的换热器或凝汽器中的电偶腐蚀；

② 减轻或消除冷却水对换热器或凝汽器中铜合金管端的冲击腐蚀和孔蚀；

③ 减轻或消除用海水的冷却水系统中输送海水的大口径输水管内壁的腐蚀，入口处节流闸和出口处断流闸的腐蚀，转动筛或带筛的腐蚀以及泵、管道、辅助冷却器和粗滤器等设备的腐蚀。

(2) 牺牲阳极防腐法

牺牲阳极保护是在金属表面上通入足够的阳极电流，使金属电位往正的方向移动，到达并保持在钝化区内，从而防止金属的腐蚀。牺牲阳极保护方法可用于能够形成并保持保护膜的介质中。

252 循环冷却水缓蚀剂应具备哪些条件?

循环冷却水缓蚀剂应具备的条件如下：

① 所用缓蚀剂经济性较好；

② 它的飞溅、泄漏和排放，在环保上是允许的；

③ 与冷却水中的各种物质（添加的阻垢剂、分散剂和杀生剂）能彼此相容；

④ 对水中各种金属的缓蚀效果都可以接受；

⑤ 在所需运行条件（pH 值、温度、热通量等）下，能有效地工作。

253 常用缓蚀剂的类型有哪些?

(1) 按药剂的化学成分分类

一般可分为无机缓蚀剂和有机缓蚀剂两大类。

① 无机缓蚀剂　例如亚硝酸盐、铬酸盐、硅酸盐、硼酸盐、聚磷酸盐和亚砷酸盐等。这类缓蚀剂往往与金属表面发生反应，促使钝化膜或金属盐膜的形成，以阻止阳极溶解过程。

② 有机缓蚀剂　这类缓蚀剂品种远比无机缓蚀剂多，包括含 O、N、S、P 的有机化合物、氨基化合物、醛类、杂环和咪唑类化合物等。有机缓蚀剂往往在金属表面上发生物理或化学吸附，从而阻止腐蚀性物质接近金属表面，或者阻滞阴、阳极过程。

(2) 按电化学作用机理分类

根据缓蚀剂对腐蚀电极过程的主要影响，可把缓蚀剂分为阳极型、阴极型和混合型缓蚀剂三种。缓蚀剂的用量很少，显然添加与否不会改变介质的腐蚀倾向，而只能减缓金属的腐蚀速率。由于金属腐蚀是由一对共轭反应——阳极反应和阴极反应所组成，添加缓蚀剂可能抑制其中某个反应或多个反应。如果该缓蚀剂抑制了共轭反应中的阳极反应，使阳极极化曲线斜率增大，金属的腐蚀电位 E_F 向正的方向移动，那么它就是阳极型缓蚀剂［图 4-22

(a)]；如果该缓蚀剂抑制了共轭反应中的阴极反应，使极化图中阴极极化曲线的斜率增加，那么它就是阴极型缓蚀剂［图 4-22(b)］，此时金属的腐蚀电位 E_F 向负的方向移动；而如果该缓蚀剂同时抑制了共轭反应中的阴极和阳极反应，使极化图中的阳极极化曲线和阴极极化曲线斜率同时增大，那么它便是混合型缓蚀剂；腐蚀电位 E_F 没有明显的变化，但腐蚀电流显著降低［图 4-22(c)］。

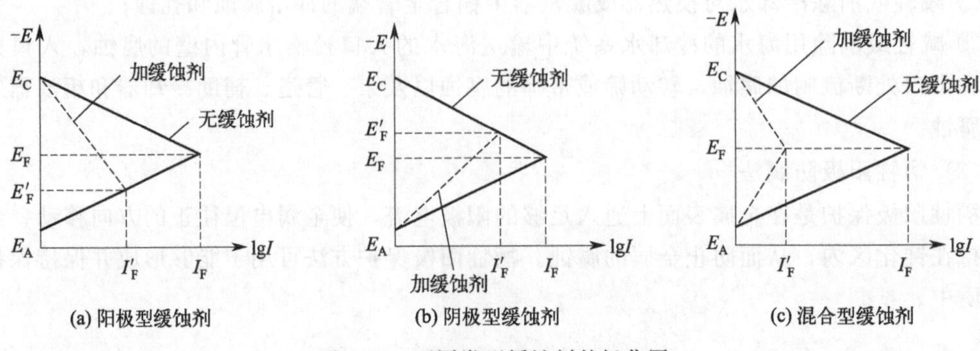

图 4-22 不同类型缓蚀剂的极化图

阳极型缓蚀剂多为无机类的氧化剂，如铬酸盐、亚硝酸盐、硅酸盐、钼酸盐等，它们的加入主要是使金属钝化，形成 γ-Fe_2O_3 的氧化膜，从而减小腐蚀电流。如果加入量不够，不足以使金属全部钝化，则腐蚀会集中在未钝化完全的部位进行，从而引起点蚀。因此，阳极型缓蚀剂又称为危险型缓蚀剂，这类缓蚀剂的用量往往较多。对于磷酸盐类的阳极型缓蚀剂，使用时还要特别注意，水中必须有溶解氧才能产生缓蚀作用。

阴极型缓蚀剂（如聚磷酸盐）是使阴极过程变慢或减少阴极面积，从而减缓腐蚀。这类缓蚀剂的添加量不够时，不会加速腐蚀，因此比较安全，但其缓蚀效果一般不如阳极型缓蚀剂好。

(3) 按缓蚀剂形成的保护膜特征分类

可分为氧化膜型、沉淀膜型和吸附膜型三类。

① 氧化膜型缓蚀剂　氧化膜缓蚀剂又称为钝化膜型缓蚀剂。它能使金属表面氧化，形成一层致密耐腐蚀的钝化膜，其膜厚约几纳米，从而防止腐蚀。如铬酸盐在水溶液中，能使碳钢表面上生成一层 γ-Fe_2O_3 膜，这种膜就是氧化膜，它紧密地、牢固地黏在金属表面上，改变了金属的腐蚀电势，并通过钝化现象降低腐蚀反应的速率。因此，氧化膜型缓蚀剂的防腐作用是很好的。

氧化膜型缓蚀剂加入水中后，能在金属表面上夺取电子，使自身被还原。因此，在成膜过程中会被消耗掉，故在投加缓蚀剂的初期，需加入较高的浓度，待成膜后就可以减少用量，加入的药剂只是用来修补破坏的氧化膜。氯离子、高温及较高的水流速度都会破坏氧化膜，故在应用时要考虑适当提高其使用浓度。此外，铬酸盐毒性强，其排放受到严格限制，而亚硝酸盐在实际使用中也存在问题，且容易被亚硝酸菌氧化，变成没有缓蚀效果的硝酸盐。

② 沉淀膜型缓蚀剂　这类缓蚀剂本身无氧化性，但是它能够与水中的某些离子（如 Ca^{2+}）或腐蚀下来的金属离子（如 Fe^{2+}、Fe^{3+}）形成一层难溶的沉淀物或表面络合物，能够有效地修补金属氧化膜的破损处，从而阻止金属的继续腐蚀。例如，中性水溶液中常用的缓蚀剂硅酸钠（水解产生 SiO_2 胶凝物）、锌盐［与 OH^- 反应生成 $Zn(OH)_2$ 沉淀膜］、磷酸

盐类［与 Ca^{2+} 反应生成 $Ca_3(PO_4)_2$ 膜］以及苯甲酸盐（产生不溶性的羟基苯甲酸铁盐）。沉淀膜型缓蚀剂所形成的沉淀膜没有和金属表面直接结合，膜厚 0.1μm，多孔，对金属的附着性不好。因此，从缓蚀效果来看，这种缓蚀剂稍差于氧化膜缓蚀剂。为形成完整的沉淀膜，一般要求水中某特定离子的浓度不能低于某一范围。如聚磷酸盐作沉淀膜型缓蚀剂使用时，Ca 与 $(NaPO_3)_n$ 之比应大于 0.2，否则将导致缓蚀效果不理想。

沉淀膜型缓蚀剂又分为水中离子型和金属离子型。前者与水中离子结合形成沉淀，后者不和水中的离子作用，而是和缓蚀对象的金属离子作用形成不溶盐。金属离子型缓蚀剂所形成的沉淀膜比水中离子型所形成的膜致密且较薄。水中离子型缓蚀剂若投量过多，则有可能因保护膜过厚产生水垢。防止措施包括控制药剂投量和合用阻垢剂，使阻垢剂吸附在保护膜上抑制结晶生长。

③ 吸附型缓蚀剂　这类缓蚀剂大多是含有 O、N、S、P 的极性基团或不饱和键的有机化合物。如铜换热器中常用的缓蚀剂苯并三氮唑及其衍生物等。吸附膜型缓蚀剂之所以能起作用是因为在它的分子结构中具有可吸附在金属表面的亲水基团和遮蔽金属表面的疏水基团。亲水基团定向地吸附在金属表面，而疏水基团则阻碍水及溶解氧向金属扩散，从而达到缓蚀的作用。当金属表面呈活性，且表面清洁时，吸附膜型缓蚀剂形成致密的吸附膜，表现出很好的防蚀效果。但如果在金属表面有腐蚀产物覆盖或有污垢、沉积物，就不能提供适宜的条件以形成吸附膜。所以这类缓蚀剂在使用时，可以加入润湿剂，以帮助缓蚀剂向铁锈覆盖的金属表面渗透，提高缓蚀效果。

胺类缓蚀剂形成的吸附膜是单分子膜，过剩的胺经常存在于水中，用于修补膜，因此投药量小。

(4) 其他的分类方法

按用途的不同，可以把缓蚀剂分为冷却水缓蚀剂、油气井缓蚀剂、酸洗缓蚀剂、锅炉水缓蚀剂、工序间防锈缓蚀剂等。

按使用时的相态，可分为气相缓蚀剂、液相缓蚀剂和固相缓蚀剂。

按被保护金属的种类，可分为钢铁缓蚀剂、铜及铜合金缓蚀剂、铝及铝合金缓蚀剂等。

按使用的腐蚀介质的 pH 值，可以把缓蚀剂分为酸性介质用缓蚀剂、中性介质用缓蚀剂和碱性介质用缓蚀剂。冷却水系统运行的 pH 值通常在 6.0～9.5 之间。所用缓蚀剂基本上属于中性介质用缓蚀剂。

实际上，对于具体的缓蚀剂，其作用方式是相当复杂的，很难简单地归之于某一类型。例如，氧化型缓蚀剂又是阳极极化剂，沉淀膜型缓蚀剂往往是阴极极化剂，而吸附膜型缓蚀剂很可能是混合型的。

254 不锈钢管选择的原则是什么？如何确定其点蚀电位？

不锈钢管选择的原则，应以不锈钢管在冷却水中不发生点蚀为主要依据来选择不同牌号的不锈钢管，并应通过试验验证。

在具有代表性的冷却水或在设计时选取的冷却水工况条件下，测定不锈钢的点蚀电位 E_b 与（析）氧平衡电位（φ）。如果点蚀电位不小于氧平衡电位（$E_b \geqslant \varphi$），则认为该型号的不锈钢管在该冷却水中不会发生点蚀，可以选用。

依据《金属和合金的腐蚀 不锈钢在氯化钠溶液中点蚀电位的动电位测量方法》（GB/T 17899—2023），不锈钢点蚀电位测定试验的具体方法如下。

（1）参比电极的准备

① 测量参比电极与两个校对电极的电位差异，校对电极应能够溯源到标准氢电极，且单独保存用于校对。如果与校对电极的电位差大于3mV，则该参比电极不能用于本测量。

② 校对电极应储存于最适宜的条件下，并定期比较。若校对电极之间的电位差大于1mV，应替换校对电极。

（2）试样的准备

① 试样的最终研磨可以是干磨或湿磨。在测试前，建议用600目（粒度10～14μm）的砂纸研磨试样，然后应彻底清洗。

② 试样浸入试验溶液之前应脱脂清洁，先用高纯水（电导率小于1μS/cm）清洗，再用无水乙醇或类似溶剂清洗，最后在空气中干燥。脱脂后，应注意避免污染试样工作表面。

（3）溶液的准备

① 溶液应用分析纯化学药品和蒸馏水或去离子水配制。

② 试验溶液宜反映拟应用的环境，否则可使用1mol/L的氯化钠水溶液。

（4）试验

① 应测量试样的暴露面积。

② 试验溶液的标准温度应为（30±1）℃。

③ 将测试表面区域完全浸没在除氧的测试溶液中静置，等温度和自腐蚀电位稳定至少1min。然后从自腐蚀电位起以10mV/min的扫描速率进行阳极极化，直到阳极电流密度大于500μA/cm^2且小于1000μA/cm^2为止。若要对电位数据进行统计分析时，也可使用20mV/min的扫描速率。若由于装置或其他原因而无法采用这些扫描速率时，也可以采用相近的扫描速率。

无论试验组件的类型如何，应在试样浸入前就进行溶液的除氧。通常每升试验溶液用N_2或Ar以0.1L/min的典型速率除氧1h就够了。推荐N_2或Ar的纯度在99.99%以上，以获得较低的初始自腐蚀电位（Ecorr），并且在整个试验过程中一直通气除氧。

④ 点蚀电位应以点蚀变得稳定时的电位值来表示。

⑤ 每次试验都应使用新的试样和新鲜的试验溶液。

255 不同材质的不锈钢管适用的水质范围是什么？

不锈钢管使用时应重点关注水质中的氯离子浓度，不同材质的不锈钢管适用的氯离子浓度范围如表4-11所示。

表4-11 不同材质的不锈钢管适用的氯离子浓度

GB/T 20878—2007		ASTM A959—04	Cl^-/(mg/L)
统一数字代码	牌号		
S30408	06Cr19Ni10	S30400,304	＜200
S30403	022Cr19Ni10	S30403,304L	
S32168	06Cr18Ni11Ti	S32100,321	

续表

GB/T 20878—2007		ASTM A959—04	Cl^-/(mg/L)
统一数字代码	牌号		
S31608	06Cr17Ni12Mo2	S31600,316	<1000
S31603	022Cr17Ni12Mo2	S31603,316L	
S31708	06Cr19Ni13Mo3	S31700,317	<2000①
S31703	022Cr19Ni13Mo3	S31703,317L	
S31708	06Cr19Ni13Mo3	S31700,317	<5000②
S31703	022Cr19Ni13Mo3	S31703,317L	
—	—	S44660(Sea-Cure) S44735(AL29-4C) SN08366(AL-6X) SN08367(AL-6XN) S 31254(254SMo)	海水③

① 可用于再生水。

② 适用于无污染的咸水。

③ 用于海水的不锈钢管仅做选用参考。

注：1. 未列入表中的不锈钢管如能通过试验验证，也可以选用。

2. 冷却水 Cl^- 浓度小于 100mg/L，且不加水处理药剂时可以直接选用 S30403、S30408 或对应牌号的不锈钢管。

3. 表内同一栏中，排在下面的不锈钢的耐点蚀性能明显优于排在上面的不锈钢，但对耐蚀性能较低的管板的电偶腐蚀也更强。

（五）循环冷却水微生物控制技术

256 循环冷却水中的微生物主要有哪些？

微生物是低等生物的统称，其个体小，但是裂殖繁衍快，可形成很大的群体。在工业冷却水中常见的是病毒、细菌、真菌、藻类和原生动物。但是有时也把水生生物中较小的个体归入其中，这是由于它们同样造成污塞，同样可被杀菌灭藻剂杀灭。

（1）病毒

病毒能通过过滤细菌的滤器、滤膜和滤层，其尺寸约为 50～500nm，大型病毒能用光学显微镜观察到，小型病毒只能用电子显微镜观察。病毒由蛋白质与核酸组成，它没有完整的细胞结构，并在活的细胞内繁殖。病毒对人体有害，但对循环冷却水系统的污塞传热无显著影响。

（2）细菌

细菌是单细胞生物，其尺寸为 0.5～10μm，亦即最小的细菌个体与最大的病毒相当。细菌多呈球形和杆形，也有细菌呈弧形和螺旋状。

细菌外层为细胞壁和细胞膜，内含营养丰富的细胞质与代谢产物，核心部分是细胞核。细胞核的主要成分是脱氧核糖核酸和蛋白质。细菌以分裂的形式繁殖，以 2^n 的速率增长。细菌的分裂周期称世代时间，一般为 20～30min。细菌在生长繁殖过程中，从循环冷却水中吸收营养，本身产生新陈代谢的产物。细菌繁殖的群体，其代谢产物和已死亡的细菌都是在传热表面积污的主要原因。

257 什么是硝化细菌、反硝化细菌和产黏泥细菌？

（1）硝化细菌与反硝化细菌

硝化作用是在好氧条件下硝化细菌使氨氧化为硝酸。此过程经由两个阶段，首先是由亚硝化细菌将氨氧化为亚硝酸，再由硝化细菌将亚硝酸氧化为硝酸。

反硝化作用是经由厌氧菌将硝酸盐还原为亚硝酸盐，再将亚硝酸还原为氨（胺）。这个过程中起作用的厌氧菌分别称为硝酸盐还原细菌和亚硝酸盐还原细菌。水中有机物蛋白质如氨基酸可被氨化细菌分解为氨，使水有氨味。硝化细菌、反硝化细菌及氨化细菌的活动使水质被污染，其分解产物黏附于传热面上形成污垢，并对设备产生腐蚀。

（2）产黏泥细菌

产黏泥细菌是循环水中数量最多的一类有害细菌，主要有假单胞菌属、气单胞菌属、微球菌属、芽孢杆菌属、不动杆菌属、葡萄球菌属等。这类细菌在冷却水中产生一种胶状的、黏性的或黏泥状沉积物，覆盖在金属的表面，降低冷却水的冷却效果。

258 什么是真菌？其生长条件及对冷却水系统的危害有哪些？

真菌有细胞核，结构比细菌复杂，形态与细菌也有很大差异，有单细胞和多细胞两种形式。它不含叶绿素，不能进行光合作用；系腐生或寄生生物，属于异养菌。菌丝是真菌吸收营养的器官，有数微米大小，没有真正分枝，整个菌丝构成一个细胞。真菌以生成孢子进行繁殖，孢子可随空气或水流散播，当温度、水分、营养等条件适宜时，便萌发出菌丝。真菌最适宜的生长温度为25～30℃，pH值在6.0左右。

真菌的种类繁多。冷却水系统中常见的有半知菌纲、子囊菌纲和担子菌纲等，见表4-12。

表4-12 冷却水系统中常见的真菌及其危害

纲	真菌类型	特性	生长条件	危害
半知菌纲	丝状菌	黑、蓝、黄、绿、白、灰、棕、黄褐等色	0～38℃ pH=2～8，5.6最适宜	木材表面腐烂，产生细菌状黏泥
子囊菌纲	酵母菌	革质或橡胶一般带有色素	0～38℃ pH=2～8，5.6最适宜	产生细菌状黏泥使水和木材变色
担子菌纲	担子菌	白或棕色	0～38℃ pH=2～8，5.6最适宜	木材内部腐烂

真菌大量繁殖将发生黏泥危害，如地霉和水霉的菌落，好像棉花状，很容易挂在任何粗糙面上，黏聚泥沙，影响输水，降低传热效率，甚至引起管道堵塞。有些真菌利用木材的纤维素作为碳源，将其转变为葡萄糖和纤维二糖，从而破坏冷却塔中的木结构。真菌还可能参与氨化、硝化和反硝化作用，引起电化学和化学腐蚀。

259 什么是藻类？其生长条件及对冷却水系统的危害有哪些？

藻类是低等植物，细胞内含有叶绿素，能进行光合作用。它吸收太阳的光能，将二氧化碳和水等合成葡萄糖及所需营养物，并释放氧气，是光能自养微生物。藻类有单细胞的、群体的和多细胞的，结构简单，无根、茎、叶的分化。冷却水中的藻类主要有蓝藻、绿藻和硅藻。它们以细胞分裂或产生孢子的方式繁殖。藻类生长需要空气、水、阳光和营养物，尤以光的影响最为重要。因而，只能生长在能照到阳光的地方或能反射到一些阳光的地方，如冷却塔顶、水池和进出水总管口等处。冷却塔里面直接晒不到阳光的地方也会生存一些藻类，是因为有些反射光能照到。

藻类能适应多种生存环境。蓝藻的最适温度约为 30～35℃，但也有一些蓝藻可在 60～85℃的高温下生长。藻类对 pH 值的要求不高，能在很宽范围内生长，最适 pH 值为 6～8。藻类对营养条件也不苛刻，只要水中含有适量的磷酸盐，就能迅速地繁殖。一般认为最适宜藻类生长的氮磷比为 30∶1，也有报道为（15～18）∶1。当水中硅酸含量>0.5mg/L 时，易繁殖硅藻。

许多藻类外面是糖胺聚糖成分的果胶。因此，藻类大量繁殖之后就形成黏泥。藻类不断繁殖又不断脱落，脱落的藻类又成为冷却水系统的悬浮物和沉积物，堵塞管道，影响输水，降低传热能力。藻类死亡腐化后使水质变坏，发生嗅味，又为细菌等微生物提供养料。一般认为，藻类本身并不直接引起腐蚀，但它们生成的沉积物所覆盖的金属表面则由于形成差异腐蚀电池而常会发生沉积物下腐蚀。

冷却水系统中常见的藻类及其危害见表 4-13。

表 4-13　冷却水系统中常见的藻类及其危害

种类	举例	生长条件		危害
		温度/℃	pH 值	
绿藻	丝藻、水绵、毛枝藻、小球藻、栅列藻、绿球藻	30～35	5.5～8.9	常在冷却塔内蔓延滋生或附着在壁上，或浮在水中，引起配水装置和滤网堵塞，减小通风，成为污泥等
蓝藻	颤藻、席藻、微鞘藻	32～40	6.0～8.9	在冷却塔壁上形成厚的覆盖物，由于细胞中产生恶臭的油类和硫醇类，死亡后释放而使水恶臭，引起配水装置和滤网堵塞，减小通风，成为污泥等
硅藻	尖针杆藻、华丽针杆藻、细美舟形藻、细长菱形藻	18～36	3.5～8.9	形成水花（含棕色颜料），成为污垢
裸藻	静裸藻、小眼虫、尖尾裸藻、附生柄裸藻	—	—	出现裸藻，说明循环水中含氮量增加，作指示生物

260 影响微生物黏泥产量的主要因素有哪些？

微生物黏泥是指由于水中溶解的营养源而引起的细菌、真菌、藻类等微生物群的繁殖，并以这些为主体，混有泥沙、无机物和尘土等，形成附着的或堆积的软泥性沉积物。冷却水系统中的微生物黏泥不仅会降低换热器和冷却塔的冷却效果，而且还会引起冷却水系统中设备的腐蚀和降低水质稳定剂的缓蚀、阻垢和杀生作用。通过对换热器上的黏泥和淤泥的化学成分分析发现，微生物黏泥的组成成分包含氧化钙、氧化镁、氧化铁、氧化铝、硫酸盐等。

微生物黏泥在冷却水中可引起以下故障。

① 附着在换热（冷却）部位的金属表面上，降低冷却水的冷却效果。

② 大量的黏泥将堵塞换热器中冷却水的通道，从而使冷却水无法工作。少量的黏泥则

减少冷却水通道的冷却截面积，从而降低冷却水的流量和冷却效果，增加泵压。

③ 黏泥积聚在冷却塔填料的表面或填料间，阻塞了冷却水的通过，降低了冷却塔的冷却效果。

④ 黏泥覆盖在换热器内的金属表面，阻止缓蚀剂与阻垢剂到达金属表面发挥其缓蚀与阻垢作用。

⑤ 黏泥覆盖在金属表面，形成差异腐蚀电池，引起这些金属设备的腐蚀。

⑥ 大量的黏泥，尤其是藻类，存在于冷却水系统中的设备上，影响了冷却水系统的外观。

261 如何判断冷却水中的微生物有无形成危害?

一般是利用检测冷却水中的细菌数和黏泥含量来判断是否存在微生物的危害。当每毫升循环水中异养菌数高于 10^5 个时，就有产生黏泥的危害或产生危害的可能性。当循环水中的黏泥含量超过原水的黏泥含量 $4mL/m^3$ 时，便存在黏泥的危害。此外，经常注意冷却水系统构筑物有无黏泥附着，或观察水色、嗅味以及手感等方法也可判断冷却水中微生物有无形成危害。

262 如何控制有害细菌的生长?

冷却水系统中的有害细菌主要有产黏泥细菌、铁细菌、硫酸盐还原菌和产酸细菌。

(1) 产黏泥细菌

产黏泥细菌在冷却水系统中产生一种胶状的、黏性的或黏泥状的、附着力很强的沉积物覆盖在金属的表面上，阻止冷却水中的缓蚀剂到达金属表面，使金属发生沉积物下腐蚀。产黏泥细菌本身并不直接引起金属的腐蚀。

(2) 铁细菌

铁细菌是一种好氧菌，在含铁的水中生长。通常被包裹在铁的化合物中，生成体积很大的红棕色的黏性沉积物。这是由于铁细菌能把可溶于水的亚铁离子转变为不溶于水的三氧化二铁的水合物，作为其代谢作用的一部分。铁细菌的锈瘤遮盖了金属的表面，使冷却水中的缓蚀剂难以到达金属的表面去生成保护膜。冷却水中的铁细菌很容易用加氯或加季铵盐来控制。

(3) 硫酸盐还原菌

硫酸盐还原菌是一种厌氧菌，它能把水中的硫酸盐还原为硫化氢，故被称为硫酸盐还原菌。硫酸盐还原菌产生的硫化氢对一些金属有腐蚀性，这些金属主要是碳钢，但也包括不锈钢、铜合金和镍合金等。在循环冷却水中硫酸盐还原菌引起的腐蚀速率相当惊人，腐蚀速率可达到 24mm/a。只用加氯方案难以控制硫酸盐还原菌的生长。这是因为硫酸盐还原菌通常为黏泥所覆盖，水中的氯气不容易到达黏泥的深处；硫酸盐还原菌周围硫化氢的还原性环境使氯还原，从而失去了杀菌能力。长链的脂肪酸铵盐和二硫氰基甲烷可有效控制硫酸盐还原菌。

(4) 产酸细菌

硝化细菌是一种产酸细菌，它能把冷却水中的氨转变为硝酸

$$2NH_3+4O_2 = 2HNO_3+2H_2O$$

当硝化细菌存在于含氨的冷却水系统中时，冷却水的 pH 值将发生意外的变化。在正常情况下，氨进入冷却水中后会使水的 pH 值升高。然而，当冷却水中存在硝化细菌时，由于它们能使氨生成硝酸，故冷却水的 pH 值反而会下降，从而使一些在低 pH 值条件下易被侵蚀的金属（如钢、铜和铝）遭到腐蚀。氯以及某些非氧化性杀生剂可有效控制硝化细菌繁殖。

263 循环冷却水中微生物的物理控制方法有哪些?

目前，对于循环冷却水系统中生物黏泥的控制方法很多，按性质可分为物理控制法、生物控制法和化学控制法。化学控制法，也就是向冷却水系统中投加杀生剂。物理控制法主要有旁流过滤、纳滤和物理场控制法三种。

(1) 旁流过滤

工业循环冷却水系统由于用水量很大，冷却水的过滤通常采用旁流过滤。旁流过滤是一种有效的控制微生物生长的措施，通过过滤可以去除水中的悬浮颗粒。一般所用的滤料为石英砂、无烟煤等。但经过实验表明，采用纤维球滤料能够获得比石英砂过滤更好的效果。二者相比，采用纤维球滤料过滤时，滤速大、周期长、稳定性强，周期产水量是石英砂的 3～4 倍，且纤维球对异养菌的去除效果显著，异养菌的去除率可达 62%。

(2) 纳滤

纳滤是介于反渗透和超滤之间的一种膜分离技术。纳滤的特点是具有离子选择性，具有一价阴离子的盐可以大量地渗过膜，然而膜对于具有多价阴离子的盐的截留率则高得多。因此，盐的渗透性主要由阴离子的价态决定。

对于阴离子来说，截留率按以下顺序上升：$NO_3^- < Cl^- < OH^- < SO_4^{2-} < CO_3^{2-}$。对于阳离子来说，截留率按以下顺序上升：$H^+ < Na^+ < K^+ < Mg^{2+} < Cu^{2+}$。采用纳滤膜处理循环水，淡水回收率可达 80%，可有效减少补充水量和污水排放。

(3) 物理场控制法

物理场控制法又可分为电子场法、磁处理法和高压静电法。

① 电子场法　电子场法就是以直接向水中通以微电流达到处理的目的。目前，已研制成功的新型电子水处理器可以通过电化学作用使水分子结构发生变化，当水流经水处理器时水体中的微生物也受到水处理器中电场和电流的作用，同时水分子结构的变化也会对微生物细胞结构产生影响。实验表明，新型电子水处理器在 24V 条件下，1h 杀菌率达 57%，5h 即可达 97%，12h 几乎可将藻类全部杀死。

② 磁处理法　目前已研制出“超强套筒式内磁处理器”，使用该处理器处理冷却水可达到除垢、防垢、杀菌、灭藻的功效。经过磁处理的水，除了清除腐蚀的铁表面外，还可以使暴露在水中的金属长时间不发生腐蚀。

③ 高压静电法　该法最早由美国的几位工程师提出，关于其机理比较流行的有定向排列说、电极化说、释氧成膜说、活性氧说（超氧自由基）等。研究认为静电处理水可起到除

垢、防垢、杀菌、灭藻和缓蚀的作用。有研究表明，静电场具有先刺激细菌生长，后使其死亡的作用。

264 循环冷却水中微生物的生物控制方法有哪些?

(1) 生物酶处理法

生物酶处理法是根据环保的要求应运而生的一种生物处理法。常规的工业循环冷却水处理系统是投加杀生剂，杀生剂一般为化学药剂，难免会造成二次污染。而生物酶本身是一种特殊的蛋白质，在处理过程中不会对环境产生污染，且能够有效地控制循环冷却水中的生物黏泥。因此，可以说利用生物酶处理循环冷却水中的生物黏泥是一种绿色、环保的方式。

(2) 噬菌体法

噬菌体是一种能够吃掉细菌的微生物，也将其称为细菌病毒。噬菌体的作用过程可分为吸附、侵入、复制、聚集和释放。噬菌体有毒性噬菌体和温和噬菌体两种类型。侵入宿主细胞后，随即引起宿主细胞裂解的噬菌体称作毒性噬菌体；侵入宿主细胞后，其核酸附着并整合在宿主染色体上，和宿主的核酸同步复制，宿主细胞不裂解而继续生长的噬菌体称为温和噬菌体。噬菌体繁殖速率快，一个噬菌体溶菌后能放出数百个噬菌体。因此，只要加入少量的噬菌体就可以获得很好的效果。

另外，由于没有加化学药剂，不会污染环境，有动态模拟试验表明噬菌体的杀菌率可达83.3%，且概念设计表明采用噬菌体法的生物控制法的费用仅为加氯法费用的1/5左右。

265 循环冷却水杀生剂应具备哪些条件?

控制冷却水系统中微生物生长最有效和最常用的方法之一是向冷却水中投加杀生剂。微生物的杀生剂有很多，适用于冷却水系统的优良的杀生剂应具备以下条件。

① 广谱高效　能够有效地控制和杀死范围很广的微生物，包括细菌、真菌和藻类，特别是形成黏泥的微生物。使用后，杀菌灭藻率一般应在90%以上，药效应维持24h以上。

② 适用范围宽　在不同的冷却水质和操作条件下，在宽的pH值和温度范围内有效而不分解。在游离活性氯存在时，具有抗氧化性，保持其杀生效率不受损失，而且能抗氨/胺污染、抗有机污染。

③ 与冷却水的缓蚀剂、阻垢剂能彼此相容，不互相干扰　要求选用杀生剂时考虑其配伍性。

④ 具有剥离黏泥和藻层的能力　因为许多微生物是在黏泥的内部或藻层的下面繁殖生长，而一般的杀生剂只能到达黏泥或藻层表面而不易到达其内部，即一般的杀生剂易于杀灭黏泥或藻层表面的微生物，但不易杀灭其内部的微生物。一旦条件变得对微生物生长有利时，这些没有被杀灭的微生物又可繁衍生长。只有把黏泥和藻层连同其中的微生物一起从冷却水系统设备上剥离下来排走，杀生作用才算干净彻底。

⑤ 不污染环境　好的杀生剂应该是不在环境中残留，一旦在冷却水系统中完成了杀生任务并被排入环境后，本身就能被水解或生物降解，其残留物和反应产物的半数致死量(LD_{50}) 高。

⑥ 性价比高，使用方便　有时将两种或两种以上的杀生剂复合使用，其中的一种价格

贵，但杀生效率高，用量较小；另一种则较便宜，这样的复合使用能起到广谱杀生的作用，价格也较为合理。

266 常用冷却水用杀生剂有哪些?

杀生剂品种很多，根据其杀生机制可分为氧化型杀生剂和非氧化型杀生剂两大类。常用的氧化型杀生剂有氯、次氯酸钠、溴和溴化物、氯化异氰尿酸、二氧化氯、臭氧和过氧乙酸等。常用的非氧化型杀生剂有季铵盐、氯酚类化合物、有机硫化物、有机锡化物、有机溴化物、异噻唑啉酮、戊二醛和季磷盐等。

根据杀生剂的化学成分可分为无机杀生剂和有机杀生剂两大类。氯、次氯酸钠、二氧化氯、溴化物、臭氧和过氧化氢等属于无机杀生剂；季铵盐、氯酚、二硫氰基甲烷、过氧乙酸、异噻唑啉酮、戊二醛和季磷盐等则属于有机杀生剂。

还可以根据其杀灭微生物的程度分为杀生剂和抑制剂两类。前者能在短时间内真正杀灭微生物，而后者不能大量杀灭微生物，只能抑制微生物的繁殖。

国内外常用的杀生剂见表 4-14。

表 4-14 国内外常用的杀生剂

类型	品种	主要化学成分	国内外商品名或缩名
氧化型	氯系	氯气 次氯酸盐 氯化异氰尿酸及其盐	THS-802(氯锭)，消防散，优氯净，强氯精，ACl-70，ACl-60，ACl-85
	溴系	溴 次溴酸及其盐 氯化溴 活性溴 二溴二甲基海因 溴氯二甲基海因 溴氯甲乙基海因	Nalccs Acutibrom 1338c，JS-913，DBDMH，Dibromaltiw，BCDMH，Helogene，Cream SS1203，Bcmeh，Dantobrom RW
	二氧化氯	ClO_2(含稳定剂)	BC-98，SPC-983
	臭氧	O_3	
	过氧化氢	H_2O_2	双氧水，Perone
	过氧乙酸	过氧乙酸(含稳定剂)	NA2131，Proxitane4002
非氧化型	氯酚类	双氯酚 五氯酚钠	G4，NL-4，曲霉净，Dowicide G，Napclor-G
	季铵盐	十二烷基二甲基苄基氯化铵 十二烷基二甲基苄基溴化铵 十四烷基二甲基苄基氯化铵 十二烷基三甲基氯化铵	1227，洁尔灭，Catinal CB-50，新洁尔灭，Barquat MX-50，1231，Aliquat 4
	有机硫	二硫氰基甲烷 二甲基二硫代氨基甲酸钠 乙基硫代亚磺酸乙酯	7012，N2732，C30，C38，C15，SQ-8，福美钠，Amerstat 272，抗生素 401
	有机锡	双三丁基氧化锡 三丁基氯化锡 三丁基氢氧化锡 三丁基氟化锡	TBTO，N-7324，J-12，LS3394，TBTC，TBTHO，Bioment 204

续表

类型	品种	主要化学成分	国内外商品名或缩名
非氧化型	有机溴	2,2-二溴-3-次氨基丙烯酸 β-溴-β-硝基苯乙烯	N-7320,D-244,X-7287L,BNS,Caswell NO. 116B
	异噻唑啉酮	2-甲基-4-异噻唑啉-3-酮 5-氯-2-甲基-4-异噻唑啉-3-酮 4-异噻唑啉酮	BC-653-W,BL-653-G,Kathon CG,Kathon WT,TS-809,XF-990,RH-886,克菌强-Tim,Naclo 7330,SM103
	戊二醛	戊二醛水溶液	A515,A545,A530,250
	季磷盐	四甲基氯化磷 四羟甲基硫酸磷 四羟甲基氯化磷 十四烷基三丁基氯化磷	B350,RP-71,THPS,THPC

五、锅炉用水处理技术

267 锅炉的基本组成有哪些?

锅炉是一种能量转换设备，向锅炉输入的能量有燃料中的化学能、电能，锅炉输出具有一定热能的蒸汽、高温水或有机热载体。

锅的原义指在火上加热的盛水容器，炉指燃烧燃料的场所，锅炉包括“锅”和“炉”两大部分。锅炉中产生的热水或蒸汽可直接为工业生产和人民生活提供所需热能，也可通过蒸汽动力装置转换为机械能，或再通过发电机将机械能转换为电能。提供热水的锅炉称为热水锅炉，主要用于生活，工业生产中也有少量应用。产生蒸汽的锅炉称为蒸汽锅炉，常简称为锅炉，多用于火电站、船舶、机车和工矿企业。

锅炉整体的结构包括锅炉本体、辅助设备和安全装置三大部分。锅炉中的炉膛、锅筒、燃烧器、水冷壁、过热器、省煤器、空气预热器、构架和炉墙等主要部件构成生产蒸汽的核心部分，称为锅炉本体。锅炉本体中两个最主要的部件是炉膛和锅筒。

(1) 炉膛

炉膛又称燃烧室，是供燃料燃烧的空间。将固体燃料放在炉排上，进行火床燃烧的炉膛称为层燃炉，又称火床炉；将液体、气体或磨成粉状的固体燃料，喷入火室燃烧的炉膛称为室燃炉，又称火室炉；空气将煤粒托起使其呈沸腾状态燃烧，并适于燃烧劣质燃料的炉膛称为沸腾炉，又称流化床炉；利用空气流使煤粒高速旋转，并强烈火烧的圆筒形炉膛称为旋风炉。辅助设备和安全装置包括安全阀、压力表、水位表、水位报警器、易熔塞等。

炉膛设计需要充分考虑使用燃料的特性。每台锅炉应尽量燃用原设计的燃料。燃用特性差别较大的燃料时，锅炉运行的经济性和可靠性都可能降低。

(2) 锅筒

锅筒是自然循环和多次强制循环锅炉中，接受省煤器来的给水、连接循环回路，并向过热器输送饱和蒸汽的圆筒形容器。锅筒筒体由优质厚钢板制成，是锅炉中最重要的部件之一。

锅筒的主要功能是储水，进行汽水分离，在运行中排除锅水中的盐水和泥渣，避免含有高浓度盐分和杂质的锅水随蒸汽进入过热器和汽轮机中。锅筒内部装置包括汽水分离和蒸汽清洗装置、给水分配管、排污和加药设备等。其中汽水分离装置的作用是将从水冷壁来的饱和蒸汽与水分离开来，并尽量减少蒸汽中携带的细小水滴。中、低压锅炉常用挡板和缝隙挡板作为粗分离元件；中压以上的锅炉除广泛采用多种型式的旋风分离器进行粗分离外，还用百叶窗、钢丝网或均汽板等进行进一步分离。锅筒上还装有水位表、安全阀等监测和保护设施。

268 锅炉工作包括哪些过程?

锅炉工作的过程具体如下：

① 我国锅炉使用的燃用煤，经煤粉管道直接送入燃烧器，并由燃烧器喷入炉膛燃烧。

② 煤粉在炉膛内燃烧释放出大量热量，火焰中心温度高。炉膛内侧铺设有由金属管道组成的水冷管壁，燃烧放出的热量主要以热辐射的形式被水冷壁受热面强烈吸收。为了对这股高温烟气进行利用，烟道里还依次装有过热器（分为几级）、再热器、省煤器和空气预热器等受热面。

③ 高温烟气依次流过这些受热面，通过对流、辐射等换热方式向这些受热面放热。从空气预热器出来的烟气已无法再利用，被送入除尘器进行分离，将烟气携带的绝大部分飞灰除掉，再由引风机引入烟囱，最终排入大气。

锅炉是一种供暖、提供工业用途的特种设备。在家用供暖方面，主要有提供热水和蒸汽两种，例如家用生活热水、洗浴用水。在工业方面，主要提供蒸汽为其他设备提供制冷、动力等服务，例如船舶、机车、矿场等场所。锅炉工作原理比较复杂，主要由燃料系统、烟风系统、汽水系统等构成。

不同类型的锅炉其工作原理也是不同的。按照供暖和服务的对象大小可以分为以下3类：①家用锅炉，主要有电锅炉（电热水锅炉）、小型燃气锅炉、壁挂炉等；②小区、医院、公司等集中供暖锅炉，主要有燃气锅炉、蒸汽锅炉；③大型供暖单位有燃煤锅炉、燃油锅炉、燃气锅炉、蒸汽锅炉等。

269 利用软化处理后的硬水作为锅炉给水存在哪些问题?

锅炉使用硬水，容易使锅炉的炉壁产生水垢，这种水垢又是不溶性沉淀物形成的。由于水垢的导热性比较差，因此对锅炉的传热也会产生影响。通过实验表明，如果供热锅炉的炉壁水垢达到1mm，那么锅炉在供水时消耗的煤量要比正常消耗多出3%左右。另外锅炉中产生的水垢还会影响锅炉水管，一旦水管存在水垢，那么水管的流通截面会严重减小，水的流动阻力也会加大，从而影响水循环的正常工作。如果对供热锅炉的水垢不及时进行处理，还会给锅炉带来安全隐患。水垢在锅炉形成后，如果停留的时间过长，有可能导致结垢的形成，而结垢容易引起锅炉腐蚀问题，从而影响锅炉的寿命并造成材料的浪费。锅炉水垢的消除需要大量的人力和财力，因此为了避免不必要的人力和财力的浪费，使用软化水作为锅炉水是可行的。

当前工业用水作为锅炉用水十分普遍，但是为什么要使用软化水作为锅炉的补给水？这里作出分析。因为软化水的检验指标比较单一，检验的方式十分简单，因此能够随时对水进行检验。这里要注意的是使用加药法进行硬水软化时，由于实践过程中对水垢检验十分不便，因此使用这种方法时容易造成检验困难。这也是工业中较少使用这种方法进行硬水软化的原因。其次，因为软化水处理主要是以水中的钙离子和镁离子的去除为主，许多工业认为对不同性质的水的处理方法可以一样，但是严格来说，不同方法对水垢的处理产生的效果是不一样的。例如，使用加药法就要根据水质决定加药的数量，以免造成不利影响。工业锅炉的热水如果不进行软化，容易产生严重后果。在实际情况中，由于种种原因，热水锅炉内容易出现汽化问题，汽化区域是最容易形成水垢的区域，水垢堵塞锅炉管路，就会因为气压升高导致锅炉爆炸。同时，汽化又可促进水垢形成，使传热恶化，致使锅炉金属受热面过热，强度下降，最终导致锅炉爆管。因此热水锅炉必须使用软化水。

270 水垢的成因和危害有哪些？可采取哪些控制措施？

水垢、淤渣、油分等如果附着在锅炉的受热面上，在影响热传导的同时，还可以使受热面过热，引起锅炉管等的膨胀、破裂。溶解在水中的物质中，生成水垢和淤渣的主要成分是钙、镁的硫酸盐、碳酸盐、硅酸盐及其氢氧化物等。

炉水逐渐浓缩时，溶解度小的盐类被浓缩而沉淀，作为水垢或淤渣析出。各种溶解物质在水中的溶解度由于温度的不同而有很大的变化。其中，溶解度由于温度升高反而降低的生成水垢的成分中，有硫酸钙、碳酸钙等，容易在受热面上结晶析出，逐渐长成水垢。此外，沉淀物或是胶体带有的电荷似乎也是形成水垢的原因之一。淤渣附着在受热面上也会成为水垢，促进了水垢的成长。

总的来说，生成水垢时可以有下列不良影响：

① 由于水垢的热传导不良（根据很多测定值，其传热系数为 1.43kcal/(m^2·h·℃)，只有钢的数十分之一，因而妨碍锅炉内部的传热，降低了锅炉的蒸发能力，而且造成燃料的浪费；

② 锅炉钢板和锅炉水管的过热，不仅引起损伤，而且水垢一般使金属表面覆盖不均匀，促进局部腐蚀，造成危险事故的突然发生，增加检修费用。由给水、炉水引起的锅炉及其附属设备的重大事故与防治措施的具体情况如表 5-1 所示。

水垢和其他物质的传热系数如表 5-2 所示。与锅炉主要材料——钢板相比要小很多，所以由于生成水垢而浪费的燃料是很大的。同时，水垢的传热系数依其组成、厚度、软硬程度等而不同，而水垢组织的粗细对水垢传热系数的影响更大。表 5-3 所示为传热过程中受热面的热损失，如果乘以锅炉效率就可以得出燃料的损失。

表 5-1 由给水、炉水引起的锅炉及其附属设备的重大事故与防治措施

发生的事故	主要发生的地点	主要原因	防治措施	备注
给水中溶解氧引起的腐蚀	锅炉本体、省煤器等	给水中存在氧	充分进行给水的机械除氧或化学除氧	为运行条件和水的成分等所加剧
给水、炉水处理不良引起的腐蚀	锅炉本体、省煤器等	pH 值不适当，氯离子的浓度过高等	充分进行给水和炉水的处理	漏进海水时，Cl^- 浓度过高，pH 值就降低
碱造成的腐蚀	锅炉水管等	由于过热等造成炉水的浓缩	进行不致发生过热部位的碱处理	设计和运行的情况、锅炉内的污染都影响过热部位的发生
	过热器等	碱浓缩、积蓄	用热水冲洗，防止汽水共腾	控制炉水和碱处理，减轻腐蚀
碱性脆化	锅炉接合不完全的部位等	存在残余应力的地方，有碱浓缩	去掉通大气的地方，控制碱处理等	铆接锅炉有时发生，焊接锅炉几乎不发生

续表

发生的事故	主要发生的地点	主要原因	防治措施	备注
过热部位金属材料的脆化	锅炉水管过热器	过热部位的存在(水与钢板反应形成氢的扩散)	防止过热,选择好材料等	发生脆化需要很多时间;同时存在腐蚀时一般比较危险
碳酸、亚硫酸、硫化氢引起的腐蚀	给水加热器、冷凝器、配管系统等	CO_2、SO_2 等引起pH值降低,H_2S 的存在	调整给水、冷凝水的pH值(投入胺的化合物)	同时存在氧时,腐蚀加剧、处理效果大
过热引起的膨胀、破裂	锅炉水管等	水垢、淤渣、油脂等的附着、积蓄	充分进行给水、炉水的处理和酸洗等	防止漏入海水;安装检修后有必要彻底清洗干净
	过热器	蒸汽中的杂质积聚在管内,堵塞管子	防止汽水共腾,用热水、酸洗等彻底清洗	
锅炉内部的污染	锅炉内部、省煤器内部等	给水、冷凝水的pH值和含氧量等的不适当	调整给水和冷凝水的pH值,除氧器等的处理彻底,用酸等进行清洗	污染加剧了氧的腐蚀作用,甚至发生碱的腐蚀作用
汽水共腾	汽包	炉水的水质问题	充分进行炉水的处理	锅炉的设计,运行情况、工况等的影响很大

表 5-2　水垢和其他物质的传热系数

物质名称	传热系数/[kcal/(m^2·h·℃)]	物质名称	传热系数/[kcal/(m^2·h·℃)]
碳素钢	30～45	水垢(软质)	1～3
铸铁	25～50	水垢(硬质)	0.7～2.0
铜	260～340	水垢(硅酸质)	0.07～0.2
黄铜	75～100	挥发性灰分	0.05～0.1
砖	0.4～0.8	水	0.52
软木	0.036～0.048	空气	0.019

表 5-3　水垢引起的传热损失

厚度/mm	以碳酸钙($CaCO_3$)为主要成分的炉垢(软质)/%	以碳酸钙($CaCO_3$)为主要成分的炉垢(硬质)/%	以硫酸钙($CaSO_4$)为主要成分的炉垢(硬质)/%
0.5	3.5	5.2	3.0
0.8	7.0	8.3	6.0
1.0	8.0	9.9	9.0
1.25	10.0	11.2	11.0
1.6	12.5	12.6	12.6
2.2	15.0	14.3	14.3

图 5-1 是关于管材过热的情况下，根据水垢的传热系数和水垢厚度计算温度升高值的图解。例如，单位蒸发率为 200000kcal/(m^2·h·℃) 时，如果水垢的厚度为 2mm，而水垢的传热系数为 1.2 和 2.5 时，由于水管过热而上升的温度分别为 350℃和约 150℃。锅炉的单位蒸发率越大，由于过热而升高的温度也就越大。因此，这种过热就改变了管材的组织，降低了强度，因而可能引起破裂事故。过热还可能使过热蒸汽与钢板反应，产生的氢从结晶组织中夺走了碳，从而使锅炉管受到腐蚀。

水垢的组成因水质、处理方法、附着地点等而有很大差别，其外观和性质也多种多样。表 5-4 所示为主要成分不同的水垢的分析结果。但是，实际情况并不像表 5-4 中所看到的那种成分的相加，而是根据 X 射线衍射所得到的那种复杂的形式。

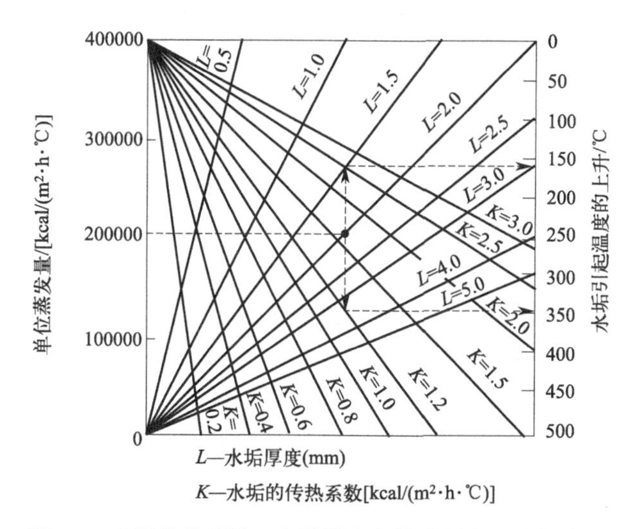

图 5-1 水垢传热系数、水垢厚度与管壁温度上升的关系

表 5-4 不同成分的水垢分析结果示例

分析项目	水垢的主要成分含量/%						
	A	B	C	D	B+C	A+C	A+B+C
灼烧减量	2.8	31.2	8.8	3.1	20.9	4.6	21.0
硅酸根离子(SiO_3^{2-})	10.3	12.3	41.9	2.0	28.5	29.1	19.6
氧化钙(CaO)	35.7	36.4	43.0	10.7	43.2	37.5	35.2
氧化镁(MgO)	0.9	2.5	1.1	1.0	2.0	4.2	3.7
三氧化二铁(Fe_2O_3)、三氧化二铝(Al_2O_3)	6.6	9.8	4.9	66.2	3.1	4.9	2.8
硫酸酐(SO_3)	43.7	2.7	微量	17.0	0.9	27.2	12.5
碳酸酐(CO_2)	0.3	24.7	5.4	—	16.3	3.2	16.7

注：A—硫酸盐型；B—碳酸盐型；C—硅酸盐型；D—氧化铁型。

271 炉水引起腐蚀的原因和危害有哪些？可采取哪些控制措施？

锅炉腐蚀有材料的种类、组织中杂质的存在和内部应力等材料方面的原因，也有炉水和交界层的环境条件方面的原因。环境条件中最大的腐蚀因素是炉水的 pH 值、碱度和给水中的溶解氧。但是，发生腐蚀的机理非常复杂。除了上述因素以外，金属表面和炉水的温度、水循环的状况、共存盐的种类和浓度、金属表面的状态和附着物的情况等均有影响。

(1) 溶解氧的腐蚀

铁的腐蚀，大部分是由于水与氧的共同作用。如果在一部分离解成 H^+ 与 OH^- 的水中插入铁片，一部分铁就将成为阳离子而溶解，而母体则带负电。此时，H^+ 向带有负电的铁片泳动、在铁的表面失去电子，形成氢膜。另一方面，溶于水中的 Fe^{2+} 与水中剩下来的 OH^- 以下列方式结合，形成氢氧化亚铁

$$Fe^{2+} + 2OH^- \rightleftharpoons Fe(OH)_2$$

在铁片上生成的氢膜可使铁停止进一步发生离子化；水中生成的氢氧化亚铁是碱性的，在铁的周围稳定下来，从而控制住了铁的离子化。但是，这时如果有氧存在，在铁表面上生

成的一层氢膜就与氧结合还原成水。这样，铁的表面又暴露在水中，铁的离子化又继续进行。同时，一部分溶解氧与氧化亚铁结合，如下式所示，生成氢氧化铁（红锈）沉淀。因而碱性消失，铁再次处于易于溶解的状态：

$$4Fe(OH)_2+O_2+2H_2O \longrightarrow 4Fe(OH)_3\downarrow$$

因此，炉水如果保持适当的碱度，水中就会有 OH^-，铁与 OH^- 结合，生成氢氧化亚铁，因而可以控制铁的离子化。同时，如图 5-2 所示，氢氧化亚铁在 pH 值为 11 时溶解度非常小，这就表明铁的腐蚀在 pH 值为 11 以上时应能被控制住。

腐蚀作用受温度的影响：70℃以下腐蚀量随温度而增加，70℃以上则迅速减小，1000℃与 20℃的腐蚀情况差不多。图 5-3 就说明了这一点。因为溶解氧的含量是不同温度下的平衡数量，所以实际上比这要大。在附着有铁锈时，在铁锈的下面溶解氧就少，因而形成氧的浓差电池，这部分就发生腐蚀，往往出现很大的凹痕状的点蚀。

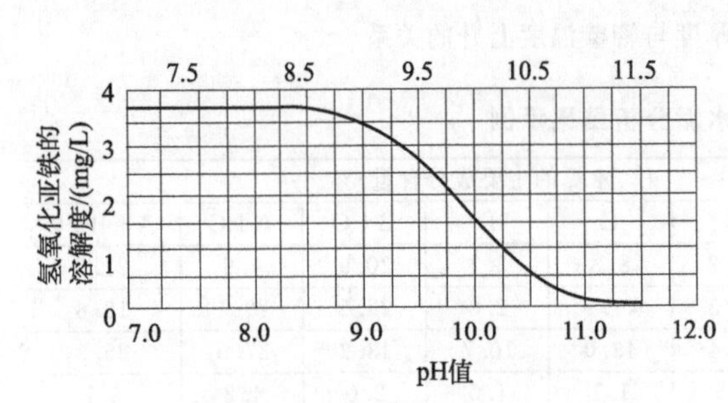

图 5-2　氢氧化亚铁的溶解度与 pH 值的关系

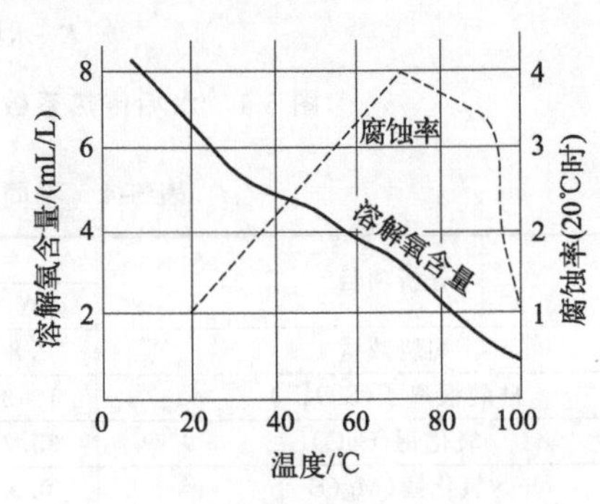

图 5-3　溶解氧含量与温度的关系

铁与水接触时，如果一部分为富含氧的部分，另一部分为缺氧的部分，从而形成一个局部电池，富含氧的部分为阴极，缺氧的部分为阳极，阳极被腐蚀。这一反应如下：

阳极侧　$Fe \longrightarrow Fe^{2+}+2e$

阴极侧　$2H^++\frac{1}{2}O_2+2e \longrightarrow H_2O$

在这个反应之后，将继续发生前面说到的那种生成氢氧化铁的腐蚀过程，局部产生很深的腐蚀孔。图 5-4 是用图形说明发生这种腐蚀孔的情况。

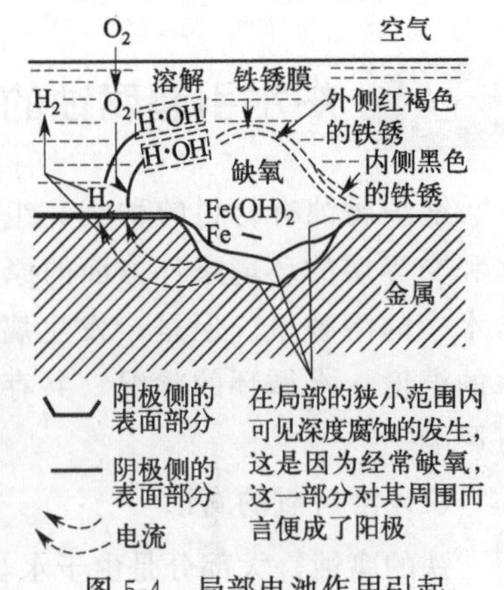

图 5-4　局部电池作用引起发生腐蚀孔

例如，金属表面被污染或有附着物时，在附着物的底下由于氧气供应不充分而发生腐蚀。一旦生成凹窝，在其内部氧的供应就会慢慢减少；因而，继续进行腐蚀时，孔变得更深了。锅炉因受氧的作用而腐蚀时，产生许多称为点蚀的小孔，在锅炉钢板和锅炉管内部形成无数的麻点；严重时，腐蚀点还可以全部连成一片，使整个金属表面变粗糙，锅炉管等的厚度也就大大变薄了。打开锅炉时，可以看到发生点蚀的地方有红褐色的三氧化二铁（Fe_2O_3）红锈，呈圆锥状隆起，其下则有孔。孔是空的，其中含有四氧化三铁（Fe_3O_4）的黑锈。

停用的锅炉，如果放入冷水，水温由于周围气温的变化而上升时，冷水中的溶解氧数量将会减少，成为气泡，往往附着在锅炉钢板上而不移动。这时，由于气泡中有很多氧，与气泡接触的水比其他水的溶解氧要多，构成氧的浓差电池，气泡旁边的钢板表面上发生环状腐蚀。同时，腐蚀继续发展时，气泡内的氧被消耗以后，与气泡接触的水反过来比其他部分的水中溶解氧又少了，附着有气泡的钢板部分又成了阳极，形成水锈。一旦生成水锈后，如果水中有溶解氧，虽然水的其他性质能适当保持，但是局部电池也将继续存在，因而发生点蚀。所以，要使点蚀停止，就必须从水中消除造成腐蚀的因素，同时，还要去除水锈等的腐蚀生成物。

(2) 盐类引起的腐蚀

由于炉水的温度高，给水中所含的盐类便可能水解，生成相应的酸，这也是引起腐蚀的一个原因：

$$MgCl_2+2H_2O \longrightarrow Mg(OH)_2+2HCl$$

$$Mg(NO_3)_2+2H_2O \longrightarrow Mg(OH)_2+2HNO_3$$

表 5-5 所示为各种盐类的腐蚀率。表中以 $16kgf/m^2$ ($1kgf=9.8N$) 的锅炉压力下，浓度为 1%的各种盐类的腐蚀率，与不含 CO_2 的蒸馏水的腐蚀率比较的实验值。从表中可以看出，腐蚀率以 $MgCl_2$ 为最大。

表 5-5 各种盐类的腐蚀率

盐类名称	腐蚀率/(mm/a)	盐类名称	腐蚀率/(mm/a)
不含 CO_2 的蒸馏水	1	$CaSO_4$	10.5
$MgCl_2$	51.1	$Ca(NO_3)_2$	10.1
$MgSO_4$	20.5	NaCl	31.1
$Mg(NO_3)_2$	11.7	Na_2SO_4	18.8
$CaCl_2$	19.8	$NaNO_3$	9.0

(3) 碱性脆化

一般在强碱性条件下，几乎不发生腐蚀。但是，随着水温的上升，由于炉水中苛性钠浓度的影响，使钢铁组织的颗粒之间受到侵蚀，变得脆弱了。最后，沿结晶子的表面发生龟裂。这个现象就称为碱性脆化。

关于碱性脆化的原因有很多说法，尚无定论。其中“氢侵蚀说”的解释如下。炉水中苛性钠的浓度升高时，由于 OH^- 升高，OH^- 与铁通过下式所示的作用生成四氧化三铁，同时生成新生氢，这种新生氢侵入铁的结晶颗粒之间，使铁发脆：

$$3Fe+4OH^- \longrightarrow Fe_3O_4+4[H]^+$$

一般说，铁里面的杂质，大部分都聚集在结晶颗粒的交界处，侵入的氢使这个交界处的杂质的氧化物还原，生成水，这种水在高温下进一步成为大量的水蒸气。其结果使钢的结晶颗粒交界处的强度大大降低，外部则表现为发生龟裂。这时如果有过大应力的作用，则将引起破坏。

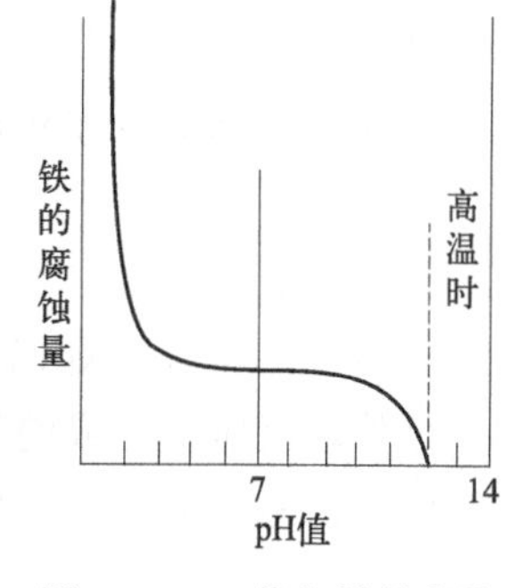

图 5-5 pH 值与铁的腐蚀

在高温下，高浓度的碱性水溶液也使铁发生如图 5-5 所示的腐蚀情况。如果是稀薄的碱性水溶液，却有助于在铁的表面上生成氧化膜。但是，如果浓度增加，就会破坏氧化膜，pH 值生成例如 Na_2FeO_4 那样的碱式铁酸盐，使铁溶解：

$$Fe+2H_2O+2NaOH \longrightarrow Na_2FeO_4+3H_2$$

一般说，碱性脆化是苛性钠的浓度在 10%以上，或者说在 250000mg/L 以上时发生的。

特别是由于炉水进入锅炉钢板接合处的间隙中，经过多次反复蒸发、浓缩而产生的。另一方面，在局部浓缩现象中，会发生过热部位。受热管的内部温度比炉水的温度高，在水平管和倾斜管的上部，这个温差非常大，产生局部的过热点。这个部位就容易发生碱性脆化。另外，有接合不良的部位的锅炉管也有可能发生。碱性脆化的特征包括如下几点：①龟裂并不沿着最大内应力线发生；②龟裂从锅炉钢板不接触水的那一边开始；③龟裂一般有从一个铆钉孔向另一个铆钉孔发展的倾向；④龟裂的方向并无规则；⑤龟裂在接缝处中断；⑥发生龟裂时，锅炉钢板无延伸现象；⑦在脆化严重的部位，铆钉会掉落，重新上去仍容易脱落；⑧龟裂一定发生在水面以下；⑨龟裂发生在受拉力的接缝处；⑩龟裂发生在局部有很大内应力作用的部位；⑪龟裂在物理、化学性能都好或都不好的钢板上都可能发生。碱性脆化发生的条件，除了炉水的化学成分以外，还有材料和操作上的影响。

(4) 碱腐蚀

碱腐蚀和碱性脆化的现象相似，在低压锅炉中很少发生碱腐蚀。在碱度高的条件下运行的锅炉中，局部出现传热面负荷高的时候，锅炉管内部会出现碱的浓缩层。当炉水中含有游离的 NaOH，其浓度特别高而 pH 值也升高时，将与铁反应，生成亚铁酸钠：

$$Fe+2NaOH=Na_2FeO_2+H_2$$

如果有溶解氧，则发生下列反应：

$$3Na_2FeO_2+3H_2O+\frac{1}{2}O_2\longrightarrow Fe_3O_4+6NaOH$$

由上可知腐蚀是反复进行的。在腐蚀的部位，有时并不存在腐蚀生成物，有时又被密实的磁性氧化铁所堆满。腐蚀的形态略呈长带状。

(5) 回水系统的腐蚀

HCO_3^- 含量多的水，如果用作锅炉给水，锅炉产生的蒸汽中 HCO_3^- 分解生成大量 CO_2，要是同时存在有氧，就会在蒸汽和冷凝水回水管及其附属设备中引起腐蚀。此时，设备的损耗很大，配管、阀门、疏水器等都必须经常更换。

最容易发生破损的地点是有螺纹的接合部位。这是因为这个地方金属变薄了的缘故。另外，在配管方面，水平管比垂直管的腐蚀要厉害些，这是因为配管系统内冷凝水的排水情况不均匀并时有间断的缘故。在这种情况下，一般管壁的厚度都将变薄，或是沿管道低的地方形成沟蚀。由于溶解的氧和 CO_2 气体而使这些金属产生的腐蚀，与冷凝速度、接触时间、温度、不同材料的金属的接触、电蚀作用等各种因素都有间接关系，当然，这些只不过是一些次要因素。

CO_2 气体溶解在水中时，将发生下式所示的腐蚀作用：

$$Fe+2H_2CO_3\longrightarrow Fe(HCO_3)_2+H_2$$

这个反应在 pH=5.9 以下时进行得很快，反应生成物 $Fe(HCO_3)_2$ 由于具有溶解性而进入冷凝水中，可能使 pH 值上升，pH 值到 5.9 以上时，反应速度又可能降低。

另外，反应中生成的氢也起着延迟反应的作用，特别是 pH 值在 5.9 以上时表现得很明显。但是，随着锅炉压力的降低，蒸汽中的 CO_2 减少时，则可通过下列反应从溶液中沉淀下来：

$$Fe(HCO_3)_2\longrightarrow FeO+2CO_2+H_2O$$

如果同时存在有溶解氧，就会促进这一反应，生成铁的氧化物而沉淀，如下式所示：

$$2Fe(HCO_3)_2+\frac{1}{2}O_2 \longrightarrow Fe_2O_3+4CO_2+2H_2O$$

$$3Fe(HCO_3)_2+\frac{1}{2}O_2 \longrightarrow Fe_3O_4+6CO_2+3H_2O$$

另外，在某种场合下，$Fe(HCO_3)_2$ 有时也分解成 $FeCO_3$。

由于上述反应生成的 FeO、Fe_2O_3、Fe_3O_4 等沉淀物在回水系统的配管、给水加热器、省煤器等处沉淀，结果不仅使热交换能力降低，而且进一步加剧了腐蚀作用。另外，将含有沉淀物和铁的化合物的溶液送入锅炉时，它们将附着在锅炉上，使汽包、锅炉管发生腐蚀和过热。造成这种危害的 CO_2 是给水中形成碱度的 HCO_3^- 和 CO_3^{2-} 的分解产物，在碱度（以 $CaCO_3$ 计）为 1mg/L 时，由 HCO_3^- 生成 0.79mg/L 的 CO_2，而由 CO_3^{2-} 生成 0.35mg/L 的 CO_2。

蒸汽和回水中的氧可以从给水中直接进入，或是从回水系统的各个地方进入。氧一般存在于补充水中。如果喷雾器或加热除氧器在达到饱和温度以前没有除氧，便有大量的溶解氧进入锅炉给水中。给水的温度达到炉水温度时，氧气逸出，一部分混入蒸汽中，从而混入回水中。在加压下循环的回水，一般都不含溶解氧，但是，在间歇操作的地方就有氧气混入。另外，带有排除空气设备的排水槽也往往会混入氧气。回水系统中含有溶解氧时，更加加剧了由 CO_2 引起的腐蚀。浓度在 2mg/L 及其以下的 CO_2 对腐蚀的影响几乎可以忽略不计。CO_2 的浓度如果在 5mg/L 以下，一般说也不会引起严重的腐蚀。但是，CO_2 浓度再低，只要在回水系统中有游离 CO_2 的地方，还是有可能产生腐蚀。

如图 5-6 所示在 CO_2 为任意浓度的情况下，腐蚀速度有随回水流量增加的倾向。因此，在某一系统中回水量大的时候，例如在主要回水管系统中，腐蚀问题就是一个重要问题了。CO_2 要发生腐蚀作用，就必须处于溶解状态下。一般说，气体的溶解度是服从道尔顿亨利定律的。因为溶解气体的浓度与其接触气相中的分压（或浓度）成正比，因此，正适用于说明间歇工作的蒸汽回水管系统中的腐蚀情况。

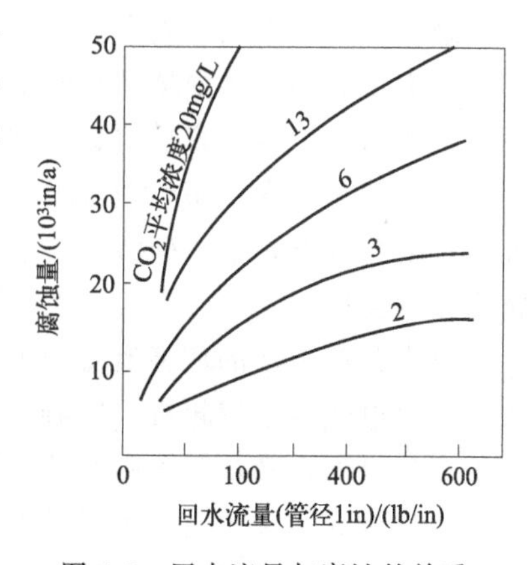

图 5-6 回水流量与腐蚀的关系

注：1in=25.4mm；1lb=0.45kg。

在干燥器或加热器装置中，最初供给的蒸汽开始凝结，生成的冷凝水中只不过溶解了可以忽略不计的 CO_2。如果假定送入的蒸汽中含有 20mg/L 的 CO_2，从装置中出来的最初的冷凝水只含有 1mg/L 的几分之一的 CO_2，剩下的 CO_2 则残存在装置的冷凝水上部的气相中；冷凝作用继续进行，积累的 CO_2 使其分压逐渐升高，CO_2 被溶解，终于出现冷凝水中 CO_2 含量与送入蒸汽的 CO_2 含量相等的平衡状态。在气相中积累的 CO_2 含量达到平衡状态以前，浓度可达几百至几千 mg/L；但是装置的间歇工作，或者在压力降低时，大量的 CO_2 被溶解，冷凝水中 pH 值下降，腐蚀就将以更快的速度进行。

因此，即使蒸汽中 CO_2 的浓度比较低，只要有游离的 CO_2 存在，在某些过程中也可能引起腐蚀作用。为了避免 CO_2 的积累，在运行中或停止运行前，装置应该换气。这在防止 CO_2 引起腐蚀方面是很重要的。因此，在这种场合下，在装置中设置适当的排气管路也是一个方法。

272 汽水共腾形成的原因和危害有哪些？可采取哪些控制措施？

汽水共腾是含有杂质的水在蒸发时成为水滴或微细颗粒混入蒸汽而共同升腾所致。从共腾现象的形式上看，可以分为蒸溅与起泡两种情况。蒸溅是水在沸腾之际，气泡受热上升，到水面破裂，因而水面被搅乱，水滴与水的微细颗粒飞散，从而同时和蒸汽跑出的现象。起泡指的是由于蒸发作用，从下向上升的气泡受水中杂质等的影响而难于破裂，逐渐积累在水面的现象。

这些现象不仅受水质的影响，锅炉的构造、性能等的影响也很大，其产生的原因主要包括以下几个方面：①锅炉的负荷过大，也就是说蒸发率过大；②蒸汽的需要量突然增加，因而压力极速降低时；③锅炉的构造，例如对蒸发率而言，蒸汽室的容积太小，或是汽水分离器不良的时候；④蒸发水面过高或过窄时；⑤控制快速全开时。

由于水质引起的汽水共腾现象，有如下几方面的原因：①有机物多的时候；②给水水质不纯，特别是硬度高或碱度高的水；③由于用水的处理，增加了钠盐；④总固形物的含量过高；⑤硅酸盐含量过多的时候；⑥油脂多，特别是水面上有油膜时；⑦悬浮物过多的时候。

一般说，炉水中溶解的盐类多时，难以发生汽水共腾。如果加入悬浮物，就会发生起泡现象；反之，如果只是悬浮物过多而没有溶解盐类，一般也不会起泡。溶解盐类的浓度大时，是否会单独引起汽水共腾而与悬浮物无关，各个研究人员的说法不一。总而言之，实际上，炉水中完全不存在悬浮物是不可能的。因此，如果溶解盐类的浓度很大，就会由于同时存在悬浮物而发生汽水共腾。

起泡现象与炉水中悬浮物和溶解固形物的数量有很大关系，有报告提出过如图 5-7 所示的容许范围。炉水中容易引起起泡现象的物质，是一部分碱式盐和硅酸盐、油脂以及有机物等，其中那些与水中碱性物质作用，生成肥皂的那一类物质，也可单独引起起泡现象。另外，在溶解固形物中，硅酸之类的成分除随水滴跑出以外，硅酸本身还有挥发后同蒸汽一起跑出去的情况。

汽水共腾引起的危害有如下几方面：①由于蒸汽被污染，对使用生蒸汽的工业害处较大；②对过热器、汽轮机、冷凝器有腐蚀或形成水垢等的有害作用。由于发生汽水共腾，具有很高热量的水滴从锅炉中跑掉，同时，如果出现起泡现象和突然沸腾，锅炉的水位就明显降低，直接或间接地造成燃料的浪费。

因此，为了防止这些危害，对于司炉工来说，调整炉水的浓度是极其重要的。作为防止汽水共腾的措施，可以有如下几个方法：

① 修改锅炉设计，研究操作方法，设置高效率的汽水分离器和清洁装置。

② 在安装锅炉的过程中，选择设备类型和台数时，应使锅炉对高峰蒸汽负荷有一定的富裕量。

③ 在锅炉的运行操作上，必须做到以下几点：

a. 要进行排污，使炉水的总固形物浓度不致太高。但是，由于悬浮物的准确测定有困难。一般多根据电导率或氯离子浓度等的测定值来推算悬浮物的数量。如图 5-8 所示，是从防止汽水共腾的观点出发对蒸发量制定的总固形物的容许含量。

b. 避免肥皂和油脂类的物质混入。回水中含有油时，必须通过过滤等措施完全去除。

c. 给水中悬浮物含量较大时，必须用过滤等适当方法去除。

d. 对由于水质与其他方面的原因，发生汽水共腾可能性大的锅炉，应预先准备好起泡防止剂，根据需要，将其投入炉水中。

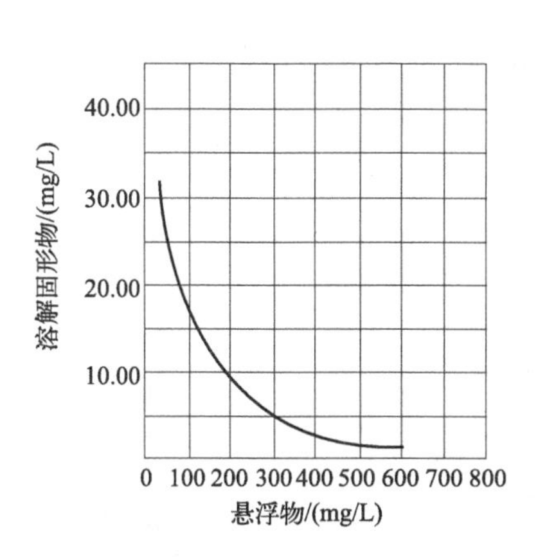

图 5-7　溶解固形物与悬浮物的容许浓度

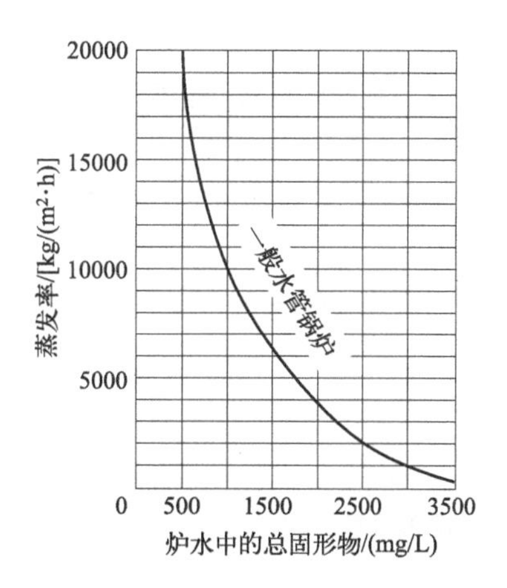

图 5-8　锅炉的蒸发率与炉水中总固形物的控制值

273 锅炉用水炉外处理的去除对象和常用技术主要有哪些?

炉外处理是预先去除锅炉用水中的杂质，再作锅炉给水，因此，处理方法要根据原水的水质、锅炉的型号和构造等，考虑处理的目的和经济效果来决定。

炉外处理按其方法和目的可作如下分类：

① 去除悬浮物和有机物　可使用混凝、沉淀、过滤，应用石灰-苏打法处理，投入电解混凝剂等方法。

② 去除溶解的气体　可使用曝气处理和除氧的方法。

③ 实现软化目的　可使用沸石法、碳质沸石法、石灰-苏打法、石灰-苏打法与沸石法的同时使用、阳离子交换树脂法、离子交换全部脱盐法、蒸馏法等方法。

④ 实现除硅酸目的　可使用氧化镁（MgO）法，铝、铁盐的混凝、沉淀法，电解脱硅酸法，强碱性阴离子交换树脂法。

274 何为炉内处理? 炉内处理的目的是什么?

炉内处理是在锅炉内投入以防止形成水垢、碱性脆化、蒸溅、起泡等为主要目的的药剂，亦即锅炉防垢剂进行的处理。此外，锅炉涂防腐层、电气防蚀法等从广义上来说也包括在炉内处理中。日本比其他各国容易得到优质水。在大多数情况下不进行炉外处理也不至于在运行中发生大的故障。因此，锅炉防垢剂被广泛采用。另外，锅炉防垢剂在高压锅炉上还用于处理进行炉外处理时不可避免地侵入的杂质。同时，为了防止腐蚀，有时也用来使炉水具有适当的碱度。

使用锅炉防垢剂的主要目的是使锅炉内发生与炉外处理时相同的化学作用，使水中的水垢成分成为软质的淤渣而沉淀；或者使之保持悬浮状态或溶解状态，防止附着在受热面上，再用适当的方法排出炉外。另外，为了便于进行炉内的清洗，可使炉水具有适当的碱度，防止腐蚀作用，同时还起防止蒸溅、起泡以及碱性脆化的作用，并能进一步溶解去除原有的水垢。因此，锅炉防垢剂有非常大的功用，不过却很难得到十分理想的锅炉防垢剂。

275 锅炉防垢剂有哪些种类？其作用机理是什么？

用于锅炉防垢的药剂很多，按其用途可分为表5-6中所示的几类。

表5-6 锅炉防垢剂的作用

作用	适用的药剂	
	名称	分子式
调整pH值或碱度(调整给水、炉水的碱度，防止炉垢的附着和锅炉的腐蚀)	氢氧化钠(苛性钠)	NaOH
	碳酸钠(苏打)	Na_2CO_3
	磷酸三钠	Na_3PO_4
	磷酸二氢钠	NaH_2PO_4
	六偏磷酸钠	$Na_6P_6O_{18}$
	磷酸	H_3PO_4
软化(使炉水的硬度成分成为不溶性的沉淀，即成为软泥，防止炉垢附着)	氢氧化钠(苛性钠)	NaOH
	碳酸钠(苏打)	Na_2CO_3
	磷酸三钠	Na_3PO_4
	磷酸氢二钠	Na_2HPO_4
	聚磷酸盐	
	铝酸钠	$Na_2Al_2O_4$
	硅酸钠	Na_2SiO_3
调整炉垢(利用物理作用使炉垢分散在炉水中，使之悬浮以利排出，从而防止炉垢附着)	丹宁	
	木质素	
	淀粉	$(C_{10}H_{10}O_5)_n$
	海草提取物	
	有机合成高分子化合物	
除氧(去除水中的溶解氧，以防腐蚀)	亚硫酸钠	Na_2SO_3
	重亚硫酸钠	$NaHSO_3$
	联氨	N_2H_4
	丹宁	
防止碱性脆化	硝酸钠	$NaNO_3$
	磷酸钠类	
	丹宁	
	木质素	
防止起泡	高级脂肪胺的聚酰胺	
	高级脂肪胺的酯	
	高级脂肪胺的乙醇	

表5-7是日本铁路蒸汽机车锅炉用标准锅炉防垢剂的配比标准。其中大部分是以磷酸三钠之类为主的药剂。

表5-7 锅炉防垢剂的标准配比表 单位：mg/h

碳酸钠(Na_2CO_3)	磷酸氢二钠(含水)($Na_2HPO_4 \cdot 12H_2O$)	无水磷酸氢二钠(Na_2HPO_4)	磷酸三钠($Na_3PO_4 \cdot 12H_2O$)	四聚磷酸钠($Na_6P_4O_{13}$)	六偏磷酸钠($Na_6P_6O_{18}$)	亚硝酸钠($NaNO_3$)	丹宁
50	—	—	30	—	—	20	—
10	47	23	—	—	—	—	20
22	39	19	—	—	—	—	20

续表

碳酸钠 (Na_2CO_3)	磷酸氢二钠(含水) ($Na_2HPO_4 \cdot 12H_2O$)	无水磷酸氢二钠 (Na_2HPO_4)	磷酸三钠 ($Na_3PO_4 \cdot 12H_2O$)	四聚磷酸钠 ($Na_6P_4O_{13}$)	六偏磷酸钠 ($Na_6P_6O_{18}$)	亚硝酸钠 ($NaNO_3$)	丹宁
32	32	16	—	—	—	—	20
43	28	14	—	—	—	—	15
51	23	11	—	—	—	—	15
30	—	—	—	55	—	—	15
42	—	—	—	43	—	—	15
52	—	—	—	33	—	—	15
59	—	—	—	26	—	—	15
65	—	—	—	20	—	—	15
70	—	—	—	—	15	—	15
60	—	—	—	—	—	—	40
80	—	—	—	—	—	—	20

276 锅炉内水处理的加药方法有哪些?

炉内水处理是向锅炉给水或锅炉炉内投加适量的药剂，与随给水带入锅炉内的结垢物质（主要是钙、镁盐等）发生化学、物理或物理化学作用，生成细小而松散的水渣、悬浮、颗粒，呈分散状态，然后通过锅炉排污排出，或在炉内成为溶解状态存在于炉水中。不会沉积在锅炉管壁上结垢，从而达到减轻或防止锅炉结垢的目的。这种水处理的过程是在锅炉炉内进行的，所以叫炉内水处理。一般在中低压锅炉中采用。

炉内加药处理一般有以下几种处理方法：①纯碱处理方法；②磷酸盐处理法；③全挥发性处理法；④中性水处理法（NWT)；⑤联合水处理法；⑥聚合物处理法；⑦螯合剂处理法；⑧平衡磷酸盐处理法。

277 锅炉内加药处理需注意哪些问题?

锅炉内加药处理需要注意的问题如下：

① 最好是用软化水（或除盐水）溶解，以免产生较多的沉淀物。

② 在溶解药剂时，要充分搅拌，使之充分溶解，避免未溶解的药剂进入锅炉，造成瞬间浓度过大，引起炉水起泡发沫，或使不溶杂质进入炉内。

③ 加药前，应先化验炉水各项指标，以确定加药量。

④ 按时排污。由于炉内加药处理，会使炉水的含盐量增加，水渣增多，因此保持一定排污量是十分必要的。排污不及时，一是可能由于炉水含盐量或水渣量过多而影响蒸汽品质；二是形成的水渣不及时排走，还可能在水流迟缓处生成二次水垢。但排污量必须根据炉水水质来确定，尽量减少排污量，以减少锅炉无谓的热消耗。

⑤ 按时化验。炉内加药量及排污量应随炉水水质的变化而变化，需要按时化验并做记录。

蒸汽冷凝水处理技术

278 蒸汽冷凝水处理一般应用于哪些场合？

蒸汽冷凝水处理又称为凝结水处理或凝结水精处理包括下面两种情况：

① 供热的蒸汽锅炉或热电厂，向热用户供应的蒸汽在做完功或传递热量后冷凝成水，该凝结水含盐量很少，又有一定温度，若将其随便排掉是很大的浪费，应该回收利用（回收利用时称为生产返回水），但往往因为热用户的污染及输送管路的腐蚀，生产返回水中又增加一些杂质，如金属腐蚀产物（铁锈）、油等。要回收利用凝结水，必须对它进行适当处理。

② 大型、高参数发电厂，对锅炉给水水质要求非常高。比如300MW的亚临界压力汽包炉，给水中要求铁的含量＜20μg/L、铜＜5μg/L、SiO_2＜20μg/L、电导率（经RH交换柱后）＜0.3μS/cm；直流炉给水要求铁的含量＜10μg/L、铜＜5μg/L、SiO_2＜20μg/L、钠＜10μg/L。只有当水质达到这些指标后，才能保证机组的安全运行。这样的水质标准，往往超过了锅炉蒸汽在汽轮机做完功后冷凝成水（凝结水）的水质。所以，目前在亚临界压力以上的汽包炉和直流炉机组中都设有凝结水处理装置，去除凝结水中金属腐蚀产物和微量的溶解盐。在原子能电站也设有凝结水处理装置。

从以上所述可知，凝结水处理的目的主要有两个：去除水中金属腐蚀产物和微量溶解盐。相应的处理方法是过滤处理和离子交换除盐。

279 蒸汽冷凝水中金属腐蚀产物的主要来源有哪些？如何对其进行去除？

锅炉产生的蒸汽是非常纯净的，凝结成水时，水中含盐量也非常少，这种纯净水的pH缓冲性也非常低，若外界有少量的其他物质混入，将使其pH急剧波动，在工业上最常见的其他物质是CO_2。进锅炉的水往往含有少量碳酸氢根，它进入锅炉后受热发生下列分解：

$$2NaHCO_3 \xrightarrow{\triangle} CO_2 + Na_2CO_3 + H_2O$$

$$Na_2CO_3 + H_2O \xrightarrow{\triangle} CO_2 + 2NaOH$$

产生的CO_2会随着蒸汽一起送出，在蒸汽凝结成水后，部分CO_2溶解在水中，产生H_2CO_3，使凝结水pH急剧下降，严重时，生产返回水的pH仅有5～6。

$$CO_2 + H_2O \longrightarrow H_2CO_3 \longrightarrow H^+ + HCO_3^-$$

这种低pH的弱酸性水与钢材接触时，会对钢材造成强烈的腐蚀。工业供热的蒸汽管道很长，生产返回水的管道也很长（有的可长达十几千米），而且管道内部没有任何防腐措施，所以这种腐蚀是很严重的。生产返回水中带有的金属腐蚀产物很多，最多时含铁可达到150mg/L。

在发电厂内，为了防止这种 CO_2 的酸性腐蚀，向锅炉给水中加入氨，蒸汽及凝结水的pH保持在8.5～9.3，但也没有完全阻止钢的腐蚀，水、汽中仍含有少量腐蚀产物（铁、铜大多在μg/L级），对大型高参数的发电机组来讲，这仍然是不允许的。设备停运时的腐蚀则更严重，由于检修或其他原因设备停运，这时所有的管道、设备全部暴露在大气中，而且极为潮湿，有时温度还较高，钢材表面会产生严重的锈蚀。在设备重新启动时，这些锈蚀产物由于水流冲刷作用进入水中，使水中含有大量的氧化铁颗粒，含量大大超过各种水汽质量标准的要求，比如发电厂的锅炉给水，正常运行时水中铁含量＜20～30μg/L，而停运后再启动时，水中铁可达几千μg/L（图6-1），要进行长时间冲洗才能降至正常值（一般要几天，最长的可达一个月），不但影响设备正常运行，危及设备安全，而且浪费大量冲洗水。

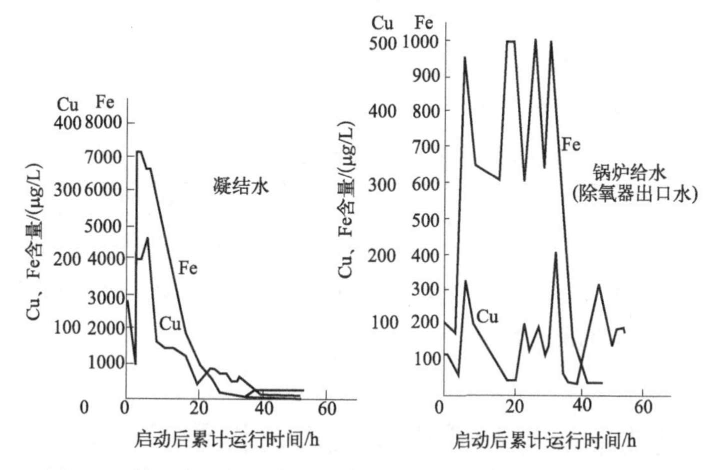

图6-1　某发电厂机组启动时凝结水中金属腐蚀产物变化情况

凝结水中金属腐蚀产物主要是铁的氧化物，此外还有少量铜的氧化物，这主要是因为凝结水接触的绝大部分是钢制设备及管道，铜的氧化物则来自热交换器中的铜管和铜制阀门芯等部件。除此之外，某些特殊场合还有少量镍的化合物。

铁的氧化物主要有 Fe_3O_4（黑灰色）和 Fe_2O_3（棕红色）两种，它们溶解度很低，都以固体形态存在于水中，除此之外，水中还可能存在胶体态氢氧化铁及离子态铁，离子态铁量很少（表6-1），在表6-1中还列出铜以溶解态铜离子形式存在的量。

表6-1　不同pH时水中溶解的离子态铁和铜量

沉淀反应式	K_{sp}	不同pH水中离子态含量/(μg/L)	
		pH=9	pH=6
$Fe^{3+}+3OH^- = Fe(OH)_3$	4×10^{-38}	2.22×10^{-15}	2.22×10^{-6}
$Fe^{2+}+2OH^- = Fe(OH)_2$	8×10^{-16}	440	—
$Cu^{2+}+2OH^- = CuO+H_2O$	2.22×10^{-20}	0.014	507
$2Cu^{+}+2OH^- = Cu_2O+H_2O$	1×10^{-14}	0.064	64

从表6-1中可看出，在水pH=9时，水中以离子态存在的铁和铜均很少，均在μg/L级以下。在水pH=6时，离子态铜含量上升，但也在几百μg/L量级，未到mg/L级，离子态铁含量仍在μg/L级以下。由此可见，不论工业锅炉对外供汽的生产返回水，还是发电厂的凝结水，所夹带的金属腐蚀产物（铁和铜）主要以固体形态存在于其中，以离子形态存在的

量极微。可以通过最简单的固液分离方法（过滤）来去除蒸汽凝结水中的金属腐蚀产物，这就是凝结水的过滤处理。

对凝结水进行过滤处理，金属腐蚀产物的去除率则取决于水中金属腐蚀产物的颗粒大小与选用的过滤材料是否相配。有研究者将凝结水通过 0.45μm 微孔滤膜，结果基本未检出在滤液中有铁存在（表 6-2）。可见凝结水中铁的固体颗粒几乎都大于 0.45μm。

表 6-2　凝结水中铁的固体颗粒大小　　单位：μg/L

试验编号	凝结水中铁含量	通过 0.45μm 滤膜后水中铁含量
1	105	0
2	86	0
3	180	5
4	147	8
5	152	0
平均	134	2.6(占 1.9%)

还有人对某发电厂凝结水中颗粒物（主要是氧化铁）大小进行分级，结果表明，这些氧化物颗粒大部分（60%以上）都大于 10μm（表 6-3）。

表 6-3　某厂凝结水中铁颗粒状物分析

颗粒尺寸/μm	<1	1～10	10～100	>100
所占比例/%	4	33	51	11

因此，可用精密过滤设备来去除凝结水中的金属腐蚀产物。目前常用的有纸浆覆盖过滤、管式微孔介质过滤、电磁过滤等。

280 覆盖过滤器的结构特点和工作过程是怎样的？

覆盖过滤器（precoated filter）是在滤元上涂一层纸粉作为滤层，起过滤作用，它可有效地滤除水中微米级以上的微粒，去除凝结水中金属腐蚀产物可达 80%～90%。该设备占地面积大，操作复杂，运行费用高，还有将纸粉漏入水中的可能。近年来新设计的较少，覆盖过滤器的结构如图 6-2 所示。

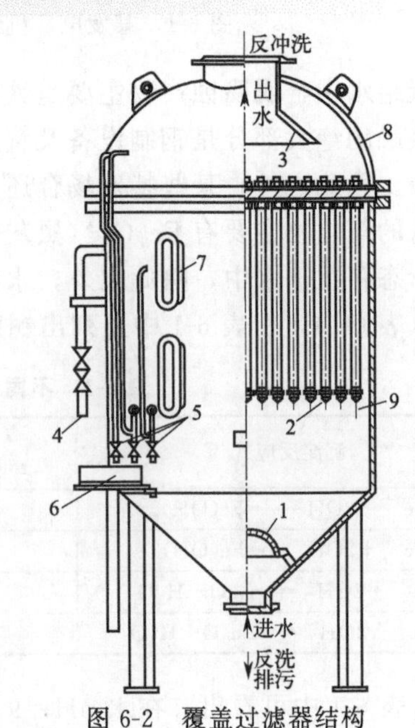

图 6-2　覆盖过滤器结构

1—水分配罩；2—滤元；3—集水漏斗；4—放气管；5—取样管及压力表；6—取样槽；7—观察孔；8—上封头；9—本体

覆盖过滤器的壳体为一圆形钢制压力容器，底部是锥形，水从下部流入，进口处设水分配罩，防止水流冲击。顶盖为一带法兰的圆封头，法兰之间装一多孔板，滤元设置在名孔板上，多孔板上每一个小孔装配一根滤元。多孔板将过滤器分为两个区域：下部为过滤区，上部为出水区。滤元目前多用不锈钢梯形绕丝制成（图 6-3），过滤之前先送入纸粉浆，滤元截留后在滤元上形成 3～5mm 厚的纸浆层滤膜，以后正式运行时，依靠该滤膜去水中金属氧化物颗粒。纸粉浆通常分为木浆和棉浆两种，其中主要成分为α-纤维素，木浆的α-纤维素含量在85%左右，棉浆则高达98%以上，棉浆滤膜耐温性好，周期制水量多。

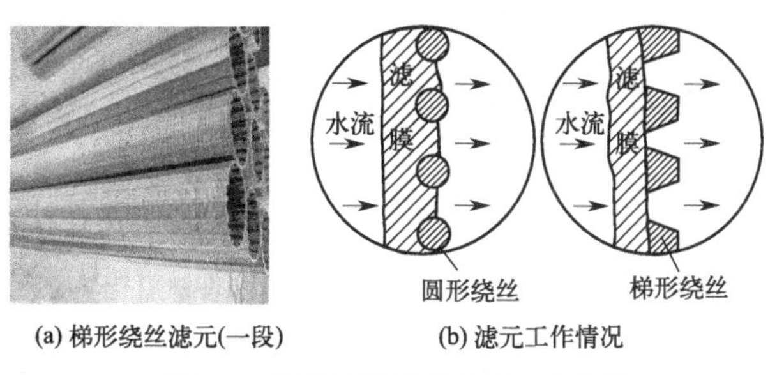

(a) 梯形绕丝滤元(一段)　(b) 滤元工作情况

图 6-3　覆盖过滤器滤元及工作情况

覆盖过滤器能有效地去除水中0.45μm以上的颗粒，它的作用完全是依靠纸浆层的机械阻留作用。过滤开始时，水中悬浮颗粒被截留，并逐渐在滤膜表面形成一层附加滤膜层，也起到过滤作用，这两个滤层相应称为第一滤层和第二滤层，它们的阻力相应为Δp_1和Δp_2，则覆盖过滤器运行阻力Δp为

$$\Delta p=\Delta p_1+\Delta p_2$$

Δp为纸浆层滤膜的阻力，它与纸粉的性能（颗粒大小、密度、压密性等）及纸浆层滤膜的厚度有关，Δp值可按达西公式来考虑；为附加滤膜的阻力，它与水中微粒状物质的性质、颗粒大小、密度、组成等以及膜的厚度有关。过滤刚开始时，$\Delta p_2=0$，$\Delta p=\Delta p_1$。随着过滤的进行，Δp_2上升，其上升速度直接决定覆盖过滤器的运行周期。如果水中金属氧化物颗粒太细，会引起Δp_2急剧上升，运行中可向水中补加一些大颗粒附加过滤介质（称为助滤剂，目前常用的仍是纸浆），以形成多孔的沉淀物层，降低Δp_2增长速度，延长运行周期。

覆盖过滤器系统如图6-4所示。覆盖过滤器运行操作可分为三步：铺膜、过滤和爆膜。铺膜是指将纸浆粉在铺料箱中配置成2%～4%的纸浆粉，用铺料泵从覆盖过滤器底部送入，开始进行循环，纸粉逐渐在滤元上形成一层滤膜后，再提高流速将膜压实。铺膜时要保证滤元上滤膜均匀，防止出现滤元上下薄厚不均的情况。纸粉用量约0.5～1kg/m^2（滤元面积），对纸粉的要求是：颗粒直径为0.07mm，通过60目筛子，干视密度0.25～0.35g/cm^3。

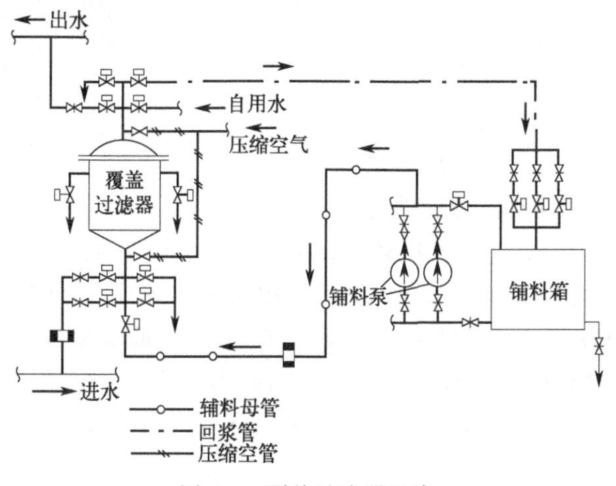

图 6-4　覆盖过滤器系统

过滤时水从过滤器下部进入，通过滤元上的滤膜后，水中颗粒状金属氧化物被截留，水从上部引出。运行时过滤速度为6～12m/(h·m^2)，这里所指面积为梯形滤元的过滤面积，比如1800mm的覆盖过滤器，滤元过滤面积为54.4m^2，单台处理水量达450t/h。除铁效率达80%～90%。过滤过程中可以适当加入一些助滤剂（纸粉浆）进行补膜，添加量一般为0.6～1.2g/m^3（水），最大不超过3.6g/m^3（水）。如补膜适当，运行时间可延长至2倍。

随覆盖过滤器运行中截留的颗粒状物增多，阻力也上升，当运行至进出口压差达0.12～0.15MPa时，就要停止运行，将旧膜去掉，这就是爆膜。去膜的方法有两种，一种是用压缩空气膨胀法，一种是喷射淋洗法，目前常用前一种。压缩空气膨胀法从覆盖过滤器顶部进入压缩空气，关闭所有出口，升高器内压力，以后迅速打开压缩空气放气，此时出水区的压缩空气膨胀，将滤元上滤膜吹掉，再用水自内向外反冲洗滤元，清除残渣，直至清洁为止。也有利用覆盖过滤器出水区积聚的空气进行爆膜的，此即自压缩空气爆膜。

281 管式微孔过滤器的结构特点和工作过程是怎样的？

管式微孔过滤器是近年来开始采用的一种精密过滤设备，用在凝结水处理中的过滤精度为1～20μm。管式微孔过滤器也是一种钢制压力容器，内装滤元，滤元由多个蜂房式管状滤芯组成，滤元一般长1～2m，直径为25～75mm，滤元骨架为不锈钢管上开孔（如ϕ2mm），外绕聚丙烯纤维，绕线空隙度为1μm、5μm、10μm、15μm、20μm、30μm、50μm、75μm、100μm等规格，构造见图6-5。

管式微孔过滤器运行水是从下部进入，遇到滤元上的聚丙烯纤维后，水中悬浮颗粒被截留，水进入滤元骨架不锈钢管内，向上流经封头（出水后）流出，随着被截留的物质增多，阻力上升，过滤器进出口压差上升，当压差上升到0.08MPa时停止运行，进行反洗。反洗操作如下：放水；从上部出水区送入压缩空气进行吹洗；从上部出水区送入反洗水进行反洗，至反洗清洁后即可投入运行。

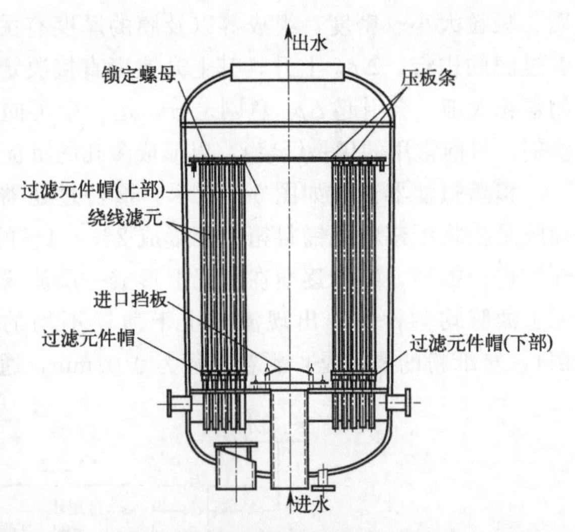

图6-5 管式微孔过滤器及滤元

例如某厂管式微孔过滤器直径ϕ1800mm，高2650mm，内装ϕ63mm、长1760mm滤元245根，滤元骨架为ϕ35mm不锈钢管，上开ϕ3mm孔，外绕聚丙烯纤维后外径ϕ63mm，总过滤面积为86m^2，可处理水量750t/h，过滤流速为8.7m/h（5～10m/h），反洗时先用压缩空气进行吹洗，压缩空气流量1600m^3/h [5～10L/(m^2·s)]，吹洗时间60s（5次），不反洗流量500m^3/h [1～2L/(m^2·s)]，水反洗时间45s，反洗一次总共耗时14min。

282 电磁过滤器的结构特点和工作过程是怎样的?

（1）电磁过滤器的工作原理和结构

电磁过滤器（electromagnetic filter）是在励磁线圈中通以直流电，产生磁场，借助该磁场将过滤器填料层中填料（导磁基体）磁化，当水通过填料层时，水中磁性物质会被吸引附着在填料表面，达到水的净化目的。在电磁过滤器中，基体作用于水中的微粒的磁力可用下式表示：

$$F = VXH\frac{\mathrm{d}H}{\mathrm{d}X}$$

式中，F 为基体作用于微粒的磁力；V 为水中微粒的体积；X 为微粒磁化率，比如在 CGS 单位系统下，Fe_3O_4 的磁化率为 15600×10^6，α-Fe_2O_3 磁化率为 20.6×10^6，CuO 磁化率为 3.3×10^6；H 为背景磁场强度；$\frac{\mathrm{d}H}{\mathrm{d}X}$为磁场强度。

由磁过滤器中填充的导磁基体种类很多，对其基体的要求是顺磁性好且耐腐蚀，早期曾使用 ϕ6～8mm 轴承钢球或纯铁球外镀镍，这是钢球电磁过滤器（第二代电磁过滤器）。目前使用的是涡卷-钢毛复合基体的复合型高梯度电磁过滤器（第四代电磁过滤器），其工作原理是使用一种空隙率达 95％的钢毛作为填料，磁饱和的钢毛会产生一种极高磁场强度（比钢球高约 4 倍）的空间效应，能从水中吸引很微小的磁性物质，吸着量也很大，从而提高水中金属腐蚀产物的去除效率。这两种过滤器的结构示于图 6-6 中。

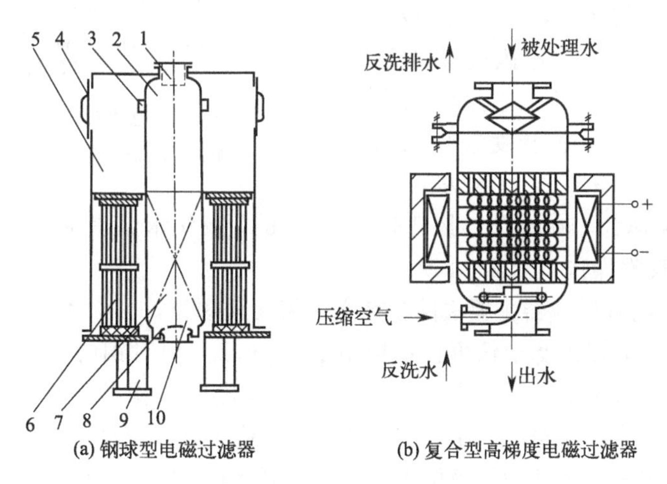

图 6-6 电磁过滤器结构

1—出水装置；2—筒体；3—窥视孔；4—人孔；5—屏蔽罩；6—励磁线圈；7—钢球填层；8—卸球孔；9—支座；10—进水装置

（2）运行特点

① 电磁过滤器内部磁场分布状况　钢球型电磁过滤器和复合型高梯度电磁过滤器内部磁场分布情况如图 6-7 所示。从图 6-7 中可看出，高梯度电磁过滤器内部磁场强度较高，且分布均匀，这有利于去除水中微小氧化铁颗粒。

② 水流阻力特性　钢球型电磁过滤器和高梯度电磁过滤器的水力特性如图 6-8 所示。从图上可看出，高梯度电磁过滤器的运行阻力远小于钢球电磁过滤器。钢球电磁过滤器运行

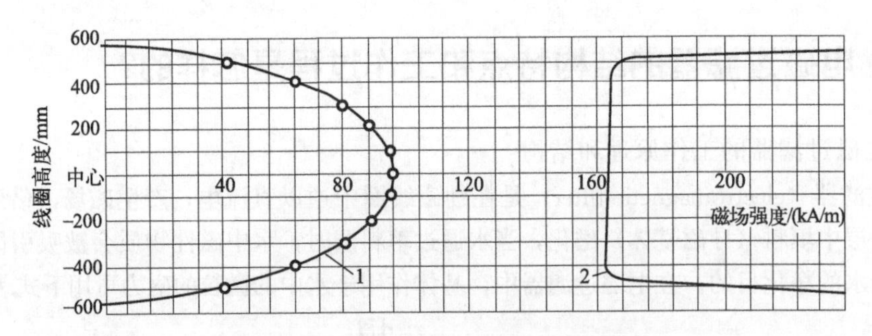

图 6-7 电磁过滤器内部磁场分布特性

1—钢球型电磁过滤器；2—复合型高梯度电磁过滤器

阻力可达 0.15MPa，而高梯度电磁过滤器仅有 0.04MPa。电磁过滤器的运行终点通常以额定流量下的阻力上升值来确定，一般采用比初投时阻力上升 0.05～0.1MPa 作为终点，也有用制水量来决定运行周期的。

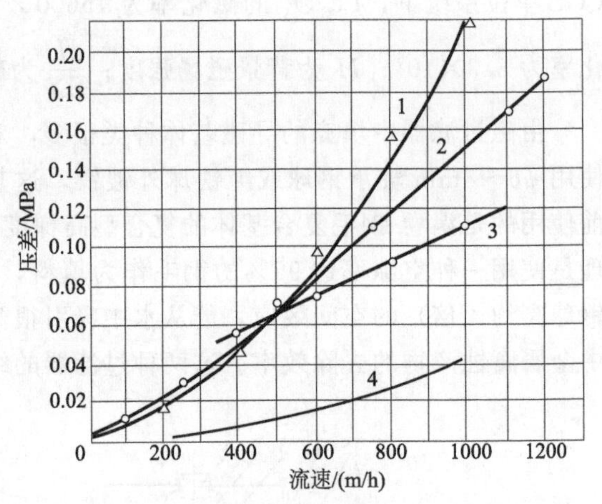

图 6-8 电磁过滤器的水力特性

1～3—钢球型电磁过滤器；4—高梯度电磁过滤器

③ 反冲洗特性　运行结束后，要清除填料基体中积存的金属氧化物颗粒，恢复其清洁状态，才能再次运行，这个操作即是反洗。电磁过滤器单纯用水反洗，其洗净率较低，要首先用压缩空气擦洗，以后再用水反洗，洗净率才能符合要求。电磁过滤器反洗水及压缩空气进入方向是从下向上（与钢球电磁过滤器运行方向相同，与高梯度电磁过滤器运行方向相反），压缩空气压力约为 0.2～0.4MPa，空气的流速为 1500m/h，擦洗时间为 4～6s；反洗水流速 800m/h，清洗时间 10～12s。上述空气-水反洗操作重复 2～4 次。

④ 除铁效率　电磁过滤器主要去除凝结水中氧化铁颗粒，去除率可达 60%～90%以上，正常运行时，电磁过滤器出水中铁可稳定地小于 10μg/L，但对铜的氧化物去除率较低，约 50%。比较两种电磁过滤器，在相同条件下，高梯度电磁过滤器除铁效率较高（图 6-9），这主要由于钢毛丝径小，曲率半径小，梯度变化大，磁力线在空间急剧收敛，导致其内部磁场强度大，基体对水中氧化铁颗粒吸引大，小颗粒氧化铁易去除，同时钢毛对氧化铁的吸留量也大（约为钢球的 60 倍）。

有人曾对钢球电磁过滤器的除铁效率用下式来表示：

$$\ln\frac{C}{C_0}=-K\frac{\varepsilon HL}{(1-\varepsilon)^2d^2v}$$

式中，C、C_0 为电磁过滤器出水及进水中氧化铁浓度；ε 为球形填料在填料层中的体积分数；d 为填料球直径；v 为过滤速度；H 为磁场强度；L 为填料层高度；K 为系数。

从该式可看出，影响电磁过滤器除铁效率的因素有如下几点：

a. 磁场强度受外磁场强度、过滤器中填料种类（钢毛复合型磁场强度最大）、填料尺寸等因素影响。

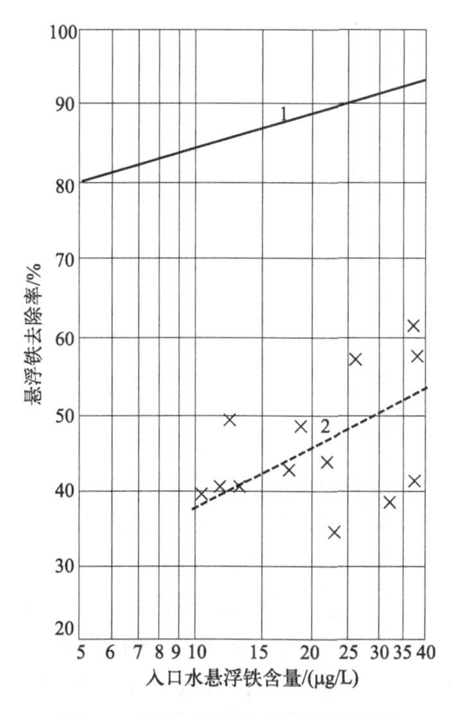

图 6-9 两种电磁过滤器除铁性能

1—高梯度电磁过滤器；2—钢球型电磁过滤器

b. 水中氧化铁形态，电磁过滤器对铁磁性物质去除率高，对顺磁性物质去除率低。高梯度电磁过滤器对顺磁性物质也有一定去除率。

c. 进水含铁量为 1mg/L 以下时，含铁量越少，水中氧化铁颗粒就越小，去除率越低。

d. 水流速试验表明，当流速大于 1300m/h 时，除铁效率急剧下降，这主要是因为高速水流的冲刷力增强，原先被填料基体吸着的氧化铁又被冲刷下来，造成出水含铁量上升。另外对钢球型电磁过滤器，高速水流从下向上进入还有可能使填料层展开，发生相互碰撞，吸着的氧化铁颗粒脱落。

（3）系统联结

钢球型电磁过滤器和高梯度电磁过滤器的联结系统如图 6-10 所示。

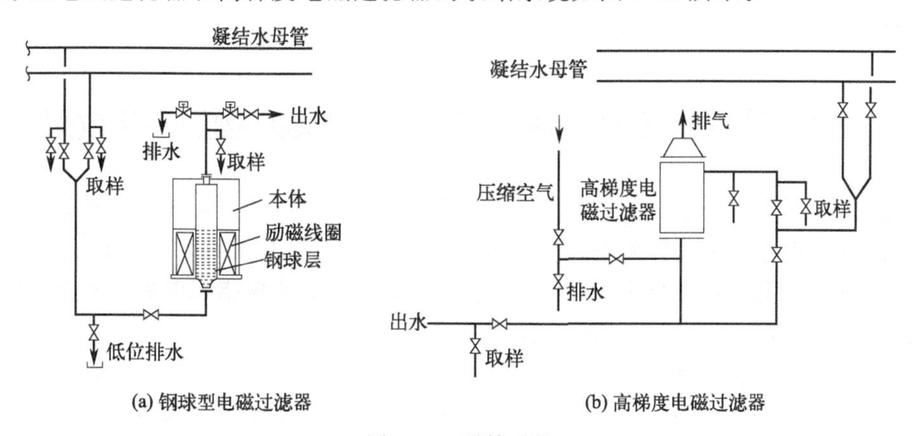

图 6-10 联结系统

283 如何利用氢型阳离子交换器进行冷凝水处理?

氢型阳床中阳树脂层高可选用600～1000mm，运行流速最高可达90～120m/h，以便与除盐用混床相匹配，如单独设计，运行流速也可略低（50～80m/h）。它对凝结水中铁的去除率可达80%（进水为40～1000μg/L，出水可降为5～40μg/L），树脂对水中铁的截留量约为1.7g/L（树脂）。氢型阳床中阳树脂是以R-H型式进行运行，它在起过滤作用滤除水中颗粒状物质的同时，又可与水中阳离子（Na^+、NH_4^+）进行交换，所以它可以使水中Na^+浓度降低，还可以去除凝结水中的NH_4^+，使后续的除盐用混床运行周期大大延长。

虽然一般工业凝结水pH最高可达9左右，但氢型阳床出水pH为中性至弱酸性，有一定腐蚀性，所以在凝结水处理中单独使用氢型阳床时，应在其出水口中加入碱性物质（如氨），以提高pH。当氢型阳床和除盐用混床串联运行时，阳床出水低pH不但可以使混床运行周期延长，而且还大大改善混床工作条件，可使混床出水Cl^-、SiO_2大大下降，这时，加氨提高pH的位置应后移至混床出口。

氢型阳床运行终点可按出水铁含量上升或床层运行阻力加大来判断，但在与混床串联运行时，应以阳床出水中Na^+或NH_4^+浓度上升作为运行终点。失效时，树脂层中已夹杂大量金属腐蚀产物颗粒，一般水反洗很难洗净，可以采用空气擦洗和水反洗相结合的方法进行清洗，清洗干净后，再用酸进行再生。酸也能去除一部分铁。经过这种方式处理后，阳床中阳树脂基本可恢复原来状况。

284 何为阳层混床？如何利用阳层混床进行冷凝水处理?

阳层混床是在混床树脂层上加一层厚约300～600mm的氢型阳树脂，这一层阳树脂在运行中可以滤除进水中大部分（90%以上）固体颗粒，可以去除进水中氨，使到达混床中阴阳树脂处的水为弱酸性，从而改善混床树脂工作条件，提高出水品质，这与氢型阳床的作用是相同的。进行阳层混床的反洗可以将阳层树脂与混床树脂一起进行空气擦洗和水反洗，也可以单独对阳层树脂进行反洗。阳层混床存在的问题是表面的阳层树脂厚度不易铺均匀，运行中受水流冲击又会形成坑，其结果使运行水流产生偏流，起不到阳层树脂的理想作用。

285 何为空气擦洗高速混床？其冷凝水中颗粒物的去除效果如何?

空气擦洗高速混床（high flow rate mixed bed with air scrubbing operation）的原理是能够过滤除铁且能彻底清除树脂上黏附的金属氧化物，由于金属氧化物相对密度较大（氧化铁达5.2g/cm^3），反洗时很难冲洗出去，可以采用空气强力擦洗，使树脂表面黏附的金属氧化物脱落。金属氧化物密度大，易沉在底部，再用水从上向下淋洗，将金属氧化物从下部排走。

空气擦洗-水洗必须多次进行，机组启动时运行的混床需20～40次，正常运行时的混床也需10～20次才能清洗干净（见图6-11）。这种方法去除树脂上氧化铁颗粒可达90%以上，可以满足长期运行的需要。

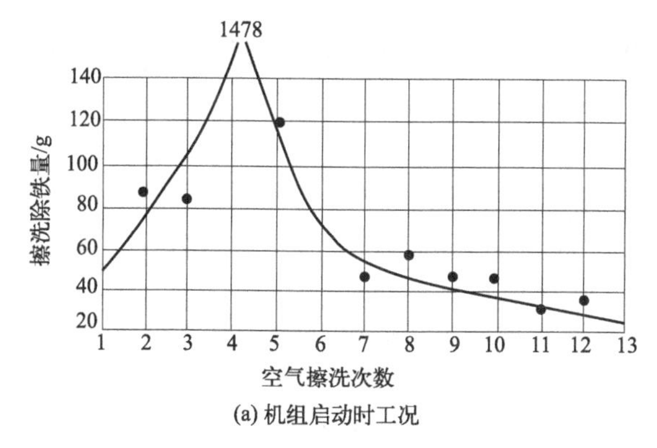

(a) 机组启动时工况

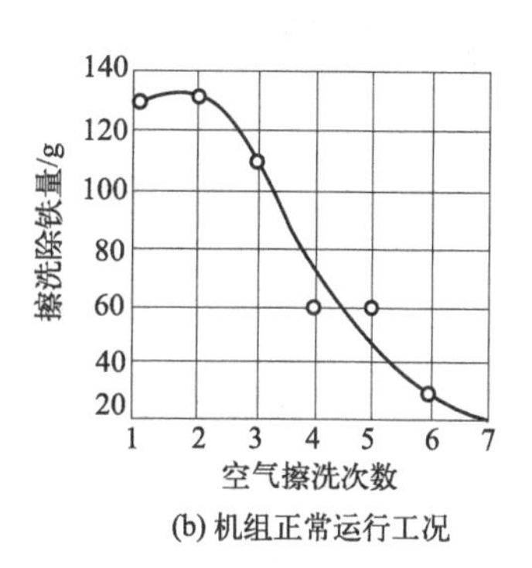

(b) 机组正常运行工况

图 6-11 空气擦洗高速混床擦洗效果

286 蒸汽冷凝水中油的存在状态有哪些？有哪些水中油的分离方法？

蒸汽冷凝水中油的存在形态一般为三种：一种是油粒径在 0.1mm 以上，它在水静置时会漂浮到水面，这种油称为游离油；还有一种是油粒径为 0.01～0.1mm 的分散油，它的稳定性比前一种强，但长时间静置，也会颗粒集聚变大上浮；再有一种是乳化油，它的颗粒在 10μm 以下，大部分为 1～2μm，在油水界面有表面活性剂存在，具有极高的稳定性，很难分离。呈溶解状态的油是极微的。

水中油的分离方法通常根据水中油珠的形态、含量、要求处理后的水质等条件而定。具体的分离方法如下。

① 自然分离法　可以去除游离油和分散油，所用设备通常为隔油池，它是让水在池内缓慢流动，由于流速降低，水中油珠依靠浮力上浮至液面，通过集油管排出，除油后水中油含量可降至 50～100mg/L 以下。这种分离方法适用于水中含油量较大的场合，主要用来去除游离油和分散油。隔油池形式较多，主要有平流式隔油池、平行板式隔油池、波纹斜板隔油池和压力差自动撇油装置。

② 气浮分离　它适用于含乳化油水的处理。通常要先对乳化油进行破乳化，即让黏附表面活性物质的亲水性乳化油颗粒重新变为憎水性，再用气浮分离法将其分离。破乳化通常是向水中加入破乳化剂，常用的破乳化剂有硫酸铝、三氯化铁、硫酸亚铁、石灰、酸等。

③ 过滤吸附法　前面两种方法都是处理含油较多的水，对于含油量较少的水通常可用吸附法去除，常用的吸附材料有无烟煤、硅藻土、活性炭、吸油树脂等，由于它们的吸附容量有限，只用作对含油量较少的深度处理。用粒状活性炭作过滤材料来处理含油的凝结水，可以很好地吸附水中乳化油及溶解油，但吸附容量较小，活性炭吸附容量为 30～80mg/g。

④ 超滤法　由于油珠的尺寸比超滤膜的孔径大，因此可以用超滤膜来去除凝结水中油，超滤膜很小的孔径有利于破乳及油滴聚结，对水中油去除率可达 90%以上，超滤膜工作压力低（0.1～0.2MPa），系统简单，操作方便，只需注意选择适当孔径的超滤膜。除了超滤膜外，微孔和反渗透膜也可用于除油。

287 蒸汽冷凝水中的盐分来源有哪些？其含量受哪些因素的影响？

蒸汽冷凝水中含盐量的主要来源还是热交换器（在发电厂称为凝汽器）泄漏，当热交换器用冷却水冷却时，热交换器内换热管的泄漏使冷却水进入凝结水中，凝结水含盐量大大上升。以发电厂凝结水为例，锅炉产生的蒸汽在进入汽轮机内做完功后，送入凝汽器冷凝成凝结水，凝汽器内有成千上万根热交换管（材质为铜管、钛管、不锈钢管），冷却水在管内流动，蒸汽在管外将热量传给管内的冷却水后冷凝成水。凝汽器管子由于腐蚀或磨损产生穿孔，冷却水就会漏入凝结水中，凝汽器管子端部与管板连接处（胀口）的不严密也会使冷却水漏入凝结水中，冷却水通常为天然水，其中含有大量杂质（盐分、悬浮物等），冷却水的漏入使凝结水中溶解的盐含量大幅上升，水质恶化。漏入凝结水中的冷却水量占凝结水量的份额称为泄漏率。对以淡水作为冷却水的凝汽器，允许的泄漏率为 0.02%，较严密的凝汽器，泄漏率可以低于 0.005%。对以海水作冷却水的凝汽器，允许的泄漏率为 0.0004%。

不同的凝汽器泄漏率时冷却水含盐量变化对凝结水含盐量的影响示于图 6-12。

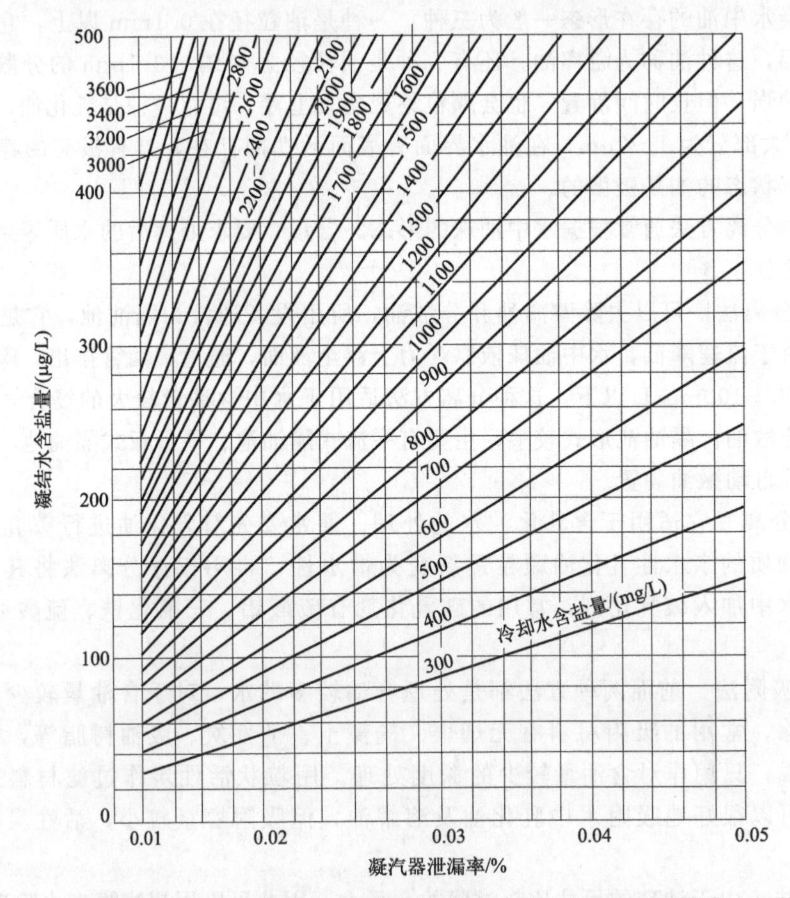

图 6-12 由凝汽器泄漏引起的凝结水含盐量增加值与冷却水含盐量及泄漏率之间的关系

以某 300MW 发电机组为例，锅炉蒸发量为 1000t/h，凝结水量为 670t/h，不同水质的冷却水在不同泄漏率时造成凝结水含量上升情况示于表 6-4。高参数火力发电机组和核电站对凝结水水质的要求见表 6-5。

表 6-4 不同冷却水在凝汽器泄漏时对凝结水水质的影响

项目		凝结水含盐量的变化值(上升值)	
		Na^+/(μg/L)	硬度/(μmol/L)
冷却水为淡水 (Na^+ 100mg/L,硬度 5mmol/L)	泄漏率 0.02%	20	1
	泄漏率 0.005%	5	0.25
冷却水为海水(NaCl 3.5%)	泄漏率 0.005%	688	
	泄漏率 0.0004%	55	

表 6-5 高参数火力发电机组和核电站对凝结水水质的要求

项目	火力发电机组		核电机组(*PWR*)
	压力为 15.7～18.3MPa	压力为 18.4～25MPa	
Na^+/(μg/L)	≤5	≤5	≤0.3～2
硬度/(μmol/L)	≈0	≈0	
电导率/(μS/cm)	≤0.3(经 RH 交换后)	0.2(经 RH 交换后)	0.06～0.08

将表 6-4 中数据与表 6-5 中标准值相比较可以看出，即使在允许泄漏率情况下，泄漏造成的凝结水含盐量的变化已经是不允许的，必须设置凝结水处理装置来去除这些漏入的盐分。凝结水除盐处理的特点是被处理的水含盐量很低，要求处理后水的纯度更高。这个特点决定可以单独使用混床进行凝结水除盐。

288 蒸汽冷凝水中为何常用体外再生混床除盐？装置有何结构特点？

混床按再生方式可分为体内再生混床（internal regeneration mixed bed）和体外再生混床（external regeneration mixed bed）。由于凝结水处理要求的出水纯度高，树脂必须再生彻底，加之凝结水处理水量大等特点，凝结水处理用混床多为体外再生混床。所谓体外再生混床就是运行制水时树脂在混床内，再生时将树脂移出混床外，在专用再生设备中进行再生。体外再生混床外形有圆柱形和球形两种（图 6-13），球形设备耐压较高，用于中压凝结水处理系统，但二者内部结构都相似。

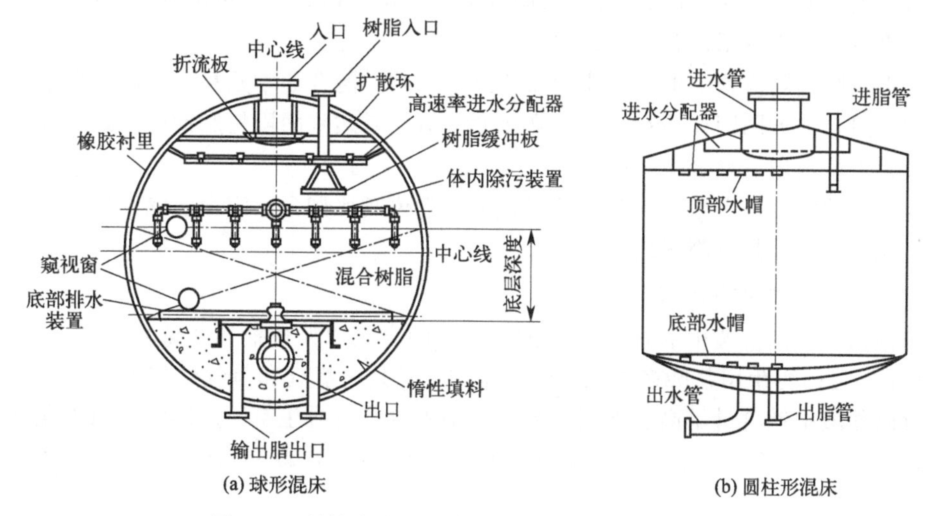

图 6-13 凝结水处理的球形混床和圆柱形混床结构

与体内再生混床相比，体外再生混床由于树脂在体外再生，混床本体中不再设再生装置，水流阻力大大减少，再加上进水含盐量很低，故运行流速可以大大提高，目前体外再生混床运行流速为 90～120m/h。由于混床树脂不在体内再生，再生用酸、碱不再送入混床体内，消除了凝结水被再生液污染的可能性，提高了水质安全性。

树脂在混床体外再生，再生时需将树脂送出，再生好后再将树脂送回混床，树脂来回输送磨损大，若采用凝胶型树脂年损失率可达 30%～50%，因此多选用强度较高的树脂，如大孔型树脂和均粒树脂。混床中阳阴树脂比例视进水 pH 而定，若进水 pH 值为 9（加氨时）采用阳阴树脂比为 2∶1、2∶3 或 1∶1，若进水中为中性，则采用 1∶2。

289 体外再生混床冷凝水除盐效果的影响因素有哪些?

以 RH 和 ROH 组成的混床为例，讨论影响混床中树脂再生度及出水水质的因素如下。

（1）混床再生时阴阳树脂的分离程度

体外再生混床再生前将树脂送入专门的分离设备（通常为阳树脂再生塔）进行分离，比体内再生混床分离效果好，但仍未达到完全分离的状况。目前一般采用水力分层法，先将树脂反洗膨胀，再利用阴阳树脂湿真密度的不同，自然沉降分层，密度大的阳树脂（湿真密度为 1.18～1.23g/cm^3）沉在下部，密度小的阴树脂（湿真密度为 1.05～1.11g/cm^3）沉在树脂层上部，但阴阳树脂分界处仍有混杂。少量阳树脂混入阴树脂中及少量阴树脂混入阳树脂中，即混脂，混杂的树脂量在整个树脂中的比率即混脂率。目前，一般的混床树脂分离时混脂率为 1%～8%。随着树脂使用时间延长，树脂有所破碎，破碎的阳树脂颗粒直径减小，沉降速度降低（沉降速度与颗粒直径的平方成正比），这样破碎的阳树脂更容易混入阴树脂中，使混脂率上升。随着运行时间增多，阳树脂损失又会造成阴树脂界面下移，输送阴树脂后会在阳再生塔中留下较多阴树脂参加阳树脂再生，也使混脂率上升。

混杂的树脂在阴阳树脂分别再生时，会以失效型存在于再生好的树脂中，降低了树脂再生度。比如，在阳树脂中混入的阴树脂，在与阳树脂再生用的盐酸接触时，转变为 RCl 型，即阴树脂失效型，使阴树脂再生度降低；在阴树脂中混入的阳树脂，在与阴树脂再生用的 NaOH 接触时，转变为 RNa 型，即阳树脂失效型，使阳树脂再生度降低。此即交叉污染。

（2）再生后阴阳树脂混合均匀程度

混床中阴阳树脂应均匀混合，才能保证出水水质。混合通常是在水中用压缩空气搅拌混合。在过分追求加大阴阳树脂在水中沉降速度差值，以达到阴阳树脂彻底分离，减少交叉污染时，又会带来再生后混合不好的现象。

混合不好的特征是上层阴树脂比例多，下层阳树脂比例多，它会使混床出水中带有微量酸以及出现周期制水量下降等现象。

（3）再生液中杂质的含量

主要是指再生用盐酸中 Na^+ 含量、碱中 Cl^- 的含量以及配制再生液稀释用水中 Na^+ 和 Cl^- 的含量。目前再生用盐酸多为工业合成盐酸，它是由氯气和氢气燃烧生成氯化氢后用水吸收，所以盐酸中钠含量不高。配制稀酸用水中钠含量对再生有一定影响。而工业碱是在电解 NaCl 后将 NaCl-NaOH 混合液浓缩结晶析出 NaCl 而得，碱中 NaCl 残留量较大，对树脂再生度有较大影响。

（4）混床进水 pH

当混床中阴树脂再生度不高时，高 pH 进水会使混床出水 Cl^- 比进水 Cl^- 还高。由于混床进水水质很好，水中杂质很少，高 pH 进水就使水中 OH^- 所占份额增大。高 pH 凝结水多是为了防腐蚀，人为地向水中加入 NH_3 所致，假设凝结水中 Cl^- 为 7.1μg/L，在凝结水不同 pH 时，水的 X_{Cl} 值和 X_{OH} 值示于表 6-6。

表 6-6 不同 pH 凝结水的 X_{Cl} 值和 X_{OH} 值（假设 Cl^- 为 7.1μg/L）

pH	$[OH^-]$/(mol/L)	X_{Cl}	X_{OH}	pH	$[OH^-]$/(mol/L)	X_{Cl}	X_{OH}
7.0	1×10^{-7}	0.667	0.333	9.2	16×10^{-6}	0.0123	0.9877
8.8	6.3×10^{-6}	0.0308	0.9692	9.4	25×10^{-6}	0.0079	0.9921
9.0	10×10^{-6}	0.0196	0.9804	9.6	40×10^{-6}	0.005	0.9950

注：X_{Cl} 和 X_{OH} 分别表示 Cl^- 和 OH^- 在水中阴离子的占比。

从表中看出，当凝结水 pH 在 8.8 上时，水中 OH 在水中阴离子中的份额（X_{OH}）均超过 95%，也就是说，相当于一个极稀的高纯度碱液与混床中阴树脂接触，按离子交换平衡概念：

$$ROH + Cl^- \rightleftharpoons RCl + OH^-$$

当树脂中 RCl 份额较多时（即再生度低时），高 pH 水与树脂接触相当于对树脂进行再生，即反应向左进行，而使出水中 Cl^- 增加。混床中阴阳树脂上下部分布不均，也会加剧进水 pH 对出水水质的影响。混床中树脂由于密度与颗粒配比不当，以及阴树脂破碎等因素，往往床层高度阴阳树脂分布不均，上层阴树脂多，阳树脂少。高 pH 进水中 NH_4^+ 才会使上层阳树脂很快失效，失效后水 pH 上升，并使上层阴树脂处于高 pH 介质中，释放 Cl^-，这些 Cl^- 达到下层树脂时，下层树脂中阴树脂少，阴树脂中 RCl 比例增加很快，很快降低去除 Cl^- 的能力，使出水 Cl^- 上升。

除上述之外，其他影响离子交换设备出水水质的一般因素对凝结水处理混床也同样适用，在此不再重复。

290 体外再生混床再生系统的常用类型和运行特点有哪些？

最经典、最基本的体外再生系统是双塔系统（dual vessel system）和三塔系统（tri-vessel system）。见图 6-14 和图 6-15。

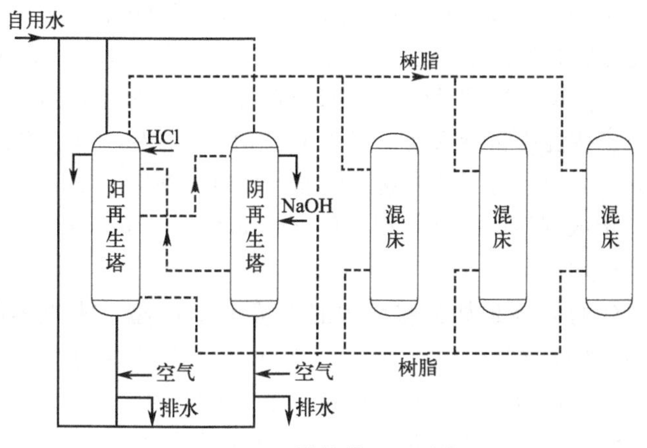

图 6-14 双塔体外再生系统

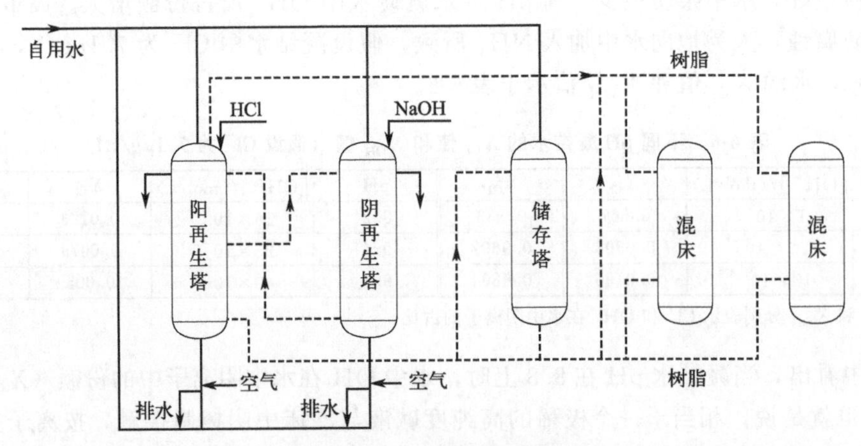

图 6-15 三塔体外再生系统

双塔系统运行方式是：混床树脂失效后，将树脂送入阳再生塔，在阳再生塔中反洗、分层，然后将上部阴树脂送入阴再生塔，阳树脂留在阳再生塔，分别进行再生、正洗，阴树脂再生结束后再送回阳再生塔，经混合、正洗后送回混床运行。该种体外再生系统由于没有再生的替换树脂，混床失效后需要等树脂再生好后送回才能运行，混床停运时间较长。

三塔系统比双塔系统增设一个树脂储存塔，可以多备一份树脂，失效混床不必等待树脂再生好后再投运，而可以在树脂送出后即将备用树脂送回投运，因此提高了混床利用率。

该系统运行方式是：混床树脂失效后，将树脂送入阳再生塔（CRT），在其中进行擦洗、反洗、分层，然后将上部阴树脂送入阴再生塔（ART），阳树脂留在阳再生塔，经再生、正洗、混合后送入储存塔（RST）备用。原先储存塔中再生好的树脂在混床失效树脂送出后，即送回混床，混床又可以投入运行。

291 采用铵型混床除盐的原因和运行方式是什么？

（1）采用铵型混床除盐的原因

高 pH 凝结水是通过人为向凝结水中加入一定的氨（0.5～0.7mg/L），提高 pH 值（8.8～9.4），以达到防腐蚀的需要。这些氨进入混床后，会与阳树脂发生交换，降低阳树脂对水中钠的交换容量，使运行周期缩短，周期制水量减少，再生次数增多，运行费用升高。另外，由于凝结水中氨被混床树脂交换，混床出水 pH 呈中性，为了防腐蚀，还必须在混床出口再次加氨，造成了浪费。为了解决这个问题，提出将混床中 RH 树脂改为 RNH_4 树脂，即由 RNH_4 和 ROH 构成混床，此即铵型混床（ammoniated mixed bed）。

（2）铵型混床运行方式

铵型混床首先遇到的问题是如何将阳树脂变成 RNH_4 型，失效的阳树脂 RNa 转变成 RNH_4 很困难，主要因为 $K_{NH_4}^{Na}$ 仅有 0.77，通常是将失效阳树脂再生为 RH 再转变为 RNH_4 型。从理论上讲，可以用氨水将 RH 转变为 RNH_4 型，但工业上普遍用的是运行中氨化，即利用高 pH 凝结水中氨对混床进行氨化。它的运行分为三个阶段。第一阶段是在混床树脂失效用酸碱再生后，按 RH-ROH 方式运行，阳树脂吸收凝结水中 Na^+ 和 NH_4^+，直

至 NH_4^+ 穿透，此时出水中 Na^+ 浓度很低，出水中 Cl^- 在整个周期中也最低（是否高于进水取决于阴树脂再生度），出水 pH 呈中性；第二阶段从出水中漏氨开始，出水 pH 逐渐升高，随着水 pH 升高，阳树脂失效的树脂层中阴树脂不再交换水中阴离子，原来交换的氯也有可能被水中 OH^- 交换排出，出水 Cl^- 升高。阳树脂上原先交换的 Na^+ 被铵取代，出水中出现 Na^+ 浓度峰值（峰值有可能仍在允许标准范围之下）后，逐渐回落，到达进出水 Na^+ 浓度相等。第三阶段进出水中 Na^+、NH_4^+、Cl^- 基本相同，进出水中 NH_4^+/Na^+ 比值与树脂相中 RNH_4/RNa 比值间已达到平衡状态，从理论上讲，此混床可以无限期地运行下去，也失去了对水中 Na^+ 的交换作用（因为进水中 NH_4^+ 大，且 NH_4^+ 的选择性与 Na^+ 相近），但可以交换进水中 Ca^{2+}、Mg^{2+} 等选择性高的离子，交换后将其变为 Na^+ 和 NH_4^+。铵型混床运行的三个阶段示于图 6-16。

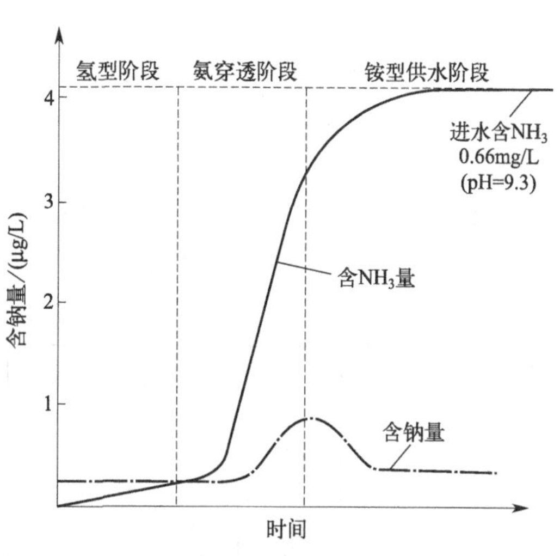

图 6-16 铵型混床运行的三个阶段

某厂铵型混床一个运行周期中出水水质如表 6-7 所示。铵型混床运行第一阶段是 RH-ROH 混床，它运行时间长短取决于进水含氨量（进水 pH）。第二阶段中要出现一个钠离子升高的排代峰，它主要是由于第一阶段运行中树脂吸收的钠，如果树脂中 RNa/RNH_4 超过转为铵型后 RNa/RNH_4 的比值，则有一部分 RNa 会被 NH_4^+ 转化为 RNH_4，排出 Na^+，使出水中 Na^+ 含量升高，出现排代峰，峰值高低取决于进水含 Na^+ 量及第一阶段生成的 RNa 多少，在进水 pH 高、Na^+ 含量少时，排代峰会很小，甚至无排代峰，即使出现排代峰，其峰值所表示的水含钠量也不一定超过允许值。第三阶段混床已失去彻底去除进水中 Na^+ 的作用，混床出水水质取决于混床中 RNa/RNH_4 的比值，如果混床树脂再生度不好（例如 RNa 较多），则出水达不到要求。

表 6-7 某厂铵型混床一个运行周期中出水水质

项目		氢型混床运行阶段	氨穿透阶段	铵型混床运行阶段
主要特点		出水 pH 低	出水 pH 逐渐升高与进水相同	进出水 pH 相同
出水水质	电导率/(μS/cm)	<0.07	0.05～0.09	<0.15
	SiO_2/(μg/L)	<2	1～5	<10
	Na^+/(μg/L)	<0.8	<1.2	<4
	pH	6.5～7.5	7.5～9	9.0～9.4
运行时间/d		约 5	约 6	30～45

铵型混床运行周期长，制水量多，出水 pH 高，节省酸、碱的用量。但铵型混床的第一、第三阶段不能应付长时间进水水质恶化的情况，比如凝汽器泄漏等，如遇进水水质恶化，应启动 RH-ROH 混床来处理。

总结以上所述，当混床树脂可以达到很高再生度时，混床可以按铵型混床运行，其目的是使混床设备在凝汽器不漏时，能很经济地长时间运行，起进一步净化作用，一旦凝汽器泄漏，有冷却水进入凝结水中，短时间也可以阻挡冷却水漏入的杂质，保证足够的时间来投入氢型混床，这就是使用铵型混床的目的。

292 提高混床阴阳树脂分离程度的方法有哪些？各有哪些优缺点？

混床树脂再生前的分离程度高，混脂率低，无疑可以减少失效型树脂量，提高树脂再生度，减少交叉污染。所以，目前很多研究都集中在提高阴阳树脂分离程度上，出现了很多新的技术和设备。主要有以下方法。

(1) 中间抽出法

当混床失效的树脂进行水力分层时，在阴阳树脂交界处，会有一混脂层。中间抽出法是将混脂层取出，放入一专门的界层树脂塔中，不参加本次再生，从而可保证阴树脂送出时不携带阳树脂，也使阳树脂层上不留有阴树脂，减少混脂率，提高再生度。界层树脂塔中的混脂，不参加本次再生，在下一次再生时参加树脂的分离，这样整个系统中，只多一份混脂。

中间抽出法是在三塔系统基础上再增加一个界层树脂塔，系统见图 6-17。

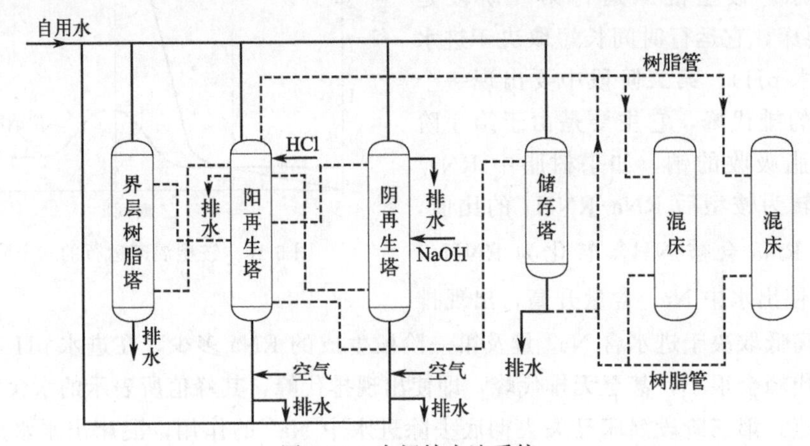

图 6-17 中间抽出法系统

该系统运行方式是：混床树脂失效后，将树脂送入阳再生塔（上一次再生好储存在储存塔中的树脂立即送回混床，混床投入运行），在其中进行擦洗、反洗、分层，然后将上部阴树脂送入阴再生塔，中间界层树脂送入界层树脂塔，阳树脂留在阳再生塔。分别对阴、阳树脂进行再生、正洗，再生好之后，阴树脂送回阳再生塔，与阳树脂混合、正洗并转入储存塔备用。界层树脂塔中树脂在下次再生前转入阳再生塔，参加下次再生时的失效树脂反洗分层。界层树脂塔中有时还装有筛网，可以筛去碎树脂。该系统混床出水电导率可以达到 0.07～0.09μS/cm。

(2) 高塔分离法（Fullsep 法）

这是 Filter 公司推出的一种再生方法，其特点是树脂分离塔（SPT）的特殊结构（图 6-18）。该分离塔是一特殊的高塔，上部直径扩大为一锥体，保证阳树脂充分膨胀（100%）。混床失效树脂送入后，进行反洗分层。由于分离塔结构特殊，分层时反洗流量非常均匀，并让反洗流量缓慢降至零，使树脂均匀整齐地分离沉降，分离后将阴树脂送入阴再生塔，留下的阳树脂再进行一次反洗分层，然后将阳树脂送入阳再生塔再生，阳树脂层表面的混层树脂留在分离塔内，待下次再生时参与分离。国内已投运的该系统混床出水水质为：Na^+ <

$2\mu g/L$，电导率＜$0.15\mu S/cm$，SiO_2＜$1\mu g/L$。该系统缺点是操作比较麻烦。

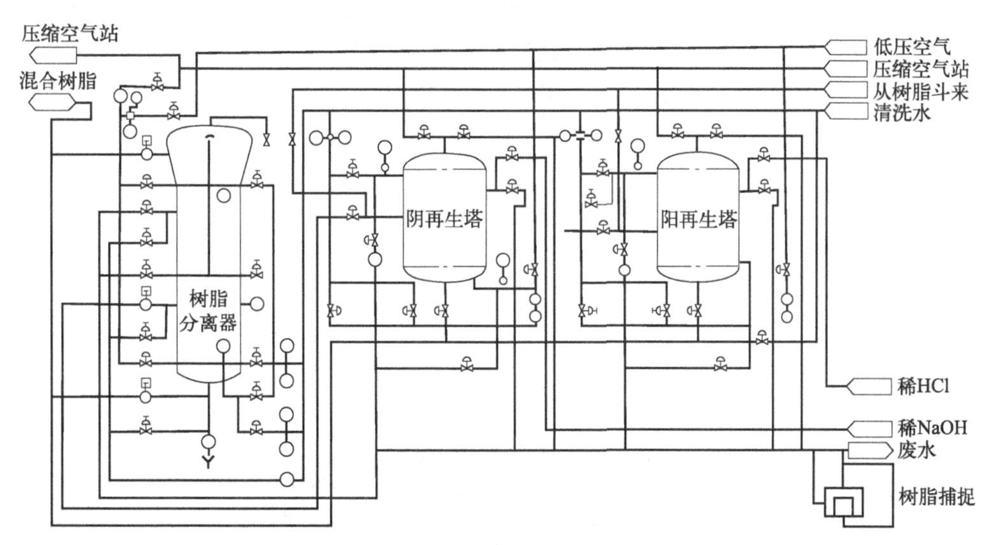

图 6-18 高塔分离系统

(3) 锥体分离法 (Conesep 法)

该方法是将混床失效树脂送入一锥形分离塔（兼阴再生塔）后进行反洗分层，从锥形分离塔（图 6-19）底部送出阳树脂，送出时阴阳树脂交界面沿锥体平稳下降，随着锥体截面积不断缩小，分界处混合树脂的体积也不断缩小，可减少交叉污染。这种分离方法混脂率可降至 0.3%。为进一步改善分离效果，系统中还设有一小型混脂罐，阳树脂送出后的混脂送入该混脂罐中。

该技术还有一个关键是在树脂转移管上装电导率仪和光学检测装置。由于阳树脂电导率远远大于阴树脂电导率（外加 2mg/L CO_2 时，这个差值更大），在树脂输送过程中发现电导率下降，则说明阳树脂已送完，此时迅速关闭阳再生塔树脂进口阀，并将混脂（包括管道中混脂）送入混层树脂罐，待下次再生时参与下次树脂分离。分离塔内留下的阴树脂在塔内进行再生。

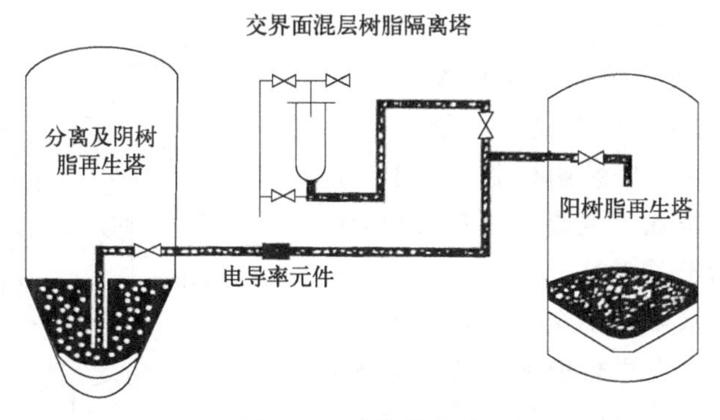

图 6-19 锥体分离法

(4) 惰性树脂法（三层混床）

在混床树脂中加入一层惰性树脂（层高约 200mm），其密度为 $1.15g/cm^3$ 左右，刚好界于阴阳树脂之间，这样在反洗分层时，由于密度及颗粒尺寸的选择，使惰性树脂刚好介于阴阳树脂分界面处，减少了阴阳树脂相互之间的混杂，而变为阳树脂与惰性树脂及惰性树脂与阴树脂之间的混杂，因此减少了交叉污染（图 6-20），提高了再生度，改善了出水水质。三层混床出水可以达到 $Na^+<0.1\mu g/L$、$Cl^-<0.1\mu g/L$。

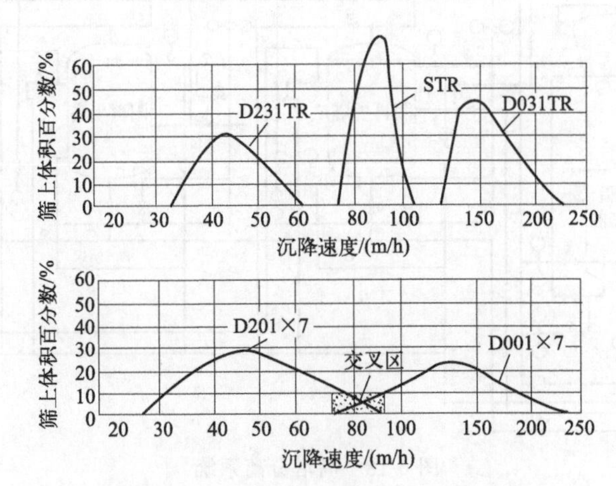

图 6-20　三层混床和常规树脂分层情况

目前常用的三层混床用树脂规格列于表 6-8 中。

表 6-8　三层混床用树脂的密度和颗粒大小

树脂	湿真密度/(g/cm³)	颗粒范围/mm
阳树脂	1.25～1.27	0.7～1.25
阴树脂	1.06～1.08	0.4～0.9
惰性树脂	1.14～1.15	0.7～0.9

三层混床目前在体内再生混床中用得较多，体外再生混床中也有使用。长期运行表明，惰性树脂并没有达到很理想的分离阴阳树脂的目的，这是因为长期运行后，树脂密度会有所改变。另外，因为惰性树脂表面的憎水性，会吸附水中的气泡及油珠，所以其密度发生改变，达不到预期效果。即使这样，它仍不失为较少交叉污染的一种方法。惰性树脂会减少混床中阴阳树脂的体积，使混床的工作周期缩短。

(5) 三床式和三室床

三床式是将混床改为单床，即阳-阴-阳。三室床是将三个单床放在一个容器内，分上、中、下三室，上下装阳树脂，中装阴树脂。由于阴阳树脂完全分开，所以消除了混脂，把交叉污染降为零。三室床系统示于图 6-21。

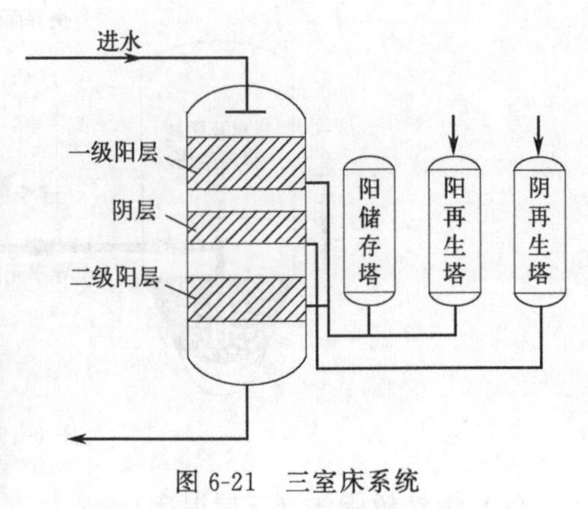

图 6-21　三室床系统

这种系统中第二级阳离子交换主要为了去除阴树脂再生时残留的碱在运行中带出造成的水质污染，因此可以大大降低出水含 Na^+ 量，降低出水电导率，提高出水品质，它通常称为“氢型精处理器”，也有的称为氢离子交换净化器，其运行的基本条件是彻底再生，它的再生可与第一级阳床串联进行。这种系统出水 $Na^+<$

0.1μg/L，电导率可达0.064μS/cm。该系统缺点是系统复杂，投资高，运行阻力大。

（6）二次分离法

混床失效树脂在阳再生塔中反洗分层后，将阴树脂及混脂送入阴再生塔中进行再生，混入阴树脂中的阳树脂在再生时变为RNa，它与ROH树脂密度差较大，故可以再进行一次分离，且分离效果好。第二次分离是在阴再生塔中进行的。当阴树脂再生、正洗结束后进行分离，分离后的阴树脂送回阳再生塔进行混合，分离后残存在阴再生塔底部的少量阳树脂待下一次树脂再生时，送入阳再生塔，参加下一次再生操作。

（7）浓碱分离法（Seprex法）

用14%～16%的NaOH进行树脂分离，其密度$1.17g/cm^3$刚好在阴阳树脂湿真密度之间，故它分离混脂时将阴树脂浮起，阳树脂沉下，达到完全分离的目的。该方法是在阳再生塔中用水分离树脂，并将阴树脂及混脂送入阴再生塔，向其内送入14%～16%的浓碱，一方面使阴树脂再生，另一方面使混入阴树脂中的阳树脂沉下，上浮的阴树脂送入树脂储存塔内进行清洗，再与阳树脂混合、正洗、备用。分离出来在阴再生塔底部的少量阳树脂待下一次再生时送入阳再生塔，参加下一次分离。

293 当前凝结水处理的常用系统有哪几种？适用条件是什么？

目前凝结水处理常用系统如下：

① 空气擦洗高速混床　该混床作除盐使用还兼作过滤除铁，利用再生前的空气擦洗去除树脂截留的氧化铁颗粒，该系统目前在亚临界压力及以下参数汽包炉机组中使用较多。

② 带有供机组启动时使用的前置过滤及空气擦洗高速混床　设置前置过滤（覆盖过滤器、电磁过滤器、管式微孔过滤器等），只供机组启动时去除水中金属氧化物。正常运行时混床还兼有去除金属氧化物的作用。该系统在亚临界压力及以下参数的汽包炉机组中使用较多，在直流炉上使用较少。

③ 前置过滤及混床系统　前置过滤（覆盖过滤器、电磁过滤器、管式微孔过滤器、氢型阳床等）在正常运行时也运行。该系统在直流炉机组上使用较多。

④ 粉末树脂覆盖过滤器　将阴阳树脂制成粉末（30～50μm以下），按一定比例混合，覆盖在过滤器滤元上，既起过滤作用又起除盐作用，因此可替代混床。这种粉末树脂失效后不能再生利用，爆膜去掉后重新铺膜运行。粉末树脂覆盖层通常由下列材料组成：氢型阳树脂（RH）、铵型阳树脂（RNH_4）、氢氧型树脂（ROH）、短纤维。四种材料比例根据需要调节，短纤维作用是增加覆盖层强度，防止覆盖层在运行中破裂和脱落。粉末树脂覆盖过滤器在热力系统中多位于系统中120～130℃的高温区。用于除盐时，阴阳树脂比例为1∶（2～9），树脂粉用量为$0.8\sim1kg/m^2$，覆盖树脂粉层厚6mm。

294 如何进行火力发电机组凝结水处理？

火力发电机组凝结水的处理要求如下：

① 树脂要耐高温，要求能在60～70℃附近长期使用，不会使性能降低，不会有明显的溶出物及降解产物来污染凝结水水质。由于阳树脂耐温性能较好，这个要求主要是针对阴树

脂而言的。

② 由于凝结水含盐量不高且稳定，其值仅决定于蒸汽品质，而与凝汽器泄漏关系不大，因此凝结水处理混床中树脂高度可以降低。

③ 与一般凝结水处理混床相比，空冷机组凝结水处理混床中阴树脂比例要适当提高。根据这些要求，空冷机组凝结水处理可以采用树脂粉末覆盖过滤器、带有前置过滤（氢型阳床等）的混床、三床式及阳层混床等处理设备。

电子工业用水处理技术

295 电子行业用水对水质有何特殊要求?

随着电子工业的飞跃发展，它对水质的要求即对水的纯度的要求也日益提高。电子管、半导体器件和固体电路等产品在生产过程中使用蒸馏水已不能满足要求。纯水及高纯水含杂质少，电阻率大，电绝缘性能好，用它来清洗电子管、固体电路等产品的零件、组件能大大提高产品质量，减少废品，降低成本。因而，纯水及高纯水在电子工业元件、器件生产中是不可缺少的。

296 纯水和高纯水有何区别?

纯水即去离子水，又称除盐水，水中剩余含盐量一般在1.0mg/L以下，25℃时水的电阻率应为10^6～10^7Ω·cm。高纯水一般系指既将水中的导电介质几乎完全去除，又将水中不离解的胶体物质、气体及有机物均去除至很低程度的水，水中剩余含盐量在0.1mg/L以下，25℃时水的电阻率应在10×10^9Ω·cm以上。

297 当前电子工业中各类产品对水质的要求有哪些?

电子工业中各类产品对水质的要求目前尚缺乏统一的数据，表7-1及表7-2所列数据仅供参考。

表7-1 半导体集成电路工业用高纯水水质要求

分析项目	水质许可值	分析项目	水质许可值
电阻率/Ω·cm	>10×10^6	SiO_2/(mg/L)	0.01以下
总电解质(以NaCl表示)/(mg/L)	35	铁、铜及其他金属	不应检出
有机物(借CO_2的生成表示)/(mg/L)	<1.0	Cl^-	不应检出
溶解气体/(mg/L)	200	SO_4^{2-}	不应检出
活的有机物/(mg/L)	<10	NH_3	用奈斯勒试剂检不出
pH值	6.6～7.0		

表 7-2　各类电子工业产品对纯水的要求

分析项目	无线电元件	一般电子管	要求高电子管	锗晶体管	硅晶体管固体电路	微型电路
总固体残渣/(mg/L)	<10.0	<10.0	<5.0	—	2～3	<1
氯化物(Cl^-)/(mg/L)	<1.0	<0.03	<0.03	—	—	—
Fe^{2+}/(mg/L)	<5.0	<0.05	<0.03	—	—	—
Cu^{2+}/(mg/L)	<5.0	<0.02	<0.01	—	—	—
Ca^{2+}/(mg/L)	<5.0	<0.5	<0.4	—	—	—
硫酸盐(SO_4^{2-})/(mg/L)	<5.0	<5.0	<5.0	—	—	—
砷/(mg/L)	<2.0	<0.05	<0.05	—	—	—
pH	5.0～6.0	4.5～7.0	4.5～7.0	—	—	—
硅/(mg/L)	—	—	<0.05	—	—	—
电阻率/Ω·cm	$>3\times10^5$	$(3\sim5)\times10^5$	$(1\sim2)\times10^6$	$>2\times10^6$	$>5\times10^6$	$>10\times10^6$

298 超纯水处理系统根据原水存在杂质和水质要求可分为哪几类？各系统的组成是什么？

近来，超纯水的处理系统，根据原水中存在杂质和水质的要求，可归纳为一次纯水系统与二次纯水系统（终端系统）等。一次纯水系统是由前处理装置、反渗透装置、离子交换装置等组成，由全厂集中进行处理。二次纯水系统主要设置在靠近使用点（生产厂房），由一次纯水系统输入，而将纯水最终精制为超纯水，再送至使用点。

半导体及电炉生产用超纯水的典型实例，如图 7-1 所示。

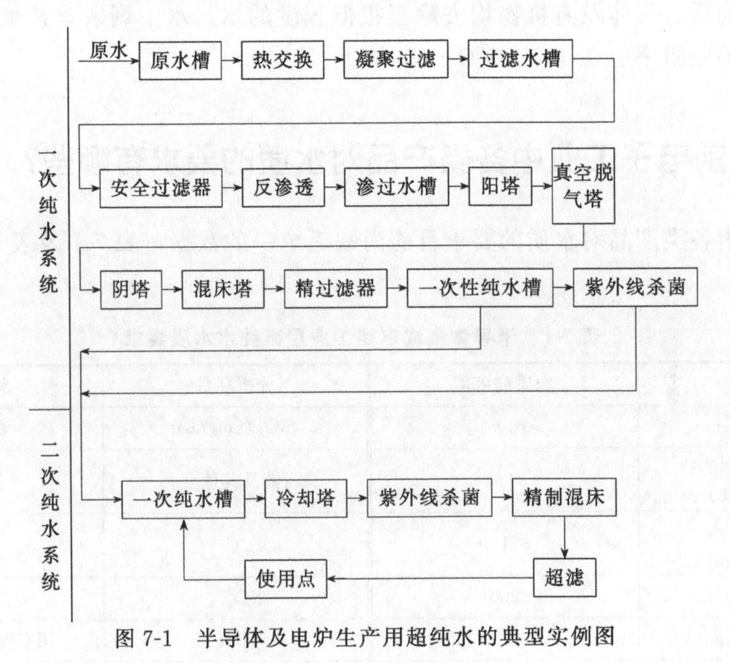

图 7-1　半导体及电炉生产用超纯水的典型实例图

299 纯水水质的微量检测技术有哪些?

目前国内纯水水质的检测方法大多数为人工取样进行分析检测，已不能适应电子工业纯水水质分析和管理的要求。通常监测纯水的电阻率和 pH 值，主要采用电导仪和 pH 计。而目前国外电导仪有带温度补偿（25℃）及液晶数控显示器，能直接监视纯水的电阻率，有的设有电阻记录仪与报警装置，还有应用微处理机来实现自动控制。纯水中微粒的测量一般采用定期抽样，在实验室内测定。目前检测方法有直接法和间接法两种。直接法即采用镜检法、电子显微镜检法或液体粒子计数器法等，在管路中尚不能直接检测；间接法则是利用水样通过 0.45μm 滤膜时的堵塞程度，间接表示水中微粒的数量。对水中细菌检验采用现场取样后进行检测，一般采用培养法和直接镜检法。水中有机物采用耗氧量法或总有机碳（TOC）法。有的电子产品要求控制 Na^+ 污染，常采用 PNa 电极法（下限为 1×10^{-9}）。水中硅酸根的检测，一般用比色法。对水中各种微量金属离子，采用原子吸收光谱法或质谱法来测定。

从超纯水处理技术国内外的发展来看，今后必须采取现场取样和仪器实测的联合方式，不仅能及时取得水质数据，而且可提高检测精度。目前，国外对水中总有机碳及其他项目的测定，已开始采用测量精确的联检测管理方式，这是微量检测技术的一个发展方向。

300 清洗纯水回收利用技术的工作原理和流程是什么?

电子工业生产中，以往清洗零件的纯水均作为废水直接排出，其实，这是具有相当纯度的水，其电阻率大多在 3MΩ·cm 以上，完全可以回收利用。为了减少纯水处理装置的负荷和降低运行费用，清洗纯水的回收利用是目前国内外的一个发展趋向。

清洗纯水的回收利用系统主要是将混入水中的溶解盐及有机物去除。其纯水系统基本组成如图 7-2 所示。

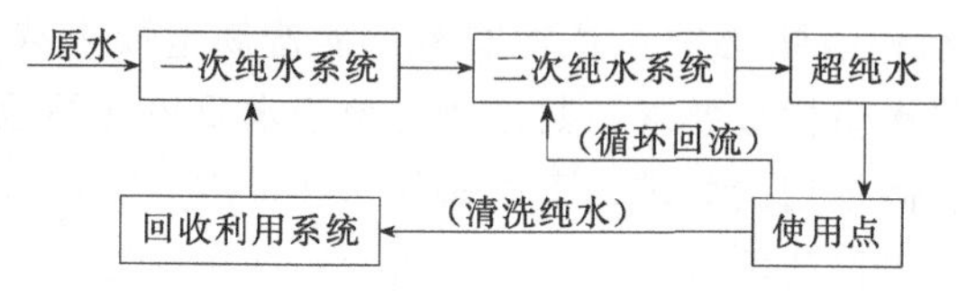

图 7-2　清洗纯水回收利用系统

回收利用系统应注意去除生产中排入废水中的阴离子（如 F^-）、有机溶剂、有机酸、表面活性剂、氧化剂等成分。其回收处理方法有两种：①在大系统中集中处理回收利用，可回流至前处理系统的储水箱内；②在使用点附近进行局部处理回收利用，此法在后处理设备中设置回收水箱。

八、食品行业用水处理技术

301 食品行业如何进行水源选择?

对于食品生产来说，水是至关重要的资源，所以水源的选择十分重要。水源的选择应根据当地的具体情况进行技术经济比较后确定。在有自来水的地方，一般优先考虑采用自来水。如果是工厂自制水，则尽可能首先考虑采用地下水，其次才考虑地面水。

水源应符合水量充足可靠，原水水质符合要求，取水、输水、净化设施安全、经济和维护方便，具有施工条件。对符合卫生要求的地下水，宜优先作为食品工厂生产与生活饮用水的水源。用地下水作为供水水源时，应有确切的水文地质资料，取水必须小于允许开采量，并应以枯水季节的出水量作为地下取水构筑物的设计出水量，设计方案应征得当地有关管理部门的同意。地下取水构筑物的形式一般有以下几种。

① 管井　适用于含水层厚度大于 5m，其底板埋藏深度大于 15m。

② 大口井　适用于含水层厚度在 5m 左右，其底板埋藏深度小于 15m。

③ 渗渠　仅适用于含水层厚度小于 5m，渠底埋藏深度小于 6m。

④ 泉室　仅适用于有泉水露头，且覆盖厚度小于 5m。

用地表水作为供水水源时，其枯水流量的保证率一般可采用 90％～97％。

食品工厂地表水取水构筑物必须在各种季节都能按规范要求取足相应保证率的设计水量。取水水质应符合有关水质标准要求，其位置应位于水质较好的地带，靠近主流，其布置应符合城市近期及远期总体规划的要求，不妨碍航运和排洪，并应位于城镇和其他工业企业上游的清洁河段。江河取水口的位置，应设于河道弯道凹岸顶冲点稍下游处。

在各方面条件比较接近的情况下，应尽可能选择近点取水，以便管理和节省投资，在取水工程设计中凡有条件的情况下，应尽量设计成节能型（如重力流输水）。按取水构筑物的结构划分，可分为固定式和移动式取水构筑物，固定式适用于各种取水量和各种地表水源；移动式适用于中小取水量，多用于江河、水库、湖泊取水。

302 各类水源中所含物质对食品生产有哪些影响?

用井水的水质必须符合自来水的水质标准。食品加工中使用的自来水、井水所含有的物质大致有铜、铁、锰、锌、铅、铬、锡、砷、氟、钙、镁、酚醛、阴离子表面活性剂、硝酸盐氮、亚硝酸盐氮、氯根、有机物、一般细菌，在井水里还含有藻类、细菌、硫化氢、胶体悬浮物等。

这些原水中的物质，如果高于水质标准，往往对食品饮料有下述的影响。

① 硬度(Ca、Mg) 使饮料产生沉淀，在容器上产生污垢，食品容易硬化，影响食品的风味，使食品黏度合格下降，使食品甜味减少。

② 碱度(HCO_3^-、CO_3^{2-}、OH^-) 使食品的风味不理想，减弱碳化作用，食品用酸量增多，会造成皮肤粗糙，促进微生物生长。

③ 铁、锰 使食品的颜色、香味、口味改变，易生成沉淀物，促进维生素C的分解。

④ 游离性余氯 使食品易褪色，改变食品的香味、口味。

⑤ 浊度 影响食品质量，减弱碳化作用。

⑥ 微生物 使食品易变质。

⑦ 有机物 使食品污染。

303 食品行业主要生产工艺有哪些？各工艺用水量有何不同？

国家发展改革委制定的《取水定额》《关于促进玉米深加工业健康发展的指导意见》《促进大豆加工业健康发展的指导意见》，工业和信息化部制定的《乳制品工业产业政策》《浓缩果汁(浆)加工行业准入条件》，中国饮料协会制定的《饮料制造取水定额》，均有其背景材料、各种说明及要求、具体用水取水指标值、指标值的使用条件。

①《取水定额》中啤酒、酒精、味精行业规定见表8-1。

表 8-1 食品行业取水定额

标准编号	名称	单位产品取水量定额		
		现有企业	新建企业	先进企业
GB/T 18916.6—2023	取水定额 第6部分：啤酒	≤5.0m^3/kL	≤3.5m^3/kL	≤2.4m^3/kL
GB/T 18916.7—2023	取水定额 第7部分：酒精	谷类≤16.0[①](18.0[②],20.0[③])m^3/kL 薯类≤17.6[①](19.8[②],22.0[③])m^3/kL 糖蜜≤19.2[①](21.6[②],24.0[③])m^3/kL	13m^3/kL	10m^3/kL
GB/T 18916.9—2022	取水定额 第9部分：谷氨酸钠(味精)	≤25m^3/t	≤15m^3/t	≤12m^3/t

① 指无水乙醇、普通级食用酒精及工业酒精。

② 指优级食用酒精。

③ 指特级食用酒精及中性酒精。

啤酒制造取水定额：啤酒制造取水量供给范围包括主要生产（啤酒酿造、包装）、辅助生产（动力、检验、化验）和附属生产（办公楼、食堂、浴室、厂内宿舍、厂内绿化），不包括麦芽制造。

酒精制造取水定额：酒精制造取水量的供给范围包括主要生产、辅助生产（包括机修、锅炉、空压站、循环冷却水系统、检验、化验、工厂内部运输等）和附属生产（包括办公、绿化、厂内食堂和浴室、卫生间等），不包括综合利用产品生产的取水量（如二氧化碳回收，生产蛋白饲料、玉米油、沼气等）。以谷类、薯类为原料生产酒精，其生产取水量指从原料、拌料、液糖化、发酵、蒸馏至酒精产品生产全过程取的水量；以糖蜜为原料生产酒精，其生产取水量指从糖蜜稀释、配制培养盐、发酵、蒸馏至酒精产品生产全过程所取的水量。以上述工艺生产得到的燃料乙醇，其生产取水量除指生产全过程外，还包括酒精脱水、吸附剂再生在内的取水量。

味精制造取水定额：味精制造取水量的供给范围包括主要生产（发酵、提取、精制等工序）、辅助生产（包括机修、锅炉、污水处理站、检验、运输等）和附属生产（包括办公楼、浴室、食堂、卫生间等）。

②《关于促进玉米深加工业健康发展的指导意见》规定了新建、扩建玉米深加工项目的能耗、水耗等指标要求，深加工项目包括淀粉、发酵制品（味精、柠檬酸、乳酸、酶制剂）、淀粉糖（葡萄糖、麦芽糖）、多元醇（山梨醇）、酒精。水耗指标见表 8-2。

表 8-2 促进玉米深加工业健康发展指导意见的水耗指标

文件号	名称	产品名称	新建、扩建玉米深加工项目的水耗指标要求/(t/t 产品)
国家发展改革委（能源〔2007〕2245 号）	关于促进玉米深加工业健康发展的指导意见	淀粉	≤8
		味精	≤100
		柠檬酸	≤40
		乳酸	≤60
		酶制剂	≤10
		葡萄糖	≤14
		麦芽糖	≤14
		山梨醇	≤25
		酒精	≤40

③《乳制品工业产业政策》规定了乳制品行业准入条件，包括巴氏杀菌乳、灭菌乳、酸牛奶、乳粉、炼乳、脱脂乳粉等生产企业能源消耗及水消耗应低于的指标，见表 8-3。该准入条件是乳制品生产企业必须达到的。

表 8-3 行业准入条件的取水量

文件号	名称	产品名称	取水量/(m^3/t)
工业和信息化部、国家发展改革委（公告工联产业 2009 年 48 号）	《乳制品工业产业政策》(2009 年修订)	巴氏杀菌乳	5.5
		灭菌乳	5.5
		酸牛乳	10
		乳粉	35
		炼乳	10
		脱脂乳粉	70

④《浓缩果蔬汁（浆）加工行业准入条件》规定了生产每吨果蔬原浆的取水量，见表 8-4。该准入条件是浓缩果蔬汁（浆）生产企业必须达到的。准入条件：每吨浓缩果蔬汁的取水定额，指 70°Brix 浓缩苹果汁，其他浓缩果蔬汁需用调节系数，即为单位产品原料消耗量/7；大于 200L 无菌包装；加水制汁工艺的果蔬汁及浓缩果蔬汁。

表 8-4 浓缩果蔬汁（浆）生产企业准入条件

项目	准入条件	
	一级	二级
每吨产品取水量/m^3	8	10

⑤《饮料制造取水定额》规定了碳酸饮料、纯净水与矿物质水、矿泉水、果蔬汁、茶饮料及其他软饮料、果蔬汁饮料与特殊用途饮料、植物蛋白饮料与复合蛋白饮料、含乳饮料、咖啡饮料与植物饮料、浓缩果蔬汁与果蔬原浆的取水定额，以及必要的调节系数。该定额分

为三级，一级为国内先进水品，二级为国内较好水品，三级为当前国内一般水品，同时，明确取水定额的三级定额标准，为饮料制造取水的准许值，生产企业在运行中的取水量应低于该标准。

⑥《促进大豆加工业健康发展的指导意见》提出每吨大豆初榨、油脂精炼循环水补充分别应为≤$0.35m^3$、≤$0.8m^3$。

上述有关国家标准、文件，规范了行业生产用水取水，为判断食品生产企业的节水潜力提供一定的依据，也可作为撰写、评审项目可行性研究报告、项目设计说明书、项目资金申请报告、环境影响技术报告书的参考。

304 用于处理食品生产用水的常用方法有哪些？这些方法的处理目的是什么？

多种水处理工艺用于保证水不会对食品生产造成风险，而选择最合适的工艺则取决于水源和水的预期用途。大多数生产过程决定水的特征，如 pH 值、沉淀物、盐度、硬度、细菌、气味、口味和病毒，以下是一些最常见的解决方法。

① 沉降和过滤　去除物理污染物，提高水的透明度。

② 氯化或臭氧化　这些处理方法非常普遍，主要是由于它们能够减少或消除细菌和病毒，并且较为简单和便宜。氯化是使用最广泛的水处理方法之一，它具有的消毒能力可通过水中存在的游离氯测定。

③ 活性炭　主要对化学和气味/香味进行相应的处理。

④ 离子交换　降低水的硬度。

⑤ 反渗透　这是一个非常全面的水处理工艺，但也十分昂贵，它可以减少水中存在的细菌、化学物质、盐类、硬度、沉淀物和病毒。

305 食品中各行业对于用水的水质标准有何异同？

食品工业是用水型工业之一，食品制造过程中需要大量用水。啤酒、软饮料等各种饮料，其制品成分的大部分是水。水在罐头、豆腐等食品制造过程中起重要作用，并且是制品的主要成分之一。水分虽非糖果、糕点、面包、饼干的主要成分，但在其生产过程中对产品质量亦有重要影响。我国有关各种食品厂的卫生规范规定食品生产用水必须符合我国《生活饮用水卫生标准》(GB 5749)。各种食品生产用水的水质要求不尽相同，并且与饮用水标准也不完全一致。为了保证食品质量，食品加工用水水质除必须符合饮用水标准外，尚须对水质的某些成分予以严格控制。具体地，食品工业用水所需水质指标如表 8-5 所示。

表 8-5　食品工业用水所需要的水质指标

用途	清凉饮料水	酿酒用水	制啤酒用水	制面包用水	制面条用水	制罐头用水	糕制品用水	制点心用水	制冰用水	一般食品
大肠菌群	无	无	—	—	—	—	—	无	无	—
一般细菌/(MPN/mL)	—	检不出产酸菌群	—	—	—	—	—	70	—	—

续表

用途	清凉饮料水	酿酒用水	制啤酒用水	制面包用水	制面条用水	制罐头用水	糕制品用水	制点心用水	制冰用水	一般食品
臭气	无	无	稍有	稍有	稍有	稍有	无	无	无	稍有
味	—	无	—	稍有	无	稍有	无	无	无	—
色/度	无	无	2	3	2	—	5	无	3	5
浊/度	1	无	2	2	2	2	2	无	1	2
蒸发残留物/(mg/L)	850	500	500	300	300	300	500	500	170～1300	500
pH	—	6.8	6.5～7.0	—	煮面水 5～6	>7.5	6～7	7	—	—
硬度/(mg/L)	70	酒母用 72～107 酒糟用 36～90	—	100	20	50～85	200	320	70	200
高锰酸盐指数/(mg/L)	5	5	5	10	5	5	10	5	—	10
氯离子/(mg/L)	—	酒母用 50～100 酒糟用 20～50	—	—	—	—	—	30	—	—
硫酸根离子/(mg/L)	—	—	—	—	—	—	50	250	—	—
氨态氮/(mg/L)	—	0	0	0	0	0	0	0	0	0
亚硝酸氮/(mg/L)	0	0	0	0	0	0	0	0	0	—
硝酸氮/(mg/L)	5	10	10	5	5	1	10	4.5	5	—
铁/(mg/L)	0.2	0.02	0.1	0.2	0.1	0.2	0.2	—	0.03～0.2	0.2
锰/(mg/L)	0.2	0.02	0.1	0.2	0.1	0.2	0.2	—	0.2	0.2
氟/(mg/L)	0.2	—	1.0	—	—	1	—	1	1	—
铅/(mg/L)	—	—	—	—	—	—	—	0	—	—
砷/(mg/L)	—	—	—	—	—	—	—	0.05	—	—
铜/(mg/L)	—	—	—	—	—	—	—	0.3	—	—
锌/(mg/L)	—	—	—	—	—	—	—	15	—	—
残留氯/(mg/L)	0	0	0	0.1	0.1	0.1	0	—	—	0.1
碱度/(mg/L)	50	—	淡色 75～80 深色 80～150	100	30	—	—	—	30～50	10～250
碳酸根/(mg/L)	—	—	50～68	—	—	—	—	—	—	—
硅酸/(mg/L)	—	—	50	—	—	—	—	—	10	—
硫化氢/(mg/L)	—	—	0.2	0.2	1	1	—	—	—	—
钙/(mg/L)	—	50～80	淡色 100～200 深色 200～500	—	—	—	—	—	—	—
硫酸钙/(mg/L)	—	—	100～500	—	—	—	—	—	300	—
氯化钙/(mg/L)	—	—	100～200	—	—	—	—	—	300	—
镁/(mg/L)	—	17～20	—	—	—	—	—	25	—	—
硫酸镁/(mg/L)	—	—	100～200	—	—	—	—	—	130～300	—
氯化镁/(mg/L)	—	—	100～200	—	—	—	—	—	170～300	—
碳酸氢镁/(mg/L)	—	—	—	—	—	—	—	—	50	—
氯化钠/(mg/L)	—	—	275～500	—	—	—	—	—	300	—
硫酸钠/(mg/L)	—	—	100	—	—	—	—	—	300	—
碳酸钠/(mg/L)	—	—	100	—	—	—	—	—	—	—

附录

附录一　城市污水再生利用　工业用水水质（GB/T 19923—2024）（摘录）

1　范围

本文件规定了城市污水再生利用工业用水的水质指标、采样与监测和安全利用。

本文件适用于作为工业生产过程中的间冷开式循环冷却水补充水、锅炉补给水、工艺用水与产品用水、直流冷却水、洗涤用水等工业用水原水的再生水。

4　水质指标

4.1　控制项目及分类

4.1.1　水质控制项目分为基本控制项目和选择控制项目。

4.1.2　所有提供工业用水原水的再生水厂均应执行基本控制项目，根据再生水水源中污染物含量和工业用户要求执行选择控制项目。

4.2　指标限值

4.2.1　工业用水原水的水质基本控制项目及限值应符合表1的规定，选择控制项目及限值应符合表2的规定。

4.2.2　工业用水除应满足表1各项指标外，还应符合GB 18918—2002中“一类污染物”和“选择控制项目”各项指标限值的规定。

表1　再生水用作工业用水水质基本控制项目及限值

序号	控制项目	间冷开式循环冷却水补充水、锅炉补给水、工艺用水、产品用水	直流冷却水、洗涤用水
1	pH(无量纲)	6.0～9.0	
2	色度/度	20	
3	浊度/NTU	5	—
4	五日生化需氧量(BOD_5)/(mg/L)	10	
5	化学需氧量(COD)/(mg/L)	50	
6	氨氮(以N计)/(mg/L)	5①	
7	总氮(以N计)/(mg/L)	15	
8	总磷(以P计)/(mg/L)	0.5	
9	阴离子表面活性剂/(mg/L)	0.5	
10	石油类/(mg/L)	1.0	
11	总碱度(以$CaCO_3$计)/(mg/L)	350	
12	总硬度(以$CaCO_3$计)/(mg/L)	450	

续表

序号	控制项目	间冷开式循环冷却水补充水、锅炉补给水、工艺用水、产品用水	直流冷却水、洗涤用水
13	溶解性总固体/(mg/L)	1000	1500
14	氯化物/(mg/L)	250	400
15	硫酸盐(以 SO_4^{2-} 计)/(mg/L)	250	600
16	铁/(mg/L)	0.3	0.5
17	锰/(mg/L)	0.1	0.2
18	二氧化硅/(mg/L)	30	50
19	粪大肠菌群/(MPN/L)	1000	
20	总余氯②/(mg/L)	0.1～0.2	

① 用于间冷开式循环冷却水系统补充水，且换热器为铜合金材质时，氨氮指标应小于 1 mg/L。

② 与用户管道连接处再生水中总余氯值。

注："—"表示对此项无要求。

表 2 再生水用作工业用水水质选择控制项目及限值 单位：mg/L

序号	项目	限值
1	氟化物(以 F^- 计)	2.0
2	硫化物(以 S^{2-} 计)	1.0

5 采样与监测

5.1 采样及保存

5.1.1 水质采样的组织、设计应按 HJ 494、HJ 495 的规定执行。水样为 24 h 混合样，应至少每 2 h 取样一次，以日均值计。

5.1.2 样品的保存应按 HJ 493 的规定执行。

5.1.3 再生水厂供水出口处宜设再生水水质监测取样点。

5.2 分析方法

基本控制项目的分析方法应按表 3 执行，选择控制项目的分析方法应按表 4 执行。

表 3 基本控制项目分析方法

序号	项目	测定方法	执行标准
1	pH	电位计法	CJ/T 51
		电极法	HJ 1147
		玻璃电极法	GB/T 6920
2	色度	铂钴标准比色法	CJ/T 51
		铂钴比色法	GB/T 11903
3	浊度	浊度计法	HJ 1075
4	五日生化需氧量(BOD_5)	稀释与接种法	HJ 505
			CJ/T 51
			GB/T 7488
5	化学需氧量(COD)	重铬酸钾法	CJ/T 51、GB/T 22597
		重铬酸盐法	HJ 828、GB/T 11914
6	氨氮	水杨酸分光光度法	HJ 536
		连续流动-水杨酸分光光度法	HJ 665
		流动注射-水杨酸分光光度法	HJ 666
		蒸馏-中和滴定法	HJ 537
		纳氏试剂分光光度法	CJ/T 51、HJ 535

续表

序号	项目	测定方法	执行标准
7	总氮	碱性过硫酸钾消解紫外分光光度法	CJ/T 51、HJ 636、CB/T 11894
		连续流动-盐酸萘乙二胺分光光度法	HJ 667
		流动注射-盐酸萘乙二胺分光光度法	HJ 668
		气相分子吸收光谱法	HJ/T 199
8	总磷	钼酸铵分光光度法	GB/T 11893
		连续流动-钼酸铵分光光度法	HJ 670
		流动注射-钼酸铵分光光度法	HJ 671
		抗坏血酸还原钼蓝分光光度法	CJ/T 51
		氯化亚锡还原分光光度法	
		过硫酸钾高压消解-氯化亚锡分光光度法	
9	阴离子表面活性剂	亚甲蓝分光光度法	GB/T 39302、GB/T 7494
		高效液相色谱法	CJ/T 51
		亚甲蓝分光光度法	
		流动注射-亚甲基蓝分光光度法	HJ 826
10	石油类	红外分光光度法	HJ 637
		紫外分光光度法	HJ 970
11	总碱度	电位滴定法、指示剂法	GB/T 15451
12	总硬度	EDTA 滴定法	GB/T 7477
13	溶解性总固体	重量法	CJ/T 51
14	氯化物	银量法	CJ/T 51
		离子色谱法	
		硝酸银滴定法	GB/T 11896
15	硫酸盐	重量法	CJ/T 51
		铬酸钡容量法	
		离子色谱法	
		铬酸钡分光光度法	HJ/T 342
		重量法	GB/T 11899
16	铁	直接火焰原子吸收光谱法	CJ/T 51
		电感耦合等离子体质谱法	HJ 700
		电感耦合等离子体发射光谱法	CJ/T 51、HJ 776
		火焰原子吸收分光光度法	GB/T 11911
17	锰	直接火焰原子吸收光谱法	CJ/T 51
		电感耦合等离子体质谱法	HJ 700
		电感耦合等离子体发射光谱法	CJ/T 51、HJ 776
		火焰原子吸收分光光度法	GB/T 11911
18	二氧化硅	重量法	GB/T 12149
		分光光度法(常量硅的测定)	
		氢氟酸转化分光光度法(常量全硅测定)	
19	粪大肠菌群	多管发酵法	HJ 347.2
		滤膜法	HJ 347.1
		纸片快速法	HJ 755
		酶底物法	HJ 1001
20	总余氯(总氯)	现场测定法	CJ/T 51
		N,*N*-二乙基-1,4-苯二胺分光光度法	HJ 586
			CB/T 11898
		N,*N*-二乙基-1,4-苯二胺滴定法	HJ 585
			GB/T 11897

注：1. 再生水的供、需双方在合同中约定仲裁方法。

2. 鼓励优先使用对环境和人体健康影响较小的测定方法。

表 4 选择控制项目分析方法

序号	项目	测定方法	执行标准
1	氟化物	离子选择电极法(标准添加法)	CJ/T 51
		离子选择电极法(标准系列法)	
		离子色谱法	
		茜素磺酸锆目视比色法	HJ 487、GB/T 7482
		氟试剂分光光度法	HJ 488、GB/T 7483
		离子选择电极法	GB/T 7484
2	硫化物	对氨基-*N*, *N*-二甲基苯胺分光光度法	CJ/T 51
		流动注射-亚甲基蓝分光光度法	HJ 824
		气相分子吸收光谱法	HJ/T 200
		碘量法	HJ/T 60
		亚甲基蓝分光光度法	HJ 1226、GB/T 16489

注：1. 再生水的供、需双方在合同中约定仲裁方法。

2. 鼓励优先使用对环境和人体健康影响较小的测定方法。

5.3 监测频率

工业用水原水的基本控制项目监测频率不应低于表 5 规定。

表 5 工业用水监测频率

序号	项目	监测频率，不低于
1	pH	每日 1 次
2	色度	每日 1 次
3	浊度	每日 1 次
4	五日生化需氧量(BOD_5)	每周 1 次
5	化学需氧量(COD)	每日 1 次
6	氨氮	每日 1 次
7	总氮	每周 1 次
8	总磷	每日 1 次
9	阴离子表面活性剂	每周 1 次
10	石油类	每周 1 次
11	总碱度	每周 1 次
12	总硬度	每周 1 次
13	溶解性总固体	每日 1 次
14	氯化物	每周 1 次
15	硫酸盐	每周 1 次
16	铁	每周 1 次
17	锰	每周 1 次
18	二氧化硅	每周 1 次
19	粪大肠菌群	每周 1 次
20	总余氯	每日 1 次

6 安全利用

6.1 利用方式

6.1.1 再生水用作直流冷却用水、洗涤用水时，达到表 1、表 2 中所列的控制指标后可以直接使用。

6.1.2 再生水用作间冷开式循环冷却水补充水、锅炉补给水、工艺用水与产品用水时，达到表 1、表 2 中所列的控制指标后仍不能满足用水要求时，应进一步处理或与新鲜水混合达到相应标准后使用。

6.1.3 再生水用作工业循环冷却水时，循环冷却水系统检测管理按 GB/T 50050 的规定执行。

6.2 使用原则

6.2.1 再生水厂水源优先选用生活污水或不含重污染、有毒有害工业废水的城市污水处理厂出水。

6.2.2 再生水输配系统不应与饮用水、自备水源输配系统直接连接。

6.2.3 再生水输配系统应设置放空措施，调蓄水池放空管道、溢流管道不应与排水管道直接连接。

6.2.4 再生水供水管道与调蓄水池连接处采用淹没出流时，应设置防倒流装置。

6.2.5 再生水不应用于食品行业和与人体密切接触的产品用水。

6.3 标识

6.3.1 再生水管道取水口和取水龙头处应配置“再生水不得饮用”的耐久警示标识。

6.3.2 再生水输配水管网中所有组件和附属设施的显著位置应配置“再生水”耐久标识，再生水管道明装时应采用识别色，并配置“再生水管道”标识，埋地再生水管道应在管道上方设置耐久性标志带。

附录二 工业循环冷却水处理设计规范（GB/T 50050—2017）（摘录）

1 总则

1.0.1 为了贯彻国家节约水资源、节约能源和保护环境的方针政策，使工业循环冷却水处理设计做到技术先进，经济实用，安全可靠，制定本规范。

1.0.2 本规范适用于以地表水、地下水和再生水作为补充水的新建、扩建、改建工程的工业循环冷却水处理设计。

1.0.3 工业循环冷却水处理设计应吸取国内外先进的生产实践经验和科研成果，应符合安全生产、保护环境、节约能源和节约用水的要求，并便于施工、维修和操作管理。

1.0.4 工业循环冷却水处理设计除应符合本规范外，尚应符合国家现行有关标准的规定。

3 循环冷却水处理

3.1 一般规定

3.1.1 循环冷却水处理方案应根据全厂水平衡方案、盐平衡方案，并结合全厂水处理工艺综合技术经济比较确定。设计方案应包括下列内容：

1 补充水来源、水量、水质及其处理方案；

2 设计浓缩倍数、阻垢缓蚀、清洗预膜处理方案及控制条件；

3 系统排水处理方案；

4 旁流水处理方案；

5 微生物控制方案。

3.1.2 循环冷却水量应根据生产工艺的最大小时用水量确定。

3.1.3 补充水水质资料收集宜符合下列规定：

1 补充水为地表水，不宜少于一年的逐月水质全分析资料；

2 补充水为地下水，不宜少于一年的逐季水质全分析资料；

3 补充水为再生水，不宜少于一年的逐月水质全分析资料，包括再生水水源组成及其处理工艺等资料；

4 水质分析项目宜符合本规范附录 A 的要求，水质分析误差宜满足本规范附录 B 的规定。

3.1.4 补充水水质设计依据应采用水质分析数据平均值，并以最不利水质校核设备能力。

3.1.5 间冷开式系统循环冷却水换热设备的控制条件和指标应符合下列规定：

1 循环冷却水管程流速应大于 1.0m/s；

2 循环冷却水壳程流速应大于 0.3m/s；

3 设备传热面冷却水侧壁温不宜高于 70℃，当被换热介质温度高于 115℃时，宜采取热量回收措施后再使用循环冷却水冷却；

4 设备传热面水侧污垢热阻值不应大于 $3.44\times10^{-4}m^2\cdot K/W$；

5 设备传热面水侧黏附速率不应大于 $15mg/(cm^2\cdot 月)$，炼油行业不应大于 $20mg/(cm^2\cdot 月)$；

6 碳钢设备传热面水侧腐蚀速率应小于 0.075mm/a，铜合金和不锈钢设备传热面水侧腐蚀速率应小于 0.005mm/a。

3.1.6 闭式系统设备传热面水侧污垢热阻值应小于 $0.86\times10^{-4}m^2\cdot K/W$；腐蚀速率应符合本规范第 3.1.5 条第 6 款的规定。

3.1.7 间冷开式系统循环冷却水水质指标应根据补充水水质及换热设备的结构形式、材质、工况条件、污垢热阻值、腐蚀速率、被换热介质性质并结合水处理药剂配方等因素综合确定，并宜符合表 3.1.7 的规定。

表 3.1.7 间冷开式系统循环冷却水水质指标

项目	单位	要求或使用条件	许用值
浊度	NTU	根据生产工艺要求确定	≤20.0
		换热设备为板式、翅片管式、螺旋板式	≤10.0
pH 值(25℃)	—	—	6.8~9.5
钙硬度+全碱度(以 $CaCO_3$ 计)	mg/L	—	≤1100
		传热面水侧壁温大于 70℃	钙硬度小于 200
总 Fe	mg/L	—	≤2.0
Cu^{2+}	mg/L	—	≤0.1
Cl^-	mg/L	水走管程:碳钢、不锈钢换热设备	≤1000
		水走壳程:不锈钢换热设备 传热面水侧壁温小于或等于 70℃ 冷却水出水温度小于 45℃	≤700
$SO_4^{2-}+Cl^-$	mg/L	—	≤2500
硅酸(以 SiO_2 计)	mg/L	—	≤175
$Mg^{2+}\times SiO_2$ (Mg^{2+} 以 $CaCO_3$ 计)	—	pH(25℃)≤8.5	≤50000
游离氯	mg/L	循环回水总管处	0.1~1.0
NH_3-N	mg/L	—	≤10.0
		铜合金设备	≤1.0
石油类	mg/L	非炼油企业	≤5.0
		炼油企业	≤10.0
COD	mg/L	—	≤150

3.1.8 闭式系统循环冷却水水质指标应根据系统特性和用水设备的要求确定，并宜符合表

3.1.8 的规定。

表 3.1.8　闭式系统循环冷却水水质指标

适用对象	水质指标		
	项目	单位	许用值
钢铁厂闭式系统	总硬度(以 $CaCO_3$ 计)	mg/L	≤20.0
	总铁	mg/L	≤2.0
火力发电厂发电机铜导线内冷水系统	电导率(25℃)	μS/cm	≤2.0①
	pH 值(25℃)	—	7.0～9.0
	含铜量	μg/L	≤20.0②
	溶解氧	μg/L	≤30.0③
其他各行业闭式系统	总铁	mg/L	≤2.0

① 火力发电厂双水内冷机组共用循环系统和转子独立冷却水系统的电导率不应大于 5.0μS/cm（25℃）。

② 双水内冷机组内冷却水含铜量不应大于 40.0μg/L。

③ 仅对 pH<8.0 时进行控制。

注：钢铁厂闭式系统的补充水宜为软化水，其余两系统宜为除盐水。

3.1.9　直冷系统循环冷却水水质指标应根据工艺要求并结合补充水水质、工况条件及药剂处理配方等因素综合确定，并宜符合表 3.1.9 的规定。

表 3.1.9　直冷系统循环冷却水水质指标

项目	单位	适用对象	许用值
pH 值(25℃)	—	高炉煤气清洗水	6.5～8.5
		合成氨厂造气洗涤水	7.5～8.5
		炼钢真空处理、轧钢、轧钢层流水、轧钢除鳞给水及连铸二次冷却水	7.0～9.0
		转炉煤气清洗水	9.0～12.0
悬浮物	mg/L	连铸二次冷却水及轧钢直接冷却水、挥发窑窑体表面清洗水	≤30
		炼钢真空处理冷却水	≤50
		高炉转炉煤气清洗水 合成氨厂造气洗涤水	≤100
碳酸盐硬度(以 $CaCO_3$ 计)	mg/L	转炉煤气清洗水	≤100
		合成氨厂造气洗涤水	≤200
		连铸二次冷却水	≤400
		炼钢真空处理、轧钢、轧钢层流水及轧钢除鳞给水	≤500
Cl^-	mg/L	轧钢层流水	≤300
		轧钢、轧钢除鳞给水及连铸二次冷却水、挥发窑窑体表面清洗水	≤500
油类	mg/L	轧钢层流水	≤5
		轧钢、轧钢除鳞给水及连铸二次冷却水	≤10

3.1.10　间冷开式系统与直冷系统的钙硬度与全碱度之和大于 1100mg/L（以 $CaCO_3$ 计）或稳定指数 RSI 小于 3.3 时，应加硫酸或进行软化处理。

3.1.11　间冷开式系统的设计浓缩倍数不宜小于 5.0，且不应小于 3.0；直冷开式系统的设计浓缩倍数不应小于 3.0。浓缩倍数可按下式计算：

$$N=\frac{Q_m}{Q_b+Q_w}$$

式中，N 为浓缩倍数；Q_m 为补充水量，m^3/h；Q_b 为排污水量，m^3/h；Q_w 为风吹损失水量，m^3/h。

3.1.12 间冷开式系统的微生物控制指标宜符合下列规定：

1 异养菌总数不宜大于1×10^5CFU/mL；

2 生物黏泥量不宜大于$3mL/m^3$。

3.2 系统设计

3.2.1 开式系统循环冷却水的设计停留时间不应超过药剂的允许停留时间。设计停留时间可按下式计算：

$$T_d = \frac{V}{Q_b + Q_w}$$

式中，T_d为设计停留时间，h；V为系统水容积，m^3。

3.2.2 间冷开式系统水容积宜小于循环冷却水量的1/3，系统水容积可按下式计算：

$$V = V_e + V_r + V_t$$

式中，V_e为循环冷却水泵、换热器、其他水处理设备中的水容积，m^3；V_r为循环冷却水管道容积，m^3；V_t为水池水容积，m^3。

3.2.3 闭式系统水容积可按下式计算：

$$V = V_p + V_e + V_r + V_k$$

式中，V_p为工艺生产设备内的水容积，m^3；V_k为膨胀罐或水箱的水容积，m^3。

3.2.4 循环冷却水不应挪作他用。

3.2.5 循环水场的布置宜避开工厂的下风向，并宜远离主干道及煤场、锅炉、高炉等污染源，冷却塔周围地面应铺砌或植被。

3.2.6 间冷开式系统管道设计应符合下列规定：

1 循环冷却水回水管应设接至冷却塔水池的旁路管，设计能力应满足系统清洗预膜要求。

2 换热设备循环冷却水接管应设旁路管或旁路管接口。

3 循环冷却水系统的补充水管径、水池排净水管径应根据排净、清洗、预膜置换时间要求确定，置换时间不宜大于8h。当补充水管设有计量仪表时，应设系统开车时大流量补水的旁路管。

4 管道系统的低点应设置泄水阀，高点应设置排气阀。

5 当补充水有腐蚀倾向时，其输水管道应采用耐腐蚀材料。

3.2.7 闭式系统管道设计应符合下列规定：

1 循环冷却水给水总管和换热设备的给水管宜设置管道过滤器；

2 管道系统的低点应设置泄水阀，高点应设置排气阀；

3 当补充水有腐蚀倾向时，其输水管道应采用耐腐蚀材料。

3.2.8 冷却塔集水池和循环水泵吸水池应设置便于排除或清除淤泥的设施；冷却塔水池出水口或循环冷却水泵吸水池前应设置便于清洗的拦污滤网，拦污滤网宜设置两道。

3.3 阻垢缓蚀处理

3.3.1 循环冷却水的阻垢缓蚀处理药剂配方宜经动态模拟试验和技术经济比较确定，或根据水质和工况条件相类似的工厂运行经验确定。动态模拟试验应结合下列因素进行：

1 补充水水质；

2 污垢热阻值；

3 黏附速率；

4 腐蚀速率；

5 浓缩倍数；

6 换热设备材质；

7 换热设备传热面的冷却水侧壁温；

8 换热设备内水流速；

9 循环冷却水温度；

10 药剂的稳定性及对环境的影响。

3.3.2 阻垢缓蚀药剂应选择高效、低毒、化学稳定性及复配性能良好的环境友好型水处理药剂。当采用含锌盐药剂配方时，循环冷却水中的锌盐含量应小于 2.0mg/L（以 Zn^{2+} 计）。阻垢缓蚀药剂配方宜采用无磷药剂。

3.3.3 循环冷却水系统中有铜合金换热设备时，水处理药剂配方应有铜缓蚀剂。

3.3.4 闭式系统设置有旁流混合阴阳离子交换器时，不应添加对树脂再生有影响的水处理药剂。

3.3.5 循环冷却水系统阻垢缓蚀剂的首次加药量可按下式计算：

$$G_f = \frac{Vg}{1000}$$

式中，G_f 为首次加药量，kg；g 为每升循环冷却水加药量，mg/L。

3.3.6 循环冷却水系统运行时，阻垢缓蚀剂加药量计算应符合下列规定：

1 间冷开式和直冷系统可按下式计算：

$$G_r = \frac{(Q_b + Q_w)g}{1000}$$

式中，G_r 为系统允许时加药量，kg/h。

2 闭式系统可按下式计算：

$$G_r = \frac{Q_m g}{1000}$$

3.3.7 循环冷却水采用硫酸处理时，硫酸投加量可按下式计算：

$$A_c = \frac{(M_m - M_r/N)Q_m}{1000}$$

式中，A_c 为硫酸投加量，kg/h，纯度为 98%；M_m 为补充水碱度，mg/L，以 $CaCO_3$ 计；M_r 为循环冷却水控制碱度，mg/L，以 $CaCO_3$ 计，可按本规范附录 C 确定。

3.3.8 开式循环冷却水处理宜加酸或加碱调节 pH 值，并宜投加阻垢缓蚀剂。

3.4 沉淀、过滤处理

3.4.1 直冷系统沉淀、过滤处理工艺应根据循环冷却水给水及回水水质，经技术经济比较确定，并宜选用表 3.4.1 中的基本工艺。

表 3.4.1 沉淀、过滤处理基本工艺

基本工艺	适用对象
平流式沉淀池	合成氨厂造气洗涤水处理等
斜板沉淀器或中速过滤器	炼钢真空精炼装置冷却水及挥发窑窑体表面清洗水处理等

续表

基本工艺	适用对象
辐射沉淀池或斜板沉淀器	高炉煤气清洗水及挥发窑窑体表面清洗水处理等
粗颗粒分离机—辐射沉淀池或斜板沉淀器	转炉煤气清洗水处理等
一次平流沉淀池或旋转沉淀池—化学除油沉淀器	中小型轧钢装置直接冷却循环冷却水处理等
一次平流沉淀池或旋流沉淀池—二次平流沉淀池或化学除油沉淀器—高速过滤器	连铸二次冷却及轧钢装置直接冷却循环水处理等

3.4.2 对不吹氧的炼钢真空精炼装置和轧钢层流等直冷系统，其沉淀、过滤处理水量应根据工艺要求确定，宜为循环水量的30%～50%。

3.4.3 直冷系统循环冷却水的混凝沉淀处理，混凝剂配方应根据试验或现场实际情况确定。

3.5 微生物控制

3.5.1 开式循环冷却水微生物控制宜以氧化型杀生剂为主，非氧化型杀生剂为辅，杀生剂的品种应进行技术经济比较确定。

3.5.2 开式系统的氧化型杀生剂宜采用次氯酸钠、液氯、有机氯、无机溴化物等，投加方式及投加量宜符合下列规定：

1 次氯酸钠或液氯宜采用连续投加，也可采用冲击投加。连续投加时，宜控制循环冷却水中余氯为0.1～0.5mg/L；冲击投加时，宜每天投加1～3次，每次投加时间宜控制水中余氯0.5～1.0mg/L，保持2～3h；

2 无机溴化物宜经现场活化后连续投加，循环冷却水的余溴浓度宜为0.2～0.5mg/L（以Br_2计）。

3.5.3 非氧化型杀生剂宜选用高效、低毒、广谱、pH值适用范围宽、与阻垢剂和缓蚀剂不相互干扰、易于降解、使生物黏泥易于剥离等性能。非氧化型杀生剂宜选择多种交替使用。

3.5.4 闭式系统宜定期投加非氧化型杀生剂。

3.5.5 炼钢真空处理和高炉、转炉煤气清洗的直冷循环冷却水可不投加杀生剂。

3.5.6 氧化型杀生剂连续投加时，加药设备能力应满足冲击加药量的要求，加药量可按下式计算：

$$G_0=\frac{Q_r g_0}{1000}$$

式中，G_0为氧化型杀生剂加药量，kg/h；g_0为每升循环冷却水氧化型杀生剂加药量，mg/L，卤素杀生剂连续投加宜取0.2～0.5mg/L，冲击投加宜取2～4mg/L，以有效氯计。

3.5.7 非氧化型杀生剂宜根据微生物监测数据不定期投加。

3.6 清洗和预膜

3.6.1 间冷开式系统开车前应进行清洗和预膜处理，清洗和预膜程序宜按人工清扫、水清洗、化学清洗、预膜处理顺序进行；闭式和直冷系统的清洗和预膜可根据工程具体条件确定。

3.6.2 人工清扫范围内应包括冷却塔水池、吸水池和首次开车时管径大于或等于800mm的管道等。

3.6.3 水清洗应符合下列规定：

1 管道内的清洗流速不应低于1.5m/s；

2　首次开车清洗水应从换热设备的旁路管通过。

3.6.4　化学清洗应符合下列规定：

1　清洗剂和清洗方式宜根据换热设备传热表面污垢锈蚀情况选择；

2　化学清洗后应立即进行预膜处理。

3.6.5　预膜剂配方和预膜操作条件应根据换热设备的材质、水质、温度等因素由试验或相似条件的运行经验确定。

3.6.6　间冷开式循环冷却水系统清洗、预膜水应通过旁路管直接回到冷却塔水池。

3.6.7　当一个循环冷却水系统向两个及以上生产装置给水时，清洗、预膜应根据不同步开车的情况采取处理措施。

4　旁流水处理

4.0.1　循环冷却水处理设计中有下列情况之一时，应设置旁流水处理设施：

1　循环冷却水在循环过程中受到污染，不能满足循环冷却水水质标准的要求；

2　经过技术经济比较，需要采用旁流水处理以提高设计浓缩倍数。

4.0.2　旁流水处理设计方案应根据循环冷却水水质标准，结合去除的杂质种类、数量等因素综合比较确定。

4.0.3　当采用旁流水处理去除碱度、硬度、油、某种离子或其他杂质时，其旁流水量应根据浓缩或污染后的水质成分、循环冷却水水质标准和旁流处理后的水质要求等，按下式计算确定：

$$Q_{si}=\frac{Q_m C_{mi}-(Q_b+Q_w)C_{ri}}{C_{ri}-C_{si}}$$

式中，Q_{si} 为旁流处理水量，m^3/h；C_{mi} 为补充水某项成分含量，mg/L；C_{ri} 为循环冷却水某项成分含量，mg/L；C_{si} 为旁流处理后水的某项成分含量，mg/L。

4.0.4　间冷开式系统旁滤处理应符合下列规定：

1　间冷开式系统宜设有旁滤处理设施，小型或间断运行的循环冷却水系统视具体情况确定。

2　间冷开式系统旁滤水量可按下式计算：

$$Q_{sf}=\frac{Q_m C_{ms}+K_s AC-(Q_b+Q_w)C_{rs}}{C_{rs}-C_{ss}}$$

式中，Q_{sf} 为旁滤水量，m^3/h；C_{ms} 为补充水悬浮物含量，mg/L；C_{rs} 为循环冷却水悬浮物含量，mg/L；C_{ss} 为滤后水悬浮物含量，mg/L；A 为冷却塔空气流量，m^3/h；C 为空气含尘量，g/m^3；K_s 为悬浮物沉降系数，可通过试验确定。当无资料时可选用 0.2。

3　当缺乏空气含尘量等数据时，间冷开式系统旁滤水量宜为循环水量的1%～5%，对于多沙尘地区或空气灰尘指数偏高地区可适当提高。

4　间冷开式系统的旁流水过滤处理设施宜采用砂、多介质等介质过滤器。

5　旁流过滤器出水浊度应小于 3.0NTU。

5　补充水处理

5.0.1　开式及闭式系统补充水处理设计方案应根据补充水量、补充水水质、循环冷却水的水质指标、设计浓缩倍数等因素，并结合旁流处理和全厂给水处理工艺经技术经济比较确定。设计方案应包括下列内容：

1　补充水处理水量及处理后的水质指标；

2　工艺流程、平面布置、设备选型并进行技术经济比较；

3　水、电、汽、药剂等消耗量及经济指标。

5.0.2　间冷开式系统补充水宜优先采用再生水，直冷系统补充水宜优先采用间冷开式系统排污水及再生水。

5.0.3　当补充水为高硬度、高碱度水质时，宜采用石灰或弱酸树脂软化等处理方法。

5.0.4　直冷系统补充水为新鲜水与间冷开式系统排污水的混合水时，应根据直冷循环冷却水水质指标、间冷开式系统的浓缩倍数及排污水水质、新鲜水水质等因素，确定水处理方案及补充水最佳混合比例。

5.0.5　间冷开式系统补充水为新鲜水与再生水的混合水时，应按最差水质确定补充水处理方案及补充水最佳混合比例。

5.0.6　开式系统的补充水量可按下列公式计算：

$$Q_m = Q_e + Q_b + Q_w$$

$$Q_m = \frac{Q_e N}{N-1}$$

$$Q_e = k \Delta t Q_r$$

式中，Q_e 为蒸发水量，m^3/h；Q_r 为循环冷却水量，m^3/h；Δt 为循环冷却水进、出冷却塔温差，℃；k 为蒸发损失系数，$℃^{-1}$，按表 5.0.6 取值，气温为中间值时采用内插法计算。

表 5.0.6　蒸发损失系数 k

进塔大气温度/℃	−10	0	10	20	30	40
k/$℃^{-1}$	0.0008	0.0010	0.0012	0.0014	0.0015	0.0016

注：表中进塔大气温度指冷却塔设计干球温度。

5.0.7　闭式系统的补充水量不宜大于循环水量的1.0%。

5.0.8　闭式系统的补充水系统设计流量宜为循环水量的0.5%～1.0%。

6　再生水处理

6.1　一般规定

6.1.1　再生水水源应包括工业及城镇污水处理厂的排水、矿井排水、间冷开式系统的排污水等。

6.1.2　再生水水源的选择应经技术经济比较确定，再生水的设计水质应根据收集区域现有水质和预期水质变化情况确定。

6.1.3　再生水直接作为间冷开式系统补充水时，水质指标宜符合表 6.1.3 的规定或根据试验和类似工程的运行数据确定。

表 6.1.3　再生水用于间冷开式循环冷却水系统补充水的水质指标序号

序号	项目	单位	水质控制指标
1	pH 值(25℃)	—	6.0～9.0
2	悬浮物	mg/L	≤10.0
3	浊度	mg/L	≤5.0
4	BOD_5	mg/L	≤10.0
5	COD	mg/L	≤60.0

续表

序号	项目	单位	水质控制指标
6	铁	mg/L	≤0.5
7	锰	mg/L	≤0.2
8	Cl^-	mg/L	≤250
9	钙硬度(以 $CaCO_3$ 计)	mg/L	≤250
10	全碱度(以 $CaCO_3$ 计)	mg/L	≤200
11	NH_4^+-N	mg/L	≤5.0(换热器为铜合金换热器时,≤1.0)
12	总磷(以 P 计)	mg/L	≤1.0
13	溶解性总固体	mg/L	≤1000
14	游离氯	mg/L	补水管道末端 0.1～0.2
15	石油类	mg/L	≤5.0
16	细菌总数	CFU/mL	<1000

6.1.4 再生水水源可靠性不能保证时，应有备用水源。

6.1.5 再生水作为补充水时，循环冷却水的浓缩倍数应根据再生水水质、循环冷却水水质控制指标、药剂处理配方和换热设备材质等因素，通过试验或参考类似工程的运行经验确定。

6.1.6 再生水输配管网必须采用独立系统，严禁与生活用水管道连接，并应设置水质、水量监测设施。

6.2 处理工艺

6.2.1 再生水处理工艺的选择应结合全厂水处理工艺，根据再生水的水质及补充水量、循环冷却水水质指标、浓缩倍数和换热设备的材质、结构形式等条件，进行技术经济比较，并借鉴类似工程的运行经验或试验确定。

6.2.2 再生水处理系统的进水水质应符合现行国家标准《城镇污水处理厂污染物排放准》(GB 18918) 中的二级标准或现行国家标准《污水综合排放标准》(GB 8978) 中的一级标准。

6.2.3 再生水处理系统的进水为城镇污水处理厂出水时，宜设置再生水调节池，并宜在池内加杀生剂。

6.2.4 再生水处理宜选用下列基本工艺：

1 过滤；

2 混凝—澄清；

3 生物滤池；

4 膜生物反应器 (MBR) 处理；

5 超滤或微滤；

6 反渗透/电渗析除盐。

6.2.5 再生水处理工艺宜设置杀生系统。

6.2.6 间冷开式系统排污水回用时，循环水处理药剂宜采用无磷药剂。

6.2.7 对于暂时硬度低于 100mg/L (以 $CaCO_3$ 计) 的再生水水源，不宜采用石灰处理工艺。

6.2.8 采用石灰处理时，石灰药剂宜用消石灰粉。

6.2.9 采用超 (微) 滤处理工艺时应选择耐氧化型的材质，采用反渗透处理工艺时应选用抗污染复合膜。

7 排水处理

7.0.1 开式系统排水应包括系统排污水、排泥、清洗和预膜的排水、旁流水处理及补充水处理过程中的排水等。

7.0.2 排水处理方案应根据综合利用原则和环保要求，并结合全厂污水处理设施，进行经济技术比较确定。设计方案应包括下列内容：

1 处理水量、水质、排放地点及水质排放指标；

2 处理工艺、设备选型、平面布置；

3 水、电、汽、药剂等消耗量及经济指标；

4 排水处理过程中产生的污水、污泥的处置方案。

7.0.3 开式系统的排污水量可按下列公式计算：

$$Q_b = \frac{Q_e}{N-1} - Q_w$$

$$Q_b = Q_{b1} + Q_{b2}$$

式中，Q_{b1} 为强制排污水量，m^3/h；Q_{b2} 为循环冷却水处理过程中损失水量，即自然排污水量，m^3/h。直冷系统的 $Q_w + Q_{b2}$ 宜为 $(0.004 \sim 0.008)Q_r$。

7.0.4 排水处理设施的设计能力应按正常排放量确定，对于系统检修时的排水、清洗和预膜排水、旁流处理排水等超标间断排水，应结合全厂排水设施设置调节池。

7.0.5 排水采用生物处理时，宜结合全厂的生物处理设施统一设置。

7.0.6 闭式系统因试车、停车或紧急情况排出含有高浓度药剂的循环冷却水时，应设置储存设施或结合全厂事故系统统一设置。

8 药剂储存和投加

8.1 一般规定

8.1.1 循环冷却水系统的水处理药剂宜在化学品仓库储存，并应在循环冷却水装置区内设药剂储存间。药剂中属于危险化学品的储存必须按危险化学品管理。

8.1.2 药剂的储存量宜根据药剂的消耗量、供应情况和运输条件等因素确定，或按下列规定计算：

1 全厂仓库中储存的药剂量宜按 15～30d 消耗量计算；

2 药剂储存间储存的药剂量宜按 7～15d 消耗量计算；

3 酸、碱液储罐的容积宜按 10～15d 消耗量并结合运输条件确定；

4 NaClO 的储存量宜按 7d 消耗量确定。

8.1.3 药剂堆放高度宜符合下列规定：

1 袋装药剂宜为 1.5～2.0m；

2 桶装药剂宜为 0.8～1.2m，且不宜高于 2 层；

3 散装药剂宜为 1.0～1.5m。

8.1.4 药剂储存（堆放）区的地平标高宜高出同一室内地平标高 100～200mm。

8.1.5 药剂储存间宜与加药间相互毗连，并宜设运输设备。

8.1.6 药剂的储存、配置、投加设施、计量仪表和输送管道等，应根据药剂性质采取相应的防腐、防潮、保温和清洗措施。

8.1.7 药剂储存间、加药间、加氯间、酸液储罐、碱液储罐、加酸、加碱设施等的生产安全防护设施应根据药剂性质及储存、使用条件确定。

8.1.8 废酸、废碱管理应按《国家危险废物名录》执行。

8.1.9 加药间，药剂储存间，酸、碱储罐附近必须设置安全洗眼淋浴器等防护设施。

8.1.10 各药剂投加点之间应保持一定的距离。

8.1.11 酸、碱输送管道不应直接埋地敷设。当架空敷设管道位于人行通道上方时，宜设置防护设施。

8.1.12 加药间和药剂储存间应设通风系统。

8.2 酸、碱储存及投加

8.2.1 酸、碱液储存应符合下列规定：

1 酸、碱液的装卸应采用泵输送或重力自流，严禁采用压缩空气压送。

2 酸、碱液储罐应设安全围堰，围堰的容积应能容纳 1.1 倍最大储罐的容积，围堰内必须做防腐处理并应设集液坑。

3 浓硫酸储罐应设防护型液位计和排气口，排气口应设置除湿器，碱液储罐排气口宜设置二氧化碳吸收器。

4 碱液应有防止低温凝固的措施。

8.2.2 当采用计量泵输送酸、碱时，连续运行的计量泵宜设备用。

8.2.3 浓硫酸、碱液宜投加在水池最高水位以上，且易于水流扩散处。

8.2.4 采用浓硫酸、碱液调节循环冷却水的 pH 值时，宜直接投加。

8.2.5 硫酸使用时应设置防泄漏飞溅保护设施，控制箱设在防护区外侧。

8.3 阻垢缓蚀药剂投加

8.3.1 液体药剂宜直接投加。

8.3.2 药剂溶液的计量宜采用计量泵或转子流量计，连续运行的计量泵宜设备用。

8.3.3 药剂宜投加在冷却塔水池出口或吸水池中，且宜深入正常运行水位下 0.4m 处。

8.4 杀生剂储存及投加

8.4.1 氧化型和非氧化型杀生剂应储存在避光、通风、防潮、防腐的储存间内。

8.4.2 液体制剂可采用重力投加或计量泵投加，连续运行的计量泵宜设备用；固体制剂宜经过溶解槽溶解成液体后投加。

8.4.3 次氯酸钠应设安全围堰，围堰的容积应能容纳 1.1 倍最大储罐的容积，围堰内应做防腐处理并应设集液坑。

8.4.4 液氯的储存及投加必须符合下列规定：

1 液氯瓶应储存在氯瓶间内，氯瓶间和加氯间的设计必须按现行国家标准《氯气安全规程》(GB 11984) 和《室外给水设计规范》(GB 50013) 的规定配置安全防护设施，并且必须符合下列规定：

1) 氧瓶间必须设置“双制动”起吊设备及运输设备，严禁使用叉车装卸。

2) 室内电气设备及灯具必须采用密闭、防腐类型产品。

2 加氯机的总容量和台数应按最大小时加氯量确定，满足冲击式投加的需要，并应设备用机，备用能力不应小于最大 1 台工作加氯机的加氯量。

8.4.5 氧化型杀生剂宜投加在冷却塔集水池出口的对面和远端的池壁内并多点布置，液氯投加点宜在正常水位下 2/3 水深处，次氯酸钠的投加点宜在最高水位以上。

9 监测、控制和检测

9.0.1 循环冷却水系统监测与控制宜符合下列规定：

1 pH值在线监测与加酸/加碱量宜联锁控制；

2 电导率在线监测与排污水量宜联锁控制；

3 ORP（氧化还原电位）或余氯在线监测与氧化型杀生剂投加量宜联锁控制；

4 阻垢缓蚀剂浓度在线监测与阻垢缓蚀剂投加量宜联锁控制。

9.0.2 循环冷却水系统监测仪表设置应符合下列规定：

1 循环给水总管应设置流量、温度、压力仪表；

2 循环回水总管应设置流量、温度、压力仪表；

3 补充水管、排污水管、旁流水管应设置流量仪表；

4 间冷系统换热设备对腐蚀速率和污垢热阻值有严格要求时，在换热设备的进水管上应设置流量、温度和压力仪表，在出水管上应设置温度、压力仪表。

9.0.3 间冷开式系统给水总管上宜设模拟监测换热器，在回水总管上宜设监测试片架和生物黏泥测定器。

9.0.4 钢铁厂直冷水腐蚀检测宜采用监测试片。

9.0.5 循环冷却水系统宜在下列管道上设置取样管：

1 循环给水总管；

2 循环回水总管；

3 补充水管；

4 旁流处理出水管；

5 间冷开式或间冷闭式系统换热设备进、出水管。

9.0.6 循环冷却水泵吸水池和冷却塔水池应设置液位计，且泵吸水池液位计宜与补充水控制阀联锁并宜设高低液位报警。

9.0.7 化验室的设置应根据循环冷却水系统的水质检测要求确定，宜利用全厂中央化验室进行。

9.0.8 循环冷却水的常规检测项目应根据补充水水质和循环冷却水水质要求确定，宜符合表9.0.8的规定。

表9.0.8 常规检测项目

序号	项目	间冷开式系统	间冷闭式系统	直冷系统
1	pH值(25℃)	每天1次	每天1次	每天1次
2	电导率	每天1次	每天1次	可抽检
3	浊度	每天1次	每天1次	每天1次
4	悬浮物	每月1～2次	不检测	每天1次
5	总硬度	每天1次	每天1次或抽检	每天1次
6	钙硬度	每天1次	每天1次或抽检	每天1次
7	全碱度	每天1次	每天1次或抽检	每天1次
8	氯离子	每天1次	每天1次或抽检	每天1次或抽检
9	总铁	每天1次	每天1次	不检测
10	异养菌总数	每周1次	每周1次	不检测
11	铜离子①	每周1次	抽检	不检测
12	油含量②	可抽检	不检测	每天1次
13	药剂浓度	每天1次	每天1次	不检测
14	游离氯	每天1次	视药剂而定	可不测
15	NH_4^+-N③	每周1次	抽检	不检测
16	COD④	每周1次	不检测	不检测

① 铜离子检测仅对含有铜材质的循环冷却水系统。

② 油含量检测仅对炼钢轧钢装置的直冷系统；对炼油装置的间冷开式系统每天1次。

③ NH_4^+-N检测仅对有氨泄漏可能和使用再生水作为补充水的循环冷却水系统。

④ COD对炼钢轧钢装置的直冷系统为抽检，对炼油装置的间冷开式系统每天1次。

9.0.9 循环冷却水非常规检测项目宜符合表9.0.9的规定。

表9.0.9 非常规检测项目

项目	间冷开式和闭式系统		直冷系统		检测方法
	检测时间	检测点	检测时间	检测点	
腐蚀率	月、季、年或在线	—	—	可不测	挂片法
污垢沉积量	大检修	典型设备	大检修	设备/管线	检测换热器检测管
生物黏泥量	故障诊断	—	—	可不测	生物滤网法
垢层或腐蚀产物成分	大检修	典型设备	大检修	设备/管线	化学/仪器分析

9.0.10 补充水和循环冷却水的水质全分析宜每月1次。

9.0.11 当补充水为再生水时，根据再生水的水源及处理工艺，对特定水质指标宜每周进行水质分析。

附录A 水质分析项目表

表A 水质分析项目表

水样（水源名称）： 外观：

取样低点： 水温： ℃

取样日期：

分析项目	单位	数值	分析项目	单位	数值
K^+	mg/L		PO_4^{3-}	mg/L	
Na^+	mg/L		pH值(25℃)	—	
Ca^{2+}	mg/L		悬浮物	mg/L	
Mg^{2+}	mg/L		浊度	mg/L	
Cu^{2+}	mg/L		溶解氧	mg/L	
$Fe^{2+}+Fe^{3+}$	mg/L		游离CO_2	mg/L	
Mn^{2+}	mg/L		氨氮(以N计)	mg/L	
Al^{3+}	mg/L		石油类	mg/L	
NH_4^+	mg/L		溶解固体	mg/L	
SO_4^{2-}	mg/L		COD	mg/L	
CO_3^{2-}	mg/L		总硬度(以$CaCO_3$计)	mg/L	
HCO_3^-	mg/L		总碱度(以$CaCO_3$计)	mg/L	
OH^-	mg/L		碳酸盐硬度(以$CaCO_3$计)	mg/L	
Cl^-	mg/L		全硅(以SiO_2计)	mg/L	
NO_2^-	mg/L		总磷(以P计)	mg/L	
NO_3^-	mg/L				

注：再生水作为补充水时，需增加BOD_5项目。

附录B 水质分析数据校核

B.0.1 分析误差 $|\delta| \leqslant 2\%$，δ 按下式计算：

$$\delta=\frac{\sum(Cn_c)-\sum(An_a)}{\sum(Cn_c)+\sum(An_a)}\times 100\%$$

式中，C 为阳离子毫摩尔浓度，mmol/L；A 为阴离子毫摩尔浓度，mmol/L；n_c 为阳离子电荷数；n_a 为阴离子电荷数。

B.0.2 pH 值实测误差 $|\delta_{pH}| \leqslant 0.2$，$\delta_{pH}$ 按下式计算：

$$\delta_{pH}=pH-pH'$$

式中，pH 为实测 pH 值；pH′为计算 pH 值。

对于 pH<8.3 的水质，pH′按下式计算：

$$pH'=6.35+\lg[HCO_3^-]-\lg[CO_2]$$

式中，6.35 为在 25℃水溶液中 H_2CO_3 的一级电离常数的负对数；$[HCO_3^-]$ 为实测 HCO_3^- 的毫摩尔浓度，mmol/L；$[CO_2]$ 为实测 CO_2 的毫摩尔浓度，mmol/L。

附录C 循环冷却水的 pH 值与全碱度变化曲线图

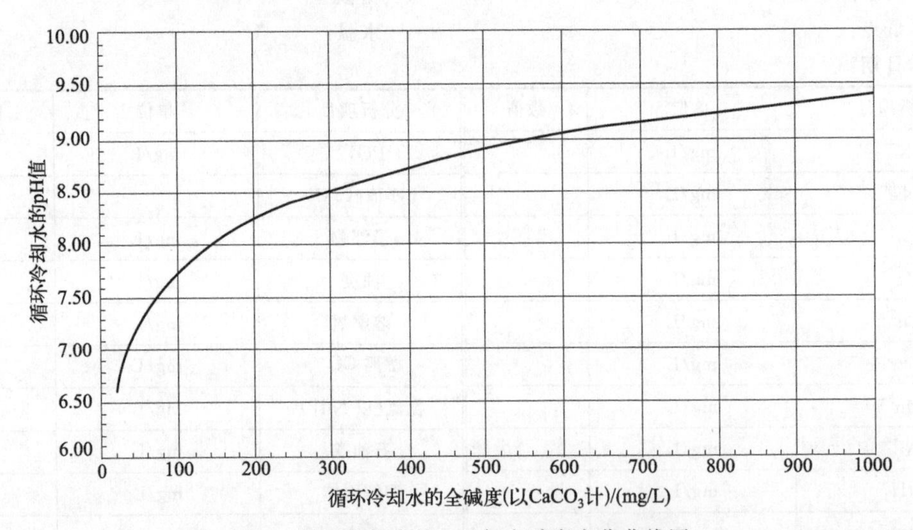

图C 循环冷却水的 pH 与全碱度变化曲线图

参考文献

[1] 李本高，王建军，傅晓萍．工业水处理技术．北京：中国石化出版社，2014.

[2] 姜虎生，李长波．工业水处理技术．北京：中国石化出版社，2019.

[3] Mousapoor Mehran. Industrial Water Tube Boiler Design：Formulas in Practice. Berlin：De Gruyter，2021.

[4] Zahid Amjad. The Science and Technology of Industrial Water Treatment. USA：CRC Press，2010.

[5] Charles F. Bowman，et al. Engineering of Power Plant and Industrial Cooling Water Systems. USA：CRC Press，2021.

[6] G. Salinas-Rodriguez Sergio，et al. Seawater Reverse Osmosis Desalination：Assessment & Pre-treatment of Fouling and Scaling. USA：IWA，2021.

[7] 严煦世，高乃云．给水工程．北京：中国建筑工业出版社，2022.

[8] 常青．絮凝原理与应用．北京：化学工业出版社，2021.

[9] 高宝玉．合高分子絮凝剂．北京：化学工业出版社，2016.

[10] 刘明华．水处理化学品手册，北京：化学工业出版社，2016.

[11] 冯成洪，毕哲，伍晓红．聚合氯化铝絮凝形态学与凝聚絮凝机理，北京：科学出版社，2015.

[12] 陆永生．水污染控制工程．上海：上海大学出版社，2022.

[13] 李欢，马文瑾．水污染控制技术（环境科学）．北京：中国环境出版集团，2023.

[14] 李九如，黄波，王佐民．锅炉水处理原理及应用．哈尔滨：哈尔滨工业大学出版社，2021.

[15] 秦冰，傅晓萍，桑军强．工业水处理技术．第十八册．北京：中国石化出版社，2021.

[16] 李揞元，周柏青．火力发电厂水处理及水质控制．北京：中国电力出版社，2012.

[17] 杨作清，李素芹．熊国宏钢铁工业水处理实用技术与应用．北京：冶金工业出版社，2015.

[18] 葛红花，张大全，赵玉增．火电厂防腐蚀与水处理．北京：科学出版社，2017.

[19] 王鹏，孙仲超．活性炭应用概述．北京：中国石化出版社，2018.

[20] 蒋剑春．活性炭制造与应用技术．北京：化学工业出版社，2018.

[21] 张立波，夏洪应，彭金辉．废活性炭微波再生与应用．北京：科学出版社，2019.

[22] 王广珠．离子交换树脂标准选编．北京：中国标准出版社，2011.

[23] 森古普塔．环境过程中的离子交换：基础，应用与可持续技术．北京：科学出版社，2022.

[24] 王方．现代离子交换与吸附技术．北京：清华大学出版社，2015.

[25] 佐田俊胜，汪锰，任庆春．离子交换膜：制备，表征，改性和应用．北京：化学工业出版社，2015.

[26] 刘智安，赵巨东，刘建国．工业循环冷却水处理．北京：中国轻工业出版社，2017.

[27] 赵杉林．工业循环冷却水处理技术．北京：中国石化出版社，2014.

[28] 靖大为，席燕林．反渗透系统优化设计与运行．北京：化学工业出版社，2016.

[29] 伍丽娜．海水淡化技术．北京：化学工业出版社，2015.

[30] 邓麦村．膜技术手册．北京：化学工业出版社，2020.

[31] Klemes Jiri，Smith Robin，Kim Jin-Kuk. 食品加工过程用水和用能管理手册．北京：中国轻工业出版社，2013.

[32] Nuno Soares. 食品工业中的用水问题和管理规范．食品安全导刊，2018（19）.

[33] 丁桓如，吴春华，龚云峰．工业用水处理工程．北京：清华大学出版社，2005.

[34] 王国清．无机化学（供药学类专业用）．北京：中国医药科技出版社，2015.

[35] 张维润．电渗析工程学．北京：科学出版社，1995.